半导体与集成电路关键

碳化硅半导体技术与应用

（原书第2版）

半導体 SiC 技術と応用　第2版

[日] 松波弘之　大谷昇　木本恒畅　中村孝　等编著

[日] 司马良亮

许恒宇　王雅儒　冯　婧　王滢钧　张　校　万彩萍　李哲洋　译

机 械 工 业 出 版 社

以日本碳化硅学术界元老京都大学名誉教授松波弘之、关西学院大学知名教授大谷昇、京都大学实力派教授木本恒畅和企业实力代表罗姆株式会社的中村孝先生为各技术领域的牵头，集日本半导体全产业链的产学研各界中的骨干代表，在各自的研究领域结合各自多年的实际经验，撰写了这本囊括碳化硅全产业链的技术焦点，以技术为主导、以应用为目的的实用型专业指导书。书中从理论面到技术面层次分明、清晰易懂地展开观点论述，内容覆盖碳化硅材料和器件从制造到应用的全产业链，不仅表述了碳化硅各环节的科学原理，还介绍了各种相关的工艺技术。

本书对推动我国碳化硅半导体领域的学术研究和产业发展具有积极意义，适合功率半导体器件设计、工艺设备、应用、产业规划和投资领域人士阅读，也可作为相关专业高年级学生的理想选修教材。

图书在版编目（CIP）数据

碳化硅半导体技术与应用：原书第2版/（日）松波弘之等编著；（日）司马良亮等译. —北京：机械工业出版社，2022.5（2024.6重印）
（半导体与集成电路关键技术丛书）
ISBN 978-7-111-70516-1

Ⅰ.①碳… Ⅱ.①松…②司… Ⅲ.①功率半导体器件 Ⅳ.①TN303

中国版本图书馆CIP数据核字（2022）第059686号

机械工业出版社（北京市百万庄大街22号 邮政编码100037）
策划编辑：付承桂 责任编辑：付承桂 闾洪庆
责任校对：梁 静 贾立萍 封面设计：马精明
责任印制：邓 博
北京盛通数码印刷有限公司印刷
2024年6月第1版第3次印刷
169mm×239mm · 24.75印张 · 469千字
标准书号：ISBN 978-7-111-70516-1
定价：168.00元

电话服务
客服电话：010-88361066
010-88379833
010-68326294
封底无防伪标均为盗版

网络服务
机 工 官 网：www.cmpbook.com
机 工 官 博：weibo.com/cmp1952
金 书 网：www.golden-book.com
机工教育服务网：www.cmpedu.com

推荐序一

2011年出版的《半導体SiC技術と応用　第2版》（日刊工业新闻社出版，共534页）的中文翻译版能够在中国机械工业出版社成立70周年之际特别出版，对此我感到非常高兴。初版（共282页）是2003年我于京都大学退休时作为纪念而出版的，以我在京都大学多年来的SiC研究成果（晶体生长、物性评估、器件工艺、电子器件等）为核心，邀请日本在同一领域进行研究、开发的人员执笔完成。基于行业的显著发展，8年后的第2版由4人共同组织撰写。

我抱着强烈的对研磨材料、耐火砖材料的SiC作用于电力电子材料领域的研究志向，1968年开始在京都大学对此进行了相关的研究。那时Si刚刚成为半导体材料界的主角，市场上还没有SiC衬底，SiC器件也就无从谈起。高品质的SiC外延生长是其中不可或缺的环节，即便是大学研究我们也是从Si衬底上采用CVD方法开始制造SiC材料。由于两种材料的晶格失配度为20%左右，为了生长出高品质的SiC外延层，我们花费了10年以上的时间。在此基础上，我们于1986年研发出了世界上首款3C-SiC MOSFET器件，于1987年发明了能够获得高品质单晶的“台阶控制外延生长法”，目前已成为了全球的标准生长法。1995年，我们成功研发出了高性能4H-SiC肖特基二极管；1999年，我们提出了业界攻关难点的4H-SiC MOSFET器件的性能改善方案。

这些SiC的研发成果在日本的研究人员和技术人员的广泛推广下，已经实现了大量的商品化，在社会实用化方面也在不断推进。本书对上述过程进行了记录。今后，SiC一定能在实现“可持续发展目标（联合国SDGs）”和实现“碳中和”的事业中发挥核心作用，希望通过年轻一代的努力，实现“低碳节能”的目标。展示基础研究的重要性以及能够造福社会的研究成果是非常重要的。

松波弘之

于2022年4月

推荐序二

功率半导体器件是各类电力电子设备的核心器件，在新能源发电、直流输电、灵活交流输电、有源配电网、电动汽车及其充放电、轨道交通、电源、电机驱动和消费电子等领域得到越来越广泛的应用。由于功率半导体器件在电力电子设备的性能效率和成本方面起着决定性的作用，因而得到全球产学研各界的高度重视并大力投入研发，使其成为半导体产业快速成长的一个重要技术领域。

在功率半导体器件的发展历程中，硅基器件一直是其主流技术，经过过去几十年的研发和应用迭代，其性能得到了持续不断的提升和改善，为各时期电力电子技术的发展起到决定性推动作用。然而，由于硅材料物理特性的局限性，在满足电力电子设备对器件更高耐压、更大电流密度、更高结温、更高开关频率、更高开关速度和更低损耗的发展要求方面难以达到令人满意的程度。而宽禁带半导体中，碳化硅材料的禁带宽度是硅的3倍，击穿场强是硅的10倍，热导率是硅的3倍，碳化硅器件的理论耐压可达硅基器件的10倍，开关频率可达硅基器件的10倍。采用碳化硅器件的电力电子装置，能够减轻重量，提高功率密度，增强适用性；降低损耗，提高效率，提高经济性。凭借这样的优良性能，碳化硅功率半导体技术自20世纪80年代以来已成为功率半导体领域的主要研发方向，并取得长足进步，目前已在电动汽车等领域初步得到应用，在能源转型大趋势推动下，今后必将在新型电力系统的发输变配用各个环节以及轨道交通、变频驱动等工业领域得到广泛应用。

我国“十三五”期间在该领域开展了大量研发工作，部分研究成果已经达到或接近国际先进水平，但整体上还存在差距，需要广泛学习借鉴全球范围的优秀研发成果和经验，持续不断扎实努力开展深度研究开发和应用迭代，相信通过“十四五”期间的研发投入，我国在该领域的研发和应用的整体水平将会得到大幅提升。

本书是以日本碳化硅学术界元老京都大学名誉教授松波弘之牵头，由日本碳化硅领域产业、高校、研究机构的专家学者参与，在总结各自研究领域多年研究成果和经验的基础上撰写完成的一部学术专著。本书的写作秉持技术为主导、应用为目标的指导思想，内容涵盖碳化硅单晶生长、外延生长、评估表征、芯片工艺、器件设计各环节的技术关键点，从理论到技术分层次深入浅出做出阐释，对碳化硅逆变器的应用给出实例，对碳化硅器件在各工业领域的应用前景做出展望。

当前，我国碳化硅功率半导体产业处在蓬勃发展阶段，本书的翻译出版对我国宽禁带（国内也称为第三代）半导体产业的发展具有积极的促进意义，可谓恰逢其时。本书适合碳化硅材料、芯片、器件和应用相关的从业人员和投资领域人士阅读参考。希望在不久的将来，随着我国碳化硅技术和产业的发展，也能看到我国科技工作者基于碳化硅研发积累所总结撰写的技术专著。

中国电机工程学会电力电子器件专委会主任委员

2022 年 3 月 7 日

译者序

很庆幸在日本半导体行业内非常畅销的《半導体 SiC 技術と応用　第 2 版》在机械工业出版社的支持下得以引进、翻译并出版了中译本。原书在日本碳化硅学术界元老级人物松波弘之和碳化硅界代表性人物大谷昇、木本恒畅、中村孝等四人的牵头下，汇集了当今日本各大半导体研究机构和企业相关的碳化硅技术专家，以实际研究经验编写了这本学术专著。从单晶、外延、器件到模块，全方位描述了碳化硅的基础理论知识，阐述了碳化硅的各种研究方法和发展方向，图文并茂、数据充足，衷心希望此中译本能为国内相关从业人员的研究工作提供一些借鉴和参考。

本书得以顺利出版，也得到了国内众多企业的友情赞助，在此表示由衷的感谢。他们是：上海翱晶半导体科技有限公司、山东天岳先进科技股份有限公司、瀚天天成电子科技（厦门）有限公司、汉民科技（上海）有限公司、中电化合物半导体有限公司、飞锃半导体（上海）有限公司、北京天科合达半导体股份有限公司、深圳基本半导体有限公司和巍巍博士以及瑟米莱伯贸易（上海）有限公司。另外，本书在最终的校核过程中，也得到了中国科学院大学集成电路学院的葛念念、卢文浩、王开宇等同学的友情支持，在重印审校过程中还得到了宁波达新半导体有限公司张海涛博士的无私帮助，在此一并表示衷心的感谢。

本书的翻译人员以普及碳化硅专业知识和推动国内碳化硅事业发展为目的，利用各自的业余时间做出了无偿的奉献。为了尽可能保证原汁原味，采用了多人多次重复审定的方法，但因为水平所限，一些瑕疵无法避免，还请广大读者予以理解和支持。

译者

原书前言

如今，由硅（Si）制作的功率半导体材料广泛应用于各种各样的电力电子设备，但其在物理特性上已经达到极限，无法满足更高的性能需求。在社会广泛讨论解决地球环境问题、减少二氧化碳排放的背景下，能够实现大幅节能的碳化硅（SiC）功率半导体得到了全球广泛的关注，即将进入实际的应用阶段。

SiC是由硅元素与碳元素1:1组合而成的化合物，其临界击穿场强、耐高温性能、热传导性均为Si的数倍，作为一种远胜于Si的功率半导体材料备受期待。但SiC的单晶生长较为困难，在品质上存在很多问题，导致在实际应用上存在着一定壁垒。近些年来，随着单晶生长方法以及晶片与器件化技术的发展进步，原材料、器件制造厂商等也朝商用化方向取得了极大进展。因此，发挥SiC出色的性能，使低损耗、高速、耐高温、小型及冷却简易化的功率器件的问世也近在眼前。在汽车、工业设备、家用电器等领域的电源模块中也将能得到广泛的应用。

在此背景下，聚焦于SiC半导体技术的著作被寄予厚望，2003年3月《半導体SiC技術と応用》顺利出版。本书总结了至今积累的数据，不仅可以一览SiC半导体技术的全貌，同时还考虑到了研发工作岗位所需的实用性需求，是一本对理论及技术严谨记述，又能方便读者理解、上手的具有实用性的技术型书籍。

此后，相关技术的发展取得了显著的进步，现有的很多知识在已出版的版本中并未曾提及。这次我们对第1版进行了修订，每位编者都保持一如既往的态度，将各自负责的内容进行更新，并出版了《半導体SiC技術と応用　第2版》。

本书由行业内该领域领头的研究人员、技术人员集思广益，对SiC技术概要、SiC的特征、SiC单晶生长技术、SiC单晶加工技术、SiC外延生长技术、单晶评估技术、工艺技术、器件、SiC应用系统，以及SiC应用于各领域的前景等方面进行了归纳总结。

通过高效利用电力能源，使SiC技术得到发展而推进产业化的成果，能够在今后的功率技术领域引起颠覆性模式转变。对于石油等化石燃料的进口依赖度达到90%的日本来说，电力能源的高效利用是一项非常重要的任务。我坚信，用于完成这项任务的功率技术（Power Technology，PT），是一项适用于日本，并且更应该在日本开展研发的科学技术。高效利用电力能源，能够减轻环境负担，对改善生态方面有很大的贡献，也对开展我们所倡导的可持续发展十分重要。我希望并鼓励年轻的研究人员、技术人员能够各尽所能、用战略性的眼光投身于这一领域。

本书编委会邀请木本恒畅负责基础及衬底领域相关章节，大谷昇负责单晶生长及评估相关章节，中村孝负责工艺、器件及应用领域相关章节。众多的作者，特别是年轻有为的研究人员、技术人员执笔，为了呈现出一部佳作而各尽所能。日刊工业新闻社的辻總一郎也耐心细致地进行了编辑工作。在此对参与本书编写的有关人员表示衷心感谢。

松波弘之

京都大学名誉教授

原书编委会成员

(姓名)	(所属单位)	(负责章节)
松波弘之		
	京都大学（名誉教授）	全书
大谷昇		
	关西学院大学	第2~5章
木本恒畅		
	京都大学	第6、7章
中村孝		
	罗姆株式会社	第8~10章

（※所属单位和职位以撰写当时为准。）

原书作者名单

(姓名)	(所属单位)	(负责章节)
新井学		
	新日本无线株式会社	8.6 节
石川胜美		
	株式会社日立制作所	9.4 节
石田夕起		
	独立法人产业技术综合研究所	5.2.2 节
矶谷顺一		
	筑波大学	6.2.4 节
一之关共一		
	独立法人产业技术综合研究所	第6章专栏
宇治原彻		
	名古屋大学	3.3.2 节
梅田享英		
	筑波大学	6.2.4 节
江龙修		
	名古屋工业大学	4.2 节
大井健史		
	三菱电机株式会社	9.2 节
大谷昇		
	关西学院大学	3.1 节
大西丰和		
	丰田自动车株式会社	10.1 节

大森英树

大阪工业大学 10.5节

小野濑秀胜

株式会社日立制作所 8.4.5节

恩田正一

株式会社电装 3.2.2节

加藤智久

独立法人产业技术综合研究所 4.3.2节

金子忠昭

关西学院大学 3.3.3节，第5章专栏

龟井一人

住友金属工业株式会社 3.3.1节

狩田祥行

株式会社高鸟 4.1节

北畠真

松下株式会社 8.4.3节

木之内伸一

三菱电机株式会社 9.2节

木本恒畅

京都大学 第2章，5.1节，6.2.3节，8.3.1节

小杉亮治

独立法人产业技术综合研究所 8.4.1节

坂本幸隆

田渊电机株式会社 10.2节

佐藤贵幸

昭和电工株式会社 5.2.1节

佐野泰久

大阪大学 4.3.1节

四户孝

株式会社东芝 8.3.2节

菅原良孝

SiC功率电力电子网（Spen）、首都大学东京 8.5.2节，9.5节，10.6节

须田淳

京都大学 第7章专栏

先崎纯寿

独立法人产业技术综合研究所 7.3.2节

田岛道夫

（国立研究开发法人）宇宙航空研究开发机构 6.1.1节

田中保宣

独立法人产业技术综合研究所 8.4.7节

谷本智

技术研究组合 下一代功率电子研究开发机构，日产自动车株式会社 7.4.1节

土田秀一

（一般财团法人）电力中央研究所 5.3节，6.1.4节

长泽弘幸

HOYA株式会社 3.4.2节

中岛信一

独立法人产业技术综合研究所 6.1.2节

中野佑纪

罗姆株式会社 8.4.2节

中村孝

罗姆株式会社 8.4.2节，第9章专栏

西川公人

株式会社爱科通 3.3.3节

西泽伸一

独立法人产业技术综合研究所 3.5节

根来佑树

株式会社本田技术研究所 7.1 节

野中贤一

株式会社本田技术研究所 8.5.1 节

登尾正人

株式会社电装 7.3.3 节

秦 广

（公益财团法人）铁道综合技术研究所 10.4 节

畠山哲夫

独立法人产业技术综合研究所 8.2 节

畑山智亮

奈良先端科学技术大学院大学 7.2 节

滨田公守

丰田自动车株式会社 10.1 节

浜田信吉

株式会社爱科通 6.2.1 节

原田信介

产业技术综合研究所 8.4.4 节

樋口登

独立法人产业技术综合研究所 第6章专栏

藤本辰雄

新日本制铁株式会社 3.2.1 节

舟木刚

大阪大学 9.1 节

星正胜

日产自动车株式会社 9.3 节

堀田和利

株式会社富士见 4.2 节

前田弘人

株式会社高鸟 4.1节

松浦秀治

大阪电气通信大学 6.1.3节

松浪彻

株式会社爱科通 6.2.1节

松波弘之

京都大学（名誉教授） 第1章，7.4.2节，第8章专栏

松畑洋文

独立法人产业技术综合研究所 6.2.2节

三谷武志

产业技术综合研究所 6.1.2节

宫泽哲哉

（一般财团法人）电力中央研究所 6.1.4节

八尾勉

独立法人产业技术综合研究所 8.1节

矢野裕司

奈良先端科学技术大学院大学 7.3.1节

山内庄一

株式会社电装 3.4.1节

山田隆二

富士电机株式会社 10.3节

渡部平司

大阪大学 7.3.4节

Rajesh Kumar Malhan

株式会社电装 8.4.6节

（※所属单位和职位以撰写当时为准。）

目　录

第 1 章

碳化硅（SiC）技术的进展[1]

1.1 发展的历史背景

碳化硅（SiC）是Ⅳ-Ⅳ族化合物，1982 年由 Acheson 制出，自古就被用作研磨料及耐火砖的制作材料。在电子器件方面，人们为了开发适用于点接触型矿石检波器的材料，对各种材料进行了调查研究，其中就包括 SiC。1907 年，有报告称在 SiC 的点接触部位施加电压后产生发光现象。1923 年，人们发现施加电压的大小不同，其发光颜色也会产生变化，由此人们推论："这是由于固体放电引起的"。1940 年 Seitz 在"Theory of Solids"中引入了"半导体"这一概念，并表示 SiC 很有可能就是半导体。

1947 年，点接触型锗（Ge）晶体管问世，之后 pn 结晶体管（双极型晶体管）的构想被提出，人们认识到少数载流子注入后的现象至关重要。1953 年，SiC 的发光现象被证实是由于少数载流子的注入和再结合所致。曾经市面上有售在 6H-SiC 中添加硼（B）制成的黄色发光二极管样品。

20 世纪 50 年代中期，SiC 宽禁带半导体的 SiC 单晶体可以由升华法（Lely 法）制出，这大大刺激了业界对于耐高温器件的更高要求，美国、英国、荷兰、日本等国家开始了相关研发。Lely 法是一种利用自然成核的晶体生长技术，由于利用这种方法制出的结晶为形状不规则的薄片，在器件制造上存在一定限制，并且这种材料特有的晶体多型（poly type）㊀现象时有发生，导致各种多晶体混在其中，所以这项技术的进展还举步不前，无法实现实际应用。加之硅（Si）

㊀ 晶体多型：相同化学成分的晶体在某一轴方向上存在多种堆垛结构。SiC 是由于沿着 c 轴方向上，Si-C 原子层的六方密排结构存在不同的堆垛方式。虽然有 200 种以上的晶体多型，但在实际应用上比较重要的只有 3C-、4H-、6H-、15R-SiC 晶型。数字表示一个晶胞沿着（0001）方向的 Si-C 的原子层数，字母表示晶系的首字母（C：立方晶系，H：六方晶系，R：菱方晶系）。

晶体管经过发展，实现了在125℃高温下运行能力，至此SiC耐高温器件的研发进入低潮期。

1.2 台阶控制外延生长模式的发明（SiC技术的大突破）

为解决衬底问题，业内曾不断尝试使用能制得大尺寸Si衬底的化学气相沉积（Chemical Vapor Deposition，CVD）法来制备SiC单晶体。要想实现Si衬底与SiC的晶格常数相差20%的异质外延生长，从该想法的提出到有望实现需要花费十年以上的时间。20世纪80年代初，有人提出，使用碳化氢原料在Si衬底上形成碳化缓冲层（低温形成缓冲层），可以重复性良好地制备低温稳定型3C-SiC，人们重新认识到SiC可以成为宽禁带半导体材料的研究对象，于是美国率先恢复了研究，随后日本学界也展开了此项研究。20世纪80年代后期，有报告称使用3C-SiC/Si制成了MOSFET（Metal Oxide Semiconductor Field Effect Transistor，金属-氧化物-半导体场效应晶体管），实现了SiC在电子器件的应用[2]。

3C-SiC/Si制成的MOSFET其电学特性（漏极电压-电流特性）并未达到完全饱和的形态，人们推测是否由于晶格常数的差异引起的3C-SiC晶体的缺陷所致，于是开始了在Acheson单晶体6H-SiC表面上3C-SiC异质外延生长的尝试。晶体多型虽有所不同，但6H-SiC（0001）面的原子排列与3C-SiC类似，故可利用其几乎无差异的晶格常数的优势。由于不用担心SiC衬底熔融，可以采用比Si衬底更高的生长温度（1500℃以上）。但6H-SiC自然面上生长的晶体表面经常产生如马赛克状的3C-SiC双晶，也无法用作电子器件材料。

Acheson晶体形状不规则，在进行CVD法晶体生长前必须对衬底进行加工、研磨。在研磨工艺中，6H-SiC衬底的（0001）面上导入倾斜角（偏轴角）后，晶体从台阶端生长的台阶流结构，能够重复性良好地实现高品质6H-SiC同质外延生长。导入偏轴角后（0001）面上会存在大量台阶，而利用这种台阶流实现的晶体生长，就被命名为“台阶控制外延生长”[3]。在此之前，在“无偏轴角衬底”上同质外延生长只能在2000℃左右的条件下实现，而采用偏轴角方式实现了在1500℃左右的低温条件下6H-SiC同质生长的技术。此种方式制成的pn接合的特性格外优秀，生长层的结晶品质、表面形貌优良。

采用台阶结构的晶体生长方式，及通过添加掺杂物对p、n两传导性的精密控制等，本方法的基础学术理论在20世纪90年代中期得以确立[4]。如今，在国际高品质外延生长技术中本方法得到广泛应用，成为SiC技术领域的一大突破。

1.3 SiC衬底结晶的研发进展

20世纪70年代后期，俄罗斯提出使用籽晶升华法（改良Lely法）来制备

SiC 单晶的方法[5]，但由于当时处于冷战时期，信息交流不畅，所以没能成为全世界共识。到了 20 世纪 80 年代后期，美国重启了 SiC 技术的研发，掀起了高涨的研究热潮，可制作出大尺寸 SiC 衬底的结晶法引发业界瞩目。已证实采用上述“台阶控制外延生长”法制成的外延晶片具有高品质，及优异的电学特性，但此技术要在 SiC 器件中得到实际应用，必须有高品质、大尺寸的衬底，其重要性日益增高。

1987 年美国创投企业成立，1991 年前后开始在市面上销售直径为 1in⊖的 SiC 衬底。之后衬底直径逐年扩大，到了 2006 年前后在市面上已经可以购买到直径为 100mm（4in）的衬底。2010 年展出了直径为 150mm（6in）衬底的样品。作为长期攻关课题，微管缺陷（数个螺旋位错聚集形成）的降低取得了进步，也有报告展示了无微管缺陷的 4in 衬底。如今，SiC 衬底技术开发朝着减少衬底位错缺陷方向深入。2004 年提出的 RAF（Repeated A-Face）生长法[6]，其原理具有划时代意义，人们也正在不断努力将其培育成产业化的技术。

1.4 运用于功率半导体的前景

SiC 半导体应用于便捷电气能源的前景十分广阔，其消费量保持增长的态势。利用电力能源时，从发电到用电之间，交流/直流变换等电压、频率的变换，以及终端的电力电子设备、家用电器、铁路等使用场景中应用了大量的半导体功率器件。这些半导体功率器件如果能实现低损耗、高性能化的话，将会大幅减少使用电力时的损失，能为减轻环境负担做出贡献，其溢出效应也极其巨大。目前半导体功率器件基本上全部是由 Si 半导体制成，运用微细加工技术来谋求更高性能。但目前 Si 已接近其物理性能极限，未来也不会再有飞跃式发展，因此对 SiC 新型功率半导体的期待很大。

在 SiC 的 c 面偏轴衬底上采用“台阶控制外延生长”法能得到高品质外延层，这是一项重大突破，利用其宽禁带特性制成的低损耗半导体将得到大力发展。

1.5 肖特基二极管的产业化

采用“台阶控制外延生长”法生产的高品质外延层方法，1993 年实现了厚度约 10μm 的外延层，并在其基础上成功开发了耐压超过 1kV 的 6H-SiC SBD（Schottky Barrier Diode，肖特基二极管）[7]。由于 SiC 的临界击穿电场强度比 Si

⊖ 1in = 0.0254m。

高了一个数量级，SBD器件的导通损耗能减少两个数量级以上，由此业内普遍认识到SiC将成为低损耗功率半导体材料。

随后，4H-SiC被证实了其实用性[8]，1995年采用4H-SiC制成的厚度13μm外延层上成功研制出了耐压1.7kV的SBD[9]。以此为契机，4H-SiC在功率半导体领域获得了关注。基于这些成果，4H-SiC SBD于2001年由德国企业推向市场，美国、日本的企业也紧随其后，SiC功率器件迈入产业化的时期。

1.6 晶体管的产业化

SiC在SBD应用领域产业化前景光明，在开关型器件的晶体管的应用开发也迎来了大好时机。常闭型（施加电压形成沟道导通电流）MOSFET的前景也十分广阔。通过热氧化在4H-SiC的c面（0001）偏轴衬底上研制MOSFET的报告相继发表，但由于SiO_2/4H-SiC界面物理性质不良，MOS反型层的电子迁移率极低。1999年，在a面（$11\bar{2}0$）上试制MOSFET，其电子迁移率比之前c面（0001）偏轴衬底上制作的改善了15倍以上[10]。据此，人们明确了SiO_2/4H-SiC界面本质上并不存在太大问题，对其持续研发的热情也愈发高涨（沟槽式MOSFET被认为已到达极限，但这一成果充分利用了其a面沟道的特性，提高了人们对于MOSFET的期待）。现在，人们通过改变c面MOSFET的氧化层形成方式，以及在氧化膜形成后增加各种热处理等方法，MOSFET电子迁移率可得以改善。日本对氧化层的长期使用可靠性等方面进行了很多研发，基本可以实现MOSFET样品出货。

作为一种开关器件，JFET（Junction Field Effect Transistor，结型场效应晶体管）器件已经推出市场，并实现了商业化应用。这种器件充分利用了pn结特性，长期使用可靠性相关问题较少，但由于其属于常开型器件（不必施加栅极电压也能形成沟道使电流通过），在电路方面需要一定的巧思。也有人尝试采用常开型耐高压4H-SiC JFET器件和低压Si MOSFET器件级联形成的混合型的常闭型器件。

1.7 功率器件模块

人们一直致力于低损耗功率器件模块的开发，SiC SBD与Si IGBT（Insulated Gate Bipolar Transistor，绝缘栅双极型晶体管）组合而成的逆变器推出市场，SiC SBD逆变器的应用开始普及。由日本率先发布使用SiC MOSFET与SBD组合的全SiC逆变器。解决可靠性问题的研究持续着，相信在不久的将来，以低损耗、小型化、简易冷却为亮点的SiC逆变器、变频器模块将迎来产业化。

功率半导体广泛应用于各种电力电子设备、家用电器、生产设备、应急电源、火车、高耐压直流送电等领域。这些领域若使用 SiC 半导体功率器件，可实现设备的小型、高效、简易冷却，则电能的更高效利用将指日可待。如果电能转化为热能的损耗减少，现有的输送配电系统将会产生大量剩余电力，即创造了新的能源，单凭此就可引发出新的产业模式。用于用电高峰调节的火力发电站的开发如能停止，自然随之而来就能减轻环境污染。为减轻汽车尾气排放带来的环境污染问题，汽车的电力驱动成了焦点，发动机与电动机一体的混合动力汽车以及纯电力驱动汽车已经投入使用。在有限的空间里存在高温部位，同时考虑电池的长时间使用等需求，SiC 功率半导体在这一领域的实际应用有着重要的意义。已陆续研制出车规级应用的 SiC 器件，将来各种电力驱动汽车上都很有可能会搭载 SiC 功率器件。

同时，有机配置各种电源，整体实现节能的智能电网将不可缺少 SiC 功率器件。今后，SiC 功率器件将拥有非常广阔的发展前景。

参考文献

1）松波弘之編著：半導体 SiC 技術と応用，日刊工業新聞社（2003）.

2）K. Shibahara, T. Saito, S. Nishino, and H. Matsunami, *IEEE Electron Device Lett.* EDL-7，692（1986）.

3）N. Kuroda, K. Shibahara, W. S. Yoo, S. Nishino, and H. Matsunami, *Ext. Abstr. 19th Conf. on Solid State Devices and Materials*, Tokyo, p. 227（1987）.

4）H. Matsunami and T. Kimoto, *Mater. Sci. Eng.* R20, 125（1997）.

5）Yu. M. Tairov and V. F. Tsvetkov, *J. Cryst. Growth* 43, 209（1976）.

6）D. Nakamura, I. Gunjishima, S. Yamaguchi, T. Ito, A. Okamoto, H. Kondo, S. Onda, and K. Takatori, *Nature* 430, 1009（2004）.

7）T. Kimoto, T. Urushidani, S. Kobayashi, and H. Matsunami, *IEEE Electron Device Lett.* 14, 548（1993）.

8）A. Itoh, H. Akita, T. Kimoto, and H. Matsunami, *Appl. Phys. Lett.* 65, 1400（1994）.

9）A. Itoh, T. Kimoto, and H. Matsunami, *IEEE Electron Device Lett.* 16, 280（1995）.

10）H. Yano, T. Hirao, T. Kimoto, H. Matsunami, K. Asano, and Y. Sugawara, *IEEE Electron Device Lett.* 20, 611（1999）.

第2章

SiC 的特征

SiC（碳化硅）是由化学计量上 Si：50%、C：50% 构成的Ⅳ-Ⅳ族化合物半导体，具有11% 的电离度（Pauling 法则定义）的共价晶体。SiC 晶体中 Si-C 原子间距短，为 0.189nm，结合能高（约 4.5eV），因此，SiC 的硬度仅次于金刚石，最早是用作工业中的研磨材料。SiC 原子间强大的结合力带来了高晶格振动能量（声子能量），赋予了这种材料的高热导率特性。充分利用这种高热导率以及热学、化学上的稳定性，SiC 广泛应用于集成电路的散热片、陶瓷材料，乃至加热装置材料等工业用途。而另一方面，SiC 作为半导体材料，其较强的原子间结合力赋予它宽禁带、高临界击穿电场强度的特点。此外由于 SiC 拥有较高的光学声子能量，载流子的饱和漂移速度也很快。宽禁带及优异的热稳定性，正说明了这种半导体材料适用于制造高温作业器件。如下文所述，其高临界击穿电场强度在电力电子功率器件应用方面有绝对优势，而高饱和漂移速度也展示了其在高频功率器件应用上的优势。

20 世纪 50 年代，半导体研究人员认识到了 SiC 的这些优秀的物理性质与可能性，1960 年 Shockley 曾预言如 SiC 得到充分利用，将有可能制造出超过 Si 物理界限的高性能器件[1]。从 20 世纪 60 年代到 70 年代前期，以美国为中心有组织地开始进行高温电力电子的研究，人们对 SiC 半导体充满期待，但由于结晶生长的难度极大，SiC 半导体研究一度触礁搁浅。但是，到了 20 世纪 80 年代以后，在大尺寸单晶生长以及外延生长技术上相继取得重大突破[2,3]，大学以及公立研究机构重新开始了 SiC 半导体的基础研究。进入 20 世纪 90 年代，SiC 单晶衬底开始推向市场，同时性能优良的 SiC 器件也被展示出来，引发业界关注。日本从 20 世纪 90 年代开始，SiC 材料、器件、系统相关的各种国家项目也稳步推进，SiC 功率器件的真正产业化之路蓬勃发展。在这里，我们将从功率半导体应用的角度来简要说明 SiC 半导体的特征与其可能性。

可以说，SiC 半导体研发的历史中，70% 都是与晶体生长技术相关的研发。首先，在常压下不存在液态 SiC，且 SiC 具有在 2000 ~ 2200℃ 以上高温下升华的性质，所以不能单纯采用从溶液拉单晶方法制备 SiC 单晶晶锭。目前业内也提出各种 SiC 晶锭生长方法，人们在 SiC 单晶生产技术的开发上倾尽全力，其中最成功的方法还是一种叫作“升华法”的单晶生长法。这种方法是在石墨坩埚内放入 SiC 多晶体原料，在约 2400℃ 的高温下使其升华，并在较低温处（约 2200℃）的籽晶上使其实现再结晶来制备 SiC 晶锭。虽然在单晶生长时控制温场分布及获得更长的晶锭绝非易事，仍存在各种待攻关的课题，但优质单晶衬底的产业化进展加速前进，直径 100mm 的低电阻衬底及半绝缘衬底已在市面上销售[4,5]。SiC 晶锭生长相关的详细内容，请参见第 3 章。

在介绍 SiC 的晶体生长及性质时，就涉及 SiC 特有的重要的物理现象，SiC 的晶体多型（poly type）现象[6]。SiC 的相同构成在 c 轴方向存在多种堆垛结构，这在晶体学上的晶体多型材料中比较有名。这种晶体多型现象可以描述为 Si、C 原子单位层的密排结构中有不同的原子堆垛方式。已经得以证实的 SiC 晶体多型有 200 多种，发生概率高并且在实际应用上有重要作用的是 3C-、4H-、6H-、15R-SiC（Ramsdell 表示法）。这种表示法中，第一个数字表示堆垛方向（c 轴方向）一周期内所含 Si-C 单位层的数量，后面的 C、H、R 表示晶系的首字母（C：立方晶系，H：六方晶系，R：菱方晶系）。图 2.1.1 为 3C-、4H-、6H-SiC 的堆垛结构示意图。该图中“A，B，C”表示的是六方密排结构中三种原子的占位（相当于 Si-C 对）。另外，在其他半导体中经常出现的闪锌矿（zincblende）型结构表示为 3C，纤锌矿（wurtzite）型结构表示为 2H。

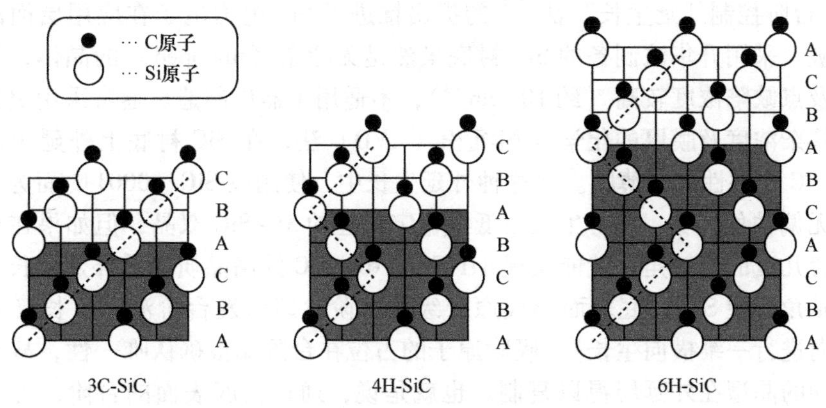

图 2.1.1　3C-、4H-、6H-SiC 的堆垛结构示意图。图中“A，B，C”表示的是六方密排结构中三种原子的占位（相当于 Si-C 对）

SiC 晶体多型的热稳定性以及发生概率各不相同，高温（约 2000℃）条件下 6H-、15R-、4H-SiC 的发生概率高，低温（约 1800℃）条件下容易产生 3C-SiC。因此，在高温环境下通过升华法能够得到 4H-SiC、6H-SiC，而不容易生产3C-SiC晶锭。SiC的各晶体多型其禁带宽度、电子迁移率、杂质水平等物理性质也各不相同，所以在基础物理性质领域也引发了人们研究的兴趣。表2.1.1展示了具有代表性的SiC晶体多型的主要物理性质[7,8]。同时，所有的SiC晶体多型都有与Si相同的间接带隙型能带结构。

表2.1.1 具有代表性的SiC晶体多型的主要物理性质

	3C-SiC	4H-SiC	6H-SiC
堆叠结构	ABC	ABCB	ABCACB
晶格常数/Å	4.36	a = 3.09 c = 10.08	a = 3.09 c = 15.12
禁带宽度/eV	2.23	3.26	3.02
电子迁移率/[$cm^2/(V \cdot s)$]	1000	1000（⊥c） 1200（//c）	450（⊥c） 100（//c）
空穴迁移率/[$cm^2/(V \cdot s)$]	50	120	100
击穿电场强度/(MV/cm)	1.5	2.8	3.0
饱和漂移速度/(cm/s)	2.7×10^7	2.2×10^7	1.9×10^7
热传导率/[W/(cm·K)]	4.9	4.9	4.9
介电常数（ε_s）	9.72	9.7（⊥c） 10.2（//c）	9.7（⊥c） 10.2（//c）

"台阶控制外延生长"法[3,9]的提出推进了SiC电力电子在应用层面的重大突破。采用升华法制备的SiC衬底虽然是无掺杂（undoped）的晶体，但其杂质及点缺陷浓度较高（约$10^{15}cm^{-3}$），不适用于器件制造。通常采用更容易控制掺杂浓度及膜厚的化学气相沉积（CVD）法，在SiC衬底上外延生产出激活SiC器件性能的薄膜。在这种外延生长中，使用以SiC {0001} 面为基底面的无偏轴角衬底，容易生长出低温稳定特性的3C-SiC双晶，但如果在衬底上设置几度的偏轴角，就能实现4H-SiC、6H-SiC的高品质同质外延生长。导入偏轴角会使SiC衬底表面形成原子级的台阶，即引发台阶流动生长（从台阶方向进行一维横向生长）。吸附原子的占位在台阶端被确认唯一性，故与衬底相同的晶型在外延层得以复制。也就是说，通过衬底表面的台阶，可以控制生长层的晶体多型，所以命名为"台阶控制外延生长"。最近也有报告说明采用升华法生长高品质单晶时，或使用重复a面生长（RAF法）后的 {0001} 面生长中，为了晶体多型的稳定使用了具有偏轴角的籽晶，这一操作颇有意义[10]。如今，用于制作器件的大部分晶体面都是（0001）晶向（Si面）朝$<11\bar{2}0>$晶向4°~8°斜切的面。有关SiC外延生长技术的最新进展，请参见第5章。

在众多SiC结晶形态中，现在被公认为最合适应用于器件制作的是4H-SiC。理由如下：首先4H-SiC的电子迁移率、禁带宽度和击穿电场强度的数值较大；此外4H-SiC具有导电的各向异性较小的优点，同时施主能级和受主能级的位置也比较小；从4H-SiC中可以得到品质优良的单晶体衬底，并在此之上可以生产高品质的外延生长层等。表2.1.2分别向我们展示了4H-SiC、Si、GaAs、GaN、金刚石的主要物理性质，以及（以Si指数为基准）基于物理性质计算出的Johnson的性能指标（高频电子器件应用）和Baliga的性能指标（功率器件应用）。同时，该表还对制作器件时的重要技术数据方面做了比较。特别值得强调的是，4H-SiC的击穿电场强度约是Si和GaAs的10倍，电子饱和漂移速度约是它们的2倍，热传导率约高达Si的3倍。从表中我们可以发现GaN显示出了与SiC同样优秀的物理性质。GaN通过制作AlGaN和InGaN等的混合晶体，可以在异质结构上大显身手。同时GaN是直接迁移型半导体，所以十分适合用于发光器件的制作[11]。另一方面，SiC与其他的宽禁带半导体相比有以下几个特别之处，不仅能比较容易地控制p、n双传导型的广范围价电子，而且与Si一样可以通过热氧化形成品质优良的绝缘膜（SiO_2），以及可以从市面上买到具有良好导电性或绝缘性的SiC晶片。SiC和GaN功率器件有着同样的发展潜力与前景，有关两者之间的比较议论也一直不绝于耳，但并无孰优孰劣的明确结论。晶体的尺寸、缺陷浓度等技术方面的问题和成本，都会随着时代的发展而变化。如果非要比较各个材料之间的不同的话，由于SiC是一种间接迁移型半导体，其载流子寿命更长，在超高耐压双极型器件的领域里，电导调制效应会决定器件的性能，故SiC在这一领域具有绝对的优势。

表2.1.2 SiC(4H-SiC)、Si、GaAs、GaN、金刚石的主要物理性质、性能指标以及技术现状

	4H-SiC	Si	GaAs	GaN	金刚石
禁带宽度/eV	3.26	1.12	1.42	3.42	5.47
电子迁移率/[cm^2/(V·s)]	1000	1350	8500	1500	2000
击穿电场强度/(MV/cm)	2.8	0.3	0.4	3	8
饱和漂移速度/(cm/s)	2.2×10^7	1.0×10^7	1.0×10^7	2.4×10^7	2.5×10^7
热传导率/[W/(cm·K)]	4.9	1.5	0.46	1.3	20
Johnson的性能指标	420	1	1.8	580	4400
Baliga的性能指标	470	1	15	850	13000
p型价电子控制	○	○	○	△	○
n型价电子控制	○	○	○	○	×
热氧化	○	○	×	×	×

（续）

	4H-SiC	Si	GaAs	GaN	金刚石
低电阻晶片	○	○	○	△（SiC，GaN）	×
绝缘性晶片	○	△（SOI）	○	△（蓝宝石）	×
异质结	×	×	○	○	×

注：○：容易或可获得，△：可能获得但受到限制，×：获得困难。

如表2.1.2所示，由于SiC是一种禁带宽度大、热膨胀系数小的材料，一开始人们把它作为耐高温器件材料来研究。通常，Si材质的器件最高工作温度（结温）大约在150~200℃。SiC材质的器件即使在500℃的高温下其本征载流子浓度也大约在$10^{10}cm^{-3}$（室温下的浓度约为$10^{-8}cm^{-3}$），理论上即使在800℃以上的高温环境下SiC材质的器件依旧可以工作。实际有报告显示在650℃的高温下确认SiC MOSFET仍可正常工作。另有报告表示SiC MOS集成电路可以实现300~350℃下正常工作。在视高温如大敌的电力器件领域，SiC的耐高温性能备受青睐。特别是大功率的电力变换器（装载有Si材质的功率器件），通常会同时设置多个与逆变器单元体积相同的水冷机组，但通过使用SiC材质的器件，可以省去水冷系统的空间，转而采用风冷技术，那么变换器整体上将会实现小型化，同时也会提高效率和可靠度。不过，由于受到氧化膜、外封装以及周边无源器件的限制，在现实场合SiC材质的器件想要在500℃的温度下正常工作并非易事。现在，为保证SiC材质的功率器件在200~250℃温度下能正常工作，同步继续开发周边技术显得十分重要。

SiC的击穿电场强度大约是Si的10倍。理论上使用SiC可以开发出性能远优于Si材质的高性能功率器件。Baliga等学者表示，SiC材质的高耐压SBD和功率MOSFET都显示出极其优秀的导通电阻，这可以大幅降低电力损失。基于此，他们还报告了有关用SiC材质的器件完全替换耐高压Si材质的功率器件的模拟实验的结果[12]。我们用图2.1.2简单地说明一下，SiC材质的功率器件比起Si材质的器件在导通电阻上明显小得多的原因。我们向单边突变结施加反向偏压（V_B），此时的耗尽层内电场分布如图2.1.2所示，接合面的最大电场就是所说的击穿电场强度（E_B），此时耗尽层的宽度也变得最大（假定均一杂质，非穿通构造）。此时的耐压我们用表示电场分布的直线与坐标轴围成的直角三角形的面积表示（$V_B=E_BW_M/2$）。

由于SiC（4H-SiC）器件的击穿电场强度是Si的10倍，在制作耐压相同的器件时，SiC可以维持图2.1.2中竖长直角三角形面积的耐压V_B。因此，SiC材

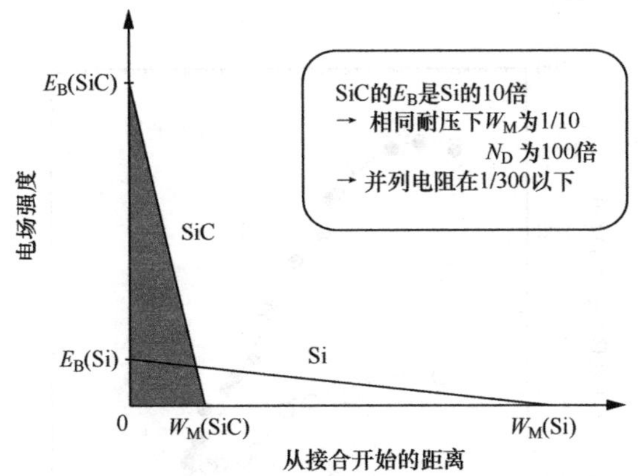

图 2.1.2　Si、SiC 单边突变结在击穿电场强度下的耗尽层内的电场分布

质的器件只需要 Si 器件耗尽层宽度（对应电子漂移领域的功率器件耐压维持层）的 1/10 就可以达到目的。而且该领域的掺杂浓度（对应电场分布的斜率）可以达到之前材质的 100 倍。这样一来，在相同耐压器件的比较中，SiC 器件的电子漂移领域的电阻可以缩小 2 ~3 个数量级。高耐压器件中，漂移层的电阻决定着静态电阻，采用 SiC 可减小静态电阻，即可以制作出能够减少电力损耗的器件。另外，需要注意的是，决定耗尽层宽度的是杂质（n 型中是施主）浓度，决定器件的导通电阻的是载流子（n 型中是自由电子）浓度（并非杂质浓度）。即使那些击穿电场强度大的材料，如果为了增大杂质活性化所产生的能量而导致载流子浓度比杂质浓度小，也无法实现大幅降低导通电阻。

4H-、6H-SiC 的 n 型生长层室温下电子迁移率对载流子浓度的依存性如图 2.1.3 所示[9,13]。在低掺条件下，4H-SiC 的电子迁移率约为 $1000cm^2/(V \cdot s)$，6H-SiC 的约为 $450cm^2/(V \cdot s)$。图中虽未标出，3C-SiC 异质外延生长层的电子迁移率为 $700 \sim 800cm^2/(V \cdot s)$（实测）。我们都知道 3C-SiC 以外的 SiC 结晶形状中均在电子迁移率上存在各向异性。图 2.1.3 表示的迁移率是 {0001} 面内的平均迁移率（$\mu_\perp$）。6H-SiC 中 c 轴（<0001>）方向的迁移率（$\mu_{//}$）仅约为 $\mu_\perp$ 的 20% ~30%（低浓度生长层的数值为 $80 \sim 100cm^2/(V \cdot s)$），但在 4H-SiC 中 $\mu_{//}$ 反而比 $\mu_\perp$ 大约 20%（低浓度生长层的数值为 $1100 \sim 1200cm^2/(V \cdot s)$）。这主要是因为有效质量的各向异性导致的。因此在 {0001} 衬底上制作大容量的垂直型 SiC 功率器件时，由于通过的电流和 $\mu_{//}$ 成正比，所以最佳选择是 $\mu_{//}$ 大的 4H-SiC。N 施主的电离能，在 4H-SiC 中是 40 ~110meV，在 6H-SiC 中是 70 ~140meV（与 N 施主的置换点和浓度有关）。另外，在高浓度杂质层中能够获得杂质浓度 $10^{19}cm^{-3}$、$0.005\Omega \cdot cm$ 以下的低电阻 n 型晶体。而且，由于 P（磷）有较小的电离能，溶解度极限也高，所以在通过注入离子形成高掺的 n

型领域时多使用P（磷）。

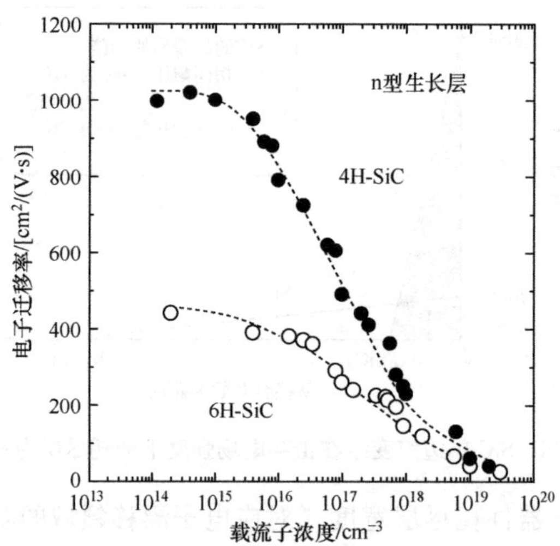

图2.1.3　4H-、6H-SiC的n型生长层室温下电子迁移率对载流子浓度的依存性

4H-、6H-SiC的p型生长层在室温下的空穴的载流子浓度依存性如图2.1.4所示[9,13]。4H-SiC的低浓度杂质晶体的空穴迁移率约为$120cm^2/(V \cdot s)$，6H-SiC的约为$100cm^2/(V \cdot s)$。空穴迁移率的各向异性比较小。SiC中的Al受主的电离能，4H-SiC中大约为150~190meV，6H-SiC中大约为180~240meV，比较大，所以室温中的空穴浓度要比受主浓度低1个数量级左右。但是通过掺入10^{20}~$10^{21}cm^{-3}$的高浓度杂质，可以获得电阻率为$0.02\Omega \cdot cm$的p型（4H-SiC）。曾经，受主材料也会使用B（硼），但因为使用B之后电离能过大（300~350meV）导致降低电阻比较困难；另外，还会形成含有B原子的较高浓度的深能级杂质缺陷；还会引起异常的扩散现象。基于以上原因，目前不再使用B元素掺杂。图2.1.5展示了击穿电场强度和掺杂浓度之间的关系。

图2.1.5中模拟了4H-SiC <0001>、6H-SiC <0001>、Si <001>方向的数值[14,15]。同时图中就3C-SiC <001>也给出了大概的数值。4H-SiC与6H-SiC有比Si高约1个数量级的击穿电场强度。禁带宽度较大的4H-SiC的击穿电场强度比6H-SiC略低的原因与上述迁移率的各向异性和复杂的导带构造有关。实际上我们观察这些结晶形状在击穿电场强度的各向异性上的表现时发现，对于与c轴垂直方向上的击穿电场强度，6H-SiC比4H-SiC要高。3C-SiC的禁带宽度比较小，只有2.2eV，所以与4H-、6H-SiC相比，击穿电场强度要小。

有关SiC载流子寿命的研究，现在仍处于基础研究阶段，仍未确立完成度较高的模型。同时加之由于点缺陷造成的深能级缺陷，有研究指出位错与堆垛层错等的扩展缺陷，在晶体表面、外延生长层或衬底界面上再结合都会复杂地影响载流子寿命[16]。有关深能级缺陷，有研究表示从导带底 0.6eV 的能量处的 Z_1/Z_2 中心[17]，也就是我们所说的载流子寿命杀手，我们可以通过利用电子束的照射来改变它的浓度，借此可以提高载流子寿命[16]。在 SiC 生长层测定的载流子寿命通常为 0.5 ~ 1μs 左右，近些年通过研发降低减少 Z_1/Z_2 中心的方法，已经可以得到 10μs 以上的实验数据。

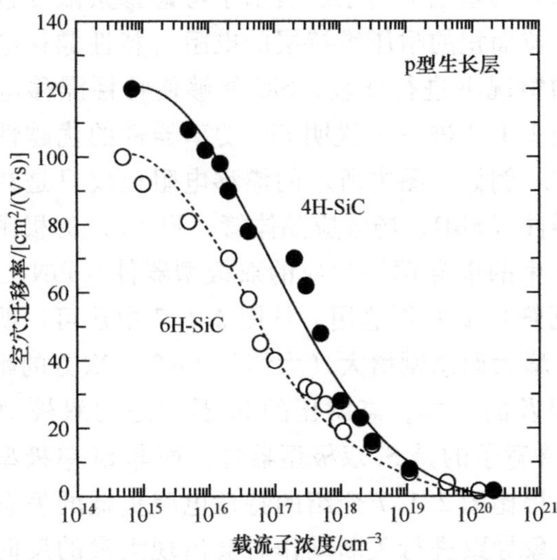

图 2.1.4　4H-、6H-SiC 的 p 型生长层在室温下的空穴的载流子浓度依存性

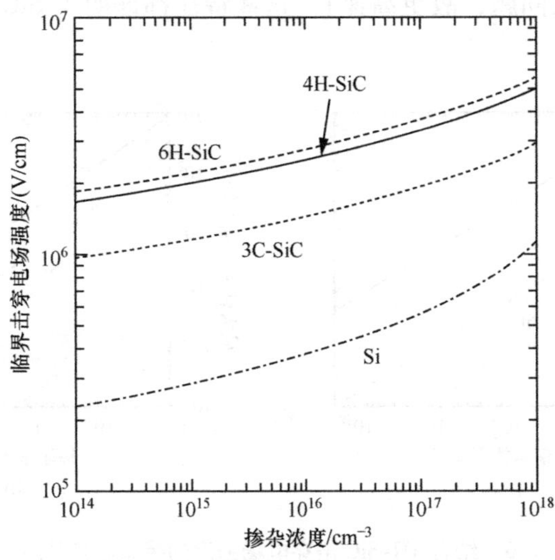

图 2.1.5　4H-SiC <0001>、6H-SiC <0001>、3C-SiC <001>、Si <001>的击穿电场强度和掺杂浓度之间的关系

图2.1.6表示的是结合了SiC（4H-SiC）击穿电场强度的掺杂浓度依存性计算得出的单边突变结的耐压和最大耗尽层宽度（假设为非穿通结构）的掺杂浓度依存性。为了方便比较，图中也添加了Si在这方面的特性。例如，为了得到1kV的耐压所需要的掺杂浓度，采用SiC约是$2\times10^{16}cm^{-3}$，Si是$2\times10^{14}cm^{-3}$；所需厚度，SiC是8μm，Si需要是80μm，这些数字足以证明SiC的优越性。图2.1.7在图2.1.6的基础上还添加表示了考虑掺杂浓度依存性利用电子迁移率计算得出的单位面积的耐压维持层的电阻（特性漂移电阻）的耐压依存性。在相同电阻的情况下进行比较，SiC能够使特性漂移电阻降低到原来的1/500~1/300。图2.1.7进一步说明SiC功率器件的优越性的同时，也有一些需要注意的地方。例如，图中所示的漂移电阻仅仅只是在多数载流子上产生影响的单极型器件（SBD、场效应晶体管（FET））的极限特性，而在利用注入少数载流子产生的电导调制效应的双极型器件（PiN二极管、双极型晶体管、IGBT、晶闸管）上并不适用。从图2.1.7中还可以明白，因为特性漂移电阻随着耐压的增大而急剧增大（大约与2~2.5次方的耐压成正比关系），所以如同后面会提及的一样，高耐压的Si器件是用双极型器件制成的。因此，SiC单极型器件竞争的是Si双极型器件，而非Si单极型器件。Si双极型器件中除了可以获得比图2.1.7介绍的特性电阻更低的静态电阻之外，由于少数载流子累积现象导致进行关断动作时会出现大量的反向恢复电流，导致开关特性（速度与损失）比较差。单极型SiC功率器件比起相同耐压的Si功率器件导通电阻更低（达不到1/300，大约可以达到1/10），开关更快（没有少数载流子的累积问题，故更高速）。这些特征都证明了SiC可以在高温下工作且不容易损坏。

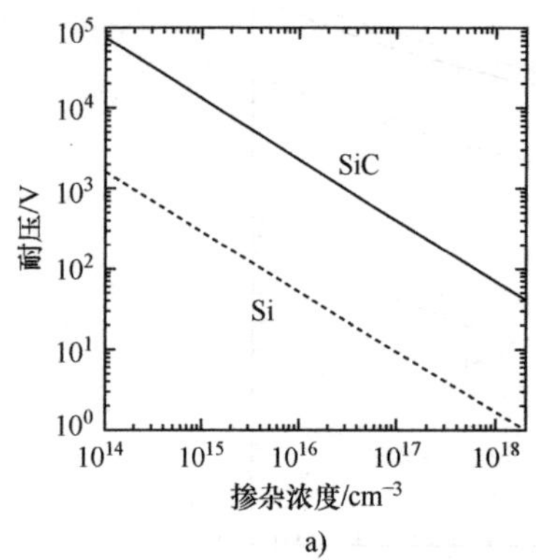

a)

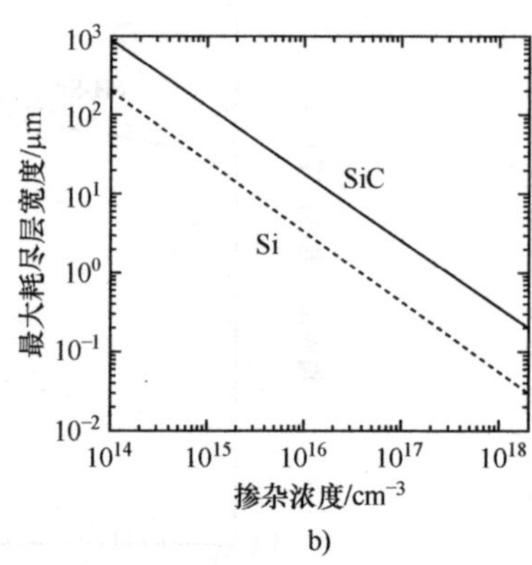

b)

图2.1.6　结合4H-SiC击穿电场强度的掺杂浓度依存性，计算得出的单边突变结的掺杂浓度依存性

a）耐压　b）最大耗尽层宽度（假设为非穿通结构）

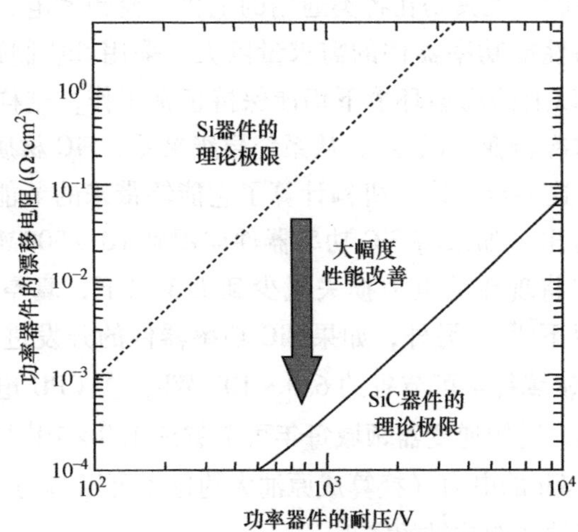

图2.1.7 4H-SiC及Si功率器件（单极型器件）的单位面积上的耐压维持层的电阻（特性漂移电阻）的耐压依存性

最后，就电力电子功率器件的种类和分类，用图2.1.8简单地说明一下。Si材质的二极管，如果耐压在100~200V以下，常用肖特基二极管，如果耐压在200V以上，需用PiN二极管。Si材质的开关装置中，单极型器件和双极型器件的耐压分界区间在300~600V之间。但如果换成SiC，单极型器件即使在5kV的耐压下仍可将导通电阻保持在一个较低的数值上。至少现在我们可以推测，如果是3~5kV以下的耐压，主要还是使用肖特基势垒二极管和FET（JFET和MOSFET）；SiC PiN二极管和晶闸管则适用于5~10kV以上的超高耐压应用。

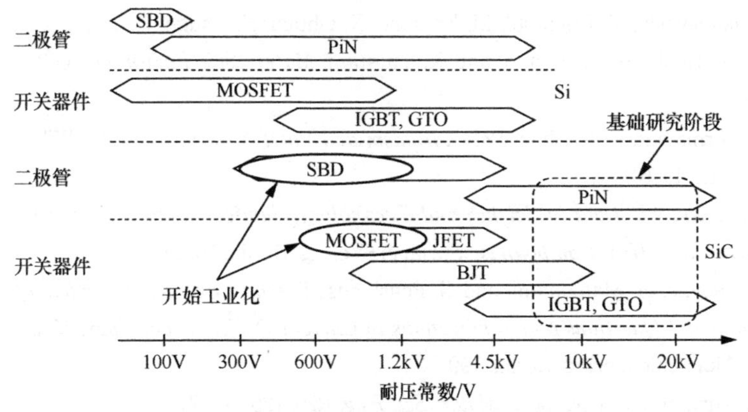

图2.1.8 SiC及Si功率器件的种类和分类

无论如何，如今Si功率器件的性能已经接近其物理性质所决定的理论界限，急需要创新突破。尤其是在各类通用的电机、变频家电、HEV/EV、高铁、开关电源等领域高性能功率器件的需求量巨大。采用 SiC 制造各类功率器件，可以保证在200℃以上的高温环境下仍能保持正常工作，这样一来冷却设备可以大幅小型化（水冷转变为风冷），从系统层级来看，SiC 材质的功率器件也有很大的影响。关于这一点，许多机构计算了它能够带来的节能减排效果。菅原氏经过大概计算得出，如果将 SiC 功率器件应用到 10～300MW 级的大容量电源变换器上，可以将现在的电力损失减少到 1/3 以下，真空管体积也可以缩小到现在的 1/5 以下[18]。另外，如果 SiC 功率器件的开发进展顺利，到 2020 年，在 EV/FCEV 领域每年可节省约 6.3×10^9kWh，在 CPU 电源领域每年可节省约 2.7×10^9kWh，通用逆变器领域每年可节省约 1.0×10^{10}kWh，总计每年可节省约 1.9×10^{10}kWh 的电力（换算成原油大约每年可以节约 440 万 kL），我们期待这一成效显著的节能减排的实现[19]。

参 考 文 献

1) W. Schockley, *Silicon Carbide-A High Temperature Semiconductor*, xviii (Pergamon Press, 1960).

2) Yu. M. Tairov and V. F. Tsvetkov, *J. Crystal Growth* 52, 146 (1981).

3) N. Kuroda, K. Shibahara, W. S. Yoo, S. Nishino, and H. Matsunami, *Ext. Abstr. 19th Solid State Devices and Materials* (1987) p. 227.

4) R. T. Leonard, Y. Khlebnikov, A. R. Powell, C. Basceri, M. F. Brady, I. Khlebnikov, J. R. Jenny, D. P. Malta, M. J. Paisley, and V. F. Tsvetkov, R. Zilli, E. Deyneka, H. M. Hobgood, V. Balakrishna, C. H. Carter, *Mater. Sci. Forum* 600-603, 7 (2009).

5) M. Nakabayashi, T. Fujimoto, M. Katsuno, N. Ohtani, H. Tsuge, H. Yashiro, T. Aigo, T. Hoshino, H. Hirano, and K. Tatsumi, *Mater. Sci. Forum* 600-603, 3 (2009).

6) A. R. Verma and K. Krishna, *Polymorphism and Polytypism in Crystals* (Wiley, New York, 1966).

7) O. Madelung ed., *Data in Science and Technology, Semiconductors, Group IV Elements and III-V Compounds* (Springer-Verlag, Berlin, 1991).

8) W. J. Choyke, H. Matsunami, and G. Pensl, eds., *Silicon Carbide, A Review of Fundamental Questions and Applications to Current Device Technology*, Vol. I & II (Akademie Verlag, Berlin, 1997).

9) H. Matsunami and T. Kimoto, *Mater. Sci. Eng.* R20, 125 (1997).

10) D. Nakamura, I. Gunjishima, S. Yamaguchi, T. Ito, A. Okamoto, H. Kondo, S. Onda, and K. Takatori, *Nature* 430, 1009 (2004).

11) 赤崎勇編著：III 族窒化物半導体（培風館，1999）.

12) M. Bhatnagar and B. J. Baliga, *IEEE Trans. Electron Devices* ED-40, 545 (1993).

13) W. J. Schaffer, G. H. Negley, K. G. Irvine, and J. W. Palmour, *Mater. Res. Soc. Symp. Proc.* 339, 595 (1994).

14) A. O. Konstantinov, Q. Wahab, N. Nordell, and U. Lindefelt, *Appl. Phys. Lett.* 71, 90 (1997).

15) S. M. Sze, *Physics of Semiconductor Devices,* 2nd Ed. (Willey-Interscience, New York, 1985).

16) T. Kimoto, K. Danno, and J. Suda, *phys. stat. sol.* (b) 245, 1327 (2008).

17) T. Dalibor, G. Pensl, H. Matsunami, T. Kimoto, W. J. Choyke, A. Schoner, and N. Nordell, *phys. stat. sol.* (a) 162, 199 (1997).

18) 菅原良孝：電子情報通信学会論文誌 C-II, J81-C-II, 8 (1998).

19) (財)エンジニアリング振興協会，超低損失電力素子技術開発次世代パワー半導体デバイス実用化調査 (2003).

第 3 章

SiC 单晶的晶体生长技术

大尺寸且高质量的 SiC 衬底是实现 SiC 基半导体器件的必要条件。本章将介绍目前工业规模下使用升华法生产 SiC 单晶的基础和现状，以及最近备受关注的液相法、化学气相沉积法等新的晶体生长方法。

3.1 SiC 晶体生长的基础

SiC 符合包晶反应的状态机理，在 100atm[⊖]下，温度达到 2830℃时会分解成 Si 溶液，但其中 19%是石墨和碳，这从原理上不满足半导体以及氧化物晶体中常见的液相法（Congruent Melt Growth）中溶液和固体化学计量成分相同的条件，所以至今为止，SiC 单晶的生产制造往往以气相为主的生长方法展开，这一点在后面会有论述。

SiC 单晶在自然界中并不存在，属于人造产物。最早被发现可以追溯到 1892 年，Acheson 用二氧化硅和碳原料在 2000℃的高温下进行反应获得，因此这种方法也被命名为 Acheson 法，该方法在生产用于加工单晶硅衬底的 SiC 磨料（GC 磨料）中一直沿用至今。

首次合成高纯度 SiC 单晶的是 Lely，他在石墨坩埚中将 SiC 晶体粉末（用 Acheson 法制作）进行升华并在低温区进行再结晶后，成功地合成了高纯度 SiC 单晶，并以此促进了 20 世纪 50 ~ 70 年代 SiC 半导体的研究。不过 Lely 法制成的 SiC 单晶的最大尺寸也只有 10 ~ 15mm，因此相关的研究也渐渐地终止了。

SiC 单晶再一次备受关注的时期是 20 世纪 70 年代后半段至 80 年代初，苏联的 Tairov 团队提出了一种籽晶升华再结晶法（也被称为改良 Lely 法或升华法），从此打开了通往制备大尺寸 SiC 单晶的大门。图 3. 1. 1a 展示了升华再结

⊖ 1atm = 101. 325kPa。

晶法的原理图。该方法的基本流程是，在密闭空间内，由 Si 和 C 组成的蒸气从原料中升华，在惰性气氛中传输至籽晶附近，籽晶周围的温度被设定为低于原料温度，当气体达到过饱和状态后，开始再结晶。因此，晶体的生长速度由原料以及系统内的温度分布、压力等因素决定。目前市场中的 SiC 单晶衬底基本都是用升华法生产的。

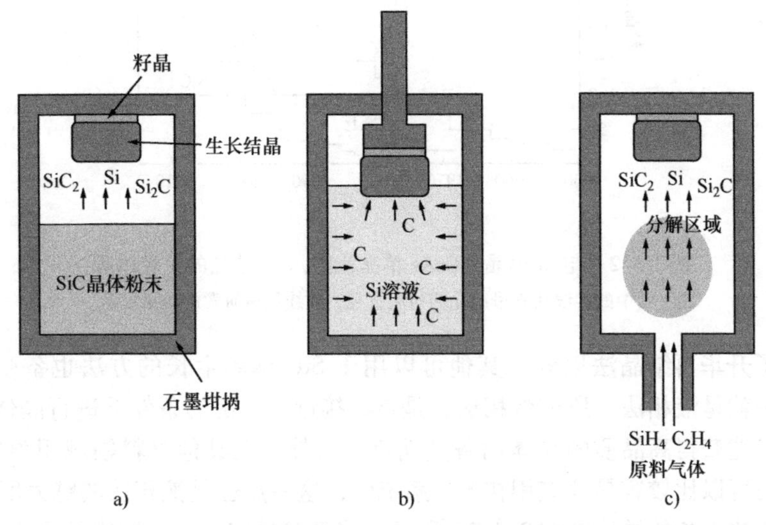

图 3.1.1　各类 SiC 单晶生长的示意图

a）升华再结晶法，也称升华法　b）液相法　c）高温 CVD 法，也称气相法

在 Tairov 等人提出升华再结晶法以后，1985～1990 年间，用于 SiC 基蓝光 LED（Light Emitting Diode，发光二极管）的晶体研发工作开始展开，随后面向功率器件的大尺寸 SiC 单晶的研发也正式开始。图 3.1.2 展示了与硅（Si）以及砷化镓（GaAs）相比，SiC 的扩径过程。最初 Tairov 等人生长的单晶直径也很小，只有 14mm，而现在直径 4in（100mm）的衬底已经进入市场。2010 年 8 月，美国 CREE 公司公开了成功制备直径 6in（150mm）衬底的消息。今后，衬底加工以及外延工艺包括相关周边配套技术都将围绕直径 150mm 进行研发，在不久的将来，高品质低成本的直径 150mm SiC 单晶衬底将问世。

支撑 SiC 单晶生长研发的一项技术是计算机仿真模拟技术（详见 3.5 节），对于无法进行实时观测的晶体生长系统而言，仿真模拟的重要性非常高。这几年，各种物理性质参数的取值精度不断提升，材料随时间变化的演变等复杂现象的模拟也都成为了可能。热应力也可以在一定程度上进行预测，针对减少晶体缺陷的研究开始越来越多。另外，截至目前，各研究机构都各自开发了用于 SiC 的仿真模拟技术，而最近，面向 SiC 的商品级仿真模拟软件已经面世，该技术的便利性大幅提升。

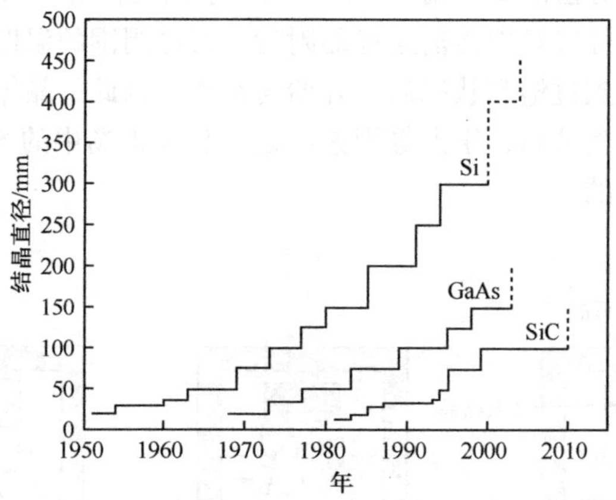

图3.1.2　与Si单晶、GaAs单晶相比，SiC单晶的扩径过程

注：图中的实线代表量产化的衬底直径，虚线代表研发的结果展示。

除了升华再结晶法以外，其他可以用于SiC单晶生长的方法也备受关注。其中之一就是液相法。所谓液相法，是指在接近热平衡的条件下进行晶体生长，因为有可能获得高品质的晶体而备受期待。另外，在其他材料领域积累的相关技术储备可以比较容易地应用在SiC系统中，这一点也是液相法的魅力所在。

液相法生长的结构图如3.1.1b所示。将高温硅溶液作为溶媒放置在石墨坩埚中，随后被籽晶浸入其中。通过设置溶液和籽晶棒方向的温度分布，硅溶液中的碳元素会在籽晶上结晶。装有硅溶液的石墨坩埚除了作为容器使用外，还充当了碳元素的来源。

液相法生长SiC时，C在溶媒Si中的溶解度很低，因此为了获得具有实操价值的生长速度，需要很高的温度（大于或等于2000℃）。而与此同时，高温下Si溶液会剧烈蒸发，导致生长无法持续。为了解决这个问题，除了尝试在高温、高压下生长SiC单晶外，还可以通过添加触媒（如使用Si-Ti、Si-Cr等Si合金溶液作为溶媒）来提高C的溶解度。最近，利用籽晶和原料之间的化学势能差生长SiC单晶的一种称为亚稳态溶剂外延（Metastable Solvent Epitaxy，MSE）的方法也被提出。上述方法的详细介绍请参见3.3节。

截至目前，液相法已经可以扩径至2in，另有文献称可以实现1cm左右的轴向生长。通过各种尝试后生长速度虽然可以大幅度提升，但是固-液界面的不稳定性等问题依然存在。有文献称液相法生长中缺陷的传播方式有异于气相法，使用该方法后，品质和生产实操性可以提升到什么程度是今后的研发重点。

另外一种方法是在2000℃以上的高温下进行化学气相沉积（Chemical Vapor Deposition，CVD），称为高温CVD法或者气体生长法。作为一种亚封闭的晶体生长系统，升华再结晶法的一个问题是随着原料的碳化（由不均匀的升华导致)，晶体生长条件会随时间而变化。这会严重妨碍SiC单晶的长时间稳定生长。SiC单晶生长中另外一个重要的参数C/Si比，在升华过程中也存在上限。气体生长法的提出，便是为了解决上述的问题（参见3.4.1节）。

图3.1.1c展示了气相法的原理。在开放式的生长系统中，向加热至2100~2300℃的籽晶，类似于薄膜CVD法那样注入硅烷和碳氢系的气体（如C_2H_4），如图所示，被注入的气体先在分解区内发生气相反应，形成簇，然后再分解成Si、SiC_2、Si_2C等与升华法类似的成分，为晶体生长提供成分。虽然气体的混合比需要控制，但该方法可以控制晶体生长中重要的参数：C/Si比。该方法的另一个特点是可以提高晶体的纯度。截至目前发表的成果来看，气体生长法制备的晶体中，氮、硼、铝等施主、受主杂质的浓度为$1\times10^{15}cm^{-3}$左右，其他金属杂质均低于二次离子质谱检测的极限值，与升华法相比，纯度提高了1~2个数量级。

气体生长法中，一个重要的课题是如何将高反应性的气体引入到结晶区域。另外，伴随气相反应容易产生粉尘的问题也曾被提及。针对前者的问题，由于原料气体在注入或排出时会分解，导致气流阻塞，进而阻碍长时间的稳定生长。对此，在热场设计阶段就考虑到出进气方式，是解决该问题的一个方向，且可以由此而生长出40mm厚的晶体。针对后者的问题，可以考虑适用于薄膜CVD法的氯化物气体添加技术来缓解。今后，如何发挥气体生长法的特点（原料可控性、纯度高等）来提升其生产性（生长速度、工艺稳定性等）是该方法产业化的重点。

除上述内容以外，通常用CVD法生长的3C-SiC，最近也可以通过升华法和液相法制作了。由于3C-SiC的电子迁移率没有各向异性，因此在器件设计上比较容易，且容易制备高品质的金属氧化物半导体。3C-SiC晶体生长通常使用Si衬底作为籽晶，最近也有文章称可以使用6H或4H的六方晶系SiC单晶衬底进行异质外延，或者在3C-SiC上进行同质外延。关于3C-SiC晶体生长的内容请参见3.3.2节以及3.4.2节。

整体来看，考量SiC单晶工艺时需要关注以下3个要素：

1）将再结晶物质成分传送到结晶表面的过程（原料传输过程）。

2）被传输的物质成分的结晶过程（晶体生长表面的反应过程）。

3）原料反应过程中产生的热（潜热）向系统外排出的过程（散热过程）。

原料传输过程1）中，通常浓度差被视为推进力，很多SiC单晶生长方法中，结晶生长速度会受到物质传输速度的约束。此外，考虑到SiC单晶的生长过程是在2000℃以上的高温环境中进行的，在这样一个温差分布较大的系统中，如何控制物质传输是SiC单晶生长的重要技术。

同时，晶体生长还会进一步影响晶体质量，因此在晶体生长过程中还需要关注散热过程3）。特别是升华法还有气体法中，气相物质直接转换成固态时凝固热（潜热）非常大。升华法的凝固热可以达到580kJ/mol，比液相法生长单晶Si（50.6kJ/mol）高出10倍。如此高的潜热是由于SiC单晶共价键能量高造成的，这一点在设计生长工艺时需要着重考虑。如果散热不充分，会阻碍晶体生长，进而产生缺陷，直接导致晶体质量恶化。

最后介绍一下决定晶体质量最重要的过程：生长表面的反应过程2)。SiC单晶属于二元化合物，晶体生长的同时需要保持化学计量比，如果出现超出化学计量比的成分，则会直接导致晶体质量恶化。有文献称晶体生长过程中的不稳定因素会导致碳化物混入晶体或者出现液态硅，从而造成缺陷的产生。因此，在设计晶体生长装备以及工艺流程时需考量什么样的条件可以维持持续的二元相。

接下来我们通过图示来探讨一下SiC单晶生长面上的反应过程。图3.1.3a展示了Si-C的平衡状态图（压力-成分状态图）。温度设定为晶体生长所需的温度（约2300℃），成分和压力作为状态变数分别分布在横轴和纵轴。其中横轴是C的摩尔分数，从0到50%（对应SiC的化学计量比）。图中，A和B点是三相共存点，分别为A点：液相+气相+固相（SiC），B点：气相+固相（SiC）+固相（C），连接AB点的曲线是升华曲线，表示气相-固相（SiC）的共存线。

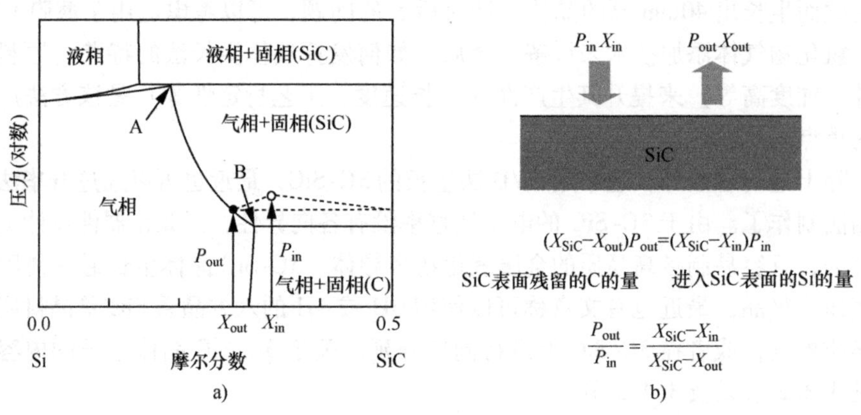

图3.1.3　SiC单晶生长面的反应过程

a）SiC单晶的平衡状态图（压力-成分状态图）　b）SiC单晶生长面的反应原理

在此，晶体生长面的Si和C原子如图3.1.3b所示，假设原料气体在晶体生长面附近的压力和成分分别为P_{in}、X_{in}，从晶体生长面向外释放的气相的压力和成分分别为P_{out}、X_{out}，这两者之间的差促使晶体生长。在热平衡状态下，$P_{in}=P_{out}$，$X_{in}=X_{out}$，这两点在升华曲线上是一致的。再假设从晶体生长表面向气相中释放出的气体压力P_{out}是由晶体生长面的温度和成分组成而决定的，那么在晶体生长，这样一个非平衡状态下的P_{out}和X_{out}也始终处于升华曲线上。

晶体生长面附近的原料气体的压力P_{in}和成分X_{in}取决于原料气体的扩散、

气体流动以及与坩埚壁（石墨）的反应等因素。而这些因素也同时决定了原料的温度和传输过程，原料端的升华现象中存在着比晶体生长面温度更高的气相 + 固相（SiC）+ 固相（C）的三相共存点，原料气体中的碳元素在传输过程中与坩埚壁发生反应，因而数量会增加。考虑到以上两点，X_{in}通常会在比图中 B 点的摩尔分数更高的位置（C 浓度更高的一侧）。

这样一来，若 SiC 的化学计量成分为 $X_{SiC}(=0.5)$，则向晶体生长面方向传输的过剩的 Si 可表示为

$$(X_{SiC} - X_{in})P_{in} \tag{3.1.1}$$

晶体生长面上残留的 C 的量可表示为

$$(X_{SiC} - X_{out})P_{out} \tag{3.1.2}$$

若要维持 SiC 的化学计量比成分，从而确保晶体生长，进入 SiC 表面的 Si 和 SiC 表面残留的 C 的量须相等，即式（3.1.1）要等于式（3.1.2），由此可以得到

$$\frac{P_{out}}{P_{in}} = \frac{X_{SiC} - X_{in}}{X_{SiC} - X_{out}} \tag{3.1.3}$$

通过式（3.1.3），只要 P_{in} 和 X_{in} 已知，便可决定 P_{out} 和 X_{out}。又如上面所述，由于 P_{out}和 X_{out}始终在升华曲线上移动，相对彼此不独立，因而两者通常会同时被确定。X_{out}是表征晶体生长面组分的参数，若想抑制上文中提到的二元相的沉积，则需要抑制该参数。例如，当 P_{in}减小或者 X_{in} 增大时，表面会向 C 浓度更高的 B 点靠近，诱发碳化层产生。相反，当 P_{in} 增大或者 X_{in}减小时，表面则会向 Si 浓度更高的 A 点靠近，更容易产生液态 Si。

上述现象是在晶体稳定生长的前提下发生的，但实际上，SiC 晶体的生长会随晶体生长面附近的温度、气压、气相成分发生时间以及空间上的变化。这些变化分布在系统内且与时间有关联性，另外其余某些外部的因素也会造成瞬时变化。若这些不稳定因素过于明显，则会导致晶体生长面的条件紊乱，从而使晶体产生缺陷。

以上就 SiC 晶体生长进行了简略的描述，各方法的详细说明请参阅本章其余各节。

3.2 升华法

3.2.1 使用升华法生长大尺寸 SiC 晶体

随着 SiC 基功率器件的研发，升华法技术也有了进展。如今，大尺寸且高品质的 SiC 单晶衬底已经可以量产。衬底的主流尺寸也已经由 3in 发展到

100mm（4in），6in 也开始在文献中被提及。在这样大尺寸衬底不断被研发的大背景下，肖特基势垒二极管（SBD）开始生产、商业化，MOS 场效应晶体管（MOSFET）以及结型场效应晶体管（JFET）的研发也有了进展。

本节将介绍采用籽晶进行大尺寸 SiC 晶体生长的升华法的现状和今后的课题。

1. SiC 单晶生长技术中的扩径问题

SiC 具有在大气压下 2700℃以上的高温环境中开始由固相（SiC），不经过溶液（液相），直接发生热分解转换为升华气体（气相）的性质，被称为升华现象。利用这一性质的单晶生长方法被称为改良 Lely 法[1]或籽晶升华法。几乎整个晶体生长过程都是在 2000℃以上的高温环境下进行的，这是升华法的一个明显特征，同时也是制约晶体扩径的主要因素。面临的主要课题是，①扩径所需的，包括大型坩埚在内的热场，单一地进行尺寸扩大未必可以获得质量良好的大尺寸晶体。②若使用高频电源进行加热，电磁波射入部分的坩埚壁表面将成为实质的热源，但坩埚尺寸如果加大，坩埚中心位置的温度能否被加热至 2000℃以上，则需要论证。

另外，大尺寸 SiC 单晶材料本身也有以下几个重要的技术难点：

1）大尺寸晶体生长时晶型的稳定性。

2）防止热应力导致的晶体开裂。

3）减少位错，提升品质。

2. 大尺寸 SiC 单晶生长时晶型的稳定性

Si 和 C 是 SiC 的成分单位，这两者沿 c 轴方向周期性堆垛可构成一种特征性的晶体结构。即使化学式同为 SiC，也有很多种堆垛周期存在，这种现象称为多型。在功率器件应用领域中，多使用半导体特性更加均匀的 4H-SiC，所以面向功率器件应用的大尺寸 SiC 晶体在生长时，需要抑制 4H-SiC 以外的晶型产生。但这些晶型在高温下的吉布斯自由能几乎没有差异[2]，因此单晶生长时如有一点点的条件紊乱，就会产生多型。晶型不统一会导致大量的微管产生，严重影响晶体质量[3]。这里的微管缺陷是指一种沿 SiC 单晶 c 轴方向延伸且伯格斯矢量很大的螺旋位错，位错中心大概十几微米处还伴随有细微空洞。这是一种对器件产生致命影响的缺陷，如何制作微管数量少的晶体成了衡量晶体生长技术优劣的重要技术要素之一。

SiC 单晶生长时，高温下的升华气体的蒸气压力 P 必须比平衡蒸气压力 P_e 大。多余的蒸气压力可使固体升华，进而促进晶体的生长。相反，如果 P 比 P_e 小，SiC 就通过热分解升华气化，很难生长出晶体。在以可控的晶体生长前提下，结晶速度与过饱和度 σ 的比例关系如下：

$$\sigma = \frac{P - P_e}{P_e} = \frac{P}{P_e} - 1 \tag{3.2.1}$$

为持续生长质量良好的晶体，需要通过晶体生长系统中的温度或者温度分布控制过饱和度σ。像硅这样的单质元素可以通过温度来控制其过饱和度，但SiC是Si和C的二元化合物，从晶体生长技术的各个层面来看，除了温度分布精确控制以外，升华气体中的碳硅比也会对晶体产生影响。而且升华法属于气相生长，过饱和度更容易脱离平衡状态，从而诱发多型的产生。如何控制上述的干扰因素是今后开发大尺寸和高品质晶体时应探讨的课题[4]。原料温度、坩埚内温度分布、气压等众多影响因子需要多维度控制。另外还有文献称，在晶体生长过程中掺杂N元素可以使晶型稳定[5]，这一理论有可能在生长大尺寸SiC单晶时改善多型问题。

近几年，随着上述的晶体生长控制技术的不断发展，接近无微管的4in SiC晶体已经可以实现，制约晶体质量的微管问题已经得到解决。

3. 大尺寸SiC单晶的材料力学控制

由2in扩径至4in的过程中，在晶体生长工艺方面诞生了几个新的技术。晶体生长需要在设备有限的空间里形成2000℃以上的高温环境。在扩大热场尺寸时，结构上某个细微的变化会导致坩埚内的温度分布发生巨大差异，从而影响晶体质量。因此，仿真模拟技术在促进晶体扩径技术的发展以及晶体生长工艺优化中发挥了重要作用。

晶体的生长需要合适的温度分布，但同时温差也会导致晶体内部有热应力残留。不同温差下热应力也有所不同，特别是生长大尺寸晶体时，由热应力导致晶体开裂的问题经常发生[6]。

如图3.2.1所示，假设SiC单晶内部存在应力，(0001)面内向<$11\bar{2}0$>方向位移的剪切应力σ_{RZ}和<$11\bar{2}0$>方向的夹角ϕ可以表示为

$$\sigma_{RZ} = (\sigma_{rr} + \sigma_{rz})\cos\phi - \sigma_{\phi\phi}\sin\phi \tag{3.2.2}$$

有文献探讨过σ_{RZ}诱发位错缺陷的机理[7]。图3.2.1展示的应力成分中，主要导致晶体开裂的是圆周方向上的成分$\sigma_{\phi\phi}$，晶体生长时应调整温度分布，减少$\sigma_{\phi\phi}$。图3.2.2展示了内部应力的仿真模拟结果[6]，如图3.2.2a所示，假设SiC单晶形状以及晶体生长方向上的温度分布为凸形，此时计算圆周方向的$\sigma_{\phi\phi}$可知，晶体侧面最上部附近会出现产生巨大牵引力的应力成分（见图3.2.2b）。这样的牵引力如果作用在晶体的圆周方向上且晶体边缘上有小裂口时，就会导致晶体开裂。如图3.2.2b所示，通过减少局部应力，可以获得完整的4in晶体[6]。图3.2.3展示的是4in 4H-SiC单晶衬底，图3.2.4展示的是4in衬底表面的X射线摇摆曲线。峰值处未出现分裂，半高宽大致稳定在10s左右[8]。可见4in衬底和晶体的

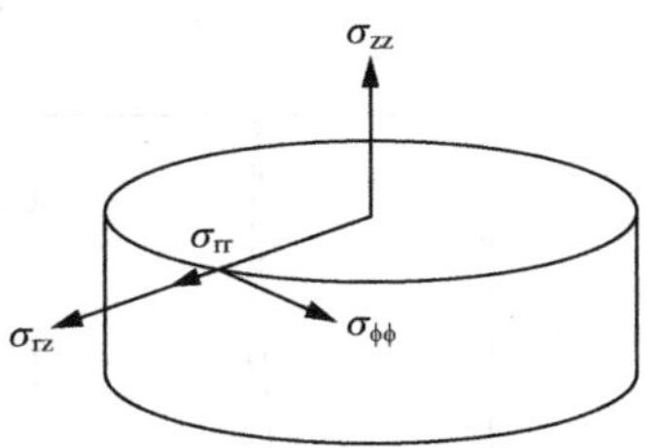

图3.2.1 SiC单晶晶体中的各类应力

质量都有了明显的进展。这不仅有助于提高单片上器件的制造数量，还可以促进耐大电流的大尺寸器件的制造。

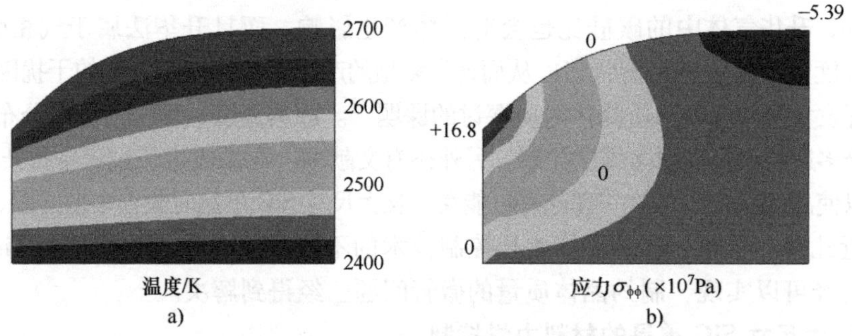

图 3.2.2　SiC 单晶内部应力仿真模拟计算结果

a）温度分布　b）应力成分 $\sigma_{\phi\phi}$ 的分布（正值是牵引力）

图 3.2.3　4in 4H-SiC 单晶衬底的外观（1）

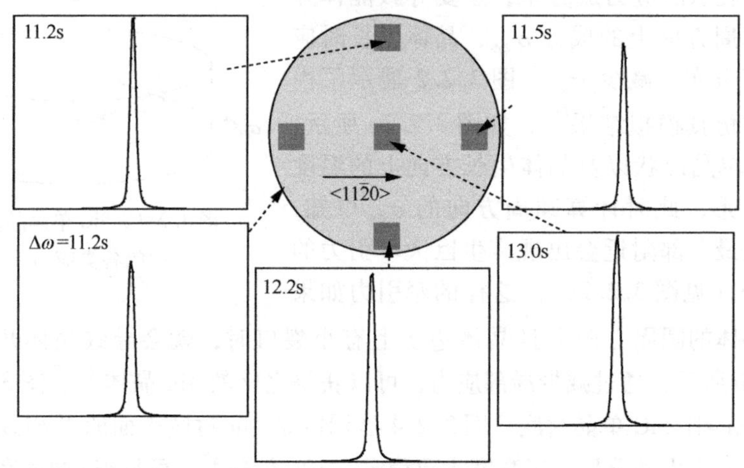

图 3.2.4　4in 4H-SiC 单晶衬底的外观（2）

4. 大尺寸 SiC 单晶中的位错缺陷

在 SiC 单晶中，除微管外，还存在着其他各类缺陷。具有代表性的是位错缺陷，如基平面位错（BPD）、螺旋位错（TSD）、刃位错（TED）以及层错等。若要提升器件可靠性，则必须减少此类缺陷。

在大尺寸 SiC 衬底上生长高品质的外延层，通常会在衬底上制造 4°左右的偏轴角。有文献称，SiC 晶体中存在的基平面位错多数会在外延界面上转换成刃位错[9]，但也有部分会延续到外延层中，这些基平面位错会诱发层错，降低器件性能，特别是在有 pn 结结构的器件中。所谓基平面位错是指位于{0001}面上，在 $<11\bar{2}0>$ 方向上有伯格斯矢量的完全位错。与 Si 相比，SiC 具有弱能量下就会产生位错的性质，有文献称电子-空穴对复合释放的能量或紫外线照射等方式就会相对容易地产生位错。由于被位错包围的区域中的 Si-C 结构层的连续性被破坏，因此会产生面状的层错。当在垂直于层错面方向上导通电流时会诱发电阻，从而造成器件导通损耗增大[10]。图 3.2.5 展示了用紫外线照射 3in 4°偏轴角 4H-SiC 衬底上的同质外延膜时产生的层错[11]。紫外线开始照射时，层错开始扩张（见图 3.2.5a），光照时间越长，扩张越大（见图 3.2.5b），最终扩张至外延层表面，形成台阶状层错缺陷（见图 3.2.5c）。

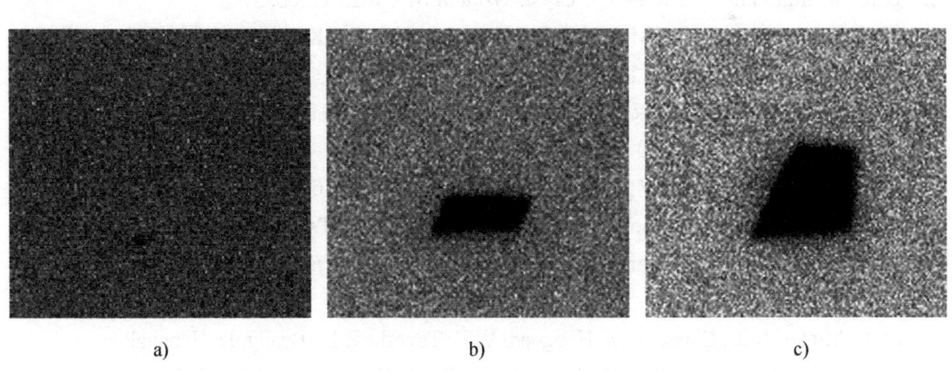

a)　　b)　　c)

图 3.2.5　Hg-Xe 光源下照射 4H-SiC 外延膜时，层错的扩张过程的 420nm 光谱图像
a）初始状态　b）50min 后　c）120min 后

基平面位错主要由 SiC 晶体生长过程中的热应力等原因造成。为抑制其产生，需要在晶体生长过程中以及晶体结束生长以后通过冷却等方式减小热应力或晶体力学等影响因素。特别是式（3.2.2）中的切应力 σ_{rz}，与基平面位错的产生相关。为产出高品质的大尺寸晶体，优化晶体生长系统和晶体生长面内方向上的温度分布等环境因素至关重要[12]。

螺旋位错通常在c轴方向上传播，是施加大电压时导致器件漏电的诱因。最近，关于螺旋位错在制备MOSFET的氧化膜过程中导致氧化膜不均匀进而降低器件可靠性的问题正在被论证。减少螺旋位错主要的主要方法：①晶体生长过程中通过位移诱导其向晶体外部生长，或者②通过反向螺旋使其相互抵消[13]。由此可见，在确保晶体中没有多型的技术前提下，利用上述螺旋位错的动力学特性是可以使其减少的。曾经螺旋位错的数量一度可以达到数千个/cm^2，而最近市场中的衬底已经可以改善到1000~2000个/cm^2，甚至几十到几百个/cm^2的水平。另外，SiC晶体生长通常使用含有{0001}面或附近面的籽晶，有文献称在{0001}面的垂直晶面（如<$11\bar{2}0$>或<$1\bar{1}00$>）上晶体生长可以消除包含微管在内的基平面位错[14]。

以上是关于大尺寸SiC单晶衬底技术的概述。SiC作为一种环保减排材料被寄予厚望，随着今后的技术发展将会更加备受关注和广为认知。在大尺寸高品质的SiC晶体生长技术的推动下，SiC基器件也将市场化，最终为全社会带来巨大的环保节能效果。

参考文献

1） Yu. M. Tairov and V. F. Tsvetkov, *J. Cryst. Growth* 43, 209 (1978).

2） S. R. Nishitani and T. Kaneko, *J. Cryst. Growth* 310, 1815 (2008).

3） N. Ohtani, J. Takahashi, M. Katsuno, H. Yashiro, and M. Kanaya, *Mater. Res. Soc. Symp. Proc.* 510, 37 (1998).

4） 藤本辰雄："SiC単結晶基板の開発状況"，2009年春季第56回応用物理学会シンポジウム，筑波大学，2009年4月1日.

5） 金谷正敏，大谷昇，高橋淳，西川猛，勝野正和：応用物理64, 642 (1995).

6） M. Nakabayashi, T. Fujimoto, M. Katsuno, N. Ohtani, H. Tsuge, H. Yashiro, T. Aigo, T. Hoshino, H. Hirano, and K. Tatsumi, *Mater. Sci. Forum* 600-603, 3 (2007).

7） St. G. Müller, R. C. Glass, H. M. Hobgood, V. F. Tsvetkov, M. Brady, D. Henshall, J. R. Jenny, D. Malta, and C. H. Carter Jr., *J. Cryst. Growth* 211, 325 (2000).

8） 藤本辰雄：「SiCの大型単結晶基板の開発状況」，工業材料，「2009年10月号」，p. 2.

9） S. Ha, P. Mieszkowski, M. Skowronski, and L. B. Rowland, *J. Cryst. Growth* 244, 257 (2002).

10） T. A. Kuhr, J-Q. Liu, H. J. Chung, M. Skowronski, and F. Szmulowicz, *J. Appl. Phys.* 92, 5863 (2002).

11） T. Fujimoto, T. Aigo, M. Nakabayashi, S. Sato, M. Katsuno, H. Tsuge, H. Yashiro, H. Hirano, T. Hoshino, and W. Ohashi, *Mater. Sci. Forum* 645-648, 319 (2010).

12) I. A. Zhmakin, A. V. Kulik, S. Yu. Karpov, S. E. Demina, M. S. Ramm, and Yu. N. Makarov, *Diamond and Related Materials* 9, 446 (2000).
13) A. R. Powell, R. T. Leonard, M. F. Brady, St. G. Muller, V. F. Tsvetkov, R. Trussell, J. J. Sumakeris, H. McD. Hobgood, A. A. Burk, R. C. Glass, and C. H. Carter, Jr., *Mater. Sci. Forum* 457-460, 9 (2004).
14) J. Takahashi, N. Ohtani, M. Katsuno, and S. Shinoyama, *J. Cryst. Growth* 181, 229 (1997).

3.2.2 RAF生长法

SiC在{0001}面晶体生长时，通过对生长温度的精密控制和优化，晶体尺寸和质量都得到了改善[1,2]，微管（空洞缺陷）、团簇（杂质）、晶界（微小的晶体生长方向偏离造成的缺陷）、晶格扭曲（晶格错位）[3-5]等缺陷都大幅度减少。但是，位错（刃位错、螺旋位错、基平面位错）依然存在，制约着SiC器件特性和可靠性的提升。

这里介绍的RAF法是由丰田中央研究所的中村等人提出的，可以将位错降低2~3个数量级的一种晶体生长方法[6]。通过在a轴（垂直于c轴）方向上的晶体生长，从原理上可以将晶体内的缺陷消除，同时也适用于升华法、气相法或者液相法等。

传统的半导体材料Si或GaAs是在液体状态下通过提拉法进行生长的[8]，通常没有缺陷。但是SiC单晶的生长依靠气相法[9]，不仅扩径难，还不能使用提拉法。通常是在C轴<0001>方向上平行生长。通过研究缺陷的起因，我们已知，籽晶中存在的缺陷起到重要的影响，因此在优化晶体生长条件的同时，减少籽晶中的缺陷就尤为重要。从a面进行晶体生长时产生的缺陷具备比较特殊的构造[7]，RAF法是从这一点入手研究出的方法。本章将详细介绍其原理以及该方法制备的晶体质量和器件的评估结果等。

本书中，将{$11\bar{2}0$}和{$1\bar{1}00$}面统称为a面，但严谨地讲，{$11\bar{2}0$}面是a面，{$1\bar{1}00$}面应该称为m面。同样，统一将<$11\bar{2}0$>轴和<$1\bar{1}00$>轴称为a轴，从位错结构的角度出发，这两个面和轴视为等价。

1. RAF法的原理

RAF法采用重复从a面进行晶体生长的方式，因此取Repeated A-Face method的首字母命名。用一句话概括，RAF法是通过反复在a面进行晶体生长，将缺陷转移到基平面内，然后再从c面晶体生长的一种方法。因此要理解这种方法，需要弄清楚缺陷在晶体内位移的机理。

将a面上生长的4H-SiC晶体切出{0001}面并观察其0004偏轴角的X射线摇摆曲线峰值角度（见图3.2.6）后发现，平行于晶体生长方向的位错要小于垂直于晶体生长方向的位错，这一点后来成为发明RAF法的契机。晶体生长方向和X射线ω扫描轴垂直时（情况A）的半高宽是27s，与完全结晶时的值几乎一致（Si的测试值是26s）。从这一点可以看出，平行于a面方向上生长的晶体的位错非常小。相反，晶体生长方向与X射线ω扫描轴平行时（情况B）的半高宽很大。

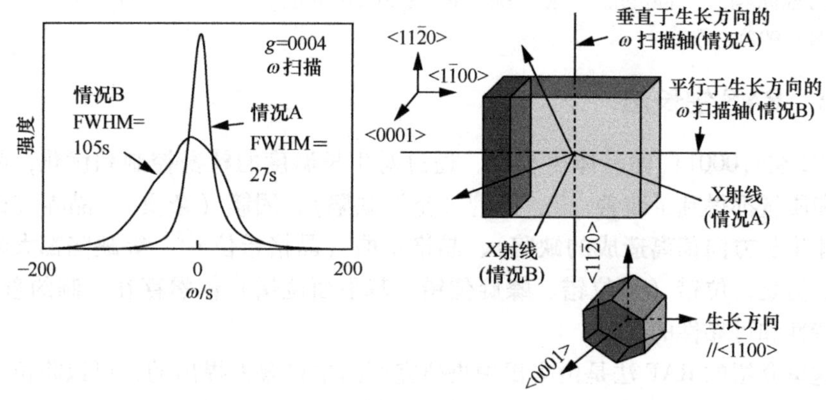

图3.2.6　a面晶体生长的摇摆曲线

从这个位错的各向异性可以推测出，a面上生长的晶体具备一样的特异性。对籽晶也进行相同检测后发现，与上述结果基本一致。也就是说，a面生长时在籽晶上产生的c轴方向的位错，只会向垂直于晶体生长方向中延伸。

图3.2.7展示了位错（扭曲）的结构和X射线同步辐射的结果。从图中可以看到，c轴方向上的位错呈现出明显的凹凸状。这种波浪式的外观也称为波形晶格。从同步辐射结果中也可以看到该区域内有很多刃位错（a面晶体生长时大部分的位错平行于生长方向，其伯格斯矢量则与晶体生长方向垂直。位错密度在生长（长度）方向上也没有变化。也就是说，波浪形晶格在平行于晶体生长方向上有很密集的刃位错）。同样的结果在另一个垂直于｛1$\bar{1}$00｝面的a面，也就是｛11$\bar{2}$0｝面上也可以看到。如上所述，a面生长时，c轴方向上的位错会转换为基底平面上的刃位错或者层错。

图3.2.8展示了螺旋位错沿a面生长时转换为c面刃位错的例子，为便于理解，这里用立方晶格展示了该过程。位于生长面附近的螺旋位错矢量在沿a面生长时，通过在基平面上引入一层额外的面或减少一层的方式转换成刃位错。图3.2.8中用X射线观察到的生长方向上的线就是位错。

RAF生长法正是利用了位错构造的这一特点降低了位错，下面详细介绍一下该方法。

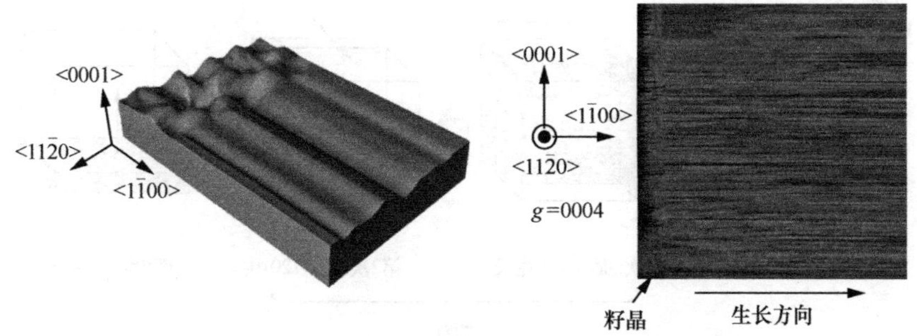

图 3.2.7　位错的结构以及 X 射线同步辐射结果

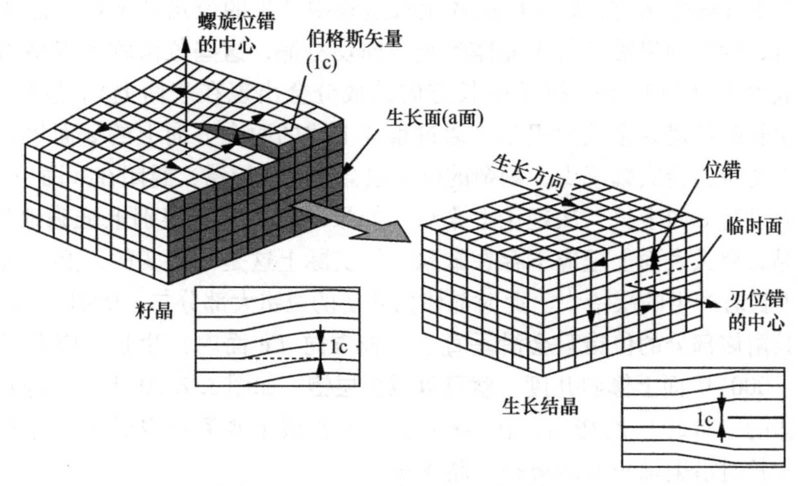

图 3.2.8　a 面晶体生长时位错的转换

2. RAF 法

RAF 法的基本工艺如图 3.2.9 所示。首先从 c 面生长的常规晶体的 a 面上切出晶体生长所需的籽晶。如图所示，a 面可以是 $\{1\bar{1}00\}$ 面。随后在该籽晶上沿 $\langle 1\bar{1}00\rangle$ 方向进行 a 面生长（第 1 次 a 面生长），随后在 $\{1\bar{1}00\}$ 面上生长的晶体中，沿 $\{11\bar{2}0\}$ 面再切出籽晶，同样地，在该籽晶上 $\langle 11\bar{2}0\rangle$ 方向上进行 a 面生长（第 2 次 a 面生长）。

随后在 $\{1\bar{1}00\}$ 面和 $\{11\bar{2}0\}$ 面上重复交替生长，最后进行 c 面生长。这个过程称为“repeated a-face”（重复进行 a 面生长），因此该方法被命名为 RAF 法。该方法中使用的 $\{1\bar{1}00\}$ 面和 $\{11\bar{2}0\}$ 面是相互垂直的。

第 1 次 a 面生长时，籽晶是从 c 面生长的晶体中切出的，因此在表面附近存在大量的位错（错位）。如图 3.2.7 所示，这次生长中有很多位错沿生长方向从籽晶延续到了晶体中。

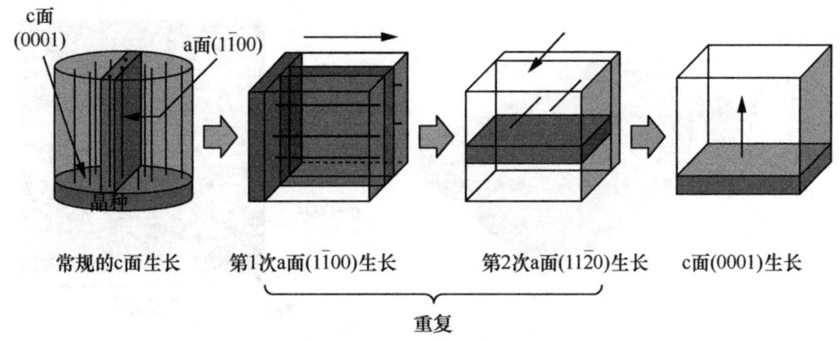

图 3.2.9　RAF 生长工艺示意图

第 2 次 a 面生长时，第 1 次晶体生长过程中产生的位错基本都与晶体生长方向平行，因此如果沿平行于晶体生长方向切籽晶，这些位错就不容易出现在籽晶的表面上（只有不平行于生长方向的成分会出现在表面上）。这样一来，第 2 次生长时位错就会减少很多。通过重复上述的两个方向上的 a 面生长，籽晶表面上的位错会大幅减少，剩余的位错也会转换成层错，封闭在 c 面中。

最后进行 c 面生长，从理论上来讲，如果可以从原子级别上准确地切出 c 面的籽晶，那么表面上理应不存在缺陷，但实际上这是不现实的。必须去除重复 a 面生长时产生的层错[7]。此时晶体内残留的位错大部分与 {0001} 面平行，层错和其附属部分的位错只会沿垂直于 c 轴方向（c 面内）生长。因此只要将籽晶从 {0001} 面上倾斜几度，就可以减少层错。如图 3.2.10 所示，将 c 面生长的晶体的 {11$\bar{2}$0} 面切出，在 0004 反射 X 射线下观察可以看到，籽晶内的层错在生长时沿偏轴角方向被扫出晶体外。

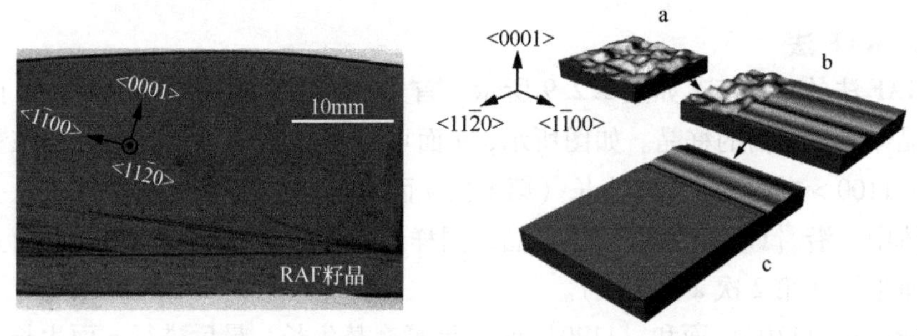

图 3.2.10　通过偏轴角生长扫除层错的示意图

3. RAF 晶体的质量评价

图 3.2.11 是用 RAF 法生长的 4H-SiC 晶体的 {0001} 面上的平均腐蚀坑密度（Etch Pit Density，EPD）[1]。这里重复次数 0 指的是常规的 c 面生长。重复次数 1 指的是沿 <1$\bar{1}$00> 方向生长 1 次后沿 c 面生长后的结果，重复次数 2 指

的是 $\{1\bar{1}00\}$ 面生长→$\{11\bar{2}0\}$ 面生长→c 面生长，重复次数 3 指的是 $\{1\bar{1}00\}$ 面生长→$\{11\bar{2}0\}$ 面生长→$\{1\bar{1}00\}$ 面生长→c 面生长。可以看到 EPD 的数量随 a 面生长次数的增加而减少。在 RAF 法进行 3 次 a 面生长后的籽晶上沿 c 面生长直径 20mm 的衬底的平均 EPD 以及微管密度分别是 75 个/cm^2 和 0 个/cm^2。

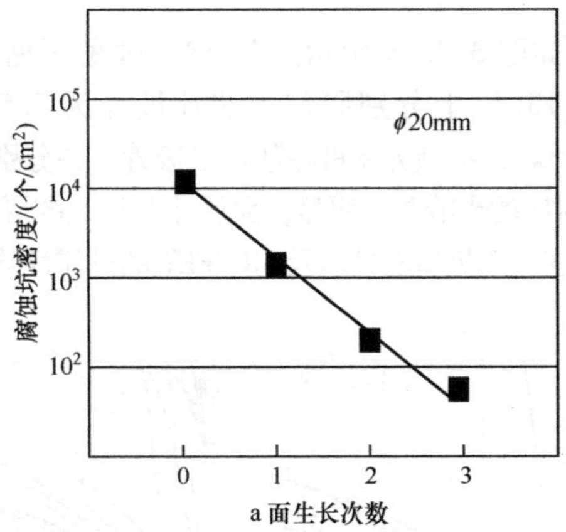

0次表示常规的c面生长。
1次及以上重复a面生长后，形成的c面。

图 3.2.11　RAF 重复晶体生长的效果

图 3.2.12 是常规晶体和用 RAF 法在 a 面生长 3 次后的晶体的 X 射线同步辐射结果的对比。可以看到 RAF 法生长 3 次后的晶体中，层错以及网状缺陷都消失了。

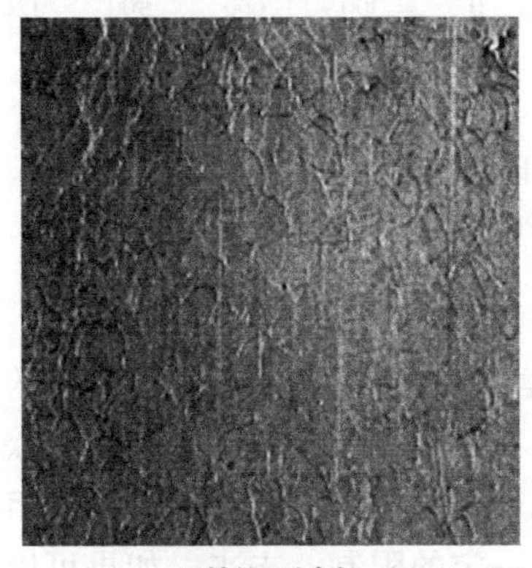

原始的c面生长
4H-SiC(0001) 8°偏轴角

RAF生长法(a面3次)
4H-SiC(0001) 8°偏轴角

表面反射法($11\bar{2}8$反射), 距离表面约10μm。
观察结晶缺陷, 使用SPring-8 BL20B2拍摄。

图 3.2.12　RAF 法生长晶体的 X 射线同步辐射检测结果

理论上来讲，重复 a 面生长后再沿 c 面生长，可以将缺陷无限趋于零。c 面上的偏轴角生长可以长出无缺陷的晶体。但是很遗憾，随着晶体品质的提升，越接近完美的晶体，对温度越敏感，以至于非常微小的温度分布不均，都有可能产生新的缺陷。这一点也是今后的课题。希望在未来，通过对炉内温度分布和蒸气压均匀性的精密控制，可以获得接近 Si 品质的晶体。

4. 器件测试

器件的测试结果如图 3.2.13 所示。在 RAF 衬底（见图 3.2.13a）和常规 3in 衬底（见图 3.2.13b）上分别制作了芯片尺寸为 3.5mm × 3.5mm 的 JBS（Junction Barrier Schottky，结型势垒肖特基）二极管，并分别测试了两者的漏电特性：芯片尺寸较小时衬底的影响并不明显，大尺寸芯片上的影响显著[10]。另外还有文献指出使用 RAF 衬底后双极型器件以及 MOSFET 的可靠性均获得提升[11,12]。

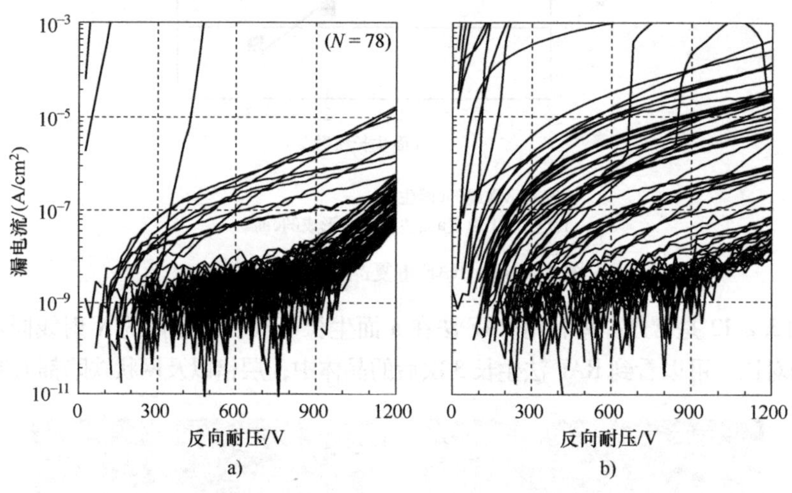

图 3.2.13　基于 RAF 衬底的 JBS 二极管的反向漏电特性

a）EPD 3000 个/cm²　b）EPD 10000 ~ 20000 个/cm²

5. 扩径

最后介绍一下 RAF 法在扩径方面的尝试。从原理上讲，a 面生长的晶体厚度决定了 RAF 法籽晶的尺寸。所以只要 a 面生长的晶体够厚，就可以获得与厚度同尺寸的籽晶。也就是说，生长 100mm 就可以得到 4in 籽晶。但就目前的升华法技术而言，获得足够厚度的晶体还有一定的限制。未来，如果可以在气体法[13]等方法基础上重复 a 面生长并获得足够厚的晶体，就可以得到大尺寸的 RAF 籽晶，从而实现扩径。从实际角度出发，先制作小尺寸的 RAF 籽晶，然后一点点扩径，或者用升华法间断性地累积生长，从而获得足够厚的晶体等技术性尝试都在进行中。不论是上述哪种技术方向，要获得高品质的 RAF 籽晶，温度分布、坩埚结构、生长速度、气氛控制、籽晶位置等条件仍然需要优化。越是大尺寸、高品质，就越需要精密的过程控制。

RAF法是一种可以有效减少位错的方法，该方法生长的晶体品质优于常规晶体。虽然在进一步提升品质和扩径方面依然面临很多课题，但随着温度、气氛控制技术、配套设备技术以及仿真模拟技术的进步，晶体尺寸也在逐渐增大，具有实用价值的4in衬底已经可以实现[14]。与Si晶体相媲美的6in晶体在不久的将来应该可以实现。

参考文献

1) R. Yakimova M. Syväjarvi, T. Iakimov, H. Jacobsson, A. Kakanakova-Georgieva, P. Råback, and E. Janzén, *Mater. Sci. Eng.* B61-62, 54 (1999).

2) M. Selder, L. Kadinski, F. Durst, and D. Hofmann, *J. Cryst. Growth* 226, 501-510 (2001).

3) F. C. Frank, Acta Crystallogr. 4, 497 (1951).

4) J. Heindl, W. Dorsch, H. P. Strunk, St. G. Müller, R. Eckstein, D. Hofmann, and A. Winnacker, *Phys. Rev. Lett.* 80, 740 (1998).

5) M. Yu. Gutkin, A. G. Sheinerman, T. S. Argunova, E. N. Mokhov, J. H. Je, Y. Hwu, and W.-L. Tsai, *J. Appl. Phys.* 94, 7076 (2003).

6) D. Nakamura, I. Gunjishima, S. Yamaguchi, T. Ito, A. Okamoto, H. Kondo, S. Onda, and K. Takatori, *Nature* 430, 1009 (2004).

7) J. Takahashi, N. Ohtani, M. Katsuno, and S. Shinoyama, *J. Cryst. Growth* 181, 229 (1997).

8) W. C. Dash, *J. Appl. Phys.* 30, 459 (1959).

9) Y. M. Tairov and V. F. Tsvetkov, *J. Cryst. Growth* 43, 209 (1978).

10) 恩田正一：真空フォーラム2009予稿（2009）p. 23.

11) R. E. Stahlbush, J. B. Fedison, S. Arthur, L. B. Rowland, J. W. Kretchmer, and S. P. Wang, *Mater. Sci. Forum* 389-393, 427 (2002).

12) 山本武雄，藤原広和，渡辺行彦：SiC及び関連ワイドバンドギャップ半導体研究会 第4回個別討論会（2009）.

13) 木藤泰男，原一都，牧野英美，小島淳，恩田正一：SiC及び関連ワイドバンドギャップ半導体研究会第16回講演会（2007）p. 8.

14) 山内庄一，恩田正一，安達歩，西川恒一：SiC及び関連ワイドバンドギャップ半導体研究会第19回講演会（2010）p. 36.

3.3 液相法

3.3.1 通过添加金属溶媒的SiC单晶液相生长

SiC单晶生长法中有一种是通过溶液生长晶体的，称为液相法。这是一种基于热力学平衡的生长方法，在制备高质量晶体方面被寄予厚望。同时，在其他液相晶体生长领域积累的经验也可以应用在该方法中，被认为是可以培育新一代甚至更新一代 SiC 单晶的技术。

SiC 本身不溶，因此该领域的研究基本围绕以 Si 为溶媒的助溶剂法展开[1,2]。最近有文献提出了通过添加过渡金属来提高碳溶解度的方案。例如，将籽晶浸入 Si-Ti-C 溶液中，并在其表面进行外延生长的 TSSG（Top Seeded Solution Growth，顶籽晶溶液生长）法，下文将对此进行概述[3,4]。

如图 3.3.1 所示，TSSG 法是将石墨坩埚中的溶液加热至 1600～1900℃，在溶液内部形成轴向温度梯度，通过生长界面附近的过饱和状态来生长 SiC 的一种方法。溶液加热可以通过电阻或者高频电源实现，如使用高频电源，电磁波可能会使溶液流动，促进籽晶周围的溶质供给。籽晶通常粘在石墨棒前端，根据需求可以旋转石墨棒或坩埚进行晶体生长。在相对比较容易实现的 10～20℃/cm 温度梯度下，晶体生长温度为 1700℃左右时，Si-Ti-C 溶液中稳定的晶体生长速度是小于 100μm/h 左右。通常，碳元素来自坩埚的溶解。长时间生长时，为防止溶液成分变化，需要从外部添加包括 Si 在内的原料。与升华法相比，液相法的设备是开放结构，原料添加相对容易。但不利的是晶体生长室内容易残留氮元素，因此液相法常用于 n 型晶体的生长。

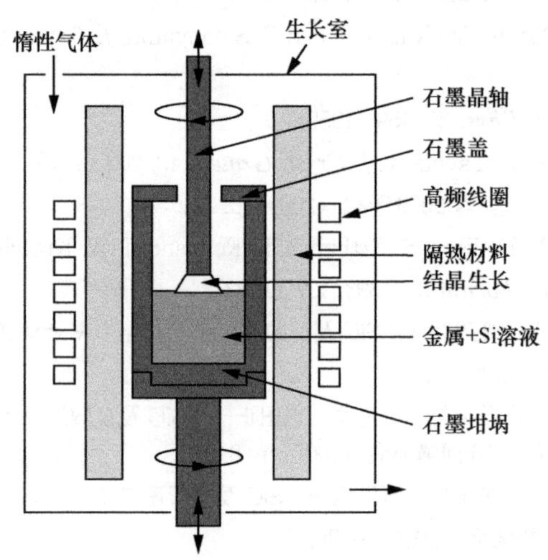

图 3.3.1　TSSG 法液相生长 SiC 设备示意图

1. 晶体生长

制备晶体时，较快的生长速度通常是理想目标。SiC 液相法生长是一种物质的扩散过程，因此想要获得较快的生长速度需要通过控制溶液的流动更有效地向晶体生长面提供溶质。下面介绍一下在 Si 材料生长中有效果的坩埚加速旋转法（Accelerated Crucible Rotation Technique，ACRT）[5]是如何大幅提升晶体生长速度的[6]。如图3.3.2所示，所谓ACRT法是指间歇性的同向或逆向交替旋转籽晶和坩埚从而促进搅拌的一种方法。搅拌程度受ACRT的整体条件影响会发生复杂变化，基本上遵循旋转离心力原理：被坩埚禁锢住的溶液在旋转时脱离坩埚壁，向籽晶方向流动。ACRT可以有无数种方式，从图3.3.2中可以看出，与常规旋转相比，用ACRT法将籽晶棒和坩埚逆向旋转后，在同一生长温度下晶体生长速度提升了2倍。

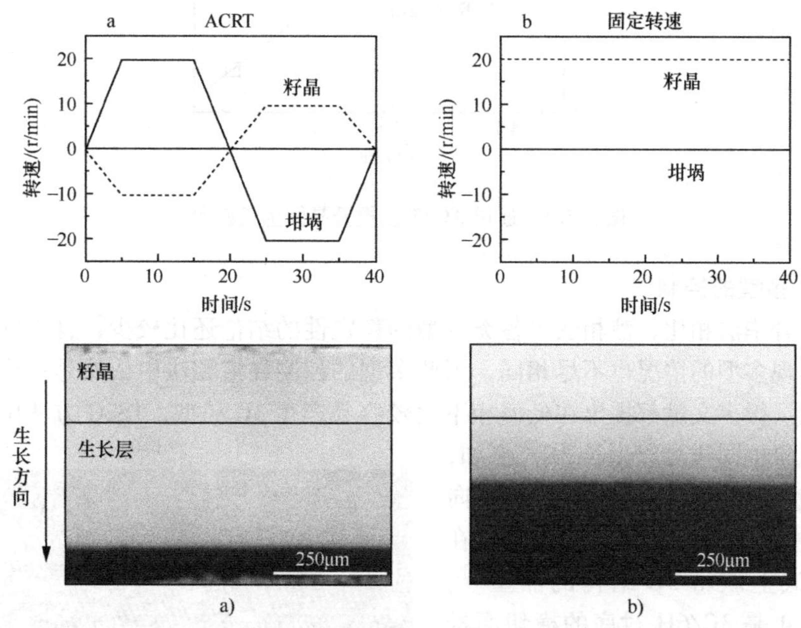

图3.3.2 采用ACRT法的籽晶及坩埚的旋转方式，及其对生长厚度的影响。图a、b是同样在1760℃下生长了2h的6H-SiC

a）ACRT适用 b）ACRT非适用（固定转速）

图3.3.3是生长速度和生长温度的阿伦尼乌斯图，从图中可以看到在很大的温度范围内，晶体的生长速度都得到了提升。但不论使用ACRT与否，激活能量是一定的，在Si-Ti-C溶液中大概是300kJ/mol。假设晶体生长过程满足威尔逊方程，很明显ACRT可以影响晶体生长面附近的过饱和度。从逆向ACRT条件下晶体生长面附近的溶质浓度随时间变化的模拟结果可以推测出，与常规旋转相比，ACRT法可以更有效地提供溶质[7]。利用了ACRT法的SiC单晶（6H）已经可以长到2in，同样，生长4in也被证实是可行的。

但是，随着坩埚尺寸增大，ACRT的效果也会弱化。因此机械搅拌在将来有可能成为研究对象。另外，综合考量了马兰戈尼对流和电磁搅拌效果的溶液流动数值解析技术也有所进展[8]，针对理想流动的理解正在不断深入。

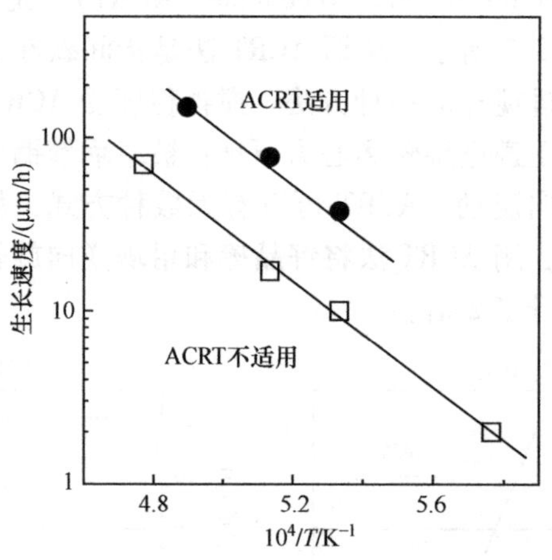

图 3.3.3　通过 ACRT 法提升晶体生长速度

2. 多型的控制

与升华法相比，液相法中各类多型的稳定性的结论还比较少，且不同的溶媒下出现多型的情况也不尽相同，因此多型的控制在液相法中依然是一个重要的课题。很多文献都提出在低温相下比较容易产生 3C 晶型，TSSG 方法中通过控制气氛也同样可以生长 3C。例如，在氦气 + 氮气的混合气体环境下，向晶体中掺杂更多的氮元素就可以在 6H 衬底上获得 3C 结构的晶型[9]。图 3.3.4 是 3C/6H 衬底的横切面透射电子显微镜（Transmission Electron Microscope，TEM）图像。3C 在 6H 上直接成核开始生长，所以可以看到从 6H 向 3C 转换的界面非常陡峭。这与微倾斜的 6H 衬底上的台阶流相关，6H 相的台阶流与 3C 相的成核、生长竞争，最终变为 3C 单相。氮元素在该过程中起到的效果是今后的研究课题。最近，如图 3.3.5 所示，有文献指出在 Si-Dy-C 溶液中通过 6H 的过渡层选择性地生长出 4H 晶型的研究取得了成功[10]。这主要是缘于添加 Dy 后溶液中的碳浓度提升，使得 4H 的晶型更稳定所致。

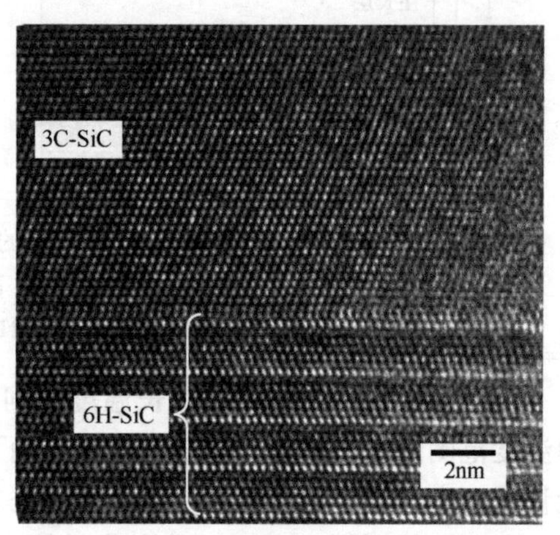

图 3.3.4　利用 TSSG 法在 6H 衬底上生长的 3C 层横切面 TEM 图像

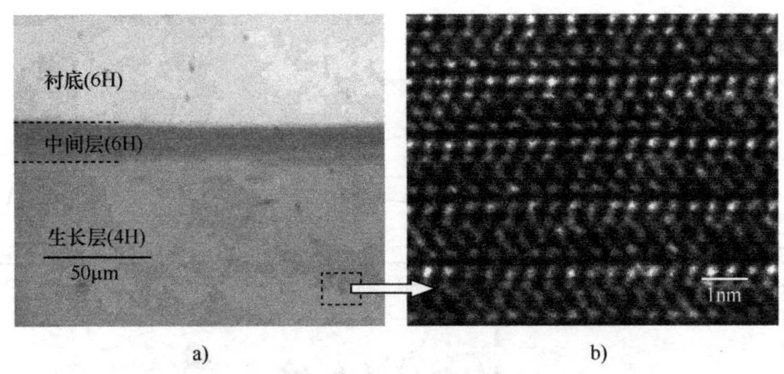

a)　　b)

图 3.3.5　Si-Dy-C 溶液中生长时 6H→4H 的转换
a）生长初期通过 6H 过渡层生长出的 4H 层的 TEM 图像
b）生长的 4H 相的高分解能 TEM 图像

3. 有偏轴角衬底上的液相生长

液相法在器件活性层也就是外延层的生长也可以使用，使用 TSSG 法在有偏轴角的衬底上进行晶体生长，大多数情况下无论膜厚多少，都会出现因台阶聚集或者弯曲从而造成晶体生长面的错乱，短时间内就形成生长不稳定的局面。但是上述的情况可以通过优化生长速度、温度梯度、溶液流动使表面平坦化，用 8°衬底已经可以长到 200μm。相比于 CVD 生长的外延层，用液相法生长的外延可以将被称为器件杀手的基平面位错转换成危害更小的贯通型位错，基平面位错可以降低至整体位错的 60%。在有偏轴角的衬底上进行液相生长时虽然不能完全抑制沿晶体生长方向上基平面位错的传播，但如果使用垂直于生长方向的衬底进行液相生长，则可以大幅减少位错。图 3.3.6 展示的是将高纯 Si 溶液中正向生长了数十 μm 厚的外延层斜切并腐蚀后，看到的厚度方向上位错密度的变化情况。从图中可以看到，外延层中几乎没有基平面位错。与预测结果一致，基平面位错明显减少[11]。

在外延生长中使用液相法的一个重要课题是载流子浓度的控制问题。正如前文提到的那样，TSSG 法设备通常是含有需要驱动部件的复杂设备，保温层使用多孔材质，因此生长室中容易残留氮元素，从而导致晶体是低电阻的。在最近的研究中通过降低背景气氛中的氮元素以及调整溶液成分来尝试提高晶体的阻值取得了一定的进展。另外，在液相法溶液中添加 Al 等添加剂来获得 p 型晶体也值得关注。

4. 轴向以及径向上的扩大

在晶体制备过程中，可生长厚晶体的技术是必需的，为此更快的生长速度和更长时间的稳定生长也是必需的。就生长速度而言，除了前文中提到的利用

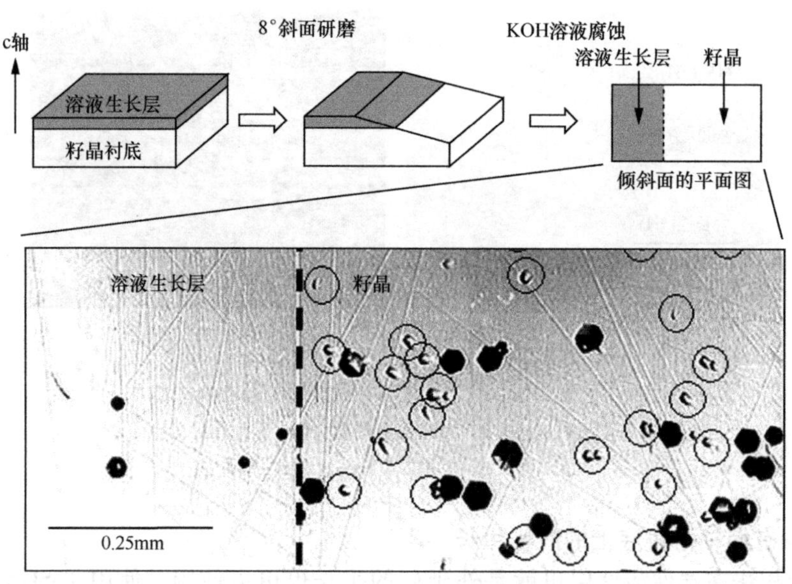

图 3.3.6 正向衬底上进行液相外延生长时基平面位错的减少
（○中的腐蚀坑是基平面位错的起因）

ACRT 等方法来促进搅拌效果、优化生长温度和温度梯度的平衡具有一定的效果以外，还需要选择一种可以提高碳溶解度的溶媒。在生长更厚、更大的晶体的同时，抑制晶体表面的多型以及保持平坦的生长面也极为重要。这里的液相生长和一般性的某固定溶点下的液态生长不同，根据温度的分布，在很广的温度范围内会同时产生溶解和晶体生长现象，因此为了抑制某些寄生反应的发生，需要对炉内的温度分布进行精密的控制。另外，在维持平坦的生长面时还需要防止成分过度冷却[12]。否则会在生长界面上形成一层微小的凹凸层，从而导致巨大的台阶聚集或枝状晶体，扰乱生长稳定性。为抑制成分的过度冷却，生长速度和温度梯度的搭配尤为重要。但事实上，这两者根据所使用的溶液不同也会发生变化，因此需要一事一议。本章中介绍的 Si-Ti-C 溶液在 200μm/h 以上的速度下已经可以长出 5mm 以上的 6H 型 2in 晶体[13]，算得上是有发展前景的溶液之一。另外 Si-Cr 系溶液下也已确认可以生长 4H 型晶体[14]。

以上是关于 Si-Ti-C 系溶液生长 SiC 单晶的相关技术内容。液相法应用范围很广，但在 SiC 单晶领域的研发有些滞后。工业领域中获得成功的单晶生长方法大部分都是液态的，因此技术储备比较丰富。随着近年小型化高性能高频电源的问世，以及高温控制技术的进展，为开发更具操作性的晶体生长炉提供了大环境，该方法今后的发展值得关注。

参考文献

1) A. Suzuki, M. Ikeda, N. Nagao, H. Matsunami, and T. Tanaka, *J. Appl. Phys.* 47, 4546 (1976).

2) M. Ikeda, T. Hayakawa, S. Yamagiwa, H. Matsunami, and T. Tanaka, *J. Appl. Phys.* 50, 8215 (1979).

3) K. Kusunoki, S. Munetoh, K. Kamei, M. Hasebe, T. Ujihara, and K. Nakajima, *Mater. Sci. Forum* 457-460, 123 (2004).

4) T. Ujihara, S. Munetoh, K. Kusunoki, K. Kamei, N. Usami, K. Fujiwara, G. Sazaki, and K. Nakajima, *Mater. Sci. Forum* 457-460, 633 (2004).

5) H. J. Scheel and E. O. Schulz-DuBois, *J. Crystal Growth* 8, 304 (1971).

6) K. Kusunoki, K. Kamei, N. Okada, N. Yashiro, A. Yauchi, T. Ujihara, and K. Nakajima, *Mater. Sci. Forum* 527-529, 119 (2006).

7) N. Okada, K. Kusunoki, K. Kamei, N. Yashiro, and A. Yauchi, The 5th International Symposium on Electromagnetic Processing of Materials (Sendai, 2006) p. 170.

8) F. Mercier, J. Dedulle, D. Chaussende, and M. Pons, *J Cryst. Growth* 312 155 (2010).

9) K. Kusunoki, K. Kamei, N. Yashiro, T. Tanaka, and A. Yauchi, *Mater. Sci. Forum* 600-603, 187 (2009).

10) K. Kusunoki, K. Kamei, N. Yashiro, N. Okada, and K. Moriguchi, *Mater. Sci. Forum* 679-680, 36 (2011).

11) R. Hattori, K. Kusunoki, N. Yashiro, and K. Kamei, *Mater. Sci. Forum* 600-603, 179 (2009).

12) W. A. Tiller, *J. Crystal Growth* 2, 69 (1968).

13) K. Kamei, K. Kusunoki, N. Yashiro, N. Okada, T. Tanaka, and A. Yauchi, *J Cryst. Growth* 311, 855 (2009).

14) K. Danno, H. Saitoh A. Seki H. Daikoku, Y. Fujiwara, T. Ishii, H. Sakamoto, and Y. Kawai, *Mater. Sci. Forum* 645-648, 13-16 (2010).

3.3.2　在六方晶衬底上进行 3C-SiC 液相生长

SiC 有多种晶型，每一种的物理性质各不相同。其中 3C-SiC 是一种按 ABCABC…次序堆垛的 3 周期性结构立方晶（cubic），故称为 3C-SiC。与 4H-SiC 以及 6H-SiC 相比，3C-SiC 的禁带宽度虽然比较小，但就 SiC 器件中具有举足轻重地位的 MOSFET 而言，其电子漂移速率相比于 4H-SiC 的平均 $60cm^2/(V \cdot s)$，3C-SiC 可高达 $260cm^2/(V \cdot s)$。这是由于栅极部位的 SiC/氧化物界面处形成的界面态能级较浅所致。目前关于 3C-SiC 器件的研究还很少，主要原因是没有高质量的衬底。

3C-SiC通常在相对低温的环境下存在稳定相，但目前常见的升华法温度一般在2000℃以上，因此稳定生长3C-SiC从原理上而言就比较困难。另一种技术方向是在Si衬底上通过CVD生长3C-SiC[1]，但是由于Si和SiC的晶格失配度高达19.8%，目前仍处于层错缺陷不可控状态。

近几年，液相生长SiC的研究主要以日本为中心展开。所谓液相法是指溶液中的溶质达到过饱和状态后进行晶体生长的过程。该方法历史悠久，例如在Ⅲ-Ⅴ族化合物半导体上制造的激光二极管结构就是用液相外延（Liquid Phase Epitaxy，LPE）法实现的。通常，液相法生长的晶体中，缺陷密度很低，像LPE法制造的激光结构，其发光强度就极高。液相法生长的SiC晶体同样可以做到零微管[2]，同时还可减少影响器件可靠性的基平面位错[3]。另外，考虑到有助于生产高品质晶体，除了SiC晶体，关于液相法用于GaN、AlN等宽禁带半导体晶体方面的研发越来越多。与升华法所需的2000℃高温相比，液相法只需达到溶媒材料的溶点温度即可，因此可以进行低温生长，这对生长高品质的3C-SiC是值得期待的。

本章将介绍3C-SiC在异晶型，即6H-SiC上的生长情况。从“晶体多型控制”的角度出发，这比单纯地介绍如何生长高品质3C-SiC更有意义。CVD法生长外延时对多型的控制是通过控制台阶、维持层结构实现的，是一种“抑制多型变化，维持现有多型”的思路。与此相比，本章中介绍的方法是通过“积极的变化多型”并“保留多型”的方式实现对多型的控制。这是与CVD法以及升华法中通过螺旋生长维持多型有所不同的策略。

1. 3C-SiC液相生长

（1）生长方法

即使同为液相生长，彼此间也存在很多种变化，无法用一句话概括。目前SiC液相法中最常见的方法称为“浸入法”[4]。这种方法是指在石墨坩埚中加入硅或者硅合金溶媒并保持高温状态，随后将粘合在碳材料轴上的籽晶浸入到溶液中（见图3.3.7）。这样一来，SiC生长所需的Si可以取自溶液，所需的C则来自碳材料或者坩埚。因此很大程度上，碳的溶解度将会影响晶体的生长速度。同时，为了控制籽晶周围的碳供给，通常会旋转坩埚或者籽晶轴。另一方面，由于坩埚处于一个有温度梯度的环境下，籽晶位置和坩埚溶解位置的温差会造成这两个位置碳溶解度不同，这种溶解度差可以保证碳元素的持续供应。所以，温差对生长速度也会产生影响。除此之外与液相法类似的还有亚稳态溶媒外延法[5]，以及以法国研发团队为中心的VLS（Vapor Liquid Solid，气液固）法[6]等。

（2）3C-SiC的多型控制

如前面提到的那样，在多型控制方面，以往的思路是考虑如何维持籽晶上

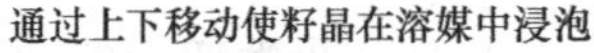

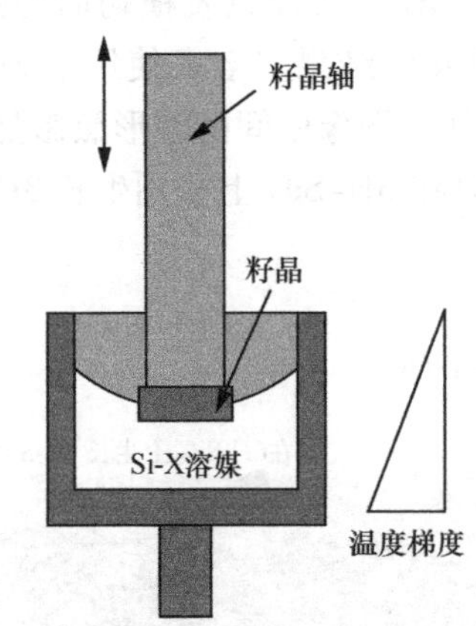

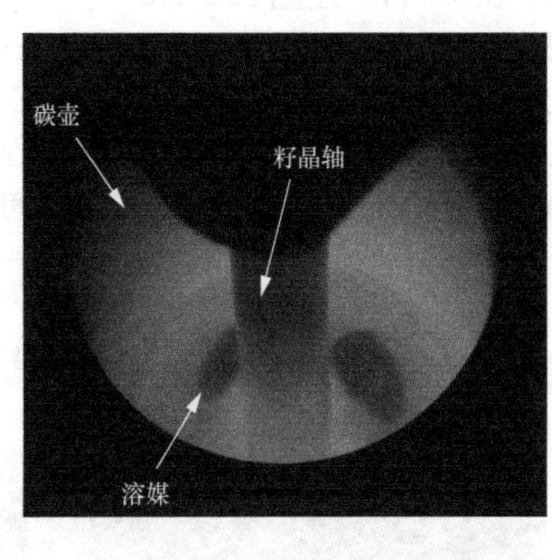

图3.3.7 典型的SiC浸入式的概要。石墨坩埚中加入Si合金溶媒，将粘合在轴前端的籽晶浸入到溶液中。Si取自溶媒，C从石墨坩埚中获得

的晶型。例如，采用CVD等方法进行台阶控制外延生长，具体而言是将带有偏轴角的晶面用于晶体生长（六方晶是｛0001｝面，立方晶是｛111｝面），原子台阶沿水平方向堆积生长，维持籽晶上的堆垛结构。起初3C-SiC的液相法也是类似的思路，在Si衬底的（001）面上生长3C-SiC，即使是在1700℃这样相对较高的温度下，也可以维持晶体生长面的堆垛周期[7]。但在液相法中，基平面（001面）上容易形成一个分面｛111｝，使晶体生长面紊乱，另外在Si上生长3C-SiC时，即使产生很少的层错，这些缺陷也会延伸到生长层中，造成晶体质量的恶化。还有研究曾经尝试在几毫米的边角形3C-SiC籽晶上进行液相生长，随后在其上面外延，但发现基平面上晶体生长很容易产生多型，并且几毫米的边角籽晶想要扩径也是很困难的[4]。

因此要在现有3C-SiC液相生长的技术基础上，采用不同的策略控制多型。其中一个想法是利用热力学以及速度论方法控制3C-SiC的稳定性。这样一来，由于不再需要继承籽晶上的晶格结构，因此可以使用如6H-SiC等其他晶型的衬底作为籽晶。反言之，晶体生长时需要生长与籽晶不同的晶型，因此需要在生长过程中有意地使晶型发生变化。这样，与控制原子台阶的外延技术有所不同，籽晶面可直接用于晶体生长。其余的生长参数包括晶体生长温度、籽晶面取向、极性以及液相法特有的溶媒组分等。众所周知，3C-SiC一般在低温环境下稳定生长，所以液相生长过程中需要保持相对低的温度。但是，保持低温又会限制碳元素向溶液中的溶解，从而导致生长速度极其缓慢。为弥补这一点，需要添加第三种元素来促进碳的溶解。这里介绍的方法中使用了一种稀土元素：Sc（钪）[8]。也有文献曾提到过Sc可以使3C-SiC稳定。

（3）在6H-SiC上生长3C-SiC

图3.3.8是6H-SiC(0001)C面上生长的SiC的表面以及横切面的图像[9]。这是正向（0001）衬底在1300℃下生长了50h的结果。溶媒使用了Si-23at% Sc。从衬底上可以明显看到黄色的3C-SiC晶体。图像中间的圆形黑影是碳材料籽晶轴的影子。通过改变晶体生长条件，可以在6H-SiC上分别生长3C-SiC和6H-SiC。

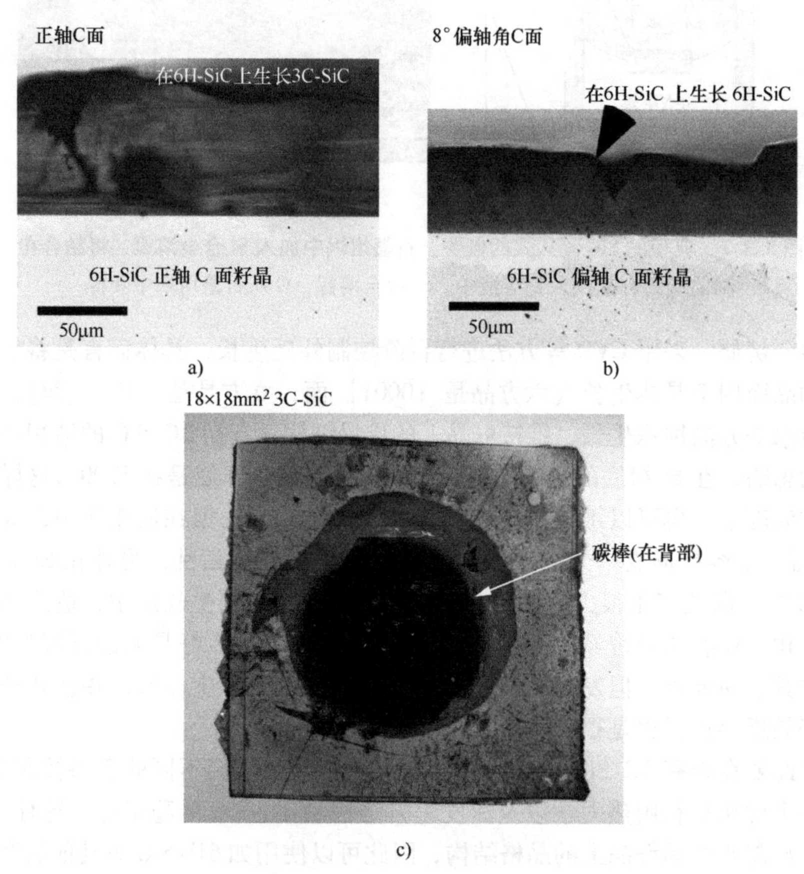

图3.3.8　6H-SiC上生长的3C-SiC

a）无偏轴角（0001）面上生长的晶体的横切面TEM图像，生长了黄色的3C-SiC

b）在有偏轴角的衬底上，籽晶的堆垛结构被延伸，长出了6H-SiC

c）3C-SiC的表面TEM图像，中间的黑色圆形是籽晶轴的影子，几乎整面都是3C-SiC

图3.3.9是6H-SiC上生长的3C-SiC晶体的横切面TEM图像。在异质界面上可以看到一些向水平方向扩散的层错，随着晶体生长，层错虽然越来越少，但是会形成很多DPB（Double Positioning Boundary，双定位晶界）。

图3.3.9 6H-SiC上生长的3C-SiC的横切面TEM图像。在界面附近观测到了层错，但在远离界面处缺陷会消失

如图3.3.10所示，6H-SiC晶面的堆垛方向有两种。通过ANNNI（Axial Next Nearest Neighbor Ising，轴向次近邻Ising）模块计算可知，晶体生长层更容易沿着籽晶的堆垛方向生长[10]。也就是说，生长3C-SiC时有可能在堆垛方向以外的方向上存在异向3C-SiC，从而导致在界面上形成DPB。针对此类缺陷，只要采用带有一点偏轴角6H-SiC的籽晶即可消除，这一点在VLS法的研究过程中已经被证实，下面讲解其详细过程。

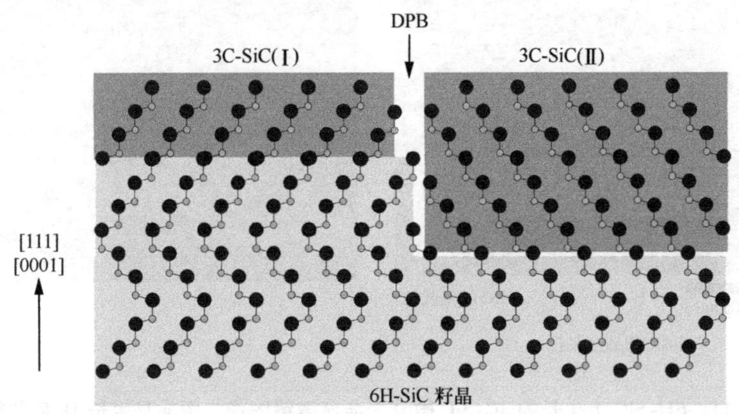

图3.3.10 6H-SiC由3分子层结构构成。因此，台阶上下两个面由异向层结构组成。每个层的构造都延伸了3C-SiC结构生长，并在界面上形成DPB

2. 3C-SiC 的优先生长机制

（1）热力学选择

通过原子台阶控制或者螺旋生长的方式控制多型的理论是建立在“怎样尽可能地维持籽晶的堆垛周期”的基础上，这里讲到的6H-SiC上生长3C-SiC则是逆向思维，先不考虑晶格继承的问题。但随之而来的是，如不继承籽晶上的堆垛周期，直接导致的结果是在众多的多型中如何选择目标的问题。生长出的多型基本可以认为是由热力学稳定性决定的。那么此时，每种多型的化学势、表面能（对于液相法，是溶媒的固液界面能）和各种多型之间的界面能之和应该最小。例如，有文献指出，通过比热计算化学势对温度的关联关系后可知，6H-SiC在很广的温度范围内是稳定的[4]。但3C-SiC往往更容易在低温环境中生长，从这一点可以看出，表面能和界面能的影响还是很大的。虽然具体的数值还未知，但很遗憾关于多型的热力学稳定性依然是一个有待研究的课题。

（2）速度论的选择

最近通过作者们的研究，提出了一种基于速度论的多型机理。例如，可以判断6H-SiC上局部形成3C-SiC的概率。如果3C-SiC生长得比6H-SiC快，那么可以通过几何学的选择机制[11]，让3C-SiC继续生长，覆盖6H-SiC。这样一来，一旦形成了3C-SiC，最终可以将全面转换成3C-SiC。

通过反复生长并观察后，我们得到了3C-SiC的生长机制，图3.3.11是先生长1h，随后再生长1h，总共生长2h后，晶体表面的微分干涉显微镜图像。可以看到大部分的6H-SiC都是由籽晶中的螺旋位错为起点，维持原有多型螺旋生长的。而3C-SiC没有螺旋生长的痕迹，是在基平面上通过2次成核生长的。并且可以看到随时间推移，3C-SiC的生长区域逐渐扩大[12]。

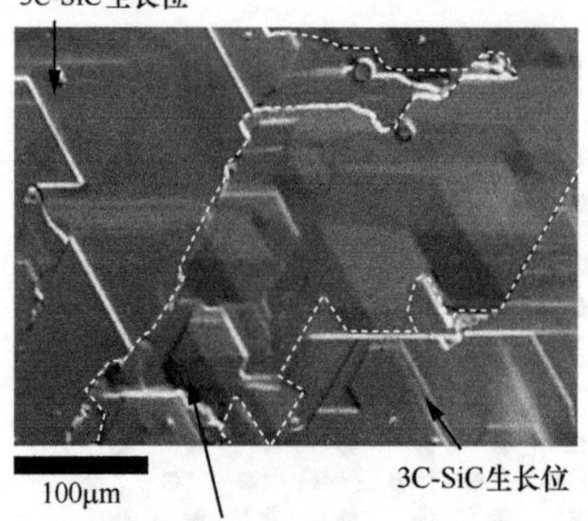

a)

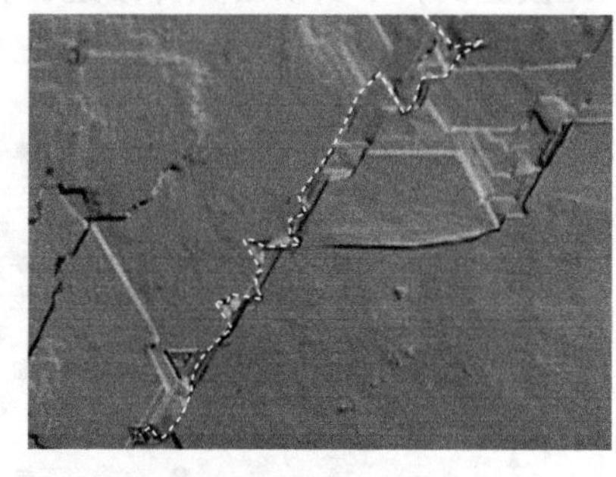

b)

图3.3.11　6H-SiC上生长的3C-SiC微分干涉显微镜图像。图a是生长1h后的结果，有很多六角形结构，这些是从籽晶的螺旋位错为起点螺旋生长的6H-SiC。图b中，6H-SiC的螺旋生长基本都被3C-SiC覆盖了

a）生长1h后　b）生长2h后

一般而言，不论是螺旋生长还是2次成核，在驱动力相同的情况下，螺旋生长的速度会更快。但在6H-SiC上生长3C-SiC则是6H-SiC的螺旋生长和3C-SiC的2次成核生长彼此竞争，导致整个多型的生长机制有所不同。另外，生长速度除了生长机制以外，还高度依赖晶体生长表面的台阶、阶梯面的结构。例如，当阶梯面较宽时，台阶密度越大，生长速度越快。如果我们用AFM仔细看一下3C-SiC和6H-SiC台阶就会发现，6H-SiC的台阶高度是6个或者3个分子层，而3C-SiC基本是1个分子层。

由此可知，相比而言，3C-SiC的台阶密度更高。综合上述观点可以得到螺旋方式生长的6H-SiC和2次成核方式生长的3C-SiC的晶体生长速度图，如图3.3.12所示[12]。当驱动力合适时，3C-SiC是可以优先生长的。

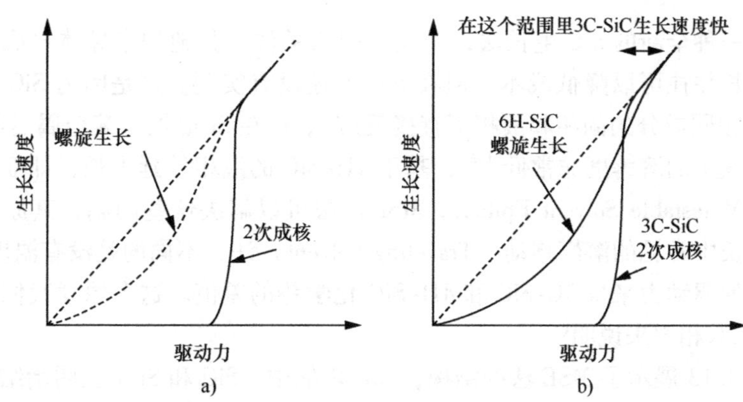

图3.3.12 不同生长原理下生长速度与驱动力的关联关系。通常螺旋生长比2次成核要快（见图a），但是如果对比不同多型可知，不同台阶结构下，如图b所示生长速度也有可能被逆转

a）同种多晶的比较 b）异种多晶的情况

参考文献

1） H. Nagasawa, K. Yagi, and T. Kawahara, *J. Cryst. Growth* 237, 1244 (2002).

2） R. Yakimova, M. Syväjärvi, S. Rendakova, V. A. Dmitriev, A. Henry, and E. Janzén, *Mater. Sci. Forum* 338-342, 237 (2000).

3） K. Kusunoki, K. Kamei, N. Yashiro, and R. Hattori, *Mater. Sci. Forum* 615-617, 37 (2009).

4） T. Ujihara, R. Maekawa, R. Tanaka, K. Sasaki, K. Kuroda, and Y. Takeda, *J. Crystal Growth* 310, 1438 (2008)

5） S. R. Nishitani and T. Kaneko, *J. Cryst. Growth* 310, 1815 (2008).

6） M. Soueidan and G. Ferro, *Adv. Funct. Mater.* 16, 975 (2006).

7） R. Tanaka, K. Seki, T. Ujihara, and Y. Takeda, *Mater. Sci. Forum* 615-617, 37

(2009).
8) M. Syväjärvi, R. Yakimova, H. H. Radamson, N. T. Son, Q. Wahab, I. G. Ivanov, and E. Janzén, *J. Cryst. Growth* 197, 147 (1999).
9) T. Ujihara, K. Seki, R. Tanaka, S. Kozawa, Alexander, K. Morimoto, K. Sasaki, and Y. Takeda, *J. Cryst. Growth* 318, 389 (2011)
10) V. Heine, C. Cheng, and R. J. Needs, *J. Am. Ceram. Soc.* 74, 2630 (1991).
11) A. A. Chernov, *Modern Crystallography III, Crystal Growth* (Springer：Berlin, 1984) p. 283.
12) 関和明，アレキサンダー，小澤茂太，宇治原徹，P. Chaudouët, D. Chaussende, 竹田美和：第71回応用物理学会学術講演会予稿集，14 a-ZS-7 (2010).

3.3.3 MSE法

作为一种全新的SiC生长法，液相法引人关注。其他的半导体衬底材料通过液相生长往往可以降低成本，但在SiC上还没有实现。这是因为SiC是非全等反应（相同成分的固相和液相不直接反应），C在Si或加入某金属后的Si金属合金溶液中的溶解度非常低[1,2]，基于4H-SiC的液相外延生长，即亚稳态溶剂外延（Metastable Solvent Epitaxy，MSE）法可以解决这些问题，其原理类似于液相生长中常见的溶媒移动（Traveling Solvent）法，不同的是没有温度梯度。溶媒流动的驱动力来自3C-SiC和4H-SiC化学势的差值。这个原理我们将用稳态-亚稳态双相图来说明[3]。

图3.3.13展示了MSE法的结构，TaC坩埚中，SiC和Si呈三明治结构，在高真空气氛中加热。三明治结构由SiC和Si板材组成，其顺序如图所示。多晶3C-SiC板用于提供碳元素，4H-SiC用于外延生长。坩埚加热至1800℃后Si溶解，作为运送碳元素的媒介。溶媒则非常薄，只有十几到几百微米。

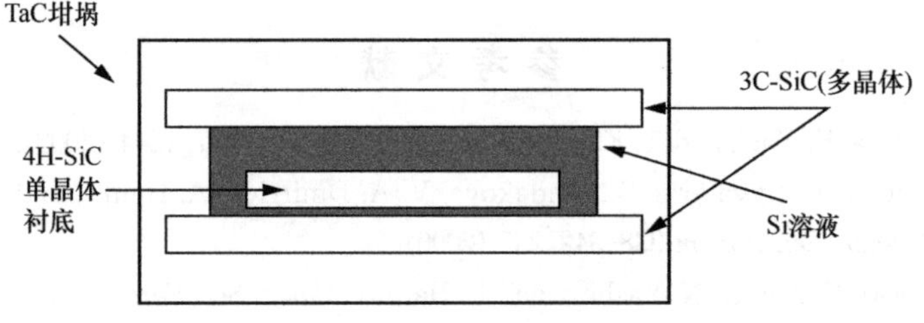

图3.3.13 MSE法的结构图

图3.3.14展示的是样品的扫描电子显微镜图像。可以看到，保持生长温度10min后，4H-SiC衬底上长出了约25μm 4H-SiC，新长出的层非常明显。多晶3C-SiC在开始外延生长时是稠密的，生长开始后从界面逐渐溶解，整体稀疏了。生长过程中Si溶液起到将碳元素从碳源处运送至基板的作用。碳元素的波

长离散型X射线分析结果在图3.3.14中也有所表示。虽然Si溶媒中的碳元素浓度很低，但是溶媒很稀，扩散出的碳元素足够晶体生长所需。外延生长即使将图中的装置上下颠倒，也同样可以生长出4H-SiC，因此无目的性的随机的温度分布不能认定是驱动力。当生长温度发生变化时，不同Si溶媒厚度下的生长速度如图3.3.15所示。

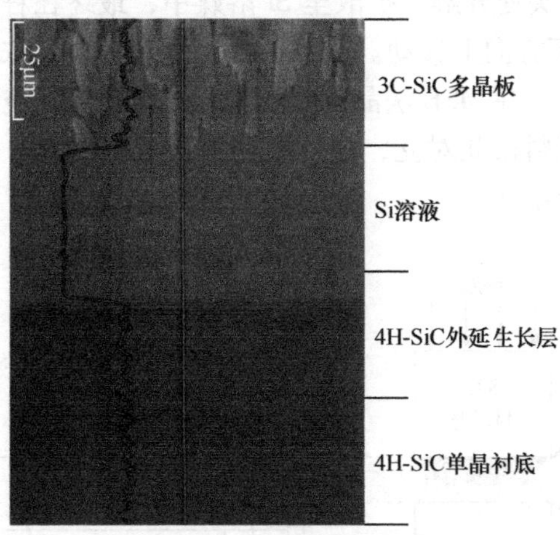

图3.3.14 用MSE法制得的样品在扫描电子显微镜和波长离散型X射线分析下的碳浓度结果

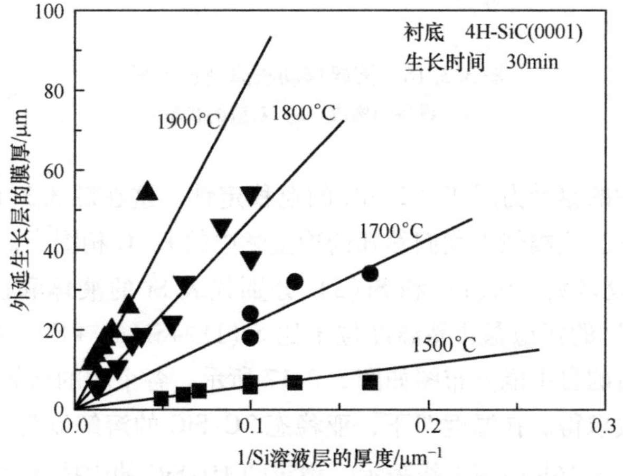

图3.3.15 MSE法中外延生长速度与生长温度和Si溶液层厚度的关联关系（生长时间为30min）

这个过程中的驱动力以及浓度配比类似于我们小学理科课程中的明矾结晶

实验，整个系统比较复杂，所以我们先从与其近似的溶媒移动法开始讲解。如图3.3.16a所示，SiC材料源和籽晶中间夹着一层薄薄的Si。将这个三明治构造从上至下加热，使Si层具有垂直方向上的温度分布。材料源界面的温度是$T+\Delta T$，从图3.3.16b中可知，SiC在Si中的溶解度是$(X+\Delta X)\%$，温度T时籽晶界面上的溶解极限是$X\%$。这里溶解度的描述有所夸张。在这样的温度梯度下，过剩的SiC从源头处分解并扩散至Si溶媒中，最终在籽晶上结晶，导致液体Si层从材料源的下方向上移动。这个由温度梯度导致的浓度梯度，成为了促使溶媒移动的驱动力。在MSE法晶体生长过程中，温度在空间和时间上都是一定的。相同成分的材料彼此对立，因此很难获得浓度梯度，因此无法保证溶媒层向上还是向下或者不动。

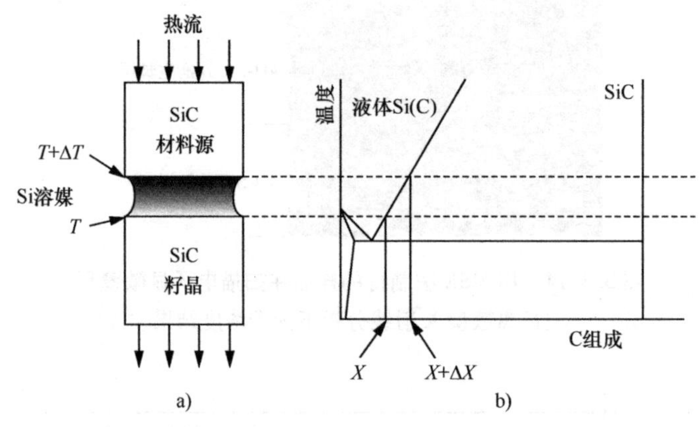

图3.3.16　溶媒移动法原理示意图

a）设备的构成　b）对应的状态

这个系统中的驱动力属于3C-SiC的亚稳定性。这在图3.3.17的双相位图中有明确的表示。这类似于我们熟知的冶金学中的Fe-C相图[4]。这种现象在亚稳态体系中比较常见。Si(l)和Si(s)分别代表Si的液体和固体，Si(l)→Si(s)+SiC(3C)的亚稳态共晶温度位于比Si(l)→Si(s)+SiC(4H)更低的位置，与其相对应的自由能分布图如图3.3.17所示。各个相的溶解极限可由共存相的自由能切线求得。在温度T下，亚稳态3C-SiC的溶解度为C_l^{3C}，与其相对应的液相在图3.3.16b中用虚线表示。稳定的4H-SiC的固体溶解极限记为C_l^{4H}，与实线的液相线相对应。浓度梯度可从夹在3C-SiC和4H-SiC之间的三明治结构获得。其碳浓度曲线如图3.3.17所示。在3C-SiC的亚稳态溶解度浓度梯度作用下，碳元素从材料源溶解，且由于浓度梯度一致，在液体Si中扩散至籽晶界面后，形成过饱和状态，形成4H-SiC结晶。

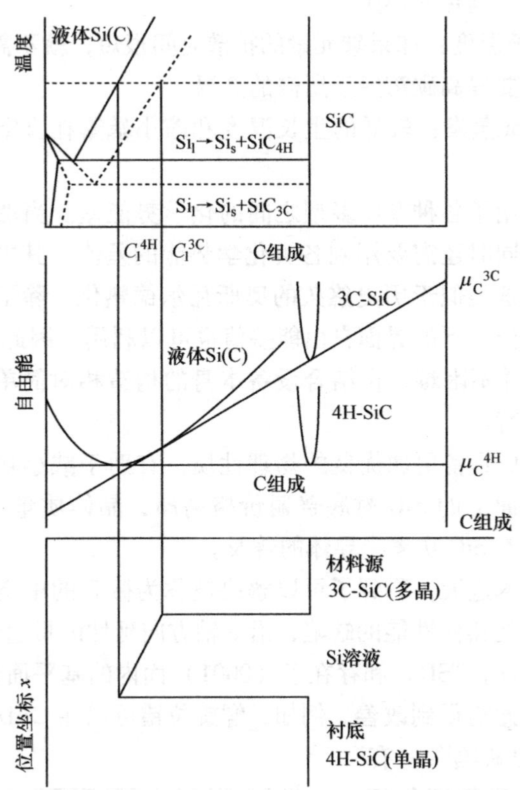

图 3. 3. 17　MSE 法的原理说明图：双相位图、成分-自由能图、碳浓度曲线图

基于上述驱动力原理，该过程也被称为“亚稳态外延”。MSE 法在 SiC 外延生长领域有诸多优势。首要特点便是驱动力。其次是晶体生长过程中不存在时间和空间上的温度梯度。一般情况下出现的凝固现象主要是由于界面上的不稳定因素以及多晶，也就是所谓的成分过度冷却所导致的，另外温度梯度和浓度梯度的控制失败也会导致这一现象。由于没有温度梯度，只依靠浓度梯度对晶型进行动力学控制，因此外延过程中可以让系统自行趋于稳定。第三点是液体 Si 溶媒层很薄。从相图中可以看到，碳元素是处于过饱和状态，所以溶媒并不稳定，如果溶媒层太厚，容易在 4H-SiC 籽晶以外的区域成核。为了抑制这一点，溶媒需要足够薄，这也是 Si 溶液如此薄的原因。除此之外，以下再列举几个次要原因：

1）抑制对流：液相 Si 只有凝固过程中扩散层程度的厚度，因此几乎不会产生对流。

2）控制扩散量：Si-C 系中，碳在 Si 中的溶解度极低，所以人们一直以为这无法满足晶体生长所需的碳量。不过好在 Si 溶媒很薄，碳元素的扩散只需很短的时间，因此可以满足晶体生长。

3）较低的生长温度：如果碳元素的扩散时间很短，就不需要很高的碳溶解度，因此也就不需要提高碳溶解度所需的高温。

4）抑制液态 Si 蒸发：较低的生长温度和缩小暴露在真空环境中的表面积可以做到这一点。

这个过程还利用了各种 SiC 多型之间的化学势能差。当然仅仅这一点也不足以称为驱动力，同时还需要用到各类化学势能的差值。其中比较典型的例子是界面的曲率差。这类似于历史悠久的奥斯瓦尔德熟化。除了单晶和多晶之间的曲率差，不同方位差下的界面自由能差值也可以利用。因此 MSE 法在生长大尺寸 SiC 外延方面并不困难，再结合设备本身的构造相对简单，在大尺寸衬底的制造上也值得期待。

与 Si 相比，SiC 具备更加优良的物理性质，有助于减小功率器件的体积并降低损耗，目前市面上的 SiC 衬底普遍价格高昂，晶体质量本身也有待提升，这些问题直接制约着 SiC 功率半导体的普及。

最近，随着技术进展，看到了可以解决被称为微管的中空贯穿型缺陷的眉目[5]。作为直接影响器件性能的缺陷，沿 c 轴方向延伸的贯通螺旋位错（Threading Screw Dislocation，TSD）和存在于（0001）面内的基平面位错（Basal Plane Dislocation，BPD）急需得到改善。例如，螺旋位错可以在 CVD 外延层中诱发一种称为胡萝卜型的缺陷[6]，有文献称这种缺陷是导致氧化膜击穿[7]的主要原因。再如，基平面位错会导致 pn 二极管正向特性恶化[8]。MSE 法生长的外延层可以将 SiC 衬底中的缺陷转换为其他缺陷，利用这一效果，将 MSE 外延膜用于器件缓冲层的研发正在进行。

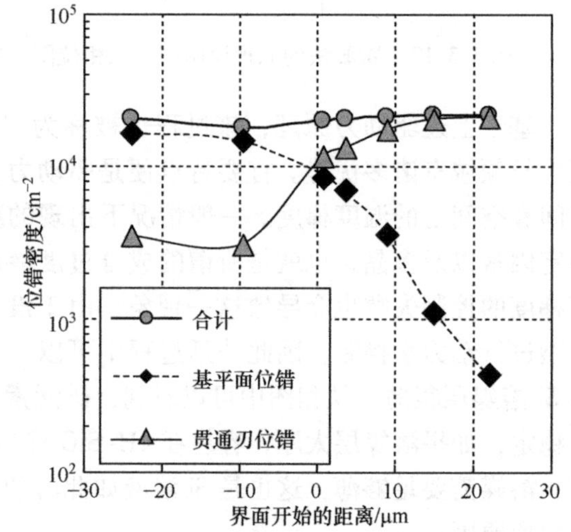

图 3.3.18　含 MSE 外延膜的 4H-SiC 晶片各层的位错密度

SiC 衬底中的缺陷向 MSE 膜中的延伸情况如图 3.3.18 所示。横轴表示衬底和 MSE 膜界面的相对位置，衬底侧是负的，MSE 膜侧是正的。衬底内的各类缺陷是一定的，随着生长的进行，基平面位错逐渐减少，贯通刃位错（Threading Edge Dislocation，TED）逐渐增多。

最后，从图3.3.19中可以看到，SiC衬底中的螺旋位错向MSE外延膜中延伸的过程。衬底中的螺旋位错延伸到MSE膜以后直接变为局部位错（Partial Dislocation，PD）的层错。这种局部位错是弥补层错缺陷而存在的位错[9]。螺旋位错转换成层错的机理还不是很清楚，但是可以确定的是由于MSE生长的台阶流方向上（$<11\bar{2}0>$）有很强的驱动力，所以几乎所有的螺旋位错都会这样转换。

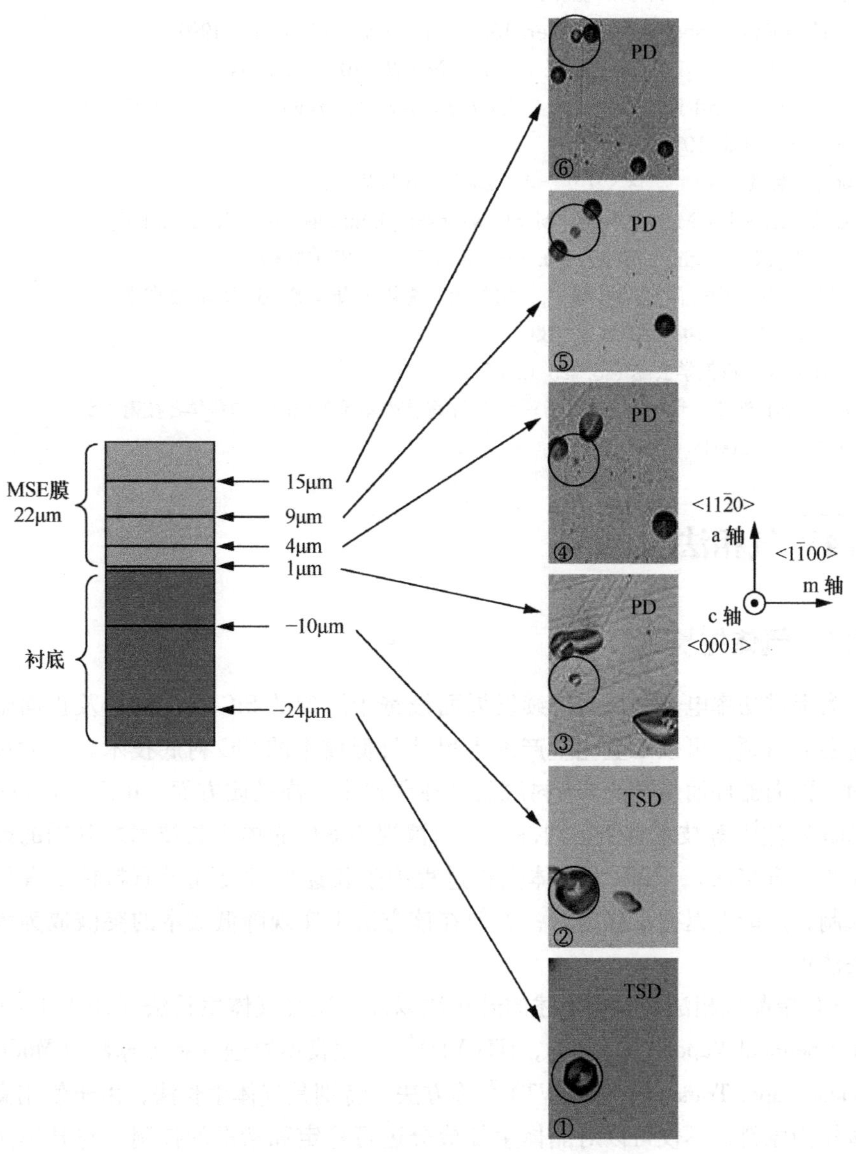

图3.3.19　MSE生长过程中螺旋位错的传播特性

本章就MSE法的原理以及螺旋位错转换为层错、MSE法的优势等进行了概述。除此之外，与SiC外延的主流方法CVD法相比，MSE法还有生长速度快以及不使用SiH_4等危险半导体气体等优势。结合这些优势，将MSE外延膜作为抑制衬底缺陷延伸的缓冲层使用，从而促进SiC半导体器件的普及很值得期待。

参 考 文 献

1） R. Madar, *Nature* 430, 974（2004）.
2） D. H. Hofmann and M. H. Mueller, *Mater. Sci. Eng.* B61-62, 29（1999）.
3） S. R. Nishitani and T. Kaneko, *J. Crystal Growth* 310, 1815（2008）.
4） M. Hansen and K. Anderko, *Constitution of binary alloys*, 2nd edition,（McGraw-Hill, 1958）, p. 353.
5） 新日本製鐵（株） プレスリリース，2007年6月7日.
6） X. Zhang, S. Ha, M. Benamara, M. Skowronski, JJ. Sumakeris, S. Ryu, M. Paisley, and M. J. O'Loughlin, *Mater. Sci. Forum* 527-529, 327（2006）.
7） 先崎 純寿，下里 淳，福田 憲司，奥村 元，荒井 和雄：第56回応用物理学関係連合講演会 予稿集（2009）p. 439.
8） 菅原 良孝：電気学会誌 125，25（2005）.
9） 監修 角野 浩二：サイエンスフォーラム 半導体の結晶欠陥制御の科学と技術：シリコン編（2003）p. 20.

3.4 气相法

3.4.1 气体生长法

为促进功率电子领域的持续发展而被寄予厚望的SiC器件的普及正面临一项重要的瓶颈：可以工业化生产的大尺寸且低成本的SiC衬底技术。在大尺寸方面，面向器件而量产的6in衬底已经在研发中，高品质方面，RAF（Repeated A-Face）法[1]等技术也值得期待。然而被视为SiC晶体生长技术之基础的改良Lely法（升华法），却因为晶体生长过程中生长速度过慢或者原料枯竭等原因的限制，产能迟迟得不到提升，如何在该方法上实现降低成本的突破成为大家的关注点。

SiC单晶气相法，除了上述的升华法以外，还有气体生长法（High Temperature Chemical Vapor Deposition，HTCVD）[2]、改良型物理气相传输法（Modified Physical Vapor Transport，M-PVT）[3]等方法。特别是气体生长法，由于使用高纯气体作为原料，不仅可以对晶体生长成分进行稳定和精准的控制，与升华法中将粉末原料封闭在坩埚中进行晶体生长相比，气体法可以源源不断地供应原料，这在提升产能方面很有价值。

本章将介绍气体生长法的原理，以及该方法在将来降低成本方面的可能性。

1. 气体生长法的原理

气体生长法所使用的晶体生长炉如图 3.4.1 所示。在纵向的石墨圆筒形坩埚中安置 SiC 籽晶，在低压气氛中，输入原料气体硅烷（SiH_4）和丙烷（C_3H_8），载体气体为氢气（H_2）。

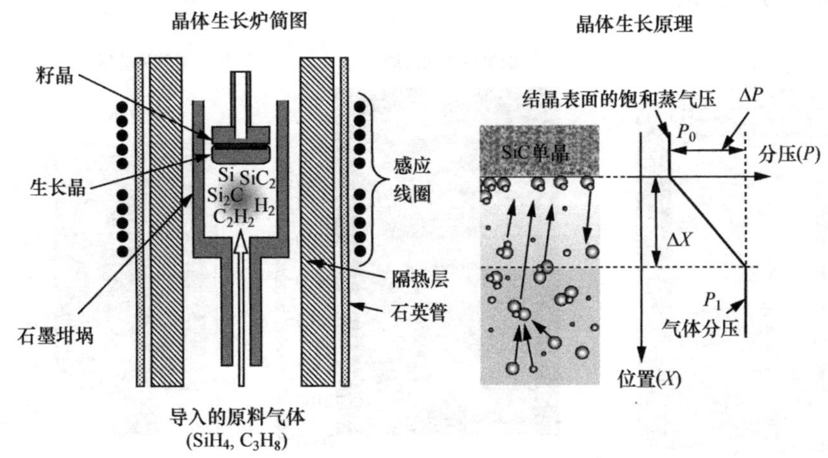

图 3.4.1　气体生长法中晶体生长炉的简图以及晶体生长原理

掺杂杂质氮气（N_2）通常和原料气体以及载气混合使用。石墨坩埚的加热方式与升华法一致，也是用 RF 感应加热，可以实现 2200～2500℃ 的生长环境。籽晶上的晶体生长反应结束后，未使用的载气或原料气体将通从容器上方排出。

图 3.4.1 还展示了气体生长法中晶体生长的原理[4]。原料气体被注入到高温环境中后，在反应过程中形成其他组分。利用这些组分在气相中的分压和在 SiC 单晶生长表面上饱和蒸气压的差值，可以用式（3.4.1）来表示晶体的生长速度。

$$R \propto \Delta PD/\Delta X = (P_1 - P_0)D/\Delta X \tag{3.4.1}$$

SiC 单晶表面的生长速度 R 与表面饱和蒸气压 P_0 及气体分压 P_1 的差 ΔP 成比例。D 是组分扩散系数，ΔX 是组分的扩散距离。由此可见，为实现高速生长，除了组分在气相中的分压需要提高外，还需要通过降低生长温度来降低晶体生长面附近的饱和蒸气压。另外，形成一些扩散距离较短的组分也是有效的。

为掌握上述气体生长法中发生的各类现象，可以利用仿真模拟来分析电磁场、热传输以及气流在炉内的分布情况，还可以通过模拟气相中组分的分解反应来分析各组分的分压。图 3.4.2 所示的就是商业软件（CFD-ACE+）的模拟结果。可以针对不同的晶体生长炉构造，通过分析相应的热分布、气流、气相反应，计算晶体生长速度所需的温度以及组分分压。例如，当晶体生长炉近似圆筒状，向其中注入原料气体（SiH_4：100mL/min，C_3H_8：33mL/min，Si/C 比：1，载气 H_2：1L/min），并从室温加热至2500℃后，反复发生气相反应过程中会生成各种组分，它们沿晶体生长炉中心轴向的分压分布情况如图 3.4.3 所示。从结果可以看到，在籽晶附近的高温区上生成了 Si 和 SiC_2。另一方面，气体生长法的一个特点是可以通过调整原料气体的通量来改变 Si/C 比及载气，进而控制成分的分布比例。

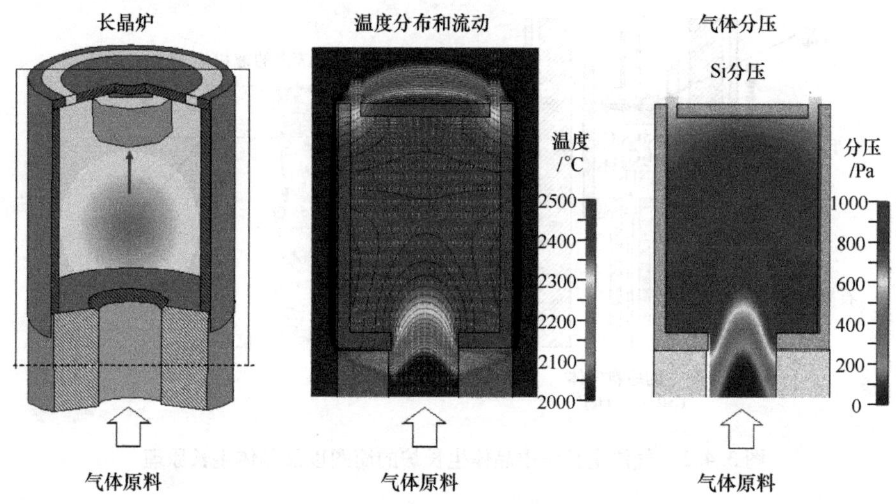

图 3.4.2　气体生长法中 SiC 的结晶原理

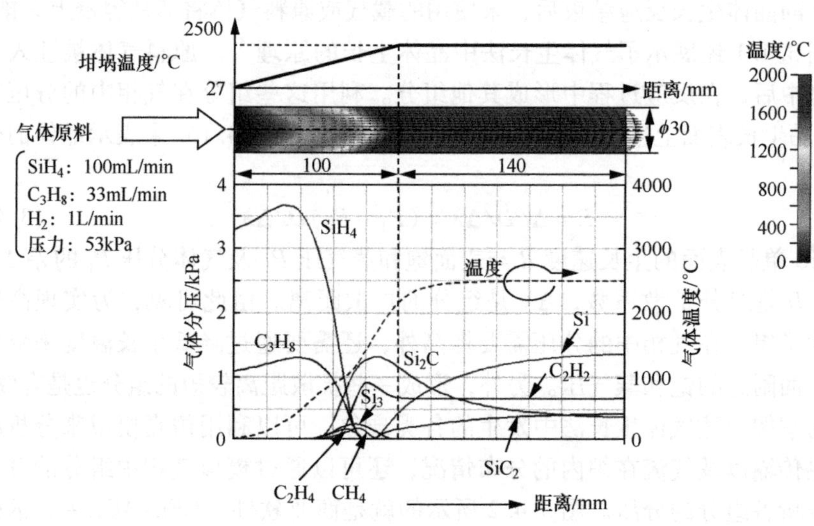

图 3.4.3　气体组分的分压分布

图3.4.4展示了改变Si/C比和载气后，各组分的比例变化情况。回顾升华法，来自于固体原料的各组分的比例在温度达到平衡蒸气压时同时固定，与此相比，气体法可以通过调整Si/C比来调整作为Si源或C源的各成分的分压，实现对其进行任意控制。另外，气体法还可以通过增加原料气体流量来增加各组分的整体分压，从而像式（3.4.1）展示的那样提升生长速度。

综上所述，与升华法只能控制加热温度相比，气体法多了新的可控参数变量：气体流量和分压。通过对原料气体的控制来提升产量和质量，甚至在提升晶体生长速度方面值得期待。下面展示气体法晶体生长的一些研究结果。

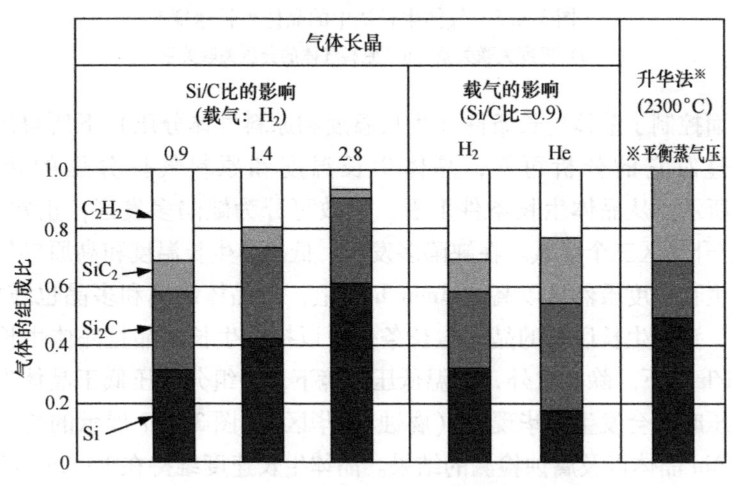

图3.4.4 不同生长条件下气体组分的变化

2. 晶体生长与质量测评

图3.4.5a、b分别展示了晶体生长速度与温度和原料气体分压的关联关系。图3.4.5a是原料气体分压为3.55kPa，Si/C比为1状态下的模拟结果。可以看到，在晶体生长温度为2200℃左右时，晶体生长速度可以高达1mm/h，且速度随温度升高而降低。这一现象可以用式（3.4.1）来解释，当温度升高后，结晶面附近的饱和蒸气压也升高，气相中各物质的分压差变小，导致晶体生长速度降低。

另一方面，晶体生长速度与原料气体分压的关联关系结果是在相同实验条件下（晶体生长温度为2370℃，Si/C比为1）通过与模拟结果对比而获得的。如图3.4.5b所示，提升原料气体分压后，晶体生长速度可以达到1mm/h以上。同理，该现象也可以用式（3.4.1）解释，各组分分压的升高直接促使晶体生长速度提升。一般升华法的晶体生长速度为0.2~0.5mm/h，与之相比，气体法是一种更高速的晶体生长方法。

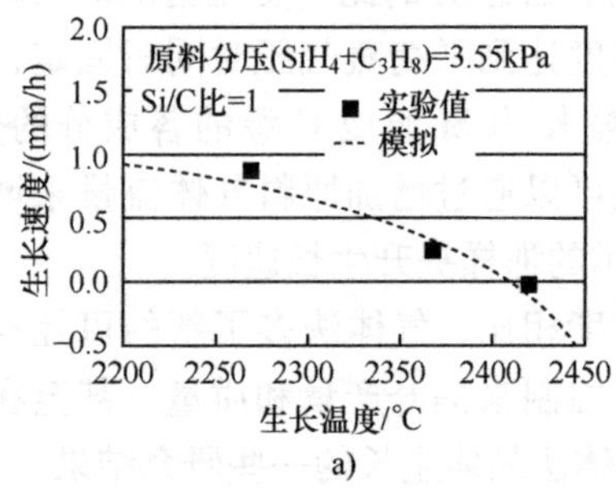

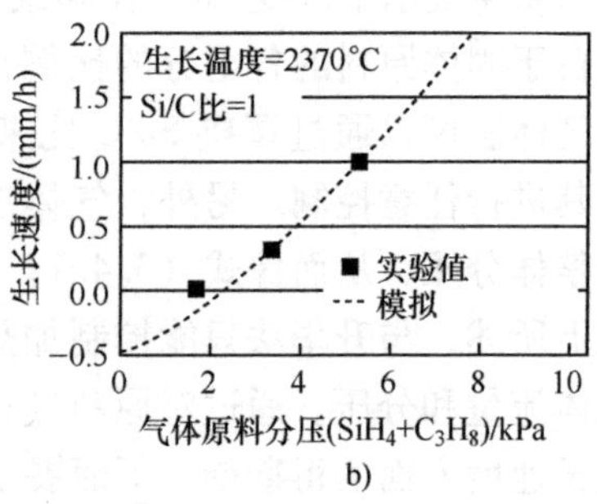

图 3.4.5　气体生长法中的晶体生长速度

a）温度关联关系　b）原料气体的分压关联关系

以全面控制了晶体生长条件（生长温度和原料气体分压）下所得的晶体为基础，通过对它的分析可知，晶体生长温度和原料气体分压的相关性如图 3.4.6 所示。从晶体生长条件上看，大致可分为缺陷多发区，正常生长区，以及腐蚀/升华区三个区域。在缺陷多发区，低晶体生长温度和高原料气体分压下，晶体生长速度虽然可以高达 3mm/h 以上，但晶体缺陷和多晶也随之多发。与之相比，正常生长区下的晶体生长条件可以持续生长单晶且晶体生长速度维持在 3mm/h 以下。除此之外，高温低压环境下，各组分分压低于晶体生长面的平衡蒸气压时，会发生升华现象（腐蚀/升华区）。图 3.4.7 展示的是气体生长法生长的 2in 晶体以及腐蚀检测的结果。晶体生长速度维持在 1～2mm/h，并长成晶体。由腐蚀结果可知，微小缺陷为 $1\sim4\times10^3$ 个/cm^2，微管数量为 0～10 个/cm^2。导致缺陷的主要原因是晶体生长过程中的包裹物附着。今后，从权衡高晶体生长速度和高品质的角度出发，除了原料气体的控制之外，设备/坩埚构造等方面的对策也需要进一步考量。

3. 今后的课题

综上所述，气体生长法是一种可以连续高速生长晶体的方法，很可能成为将来 SiC 衬底低成本大尺寸发展方向上的重要突破，作为待研究的课题，有以下三点：

（1）持续的、厚晶体生长所需的设备研发

为实现高速且连续的稳定生长，除坩埚及耗材的研发外，生长状态（温度、生长量等）的可观测和可反馈机制需要在设备设计时考虑进去。

（2）高品质化验证

要杜绝并根除随高速、持续生长导致品质恶化的要素。同时，使用高品质原料气体后晶体质量的稳定性仍需进一步验证。利用 RAF 法同时实现高品质和低成本也值得期待。

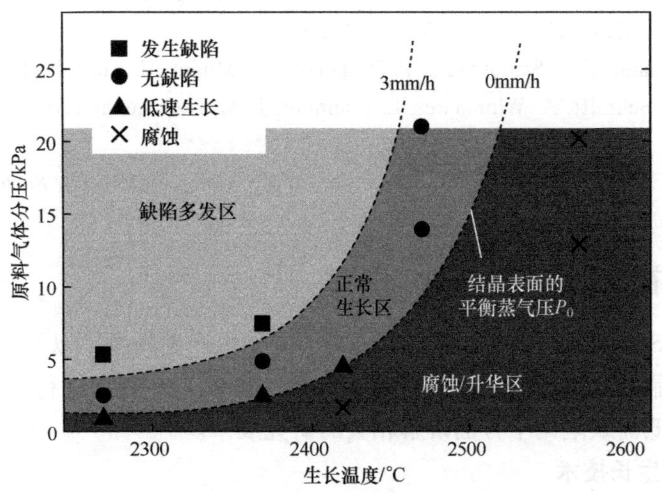

图3.4.6　晶体生长温度和原料气体分压的关联性

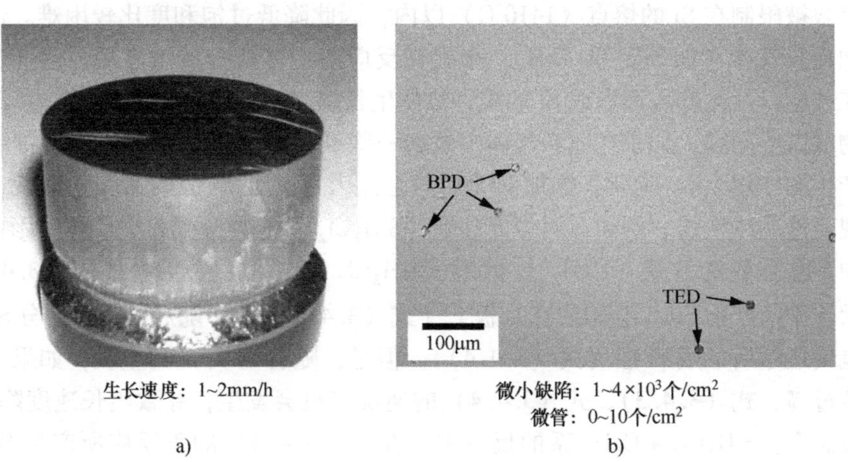

生长速度：1~2mm/h

a)

微小缺陷：1~4×10^3个/cm^2
微管：0~10个/cm^2

b)

图3.4.7　气体生长法生长的晶体

a）2in单晶晶锭　b）腐蚀评价结果

（3）大尺寸化验证

随尺寸增大要减少晶体内部应力，以及控制气流、温度的稳定等。

今后，通过克服上述问题，气体法将促进低成本SiC衬底的实用化。

参考文献

1）D. Nakamura, I. Gunjishima, S. Yamaguchi, T. Ito, A. Okamoto, H. Kondo, S. Onda, and K. Takatori, *Nature* 430, 1009 (2004).

2） A. Ellison, B. Magnusson, B. Sundqvist, G. Pozina, J. P. Bergman, E. Janzen, and A. Vehanen, *Mater. Sci. Forum* 457-460, 9 (2004).
3） P. J. Wellmann, T. L. Straubinger, P. Desperrier, R. Muller, U. Kunecke, S. A. Sakwe, H. Schmitt, A. Winnacker, E. Blanquet, J.-M. Dedulle, and M. Pons, *Mater. Sci. Forum* 483-485, 25 (2005).
4） Y. Kitou, E. Makino, K. Ikeda, M. Nagakubo, and S. Onda, *Mater. Sci. Forum* 527-529, 107 (2006).

3.4.2 Si衬底上生长3C-SiC厚膜

关于在Si衬底上生长3C-SiC厚膜时面临的生产性问题，以及如何消除3C-SiC/Si界面晶格失配所导致的面缺陷等问题的研究，一直在进行。本章将从高速生长和降低面缺陷两个方面讲解相关的研究成果。

1. 高速生长技术

气相生长3C-SiC时的晶体生长速度主要受原料供给影响。通过增加反应前主体成分的浓度，是可以提升生长速度的。但是，若使用Si衬底，则生长温度的上限被限制在Si的熔点（1410℃）以内，因此降低过饱和度比较困难。通过增加原料气体（如SiH_4和C_3H_8）来提升反应前主体成分的浓度后，这些成分会在气相以及衬底表面形成Si的簇，致使生长层表面形态恶化，从而产生Si包裹物混入等问题。如果在原料气体中添加一些氯化氢（HCl），可以起到抑制Si簇产生的作用[1,2]。通常，添加HCl后马上注入可视为Si源的氯化系硅烷，可实现高速晶体生长。例如，用二氯硅烷（SiH_2Cl_2）提供Si元素，C源使用在气相中不易分解的乙炔（C_2H_2）。此时，SiH_2Cl_2在气相中分解，如式（3.4.2）所示，中间产物$SiCl_2$会附着在基板上（式（3.4.3））[3]。随后，这一部分$SiCl_2$被氢气还原后形成Si层（式（3.4.4））。但是，随着Si外延的生长，如果生长温度过高，式（3.4.3）、式（3.4.4）的逆反应也会发生，导致生长速度降低。一般而言，$SiH_2Cl_2+C_2H_2$系的反应中，在式（3.4.4）的正反应所产生Si层上，其α结构会向Π结构变化，并吸附C_2H_2，随后与Si反应后形成SiC（式（3.4.5））[4]，此时，式（3.4.4）的逆反应和式（3.4.5）的正反应彼此竞争，通过增加C_2H_2的供应量便可提升晶体生长速度，实现100μm/h以上的高速SiC生长。

$$SiH_2Cl(g)\longleftrightarrow SiCl_2(g)+H_2(g)^{\ominus} \qquad (3.4.2)$$

$$SiCl_2(g)\longleftrightarrow SiCl_2(ad) \qquad (3.4.3)$$

$$SiCl_2(ad)+H_2(g)\longleftrightarrow Si(s)+2HCl(g) \qquad (3.4.4)$$

⊖ g表示气体，s表示固体，ad表示吸附状态。

$$2Si(s) + C_2H_2(ad) \longleftrightarrow 2SiC(s) + H_2 \tag{3.4.5}$$

2. 降低面缺陷密度技术

发生在3C-SiC/Si（001）界面上的面缺陷主要可以分为两类，一类是反相位晶界（Anti-Phase Boundary，APB），另一类是堆垛层错（Stacking Fault，SF）[5,6]。

APB是不同晶向的极性面之间的界面，在没有极性面的Si衬底上生长有极性面（即Si面和C面）的3C-SiC外延时必然会产生。电压升高时，APB会导致漏电电路，导致器件性能恶化。为消除APB，需要使用某种方法将特定的极性面取向固定。为实现这一点，可以使用法线轴微微偏向于［110］方向带有偏角的Si衬底（偏角衬底）[7]。但这样一来，SF的传播面（$\bar{1}\bar{1}1$）也被固定在了Si衬底上，逆向SF的相互抵消机制失效，随着外延膜的生长，SF无法消除[8]。为同时削减APB和SF，在控制极性面的取向时，不能将SF传播面禁锢在某特定的方向，换言之，就是需要将相邻的SF置于对立的镜像位置上，诱发抵消机制，SF缺陷密度随着外延层厚度的增加而减少。

详细来说，生长3C-SiC之前，在Si（001）衬底表面的［110］方向和［$\bar{1}\bar{1}$0］方向上设置一些同等程度的起伏纹路是一种有效的方式。本书中将此类衬底称为波纹衬底。具体形式如图3.4.8所示。

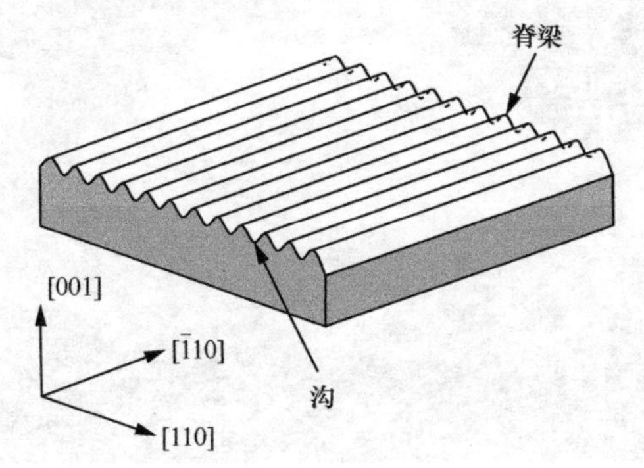

图3.4.8 波纹衬底

摘录自H. Nagasawa. K. Yagi, and T. Kawahara, *Journal of Crystal Growth* 237-239, p. 1245, Fig. 1（2002）（Elsevier Science B. V）

最大程度地发挥波纹衬底上消除面缺陷的效果需要满足以下两点：①波纹需要连续，②波纹的斜面偏角和Si衬底的偏角相同，都在2°~4°比较理想。①的原因是，如果Si衬底上还残留有平坦部分，由于其极性面晶向不固定，会产生APB。②的原因是，如果偏角小于1°，受Si衬底表面粗糙度公差的影响，SF的取向有可能一致化，反之，若角度过大，又会导致台阶聚集破坏生长面的平坦度，提高SF的发生概率[9]。

3. Si 衬底上生长 3C-SiC 的实例

下面介绍一个在波纹 Si 衬底上消除面缺陷的实例。首先，在 Si（001）衬底表面按 0.1kg/cm^2 放置直径 15μm 的金刚石砂浆，并沿［$\bar{1}$10］方向反复运动（划痕工程）。这样就可以在 Si 衬底表面［$\bar{1}$10］方向上形成无数条彼此平行的划痕。为消除在划痕工程中有可能引入的缺陷，还需要将 Si 衬底放入 1100℃环境中用干燥氧气氧化 5h，再放入 HF 溶液中 10min，将划痕表面约 200nm 的表层去除。图 3.4.9 是按上述工艺制备的波纹衬底的原子力显微镜（Atomic Force Microscope，AFM）图。在图中可以看到［$\bar{1}$10］方向上几乎平行的连续的起伏。每条波纹间隔约 400 ~700nm，谷峰谷底高度差 7 ~26nm。

其次，在 3C-SiC 上进行异质外延。首先向反应炉中按 10mL/min 和 100mL/min 分别注入 C_2H_2 和 H_2，并从室温加热至 1350℃。在升温过程中，波纹衬底表面将被约 10nm 厚的 3C-SiC 膜覆盖，这样可以规避起伏形状因受热产生形变。随后保持衬底的温度，分别以 50mL/min、10mL/min、100mL/min 的速度注入 SiH_2Cl_2、C_2H_2 和 H_2，开始 3C-SiC 异质外延。

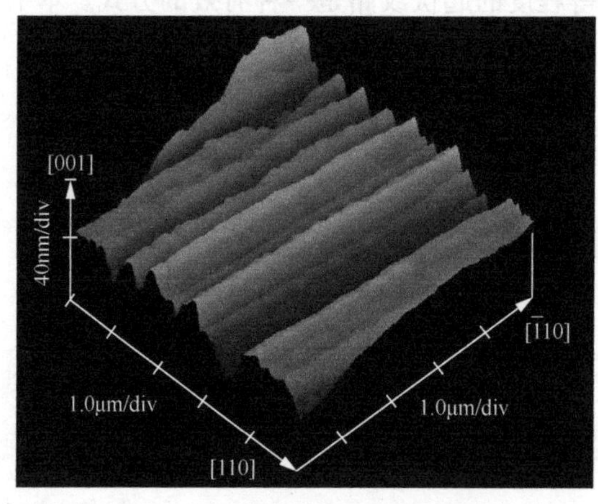

图 3.4.9　波纹衬底表面的 AFM 图

为抑制在气相中形成 Si 元素的簇，这整个过程中的反应炉内压保持在 13.3Pa 以下。上述工艺条件下 3C-SiC 的生长速度可以达到 40μm/h，生长 5h 可得到约 200μm 的 3C-SiC 层。

4. 残留堆垛层错的结构

图 3.4.10 是波纹衬底上生长的 3C-SiC 的横切面 TEM 图。从图 3.4.10a 中可以看到，与偏角衬底有所不同[8,10]，波纹衬底上生长的 3C-SiC 的（110）横切面上，同一视野内可以看到平行于（$\bar{1}$11）面和平行于（$1\bar{1}1$）面的 SF，而在图 3.4.10b 中，SF 呈现条纹状阶梯形，并未看到平行于（111）面或（$\bar{1}\bar{1}$1）

面的SF。由此可见，波纹Si衬底上生长的3C-SiC中残留的面缺陷，主要是($\bar{1}$11)面或(1$\bar{1}$1)面方向上的平板状SF。这些SF会将有极性的Si面暴露在非极性面(001)上。

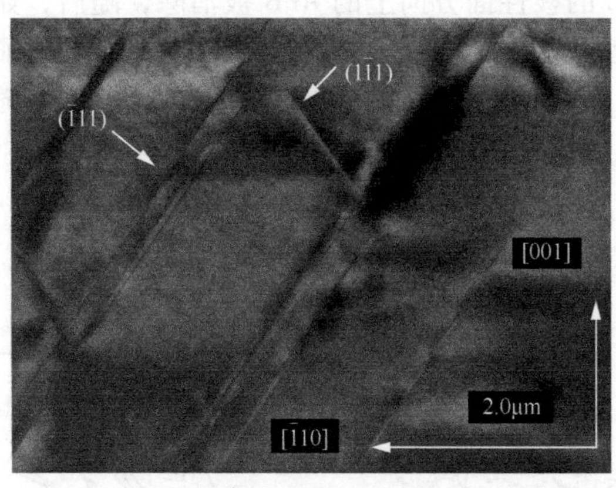

a)

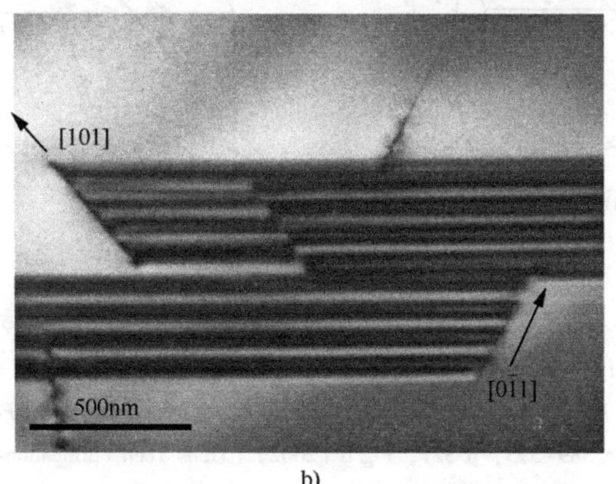

b)

图3.4.10 波纹Si衬底上生长的3C-SiC横切面TEM图

a)(110)横切面 b)($\bar{1}$10)横切面

图a摘录自H. Nagasawa, K. Yagi, T. Kawahara, and N. Hatta, Materials Research Society 2002 Fall Meeting Proceedings, Vol. 742, K1.6；图b摘录自H. Nagasawa, T. Kawahara, and K. Yagi, *Materials Science Forum*, Vols. 389-393, p. 320, Fig. 3 (2002) (Trans Tech Publications)

在平行于3C-SiC {111} 面上插入平板状SF后必然会在SF的顶端面形成非共格界面，这些非共格界面相当于不完全位错，从图3.4.10b中阶梯形层错的<110>方向上可以看到。

波纹Si衬底上生长的3C-SiC中残留的SF的立体构造如图3.4.11a所

示[11]。这些残留的SF的共格界面面向（$\bar{1}11$）面或（$1\bar{1}1$）面。Si面上形成的非共格界面（E1，E2）沿［101］、［$0\bar{1}1$］或［$\bar{1}01$］、［011］方向。

根据上述观察结果，可以这样来描述波纹Si衬底上SF的抵消机制。首先，波纹斜面上3C-SiC的极性面方向上的APB被消除，随后，如图3.4.11所示，图b中的SF结构呈图a结构的倒立状[11]，此时，非共格界面主要沿［011］、［101］或［$\bar{1}01$］、［$0\bar{1}1$］方向传播，所以表面的SF的截距随膜厚增加而会越来越小，直至消失。

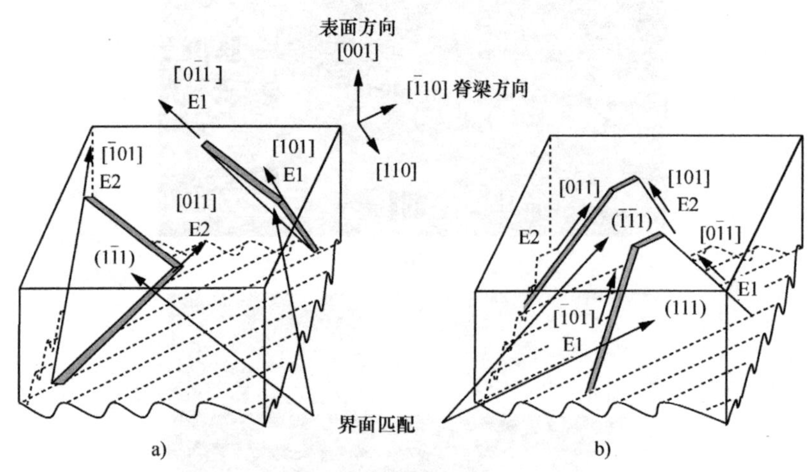

图3.4.11　波纹衬底上生长3C-SiC是产生的层错的立体构造

a）沿（$\bar{1}11$）面以及（$1\bar{1}1$）面传播的层错缺陷　b）平行于（111）面以及（$\bar{1}\bar{1}1$）面传播的层错缺陷

摘录自H. Nagasawa，T. Kawahara，and K. Yagi，*Materials Science Forum*，Vols. 389-393，p. 321，Fig. 6（2002）（Trans Tech Publications）

另外，平行于（$\bar{1}11$）面或（$1\bar{1}1$）面的SF沿［101］、［$0\bar{1}1$］或［$\bar{1}01$］、［011］方向，虽然有随膜厚增加而增多的趋势。不过这些SF通常是彼此成镜像结构，随着生长，某一方的传播方向会被另一方阻断，随SiC膜厚增加，这类SF的密度会逐渐降低（抵消）。

本章主要介绍了在Si衬底上生长3C-SiC的技术。这里涉及的技术主要有以下特点：①在低于Si熔点的晶体生长温度下依然可以实现100μm/h以上的高速生长。②可以在非极性Si面上，对3C-SiC的极性面取向进行控制。③面缺陷自我消失，以及诱发缺陷抵消机制。不过，总而言之，在波纹衬底上减少SF的机理，最终还是以对向SF的相互抵消为主，抵消率也会随着SF的密度降低而减小，所以如果只是单一地使用本章中介绍的技术，并不可以完全消除SF。若要实现可用于功率器件级别的品质（低SF密度），除了本章介绍的技术以外，还需要使用包括可以转换 SF 表面极性的同质外延技术[12]在内的其他减少面缺陷的工艺。

参 考 文 献

1) R. Myers, O. Kordina, Z. Shishkin, S. Rao, R. Everly, and S. E. Saddow, *Mater. Sci. Froum* 483-485, 73 (2005).
2) M. Reyes, Y. Shishkin, S. Harvey, and S. E. Saddow, *Mater. Res. Soc. Symp. Proc.* 911, 0911-B08-01 (2006).
3) A. Ishitani, T. Takada, and Y. Ohshita, *J. Appl. Phys.* 63, 390 (1988).
4) C. Cheng, P. A. Taylor. R. M. Wallace, H. Gutleben, L. Clemen, M. L. Colaianni, P. J. Chen, W. H. Weigberg, W. J. Choyke, and J. T. Yates, Jr., *Thin Solid Films* 225, 196 (1993).
5) 長澤弘幸，八木邦明：日本結晶成長学会誌，24 (3)，270 (1997).
6) C. Long, S. A. Ustin, and W. Ho, *J. Appl. Phys.* 86 (5), 2509 (1999).
7) K. Shibahara, S. Nishino, and H. Matsunami, *J. Cryst. Growth* 78, 538 (1986).
8) H. Nagasawa, K. Yagi, and T. Kawahara, *J. Cryst. Growth* 237-239, 1244 (2002).
9) K. Shibahara, S. Nishino, and H. Matsunami, *Appl. Phys. Lett.* 50, 1888 (1987).
10) Q. Wahab, L. Hultman, I. P. Ivanov, M. Millander and J.-E. Sundgren, *Thin Solid Films* 261, 317 (1995).
11) H. Nagasawa, T. Kawahara, and K. Yagi, *Mater. Sci. Forum* 389-393, 319 (2002).
12) K. Yagi, T. Kawahara, N. Hatta, and H. Nagasawa, *Mater. Sci. Forum* 527-529, 291 (2006).

3.5 SiC 晶体生长工艺的仿真模拟技术

SiC 晶体生长主要可以分成衬底生长和器件外延层生长。不论哪种生长都伴随着复杂的化学反应且反应过程可视化困难，所以为了理解晶体生长的过程以及设计出更优化的晶体生长炉，仿真技术得到了应用。本章将以升华法生长单晶以及热壁 CVD 外延为例，来介绍仿真模拟技术的现状。

3.5.1 升华法生长单晶的仿真模拟

升华法生长单晶的流程概要如图 3.5.1 所示。升华法是一个融合了电磁场（使用高频电源加热时）、导热、对流、扩散、反应（升华，结晶）等要素且要素之间彼此影响的复杂系统。升华法生长单晶需要在真空环境下进行，因此在石墨坩埚内的生长空间中的自然对流可以忽略。通过计算电磁方程式以及能量方程式可以解析晶体生长炉内的温度分布[1]。随后可以根据需求计算石墨坩埚内的晶体生长空间中，升华气体的组分浓度、晶体生长速度，以及晶体生长过程中的应力分布等结果。当然，在利用仿真模拟之前，验证其可靠性是极为重要的。就温度分布这一点而言，升华法通常使用高频电源加热，一般从石墨坩埚的上下两端测量温度。多数的验证方法是测量原料表面等多个点的温度值，然后与模拟结果进行比对。或者通过晶体生长后粉料内部碳化部分的晶粒状态反推出温度分布，并与模拟结果进行对比。从晶体生长炉内的分布可以推导出晶体的生长速度。升华法中的单晶生长如下所述。①原料的升华过程：在原料温度下，从固体 SiC 中会产生不超过平衡蒸气压的升华气体，主要组分是 Si、SiC_2、Si_2C。②升华气体的传输过程：升华气体会从原料传输到籽晶，此时传输速度取决于晶体生长空间内的温度梯度以及压力。③升华气体的再结晶过程：在扩散至籽晶面的升华气体的量和籽晶面温度下 SiC 饱和蒸气压对应的气体量之间，会产生一个差值，特别是升华气体的主要成分 SiC_2 和 Si_2C 中，过饱和的部分会形成晶体。这一过程适用于赫茨克努森方程，因此晶体生长速度可以通过计算得出。晶体生长速度也是验证模拟可靠性的重要指标。

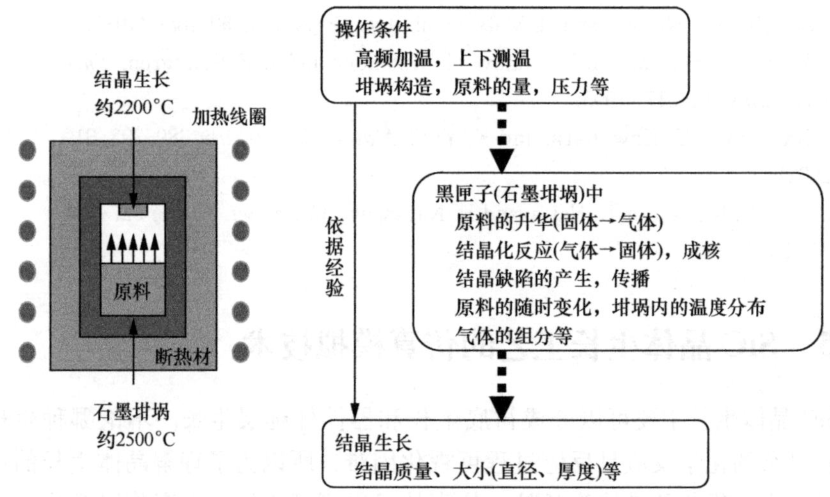

图 3.5.1　升华法生长单晶的工艺过程概要

下面来介绍以一个利用了仿真模拟技术的升华法生长单晶的例子。SiC 单晶生长一般是使用 Acheson 法或 Lely 法单晶作为籽晶，并逐渐扩大晶体直径。当籽晶尺寸小于坩埚内径时，在单晶生长的同时，其周围会形成多晶，影响晶体质量。为避免这一现象，一种新的晶体生长方法被提出，如图 3.5.2 所示，这种结构称为单晶/多晶分离生长型坩埚[2]。在单晶生长区周围安置一个锥形结构隔板，使该空间内只生长单晶。晶体生长空间内的等温线和锥形结构正交，升华气体的浓度也是等同的。从原料升华的气体，沿锥形隔板沿垂直于等温线

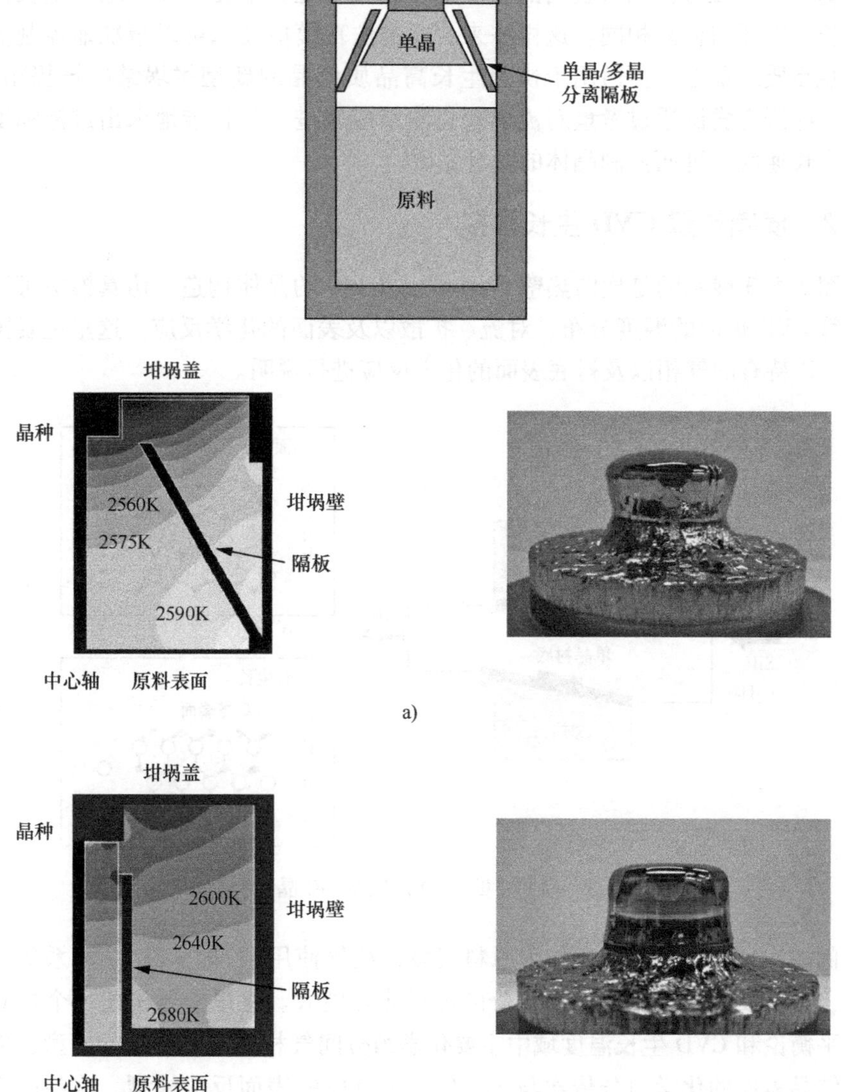

图 3.5.2　单晶/多晶分离生长型坩埚内的温度分布以及单晶生长
a）垂直锥形生长　b）垂直直筒形生长

方向移动至低温区后，被有效地运送至晶体生长界面。相反，面向锥形隔板方向上几乎没有物质传输。因此隔板上并不会附着多晶，在此区域中单晶可以单独生长。通过改变锥体的角度可以扩大单晶尺寸以及控制生长面的形状[3]。使用圆锥形隔板时，晶体生长面的温度分布是凸形的，由此晶体也会在凸形晶体生长面上生长，大致的形状与晶体生长空间内等温线的形状基本相同。另外，使用垂直形隔板时，原料表面的温度分布比较平坦，单晶可在平坦的生长面持续生长，直径与籽晶相同。这样一来，通过仿真模拟技术可以精准地控制晶体的宏观品质。最近，更适用于快速生长高品质单晶的新型坩埚结构被提出[4]，还有一些研究尝试通过考量对流以及化学反应来进一步精准地求出过饱和度和晶体生长速度，进而控制晶体的微管品质[5]。

3.5.2 横向热壁CVD生长模拟

图3.5.3展示的是横向热壁CVD炉以及SiC的晶体构造。仿真模拟可以一并计算CVD炉内的温度分布、对流、扩散以及表面的化学反应。这里主要围绕SiC CVD特有的气相以及衬底表面的化学反应进行说明。

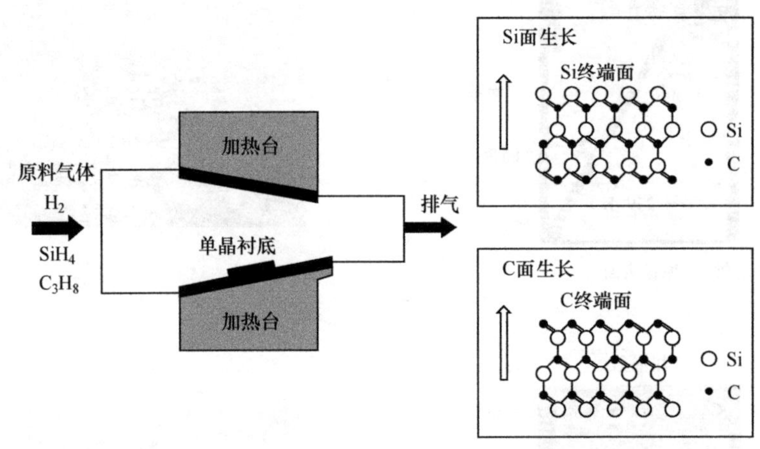

图3.5.3 横向热壁CVD炉以及SiC晶体构造图

例如，用SiH_4和C_3H_8作为原料气体，载气使用H_2时，Si-C-H系的气相反应，以及反应中产生的化学组分的数量非常庞大。这里需要构建一个建立在化学平衡论和CVD生长温度域中主要化学组分间气相反应基础上的模型，以及一个结晶表面的化学组分依次与Si、C发生反应的表面反应模型，这些内容整理在表3.5.1中[6]。在这里，关于SiC固有的各个面的性质和表面反应之间的关系，我们通过刻蚀工艺为例来说明，SiC的话，如图3.5.3所示，具有Si面和C面，Si面的话，最表面的Si和其下层的C层之间通过3根化学键结合，C层和其下层的Si层之间只有一根化学键。所以在腐蚀过程中，去除化学键最多的Si元素决定了整体的反应速度。另一方面，C面C层和其下层的Si有3根化学键，Si层和其下层的C之间只有一根化学键，所以去除C的速度决定了C面腐蚀的整体速度。CVD的生长过程则与上述相反，Si面的反应速度由C的吸附速度决定，C面的反应速度由Si的吸附决定。在此基础上，把表3.5.1中表面反应公式的反应速度常数换成Si面或者C面的值，就可以模拟SiC面极性影响下的CVD生长[7]。下面将使用这些气相、表面反应公式依次陈述一下CVD生长速度、C生长表面形态以及掺杂浓度[8,9]。

表3.5.1 化学反应模式

气相反应	表面反应
$SiH_4 = SiH_2 + H_2$	$C + Si\_S + H_2 \rightarrow SiH_2 + C\_S$
$Si_2H_6 = SiH_2 + SiH_4$	$2Si + 2C\_S + H_2 \rightarrow C_2H_2 + 2Si\_S$
$SiH_2 = Si + H_2$	$SiH_4 + C\_S \rightarrow SiH_2\_S + H_2 + C$
$2H + H_2 = 2H_2$	$SiH_2\_S \rightarrow H_2 + Si\_S$
$C_3H_8 = CH_3 + C_2H_5$	$SiH_2 + C\_S \rightarrow SiH_2\_S + C$
$CH_4 + H = CH_3 + H_2$	$Si + C\_S \rightarrow Si\_S + C$
$C_2H_5 + H = 2CH_3$	$C_2H_2 + 2Si\_S \rightarrow 2C\_S + H_2 + 2Si$
$2CH_3 = C_2H_6$	$C_2H_4 + Si\_S \rightarrow 2C\_S + 2H_2 + Si$
$C_2H_4 + H = C_2H_5$	$CH_4 + Si\_S \rightarrow C\_S + 2H_2 + Si$
$C_2H_4 = C_2H_2 + H_2$	$HSiCH_3 + C\_S \rightarrow C + Si\_S + H + CH_3$
$H_3SiCH_3 = HSiCH_3 + H_2$	$CH_3 + Si\_S \rightarrow Si + C\_S + 1.5H_2$
$H_3SiCH_3 = SiH_2 + CH_4$	$Si_2 + 2C\_S \rightarrow 2C + 2Si\_S$
$Si_2 = 2Si$	$Si_2C + Si\_S \rightarrow Si_2 + Si + C\_S$
$Si_2 + CH_4 = Si_2C + 2H_2$	$SiCH_2 + C\_S \rightarrow C + Si\_S + CH_2$
	$CH_2 + Si\_S \rightarrow C\_S + Si + H_2$

注：*_S是基板表面（固体）的分子。

图3.5.4是原料气体供应量和晶体生长之间的关系。一般来说，CVD的生长速度与原料气体的供应量以及工艺过程温度这两个参数之间的关系可以如图3.5.4a所示。

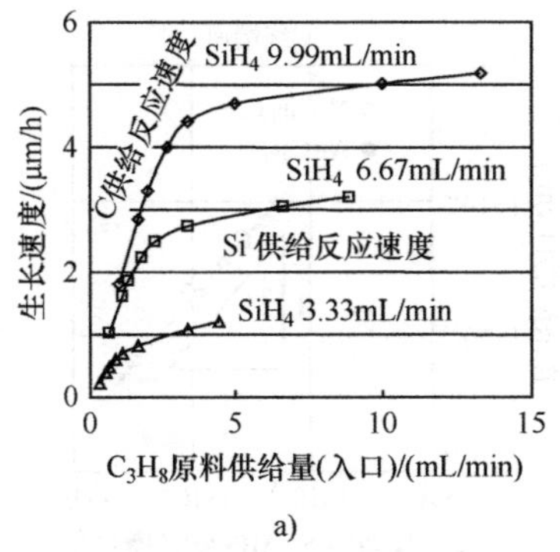

a)

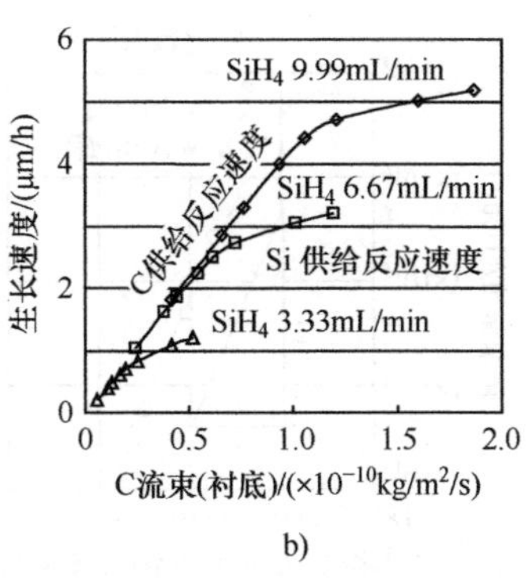

b)

图3.5.4 原料气体供应量（入口）以及衬底方向上物质流和晶体生长之间的关系

但是，生长速度与温度的关联关系、反应速度由 SiH_4 还是 C_3H_8 决定，通常取决于 CVD 设备以及操作条件，因此很难进行定量预测。仿真模拟还可以通过原料供应量计算到达衬底表面的含有 Si 或 C 的组分的物质流，进而整理出如图 3.5.4b 所示的线性关系图。模拟不仅可以求生长速度，还可以求气相中以及衬底表面的组分浓度、分压等结果。图 3.5.5 展示的是增加原料气体供应量时，CVD 的生长速度以及衬底表面的 C/Si 比。当原料气体供应量很小时，生长速度为负值，由此可见，此时发生了腐蚀反应。例如，保持 C/Si = 0.5 一定的情况下增加原料气体的供应量，随着衬底表面的供应量增加，C/Si 比反而下降。衬底表面的 C/Si 比较小可以降低表面自由能进而阻塞微管，但如果过于小了就会在衬底表面形成 Si 液滴，诱发缺陷。另外，保持 C/Si 比 = 1.5 增加原料气体供应量则与上述情况相反，随衬底表面供应量的增加，C/Si 比也增加。但是过度增加会产生 C 簇，或者在气相中发生成核反应，诱发缺陷。同时，由模拟结果可知，关于通过降低衬底表面 C/Si 比来阻塞微管的现象，降低压力也可获得相同的效果[10]。针对掺杂浓度，可以通过模拟衬底表面的 Si 以及 C 的浓度来进行定量分析。图 3.5.6 是 CVD 生长过程中得到的掺杂浓度的解析结果。

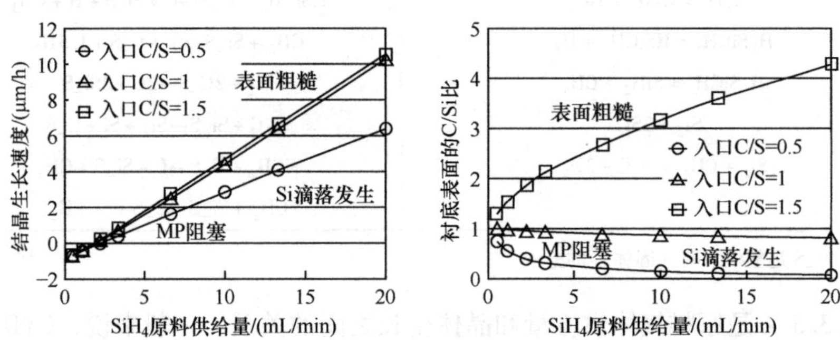

图 3.5.5 原料气体供应量（入口）与晶体生长速度、衬底表面 C/Si 比的关系

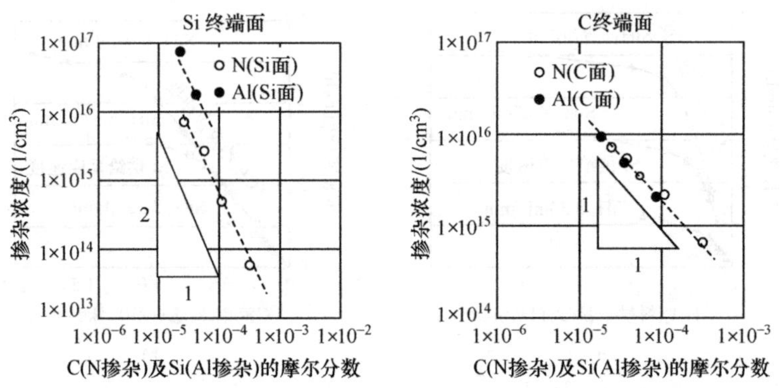

图 3.5.6 衬底表面的 Si 以及 C 浓度与掺杂浓度之间的关系

横轴是仿真模拟计算得到的生长过程中衬底表面的Si以及C的量，纵轴是通过实验而知的杂质含量。以往在横轴上大多使用原料气体的供应量进行分析，所以图3.5.6的斜率因CVD设备、面极性以及杂质浓度的不同而不同。而模拟基于位置竞争理论，可以将衬底表面的Si和Al浓度、C和N浓度整理成线性关系。综上所述，通过仿真模拟可以评价CVD的生长速度、表面形态以及掺杂浓度。另外，分析基于氯化物原料气体SiC CVD的尝试也已经开始[11]。

参考文献

1) M. Pons, E. Blanquet, J. M. Dedulle, I. Garcon, R. Madar, and C. Bernard, *J. Electrochem. Soc.* 143, 3727 (1996).

2) Y. Kitou, W. Bahng, T. Kato, S. Nishizawa, and K. Arai, *Mater. Sci. Forum* 389-393, 83 (2002).

3) S. Nishizawa, T. Kato, and K. Arai, *J. Crystal Growth* 303, 342 (2007).

4) X. J. Chen, S. Nishizawa, and K. Kakimoto, *J. Crystal Growth* 312, 1697 (2010).

5) B. Gao, X. J. Chen, S. Nakano, S. Nishizawa, and K. Kakimoto, *J. Crystal Growth* 312, 3349 (2010).

6) J. Meziere, M. Ucar, E. Blanquet, M. Pons, P. Ferret, and L. Di Cioccio, *J. Crystal Growth* 267, 436 (2004).

7) S. Nishizawa and M. Pons, *Chemical Vapor Deposition* 12, 516 (2006).

8) S. Nishizawa, K. Kojima, S. Kuroda, and K. Arai, *J. Crystal Growth* 275, e515 (2005).

9) S. Nishizawa and M. Pons, *Microelectronic Engineering* 83, 100 (2006).

10) K. Kojima, S. Nishizawa, S. Kuroda, H. Okumura, and K. Arai, *J. Crystal Growth* 275, e549 (2005).

11) S. Nishizawa, *J. Crystal Growth* 311, 871 (2009).

第4章

SiC单晶衬底加工技术

众所周知，SiC单晶是一种高硬度且易脆的材料，加工难度大。因此，能否高效且高良率地加工出形貌好、表面质量优良的衬底，对于SiC器件的研发有着至关重要的意义。本章将介绍SiC单晶的切割、研磨技术的基础理论、现状以及近年来新出现的加工技术。

4.1 SiC单晶多线切割

如图4.1.1所示，多线切割（multi-wire saw）是一种将排线压在被切割物体上，通过转动排线将常被称为“晶棒”的圆柱体切割成晶片的设备。与之相类似的还有刀片（blade saw）切割机。切割设备是生产稳定且高精度衬底的重要一环，与之相关联的加工技术对于SiC半导体从业者而言也是很有意义的。

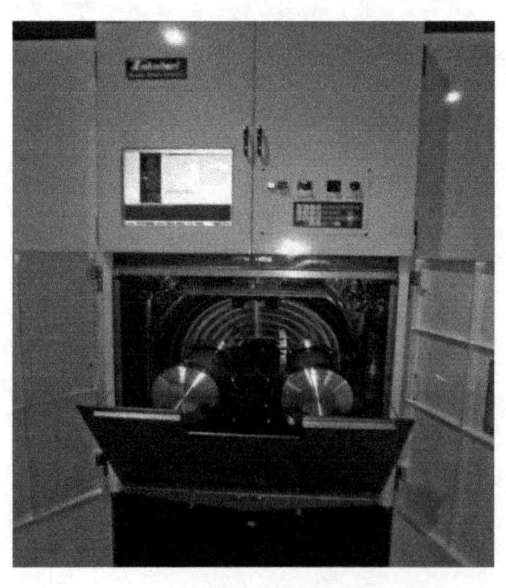

图4.1.1　多线切割机（日本高鸟公司生产）

4.1.1 加工设备以及工具

切割时需要用到设备、切割线、切割液等耗材。并且在整个加工过程中需要对每一项都有充分的理解。同时，就 SiC 单晶的加工而言，考虑单晶的结晶取向问题也很关键。

1. 设备

(1) 线轴

多线切割机的目的是从一个晶体中稳定且尽可能多地切出高精度的衬底。此类设备中最重要的零件之一就是线轴（见图 4.1.2）。该零件由金属和树脂组成，固定在金属表面的树脂层上刻有很多沟槽，沟槽的间距和切割出来的衬底的厚度相同。但是由于线轴和切割线以及砂浆接触的部位是树脂材料的，在转动过程中产生的摩擦有可能导致衬底出现厚度不均匀，或者翘曲等现象，从而影响最终的产品质量。另外，由于线轴自身的高速转动，轴和切割线之间也会产生摩擦而发热，导致沟槽间距变大，因此在设定加工条件时需要考虑上述问题。

图 4.1.2 线轴的外观

(2) 调整晶向

SiC 单晶的晶向在后道器件生产工序中有着重要的意义，因此在切割晶体时需要谨慎地调整晶体方向，使用专用的晶体固定零件，一边调整切割线和晶体的相对位置，一边固定晶体。常见的多线切割机都有操作平台，用于正确微调切割线和晶体的相对位置。

(3) 进线方式

多线切割可以大致分为从切割线下部向上移动被切割物（上进线）和从切割线上部向下移动被切割物（下进线）两种模式（见图 4.1.3）。像单晶硅这种尺寸较大的材料通常从上向下切，这就是采用我们上面讲到的下进线方式。原因是，如果采用上进线方式切割，晶片容易发生倾斜并破损，导致碎片卷入设备内造成断线。

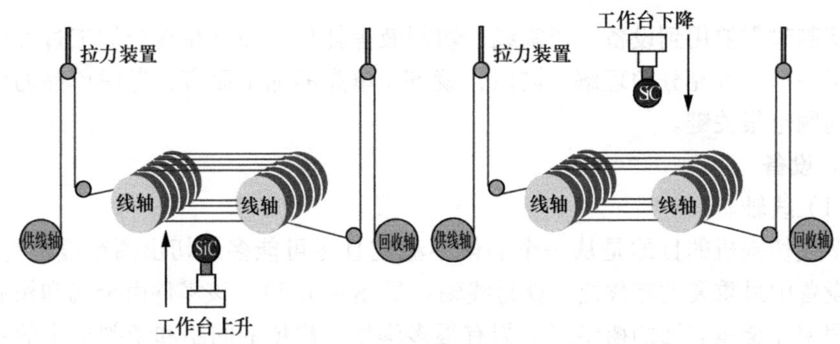

图 4.1.3　进线方式

今后，在6in或者更大尺寸SiC切割工艺的设计中，考虑到晶体尺寸越来越大，现在主流的上进线方式可能会调整为下进线。

（4）切割方式

切割方式可以分为在切割线上垂直位移被切割物以及一边位移一边摇摆（rocking）切割线两种（见图4.1.4）。摇摆的方式也分为两种，摇动切割线或者摇摆固定有被切割物的平台。在SiC单晶加工领域，目前主流的方式是摇摆切割线。

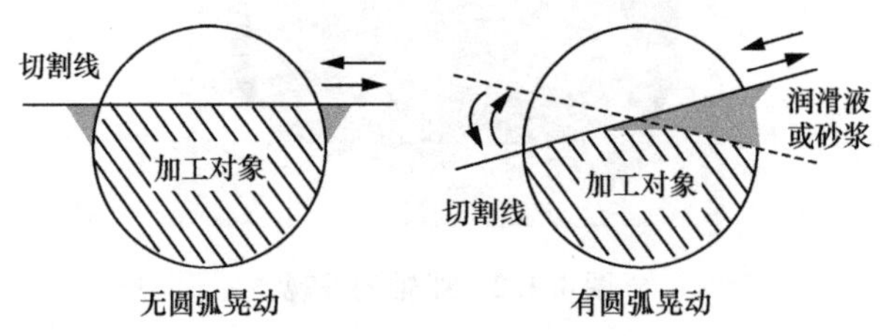

图 4.1.4　切割方式的模式图

切割SiC单晶时，摇摆切割线的效果明显，有别于单晶硅等其他脆性材料，SiC的加工难度更大。摇摆方式如图4.1.4所示，通过反复摇摆切割线使其呈圆弧运动状态。举一个身边的例子，大家可以想象一下木工师傅用锯切木材的情景，圆弧状的切割轨迹更容易切断木材。因为这样可以减少锯条和木材之间的接触面积，使接触点上能量更加集中，从而提高切割效率。同理，在切割高硬度材料时也是参考了这一理论。另外，由于SiC晶体呈圆柱形，采用摇摆切割的方式可以保证圆柱体边缘和内部的切割条件一致，抑制加工条件的突变。

综上所述，摇摆切割方式有以下优势：

第一，衬底更加平整（lapping），摇摆切割可以使切割线反复通过衬底表

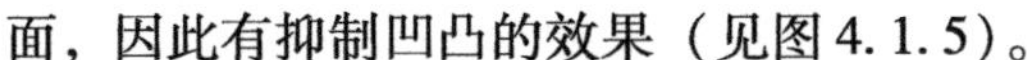

面，因此有抑制凹凸的效果（见图 4.1.5）。

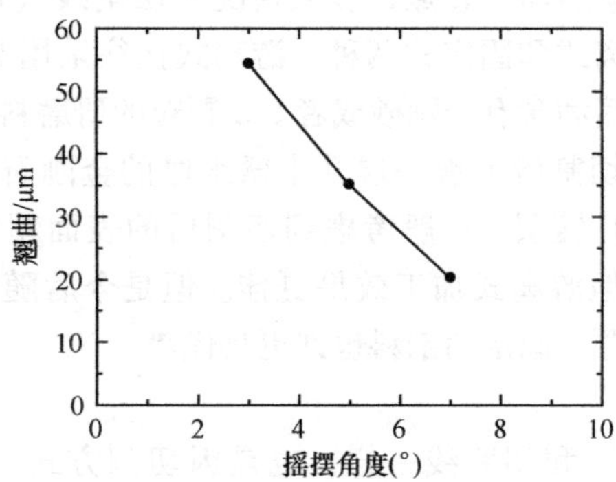

图 4.1.5　摇摆角度和翘曲的关系

第二，更利于切割液进入晶体，在无摇摆状态下单纯地垂直位移被切物时，切割液很难进入晶体，从而加工部位的冷却效果差，通过摇摆可以使切割液更好地流进晶体和切割线的缝隙中，冷却效果更好。

第三，可以更好地排出在切割过程中产生的泥浆（sludge）。这与上面提到的引流是同理的，通过摇摆方式可以更好地将晶体和切割线之间的泥浆排出，特别是使用固定切割料（fixed abrasive）时，泥浆的堆积会降低加工效率，摇摆方式可以缓解这一问题。图 4.1.6 展示了 SiC 单晶切割面的扭曲与是否采用摇摆方式之间的关系。

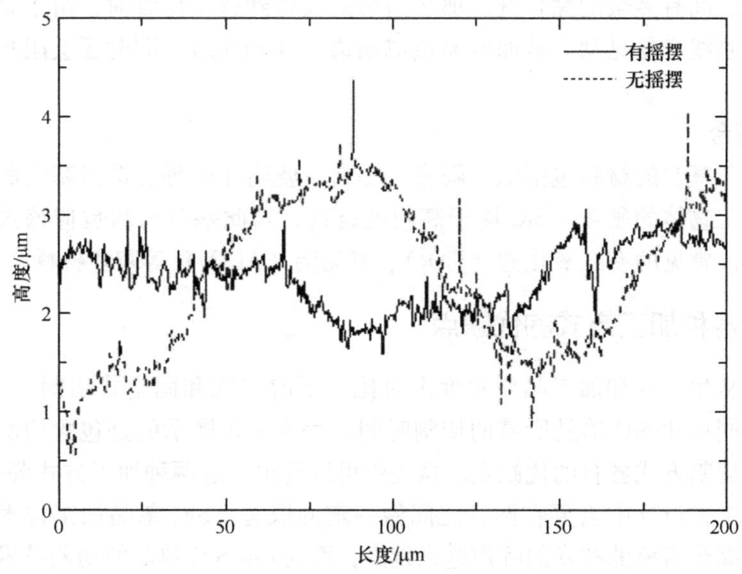

图 4.1.6　SiC 单晶切割的结果（摇摆和非摇摆对比）

2. 切割线

不仅仅是在SiC单晶加工领域，多数情况下切割线（wire）由切割方式而定。大致可以分成游离式和固定式两种。游离式往往采用类似镀铜钢琴线一样的高张力线，切割时喷洒含有金刚砂或者SiC颗粒的研磨料（悬浊液）。所谓固定切割料方式是指在切割线上镀一层几十微米厚的金刚石颗粒镍镀层（nickel plate）或树脂（resin）镀层。一般考虑到切割后的表面粗糙度以及后道工序，虽然加工时间较长，但游离式加工效果更佳。但是今后随着衬底尺寸的增大，考虑到加工时间的问题，固定切割料也许更具优势。

3. 基础油

基础油（base oil）和切割线一样，也是因切割方式而异。目前，为了使SiC颗粒分布更加均匀，通常采用黏度更高的油性基础油，然后在切割线上涂抹加工液，通过切割线将颗粒引入切割部位。相反，固定切割料方式则不需要将切割颗粒引入切割部位，可以使用黏度相对更低的水溶性加工液。由于水溶性切割液不会附着在切割线上，因此在切割时需要向切割部位单独提供加工液。好处是水溶性加工液黏度低，除了常规的切割泥浆以外不会形成额外的固体，比高黏度的油性基础油更容易清理，且更加环保。

4. 黏合剂

被切割物的黏合通常使用环氧树脂混合液或被称为工装蜡的固体黏合剂（adhesive）。根据不同情况选用不同类型。一般环氧树脂混合液类的黏合剂使用较多。使用这类黏合剂时应该注意要尽可能涂抹的薄一点。因为如果在晶体和固定托盘之间有多余的黏合剂，那么当切割线切到这个位置时，由于黏合剂硬度低，切割线容易晃动，从而容易造成崩边（chipping），同时还会阻挡切割液的引入。

5. 基台

常用于基台的材料包括碳、陶瓷、树脂、玻璃和硅等。选择基台的材料取决于被加工物体的硬度。SiC属于高硬度材料，因此基台材料也应该选用高硬度的材质。常见的有二氧化硅（SiO_2）、氧化铝（Al_2O_3）等陶瓷材料。

4.1.2 各种加工方式的优缺点

最后从生产性和加工品质角度来对比一下游离式和固定式切割。表4.1.1展示了不同尺寸SiC单晶所需的切割时间，表4.1.2展示的是包含切割时间在内的两种切割方式各自的优缺点。从表中可以看出，这两种加工方式各有特点。在实际的工艺设计中需要在两者之间做一定的取舍。SiC单晶加工技术领域对高精度、高合格率的技术的呼声越来越高，面向6in SiC单晶的切割技术的研究还很少，问题也还很多。今后切割技术的发展值得期待。

表 4.1.1　SiC 单晶的尺寸和标准切割时间

处理方式 / 料粒粒径 / 尺寸	游离方式	固定料粒方式
	3 ~ 12μm	30 ~ 60μm
2in	24h 以上	3h 以上
3in	60h 以上	6h 以上
4in	90h 以上	9h 以上

表 4.1.2　游离方式与固定方式的比较

游离料粒方式	优势	损伤层：小 切割后翘曲：小 生产成本：低
	劣势	切割时间：长 对大尺寸时切割线的库存：大 对作业员的负担以及对环境的影响：大
固定料粒方式	优势	切割时间：短 对大尺寸时切割线的库存：小 对作业员的负担以及对环境的影响：小
	劣势	损伤层：大 切割后翘曲：大 生产成本：高

4.2　SiC 单晶衬底的研磨技术

在进入半导体工艺线之前，我们通常将外形以及表面状态都达标的衬底称为可流片（device-ready）衬底。所谓 SiC 可流片衬底，不仅要求衬底可以生长无缺陷的同质外延，同时还应具备不影响器件成品率的形貌条件。半导体工艺线需求的衬底特征可概括为：①器件加工后的形貌与设计的器件结构相一致，②衬底最外层表面为单晶且可用于外延生长，③生长的外延层在衬底整面上不存在晶界，并且在原子级水平上实现均一性。综上所述，为了器件可以 100% 发挥出 SiC 的物理性质，需要在所有晶面上均达到上述要求。表 4.2.1 对比了 SiC 和 Si 的材料物理性质[1]。

表4.2.1　比较Si和SiC的材料物理性质

	SiC	Si
莫氏硬度	13	7
努氏硬度	2400~3000	560~710
熔点	—	1410℃
升华点	2000~2200℃	—
可溶性	溶于碱（600℃左右）	溶于碱（常温）

SiC的硬度仅次于金刚石，常温下不存在可以腐蚀它的物质，并且具有良好的热稳定性，它的最外层表面开始升华的温度都超过1000℃。因此与Si或者砷化镓（GaAs）等其他半导体材料相比，如果要加工成可流片状态，难度很大。在研磨工艺中，Si和SiC的主要区别在于：①传统的SiC或Al_2O_3磨料不适用于SiC的研磨工艺，②在Si加工工艺中常用于去除加工损伤层的湿法腐蚀不适用于具有高化学稳定性的SiC。因此，将晶体切割成片状并进行研磨工艺时常用金刚砂或者cBN，通过多阶段金刚砂研磨工艺一点点去除加工变质层，最后用化学机械抛光（Chemical Mechanical Polishing，CMP）完成加工。

4.2.1　粗加工

所谓粗加工，是指减少CMP加工时间，同时还有助于控制切割片面型，去除加工变质层的过程。该过程主要用到金刚砂。加工方法主要包括通过研磨料进行抛光或研磨。表4.2.2展示了常见的SiC粗加工方法单面加工时的研磨性能[2]。

表4.2.2　一般粗加工的研磨性能

加工方式	研磨料/料粒度	去除率/（μm/h）	表面粗糙度（*Ra*）/nm	加工变质层/μm	面型精度
抛光（固定尺寸）	金刚石 7~20μm	○360以上	△17~50	△3~20	○
研磨	GC#240~#600 20~60μm	×5~30	×200~600	△7~10	△
金刚石研磨	金刚石 3~6μm	△40~100	○5~13	△4~6	△

减薄是一种将磨料固定在磨盘上进行加工的技术，在加工时，磨盘和被加工物共同摩擦，与研磨（抛光）相比加工速度要快一些。但是，摩擦产生的碎

屑可能会造成很深的划痕，因此单次可加工的数量有限。另一方面，研磨是一种向金属盘上喷洒研磨液（悬浊液）进行加工的技术。加工速度比抛光要慢一些，但一次性可以加工相对大量的衬底。另外，它可以两面同时加工，这更有利于控制衬底的形貌。SiC 粗加工中用到的减薄和研磨（抛光）技术各有利弊，在加工一线通常会根据实际情况选择。目前市面上流通的 2 ~ 4in 衬底主要采用了金刚砂研磨工艺。但是考虑到深划痕问题，今后有可能需要更换加工材料。图 4.2.1 是研磨后 SiC 表面的 AFM 图像以及将半绝缘 4H-SiC 的（0001）面用 $350g/cm^2$ 加工压、40r/min 转速、金刚砂研磨液加工后的表面状态[3]。从图中可以明显看到很多划痕，并且研磨加工产生的划痕深度是不一致的。消除深划痕需要长时间 CMP 加工并且存在潜在伤痕的可能性也很高。

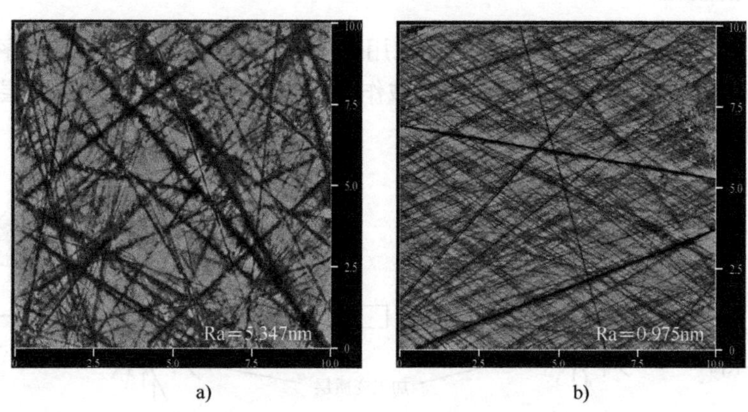

a) b)

图 4.2.1 金刚砂研磨后的 SiC 表面：a）3μm 和 b）0.25μm 的金刚砂研磨液加工后的表面

其次，如图 4.2.2 所示，研磨后还会出现一个问题就是 SORI（反映衬底翘曲度的指标），图中展示的是切割后的衬底用金刚砂研磨后面型变化的结果[4]。从图中可以看到，随着研磨量的增加，衬底面型开始发生变化。衬底形貌受划痕的面内密度影响，图 4.2.2b 中的衬底形成了一种切割线往返运动方向影响下的形貌，主要原因是在切割工序中残存了加工变质层，形成了马鞍形的翘曲。在此基础上进一步加工后得到图 4.2.2c 所示的圆形翘曲，这是由研磨造成的。SiC 研磨工序中的一个问题点是加工效率较低，所以在粗加工之后还需要进一步去除或提升衬底的 SORI 或 SBIR（Site Backside Ideal focal plane Range，表征衬底厚度不均的指标）。也就是说，在去除切割工序中残存的加工变质层后，还需要设计提升衬底面型精度的加工工序。同时，为了抑制研磨中深划痕的产生，需要严格控制研磨料中的金刚砂品质或者开发金刚砂以外的研磨材料。

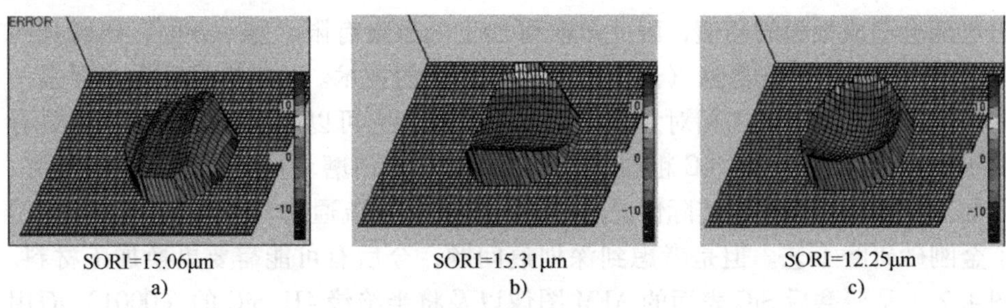

图 4.2.2　金刚砂研磨后 SiC 衬底的面型

a）切割后的面型　b）马鞍形翘曲　c）圆形翘曲

4.2.2　精加工

半导体材料的精加工阶段通常会采用使用了各类研磨液的 CMP 工序。所谓 CMP 是指在被加工物表面同时利用机械作用和化学作用去除加工变质层的一种方法。图 4.2.3 是 CMP 的概念图。

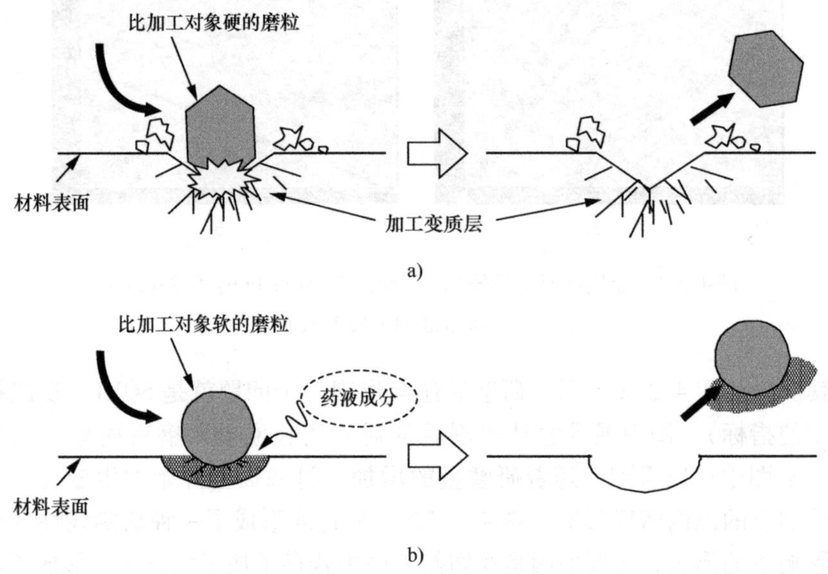

图 4.2.3　CMP 原理

a）机械抛光　b）化学机械抛光（CMP）

图 4.2.3a 所示的机械抛光类似于前面讲到的金刚砂研磨，利用比被加工物更硬的材料，一边破坏表面一边进行加工的方法，加工后会残留加工变质层。而图 4.2.3b 所示的 CMP 是利用化学反应去除加工变质层的方法。该方法常用于半导体材料 SiC 的精加工中。常见的抛光液成分是过氧化氢和二氧化硅溶液。研究发现，SiC 表面状态的改变可以提升器件性能[5]，因此理想状态是对长晶

面以外的晶面也进行CMP加工，但上述过氧化氢和二氧化硅溶液组成的抛光液只能加工长晶面的（0001）面。另外，SiC专用的抛光液需要考虑到原子台阶边缘和台阶面之间电荷分布不一致，使其以自主化方式出现在晶格表面。这与考虑SiC材料物理性质的CMP是不同的。

图4.2.4以及图4.2.5展示了碱性二氧化硅溶液以及SiC专用抛光液，185g/cm^{2}加工压力和60r/min转速下单面加工n型4H-SiC衬底的AFM图像及研磨效率[6]。由图4.2.4a可知，采用碱性二氧化硅溶液进行CMP时表面容易残留加工变质层，由图4.2.4b可见，SiC专用抛光液CMP后表面粗糙度（*Ra*）低于0.1nm，原子台阶排列规则。原子台阶是由于长晶面和抛光面之间微弱的错位产生的构造。由此可见，规则性原子台阶的形成是通过CMP在保持原晶型的状态下使SiC的最表面层形貌光滑。

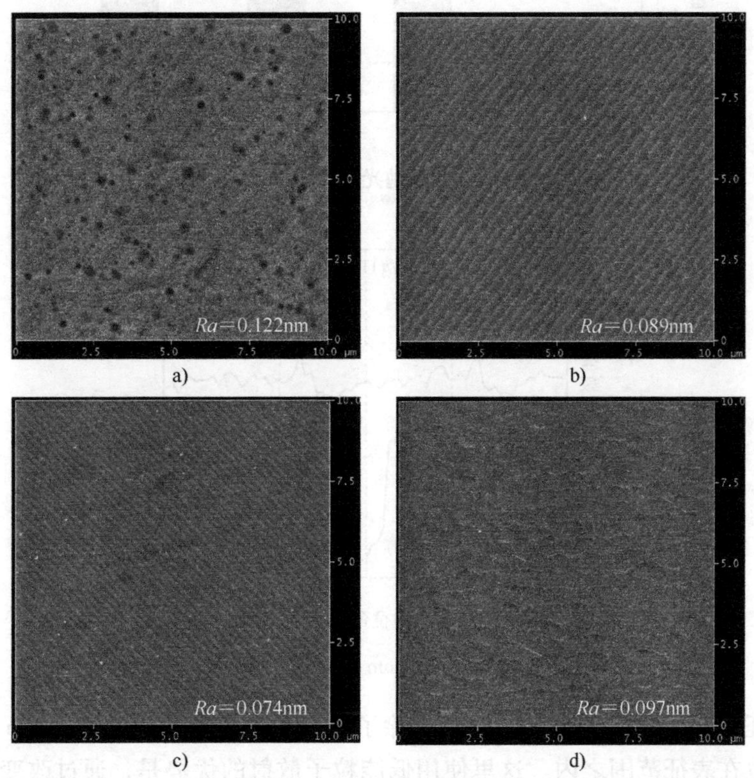

图4.2.4　用不同抛光液CMP后表面的AFM图像：a）用碱性二氧化硅溶液抛光后的（0001）面，用SiC专用抛光液加工后的b）（0001）面、c）（000$\bar{1}$）面、d）（1$\bar{1}$00）面

从图4.2.4d中看到，（0001）面以外的面也看到了原子台阶，原子台阶的高度约为0.25nm，也就是Si-C结构的一个周期。图4.2.5展示的是低指数面的

研磨效率（单位时间内的研磨抛光量）。由此可见，即便是SiC专用的抛光液，在不同晶面上的研磨效率也不尽相同。Si面研磨效率最低，C面最高。m面和a面介于中间，但更接近C面的研磨效率。不同晶面上Si和C原子数量比例的不同也会改变SiC的CMP研磨效率。图4.2.6是He原子低能粒子散射光谱分析的结果，它反映了SiC中Si原子排列的散射状态[6]。

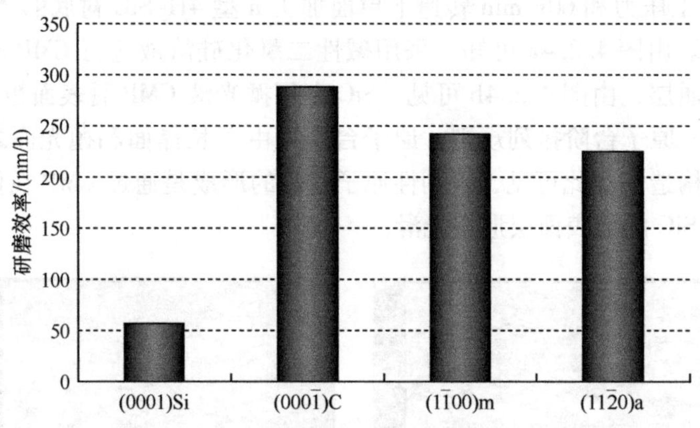

图4.2.5　SiC专用抛光液的CMP研磨效率

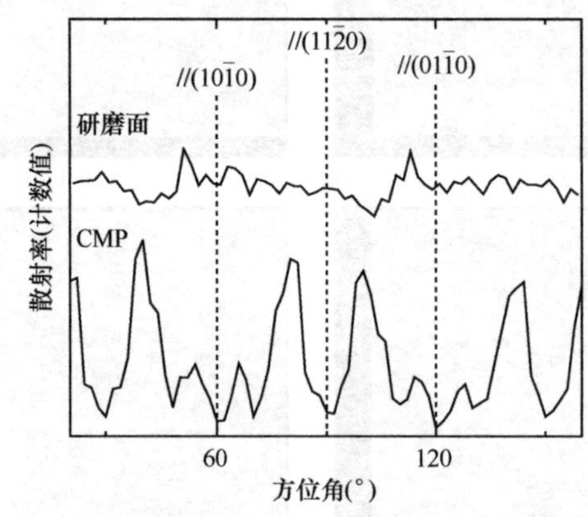

图4.2.6　表面向下1nm深度的低能粒子散射

表征抛光面通常会使用X射线，除了表面以外，表面以下数百nm深度处的晶体也在表征范围之内。这里使用低能粒子散射的优势是，通过改变入射角度或入射方向可以看到表面以下数十nm的状态，还可以分析上下层原子的相对位置，以及表面附近的晶体位错等，很适用于抛光面结构的分析。从图4.2.6中可以看到通过CMP以后的SiC单晶有6个面对称的特点，但这一点在金刚石研磨表面未观察到。由此可见，通过CMP可以实现衬底最表面的单晶体结构。这说明对于SiC来说，CMP是很有效的方法。

4.2.3 双面 CMP

通常，与单面 CMP 相比，双面 CMP 衬底的 SBIR 和 SORI 较小，形貌更优。SiC 也不例外，图 4.2.7 展示了单面和双面 CMP 衬底的 SORI 对比结果[1]。

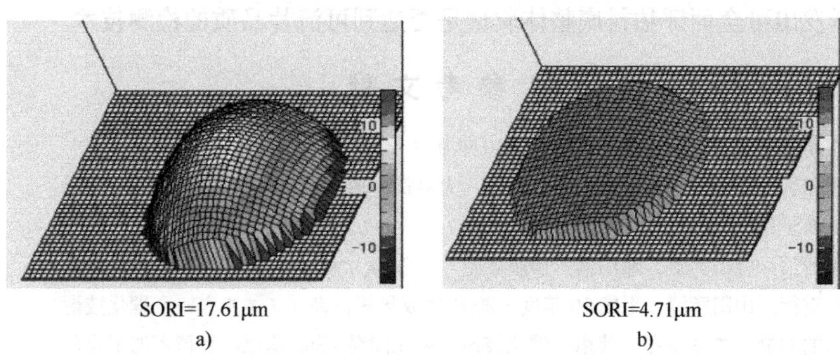

图 4.2.7 SiC 衬底的残留应力差现象

a）单面 CMP b）双面 CMP

从图中可以看出，衬底表背两面之间翘曲程度的不同会产生能量差，因此单面 CMP 的能量差更大，而双面 CMP 的面型维持得较好。虽然可以双面分别单独进行 CMP，但双面同时 CMP 可以一次性完成抛光作业，这样简化操作，在实际生产中更受青睐。但双面 CMP 存在碳面和硅面研磨时抛光液的兼容性问题，从图 4.2.8 中可以看出，SiC 衬底正反两面在水中的表面状态是不同的。在对 SiC 衬底进行双面 CMP 时由于两面的表面原子不同，与液体的接触角度以及亲水性不同，Si 面约为 13°，C 面约为 45°[1]。适用于 C 面的抛光液还暂时没有，因此双面 CMP 的实现还存在一定的难度。随着在 SiC 专用研磨液的基础上改善兼容性，这个问题正在得到解决，在今后有望实现。今后在向 6in 以上大尺寸的发展过程中，SORI 带来的影响会超过现在的 2～4in，所以能够预测到必将使用到本技术。

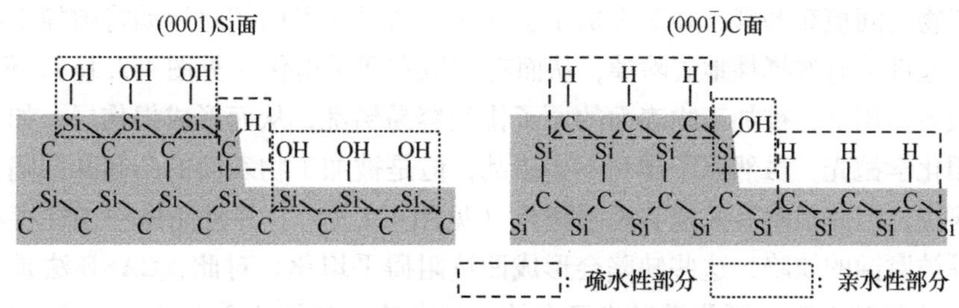

图 4.2.8 SiC 衬底正反两面在水中的表面状态

本节的内容仅仅是 SiC 抛光工序中的一个例子，上述金刚砂研磨工序中深划痕问题的改善亟待解决。另外解决该问题还需要配合不使用金刚砂的粗加工技术。就可流片状态应具有的表面形貌而言，虽然CMP抛光工序可以满足，但是其加工效率依然停留在单位时间内仅亚微米的级别，提高速度是必要的。综上所述，在SiC抛光工序的优化方面需要从工程设计开发考虑如何缩短时间，以及开发出可全面评估衬底整体质量是否达到可流片品质的检测技术。

参 考 文 献

1） 河田研治，堀田和利：電子材料，2010年9月号，p. 30.
2） 堀田和利，鎌田透，河田研治，江龍修，大島武：第69回応用物理学会学術講演会講演予稿集　No. 1（2008）p. 352.
3） 河田研治，堀田和利，鎌田透，伊藤康昭，江龍修，大島武，小野田忍，畔柳修，杉戸重行，山田章博：平成19年度～20年度成果報告書「エネルギー合理化技術戦略的開発／エネルギー使用合理化技術実用化開発/SiC基板の超精密加工及び素子形成による評価に関する実用化開発」（2009）p. 19.
4） 鎌田透，堀田和利，河田研治，江龍修：第55回応用物理学会学術講演会講演予稿集　No. 1（2008）p. 435.
5） 松波弘之，木本恒暢：Materials Integration 17，3（2004）.
6） 堀田和利，廣瀬健次，田中弥生，河田研治，江龍修：第55回応用物理学会学術講演会講演予稿集　No. 1（2008）p. 435.

4.3 SiC单晶的新加工法

4.3.1 CARE法

1. CARE法的概念

CARE（CAtalyst-Referred Etching，表面催化腐蚀）法是一种基于全新理论的抛光方法[1,2]。图4.3.1中罗列了各类抛光法的概念。其中，机械抛光在抛光盘和被加工物之间填充磨料，并对被加工物加压，通过两者的相对运动将被加工物表面的凸起部分有选择性地去除掉，从而有效地实现平坦化（见图4.3.1a）。但是，在机械力作用下，被加工物表面的原子排列容易错乱，从而形成损伤层。如果我们使用化学抛光，虽然原子排列不会错乱，但是被加工物表面的凸起和凹陷会被同时腐蚀，因此很难有效地实现平坦化（见图4.3.1b）。并且晶体中往往存在一些不易被腐蚀的缺陷，这些缺陷会形成凹坑阻碍平坦化。对此，CARE法是在机械抛光的基础上引入了化学抛光概念的一种方法，如图4.3.1c所示。被加工物表面的原子和催化板表面活性区域的化学因子接触部分产生化学反应，才能被去除。而化学因子在脱离了催化板活性表面后马上失去活性，也就是说，只有催化板活性区域接触的被加工物原子发生反应然后被去除，实现以催化表面为基准面的腐蚀效果。通过该方法，被加工物的表面凸起有选择性地被腐蚀剂加工，在原子排列不发生错乱的情况下有效实现平坦化加工。凹陷处不会被腐蚀，因此即使存在难以被腐蚀的缺陷，也不会形成凹坑。

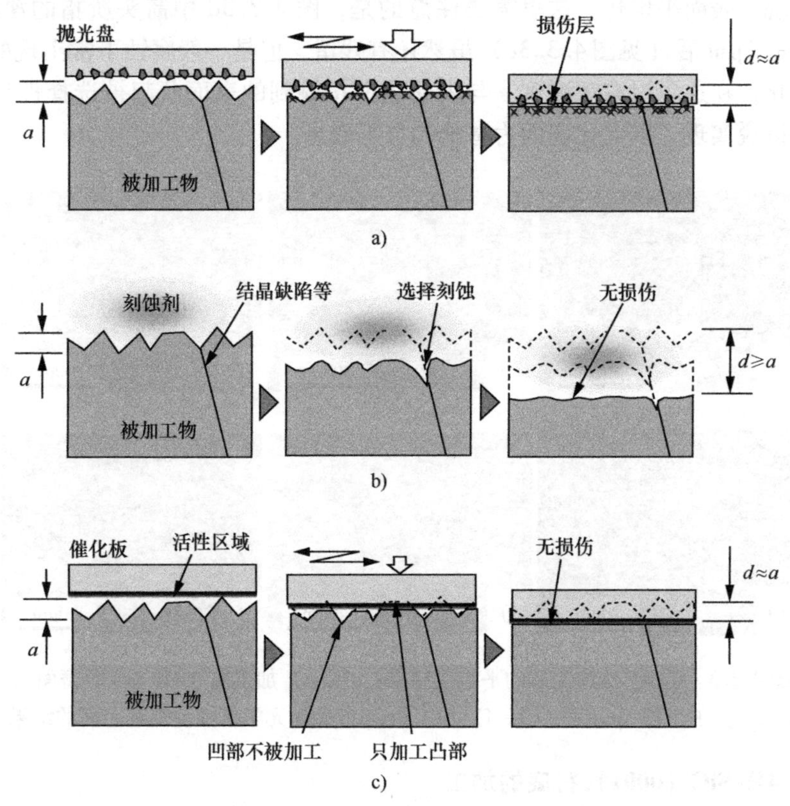

图4.3.1 CARE法的概念以及与其他抛光方法的对比

a）机械抛光法（研磨等） b）化学抛光法（湿法腐蚀等） c）催化表面腐蚀法

CARE法的装置如图4.3.2所示。将浸泡在加工液中的催化盘压在被加工物上并通过相对运动进行加工。被加工物和催化盘的旋转是对等的，因此加工更加均匀。为防止被加工物吸附在催化盘上以及更有效地向被加工物中心部位提供加工液，设备被设计成沟槽结构。

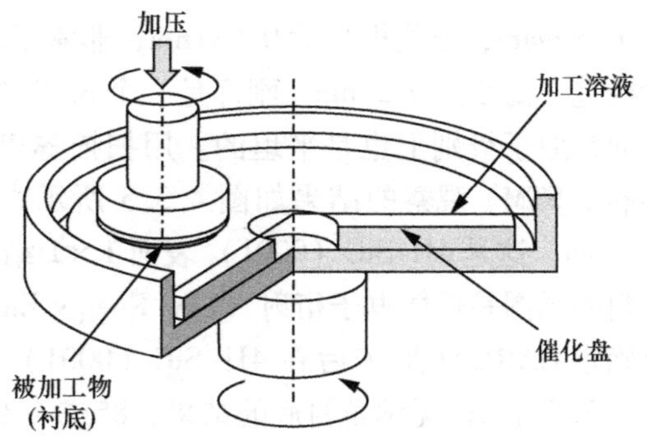

图4.3.2 CARE法设备的结构示例

图4.3.3展示了平坦化加工的案例。被加工物为已研磨过的4H-SiC，加工液使用氟化氢水溶液。催化材料为白金。被加工物在一开始如图a、d所示，表面有大量的划痕和微管缺陷，将该表面加工了1μm以后，如图b、e所示，划痕几乎全部消失，微管也只剩下部分较深的。在加工了2μm后，如图c、f所示，实现了表面平坦化。这里需要注意的是，图4.3.3d中箭头所指的深微管，在加工了1μm后（见图4.3.3e）虽然还有残留，但是一般腐蚀下常出现的微管边缘钝化，在这里没有观测到。与催化表面接触到的表面凸起被选择性地去除掉，可以说实现了以催化表面为基准的加工效果。

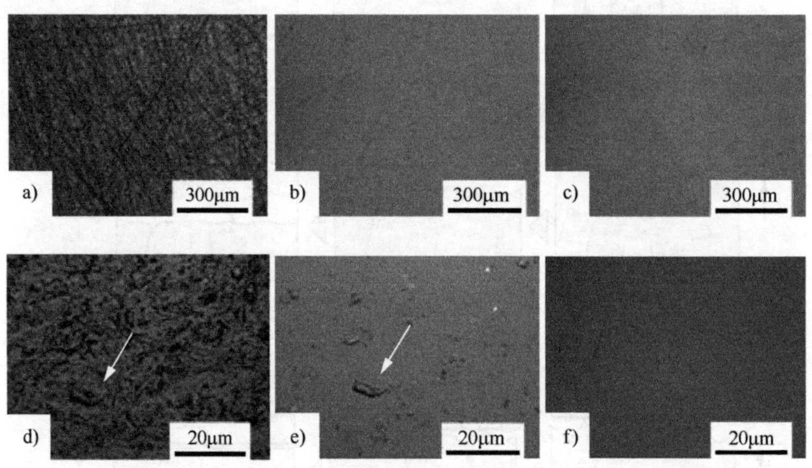

图4.3.3　CARE法加工后的平坦化结果：a)、d）加工前（4H-SiC研磨面），b)、e）加工约1μm后，c)、f）加工约2μm后用光学显微镜观察表面的结果

2. 4H-SiC（0001）衬底的加工

图4.3.4展示的是市面上流通的2in 4H-SiC（0001）无偏角衬底（n型，0.02~0.03Ω·cm）用CARE法加工后的电子显微镜和AFM图像。如图所示，$64\times68\mu m^2$区域内的P-V（Peak-to-Valley，峰谷值）为0.880nm，RMS（Root Mean Square，方均根）为0.081nm，非常平坦。且AFM图像中可以看到原子台阶构造。高度是0.25nm，刚好是一个Si-C堆垛单位（BL）的高度，由此可见，表面在原子级别上也是平坦的。用扫描隧道显微镜（Scanning Tunneling Microscope，STM）观察的结果如图4.3.5所示[3]。规则排列的亮点间隔为0.30~0.33nm，这是4H-SiC（0001）表面1×1结构中Si-Si间的距离。图4.3.5a右下角的插图是低能电子衍射（Low Energy Electron Diffraction，LEED）图像，可以确定CARE法加工后在4H-SiC（0001）表面获取到了平坦的1×1结构。图4.3.5是2in无偏角衬底的结果，8°或4°偏角的衬底同样可以获得平坦的表面。在3in衬底的中心以及边缘处也得到了验证[4]。另外，4H-SiC（000$\bar{1}$）衬

底上的64 × 68μm² 区域内也得到了 RMS < 0.1nm 的结果。但原子台阶构造不如图4.3.4那样明显。

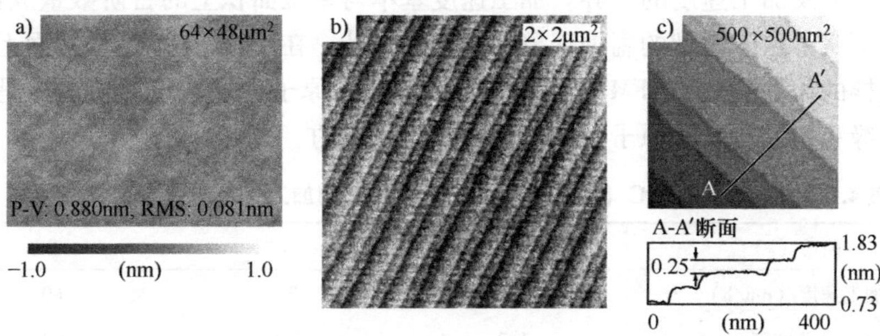

图4.3.4　4H-SiC（0001）无偏角衬底的CARE法加工表面

a）电子显微镜64×68μm² 区域内的观察结果　b）AFM 2×2μm² 区域内的观察结果　c）AFM 500×500nm² 区域内的观察结果

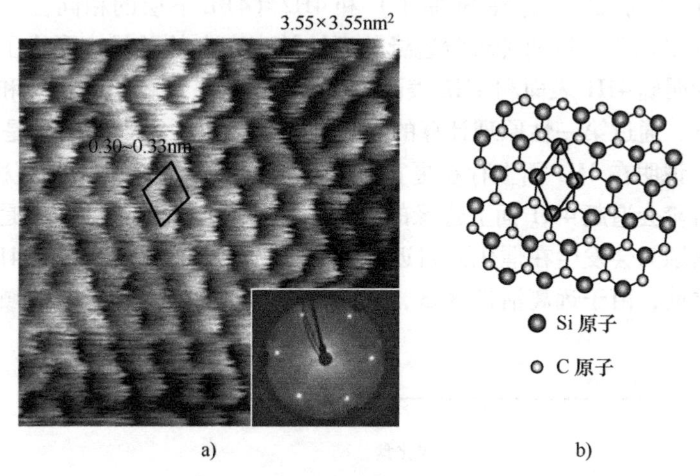

图4.3.5　4H-SiC（0001）无偏角衬底在CARE法加工后的STM图像以及原子结构示意图。图a右下角的插图是电子能65eV的LEED图像

此外，在CARE法加工后的4H-SiC（0001）8°偏角衬底上进行外延生长后，没有出现由于潜伤造成的缺陷。说明CARE法可用于外延前的衬底平坦化加工[5]。在外延中出现了台阶聚集的表面也可以用CARE法进行平坦化加工，随后生产的SBD（Schottky Barrier Diode，肖特基势垒二极管）也确认了正常的性能。由此可见，CARE法在器件生产的平坦化加工中是有效的。

3. CARE法的加工原理

如前文所述，CARE法加工面上可以看到原子台阶结构，高度是1BL，这说明在加工4H-SiC（0001）面时，台阶边缘的原子优先被去除，实现了台阶流型的腐蚀。表4.3.1展示的是4H-SiC（0001）8°和4°偏角面上单位面积的台阶数量不同以及加工速度的差异。加工速度基本与单位面积上的台阶数量成比例。进一步证实了台阶流型的腐蚀现象的产生。另外，在4H-SiC（000$\bar{1}$）面上则看不到这样的比例关系。AFM图中也看不到清晰的原子台阶。可以认为这是由于台阶边缘和构成台阶的原子被同时去除了而造成的。

表4.3.1　对于4H-SiC（0001）衬底，CARE法的加工速度与偏角的关联关系

偏角（°）	<0.5	4	8
加工速度/(nm/h)	1	33	60
平均台阶宽度/nm	143	3.6	1.8
台阶密度比	1	40	80

如果我们注意看图4.3.4c中原子台阶的宽度，可以发现每个BL中宽窄台阶交互排列。这是因为在4H-SiC（0001）面上的晶体构造中，每个BL中4H1（2BL下层的相同位置上存在Si原子）和4H2（4BL下层的相同位置上存在Si原子）交互出现[6]。这两种台阶边缘的腐蚀效率存在的差异，形成了这种特殊的构造。为明确4H1表面和4H2表面哪个更稳定，在兼顾了结构缓和以及表面影响前提下，通过第一性原理计算的方式进行了解析，得到的结果是4H1面更加稳定[7]。说明在4H1面上存在更宽的台阶，通常，如果4H1面更稳定，4H2面边缘的台阶会追赶4H1面上边缘的台阶，容易产生台阶聚集。但是CARE法加工时，腐蚀只会发生在催化面附近，如图4.3.6所示，在追赶上4H1面边缘处的台阶之前，由于远离活性区域，腐蚀率低，如果不是很窄的区域不会形成这种现象。

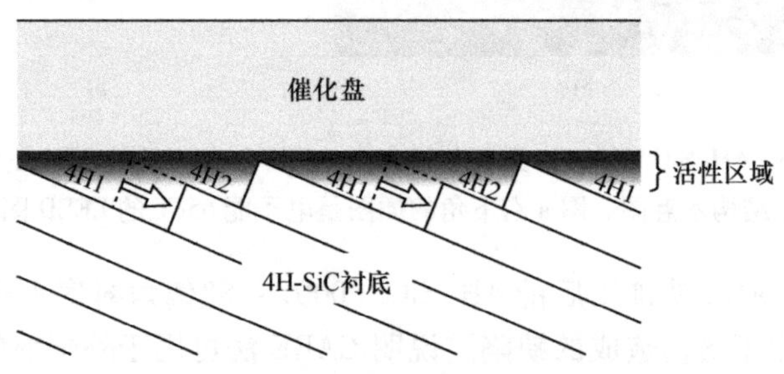

图4.3.6　窄台阶和宽台阶的形成模式

CARE法还是一种新兴的技术，作用在台阶原子上的化学因子的种类、反应过程、催化剂、加工液的进一步学术研究，以及提升抛光速率、寻找可代替白金的催化剂等方面的摸索，甚至代替氟化氢研磨液等方面的待研究内容还有很多。同时 CARE 法不使用磨料，与需要向被抛光物中心传送磨料的传统工艺相比，在大尺寸衬底加工上具有潜力，今后的研发值得期待。

参考文献

1） 山内和人，佐野泰久："触媒支援型化学加工方法"，特許第 4506399 号.

2） H. Hara, Y. Sano, H. Mimura, K. Arima, A. Kubota, K. Yagi, J. Murata, and K. Yamauchi, *J. Electron. Mater.* 35, L11（2006）.

3） K. Arima, H. Hara, J. Murata, T. Ishida, R. Okamoto, K. Yagi, Y. Sano, H. Mimura, and K. Yamauchi, *Appl. Phys. Lett.* 90, 202106（2007）.

4） T. Okamoto, Y. Sano, K. Tachibana, K. Arima, A. N. Hattori, K. Yagi, J. Murata, S. Sadakuni, and K. Yamauchi, *Mater. Sci. Forum* 679-680, 493（2011）.

5） T. Okamoto, Y. Sano, H. Hara, T. Hatayama, K. Arima, K. Yagi, J. Murata, S. Sadakuni, K. Tachibana, Y. Shirasawa, H. Mimura, T. Fuyuki, and K. Yamauchi, *Mater. Sci. Forum* 645-648, 775（2010）.

6） T. Kimoto, A. Itoh, and H. Matsunami, *J. Appl. Phys.* 81, 3494（1997）.

7） H. Hara, Y. Morikawa, Y. Sano, and K. Yamauchi, *Phys. Rev. B* 79, 153306（2009）.

4.3.2 放电加工法

1. SiC 切割中的课题以及放电加工技术的应用

与单晶硅相比，SiC 单晶是一种一半元素被替换成原子半径更小的碳原子的共价键晶体。结构更密集，化学键更强。这也是它的硬度仅次于金刚石的原因[1]。晶体结构是半导体中常用的六方晶系，但由于其结构的各向异性以及双元素结构，使得加工特性复杂。比方说，六方晶 SiC 的（0001）面和（$1\bar{1}00$）面的解理性更突出，容易开裂，这是在半导体制作过程中容易造成缺陷的原因。像这种又硬且脆的材料通常被称为高硬脆性材料，属于极难加工的材料。

目前从切片、减薄、抛光、倒角再到划片，从晶体生长到器件生产的过程中，需要一整套的半导体生产工序，然而这些工序中的大部分需要发挥金刚石的“刀刃”的作用进行机械加工。半导体材料加工领域追求“高品质（高效率，低加工损伤）”“低损耗（低加工损失，成品率）”“低成本（高效率，低成本的方法、工艺）”。越是高脆性材料，越是在这些方面需要取舍。随着 SiC 衬底尺寸的扩大，更高精度的加工技术越来越有必要。

另一方面，在金属等导电材料的加工中，使用了等离子体放电原理的高效率、高精度加工技术被广泛应用。本节将介绍这类技术在半导体低阻 SiC 单晶切割中的应用案例。与传统的机械式加工有所不同，该技术是非接触式的，不受被加工物硬度的影响。结合放电加工通常所具有的高加工效率等特点，这种技术很有可能在 SiC 这种高硬脆材料的切割加工中实现高效率和高精度的效果。而且不使用金刚砂，在降低成本上被寄予厚望。

2. 放电加工法切割 SiC 的特点[2,3]

放电加工设备如图 4.3.7 所示，在脉冲高压电的正负极上分别安置被加工物体和放电电极，通过控制电极间距以及电流、电压持续放电。在该能量的作用下切割被加工物且形状开始改变。例如，需切成衬底形状时，与金刚线切割类似，可以将切割线作为电极，通过放电进行切割。

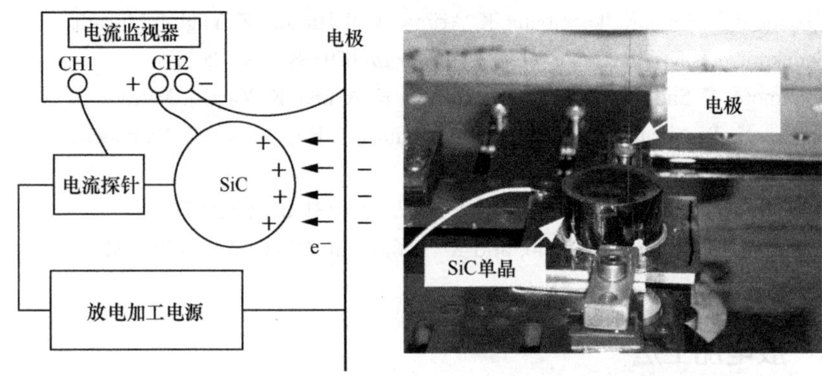

图 4.3.7　放电加工设备的概念图以及切割中的 SiC 晶体

图 4.3.8 展示的是用放电加工法将 SiC 切割成各种形状的示例。通过 NC 控制切割线的位置，不仅可以切割成高精度的板状，还可以随意加工成其他形状。与金刚线切割相比，更容易形成平坦的平面，不留切割痕迹。并且切割面上的翘曲倾向很小，这一点体现了非接触切割的优势。切割速度很大程度上取决于被加工物的大小，实验中使用的直径 2in SiC 晶体的最大速度可达 500μm/min，实现了传统技术难以达到的高切割速度。今后有望通过优化放电条件来持续改进加工速度。

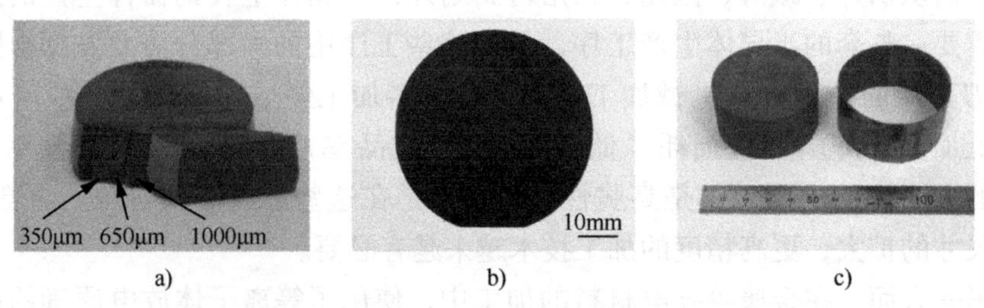

图 4.3.8　放电加工法切割 SiC 单晶的例子

a）各种厚度的托盘　b）直径 2in 的衬底　c）圆环

3. 截面的状态[2]

放电切割后的衬底截面会形成一些微小的凹凸构造，这是由于脉冲产生的等离子体在局部进行放电产生的。SiC 本身是可以透过可视光的透明晶体，在放电加工后 SiC 表面会变黑，使得可见光无法透过。X 射线光电子能谱（X-ray Photoelectron Spectroscopy，XPS）分析结果中，O_{1s}和 C_{1s}信号很强烈，这说明表面有 SiO_2 以及石墨成分。在放电过程中的能量作用下，SiC 和气氛中的氧气发生反应生成 SiO_2，另一方面由于 Si 元素不足导致 SiC 石墨化，这两点原因导致表面形成了混合层。用扫描电子显微镜（Scanning Electron Microscope，SEM）观察加工表面的结果如图 4.3.9 所示，可以发现在表面存在着与 SiC 不同的物质。这就是在加工过程中变质形成的 SiO_2 以及石墨层。厚度比较薄，只有 1 ~ 10μm 左右，在随后的抛光过程中只需在 Si 面、C 面分别去除 10 ~ 15μm、22 ~ 25μm 即可去除该层。

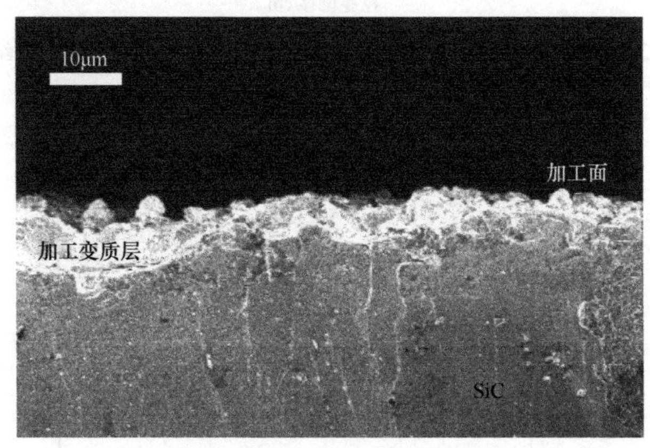

图 4.3.9 根据放电加工法在 SiC 表面形成的加工变质层的截面 SEM 照片

4. 放电加工对表面产生的残留损伤[2]

为了弄清楚加工变质层对其下面的 SiC 单晶有什么影响，这里以紫外拉曼光谱的分析结果为例做一下阐述。首先这种方法可以检测出 SiC 单晶最表面的结构错乱[4,5]。晶体结构错乱（错位）可以通过声子的峰值或者半高宽的变化来判断。如 4H-SiC 的检测更适合参照 FLA 声子的数据。图 4.3.10 展示的是用放电方式切割的（0001）4H-SiC 表面的拉曼光谱结果。可以看到峰值为 609.7cm^{-1}、半高宽为 2.3cm^{-1}的尖峰曲线。

图 4.3.11[5]对比了放电加工后和金刚砂抛光后 SiC 表面晶体结构翘曲程度。金刚砂抛光通常使用粒径 1μm 以下的颗粒，也被称为镜面研磨。从放电加工的 FLA 声子值来看完全不输传统工艺，而且与机械切割相比，残留损伤还少。

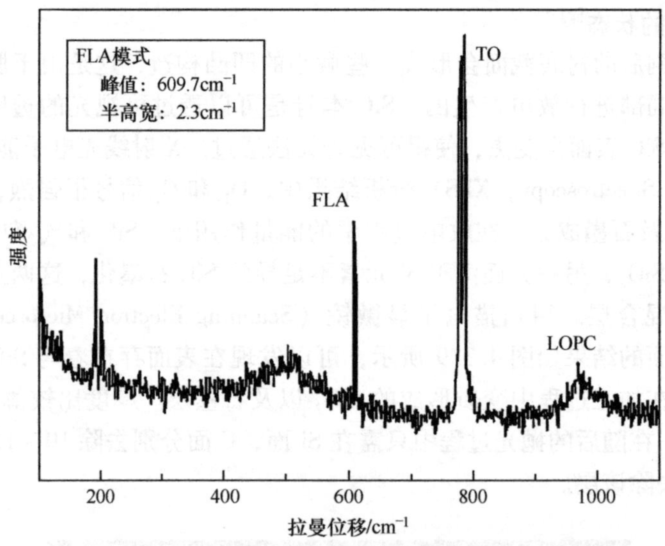

图4.3.10　用放电方式切割的（0001）4H-SiC表面的拉曼光谱结果

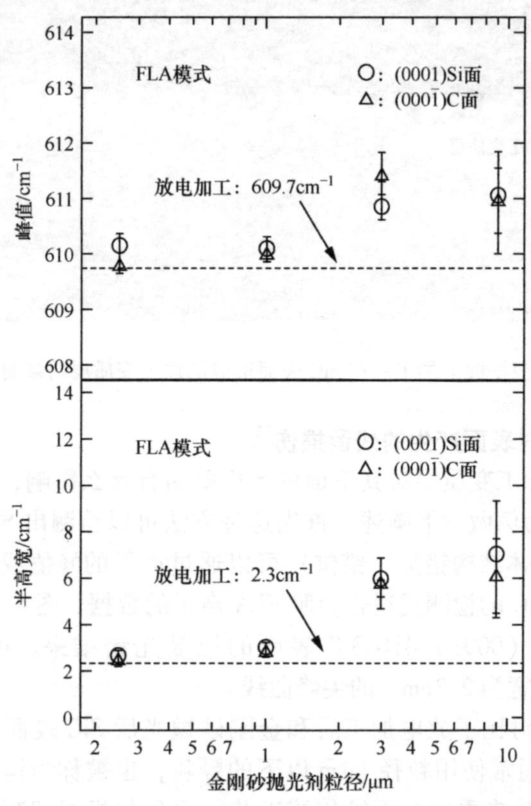

图4.3.11　用各类金刚砂抛光剂（粒径0.25~9μm）以及放电方式对4H-SiC衬底加工后极紫外拉曼光谱的结果对比

5. 放电加工对 SiC 晶体内部的影响

有研究调查了放电加工时的高能量是否会促使晶体缺陷、位错的增加。由于等离子体在放电时局部能量密度很高，很有可能会导致新的缺陷、位错产生，或导致已有的缺陷、位错内应力集中而导致晶型的变化。实验方式是分别用金刚线和放电的方式在同一块 4H-SiC 晶锭中切出（0001）衬底，然后对比两者的位错、缺陷密度和分布情况。实验对象选用了在晶锭中位置彼此相邻的衬底。对比实验前衬底都进行了抛光和 CMP，确保无加工损伤状态[6]。随后用 KOH 腐蚀后，观察两者的缺陷密度、种类以及分布情况。

图 4.3.12 是上述两种衬底腐蚀后的图像。通过对比衬底内相同坐标区域可知，就缺陷密度较低（500～1000cm^{-2}）的 SiC 晶体而言，不同切割方式下并没有观察到缺陷的明显变化，也没有看到放电切割后明显出现缺陷增加的现象。在缺陷密度较高（约 20000cm^{-2}）、电流有可能更集中的晶体中，也没有观察到位错缺陷的变化。由此可见，放电加工方式和传统工艺一样不会对晶体本身的质量产生影响。

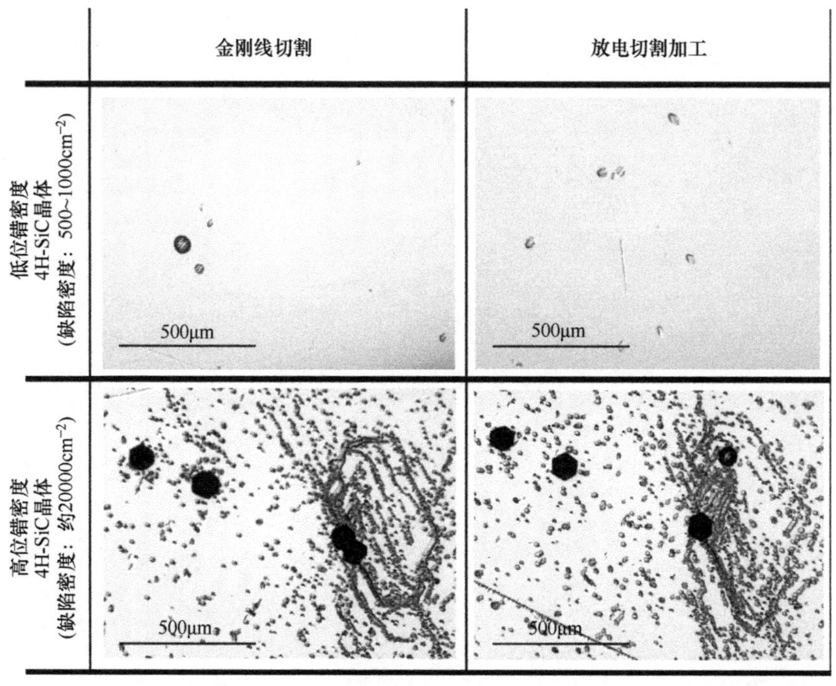

图 4.3.12　金刚线和放电方式切割的（0001）4H-SiC 衬底的腐蚀图像

综上所述，放电加工可以称为是一种“高品质”“低成本”“低损耗”的新型加工技术。如果衬底切割的批量化技术会成为今后的研究方向，那么放电多线切割技术将尤为重要。另外，随着晶体的尺寸不断增大以及更容易控制切割损伤的角度，这项技术也有着很大的发展空间。当然不仅仅是 SiC，Si 或者 Ⅲ-Ⅴ族化合物半导体、金刚石等各类半导体材料中的应用都值得期待。

参考文献

1） W. Qian and M. Skowronski, *J. Electrochem. Soc.* 142, 4290 (1995).

2） T. Kato, T. Noro, H. Takahashi, S. Yamaguchi, and K. Arai, *Mater. Sci. Forum* 600-603, 855 (2007).

3） S. Yamaguchi, T. Noro, H. Takahashi, H. Majima, Y. Nagao, K. Ishikawa, Y. Zhou, and T. Kato, *Mater. Sci. Forum* 600-603, 851 (2007).

4） S. Nakashima, H. Okumura, T. Yamamoto, and R. Shimizu, *Appl. Spectrosc.* 58, 224 (2004).

5） S. Nakashima, T. Kato, S. Nishizawa, T. Mitani, H. Okumura, and T. Yamamoto, *J. Electrochem. Soc.* 153, G319 (2006).

6） T. Kato, K. Wada, E. Hozomi, H. Taniguchi, T. Miura, S. Nishizawa, and K Arai, *Mater. Sci. Forum* 556-557, 753 (2007).

第 5 章

SiC 外延生长技术

本章将概述 SiC 外延生长技术基础，并介绍功率半导体 SiC 外延量产化进程中的发展现状。同时会涉及对制造超高耐压 SiC 器件起到关键作用的 SiC 外延层的高速生长技术与晶体缺陷形成的原因及其控制技术。

5.1 SiC 外延生长的基础

为了将 SiC 应用在电力电子器件中，不混入多晶的 SiC 单晶外延生长技术极为重要。由于能够买到品质良好的六方晶系 SiC(4H-SiC，6H-SiC) 单晶衬底，通常在其 {0001} 晶面上进行同质外延生长。外延生长方式有化学气相沉积（CVD）和液相外延（LPE）等，但其中最适用于器件制作的是 CVD 法。

4H-SiC、6H-SiC 的 CVD 生长原料气体使用 SiH_4 与 C_3H_8（或 C_2H_4），载体气体为 H_2，生长温度为 1500 ~ 1600℃左右[1]。为提高生长速率以及均匀性，有使用含氯化物的原料气体（SiH_2Cl_2 等)，也有在载体气体 H_2 中添加 Ar 的方法。典型的外延生长速率为 4 ~ 15μm/h，近期也有一些机构报告了超过 100μm/h 的高速生长技术[2]。想要实现在高温下重复性良好的高品质 SiC 外延生长，对生长装置的技术层面有很高的要求。图 5. 1. 1 是典型的 SiC CVD 外延炉基本构造图。图 5. 1. 1a 是“水平冷壁式（cold-wall）CVD”构造，将放有衬底的托盘置于石英板上，并放置在带有水冷系统的双层石英管内[1]。托盘在高频电源加热下，对衬底进行加热。其构造简单且掺杂记忆效应较小，适用于大范围的传导性控制。图 5. 1. 1b 为“水平热壁式（hot-wall）CVD”的结构图。此种设备是由内含气体通道（贯通孔）并覆盖隔热材料的托盘放置在石英反应管内构成[3]。高频电源加热反应管内部含有托盘，但由于隔热材料的效果，反应管基本不会被加热。SiC 衬底放置于托盘中心的气体通道内。热壁式 CVD 的特点有：托盘与衬底间温度梯度小，托盘寿命极长；气体与衬底可加热到几乎相同温度，能实现热力亚稳定状态下的生长等，因此成为当前的主流设备。最近人们瞄准量产化，开发了如通过自转、公转来提高均匀性的多片式行星反应炉等构造的SiC外延生长设备[4]。

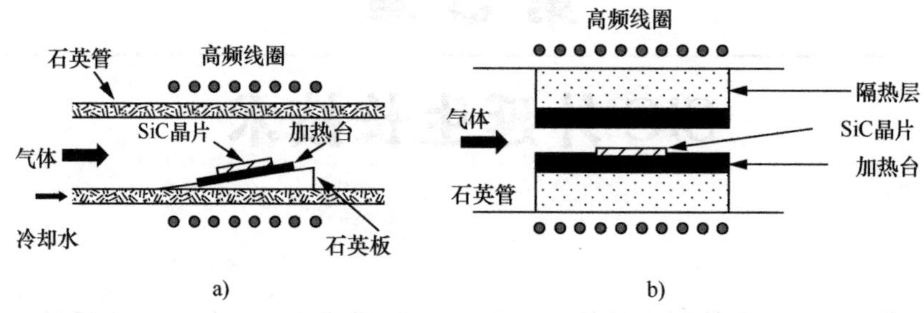

图5.1.1　典型的SiC CVD外延炉的基本构造图
a）水平冷壁式CVD　b）水平热壁式CVD

1986年以前，使用CVD法在六方晶系SiC｛0001｝衬底上重复性良好地制备同质外延生长层必须在1800℃的高温条件下。低于此温度时六方晶系SiC无法均匀生长，会混入一部分或者说大部分的低温稳定型立方晶系SiC（3C-SiC）。Kuroda团队通过在6H-SiC｛0001｝面导入适当的偏轴角，在比此前报告温度还要低的条件（1500℃）下，获得了高品质6H-SiC单晶，并将此命名为台阶控制外延生长（step-controlled epitaxy）[5]。图5.1.2展示了6H-SiC｛0001｝正向以及偏轴面上的生长模式。SiC｛0001｝偏轴衬底上的生长采用台阶流生长方式，以衬底表面存在的台阶为模型，按照衬底的原子堆垛顺序生长，实现了不混杂多晶型的SiC同质外延生长。该方法也适用于4H-SiC等任意SiC晶型的同质外延生长。关于Si及GaAs台阶流生长的研究也盛行，不过SiC相关研究则侧重于对晶型的控制。设置偏轴角最理想的方位为 $<11\bar{2}0>$ 方向，但也有文献称在 $<1\bar{1}00>$ 方向设置偏轴角的衬底上也能生长出优质的外延层。

为得到表面平坦的外延层，需要满足一定条件，即生长表面符合化学计量，或者在C稍微过饱和状态下，通过控制Si元素来控制外延生长。图5.1.3是基于BCF理论的SiC生长模型，对SiC｛0001｝偏轴衬底上吸附元素的变化进行定量分析，将6H-SiC同质外延生长（台阶流）与3C-SiC生长（二维成核）的临界条件以生长温度、生长速率、偏轴角为参数展示出来[6]。该图中各曲线的左上方表示二维成核，右下方表示台阶流的条件。例如，为了在1500℃，生长速率5μm/h的条件下实现台阶流（同质外延生长），需要约3°以上的偏轴角。相反，若偏轴角在3°以上且要在1200℃实现台阶流，则需将生长速率降到0.50μm/h以下。

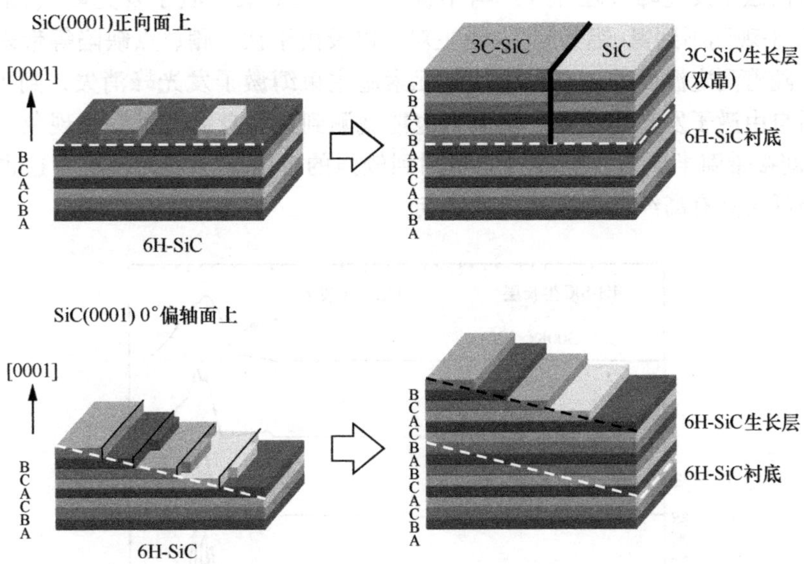

图5.1.2 6H-SiC {0001} 正向以及偏轴面上的生长模式图

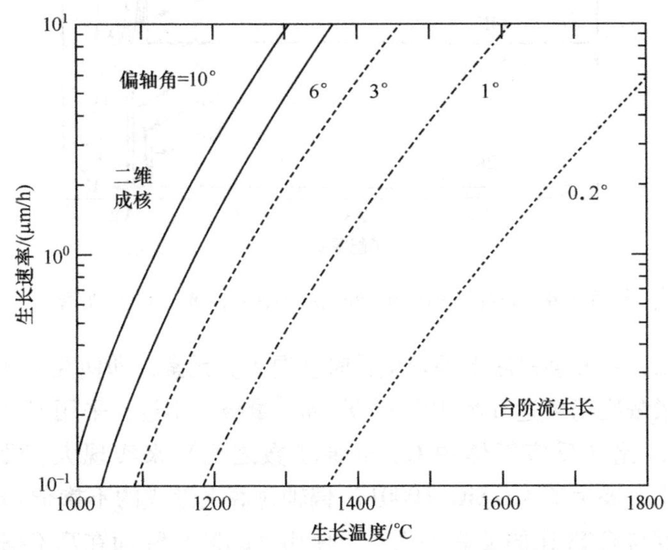

图5.1.3 6H-SiC同质外延生长（台阶流）与3C-SiC生长（二维成核）的临界条件

该方法制成的4H-SiC、6H-SiC外延层表面平坦，结晶性良好。如外延层（厚40μm）的X射线衍射摇摆曲线半波宽大小至8s左右。图5.1.4为高纯度4H-SiC外延层的光致发光（PL）光谱的一个示例[7]。低温PL光谱中，仅能观测到自由激子发光峰（图中 I）与中性氮元素施主束缚激子发光峰（图中 P、Q），几乎观测不到氮-铝等施主-受主对，以及由于钛、硼、点缺陷等带来的发光峰。随着测定温度的上升，中性氮元素施主束缚激子发光峰消失，到了 50K 以上后自由激子发光占主导。室温下也能观测到这种自由激子发光现象。虽然 SiC 是间接带隙半导体，但依然能观测到较强的自由激子发光现象，这也证实了其外延层具有高纯度、高品质的优点。

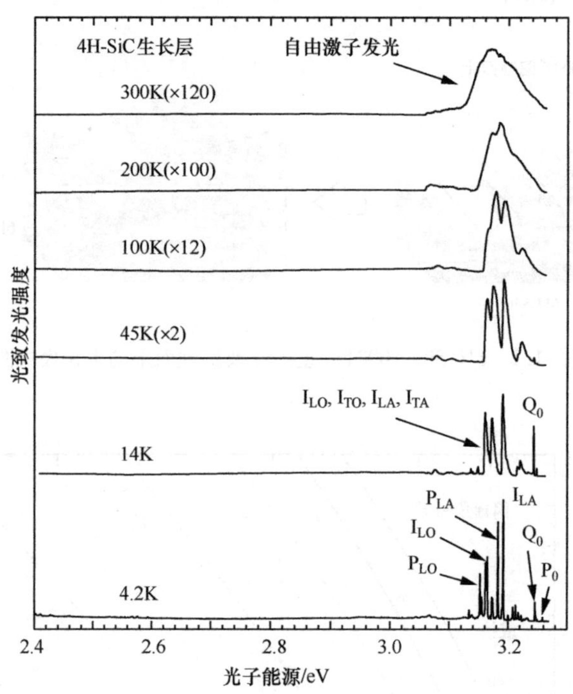

图 5.1.4　高纯度 4H-SiC 外延层的光致发光（PL）光谱

一直以来，在 n 型衬底上外延生长时会混入氮元素，即使在不掺杂时，SiC 的外延层背景浓度仍可达 n 型 $10^{15}\sim10^{16}cm^{-3}$ 量级。不过，采用 CVD 方式，可通过控制 C/Si 比（反应气体中 C、Si 原子数之比）来实现大范围传导性控制[8]。图 5.1.5 展示了 4H-SiC {0001} 偏轴衬底上形成的不掺杂 4H-SiC 外延层的施主浓度与 C/Si 比的关联关系[1]。使用（0001）Si 面在高 C/Si 比（C 原子富余）条件下进行生长时，能形成不掺杂 $1\times10^{14}cm^{-3}$ 的高纯度 n 型外延层。因为在 C 过饱和条件下，表面 C 原子覆盖增加，置换 C 位置的 N 原子将难以渗入晶体中。并且，使用 $Al(CH_3)_3$ 的 Al 掺杂，使用 B_2H_6 的 B 掺杂时（这些掺杂物将置换 Si 原子的位置），在 C 过饱和的生长条件下会增加掺杂物的进入。相反，在（$000\bar{1}$）C 面上的外延层，与掺杂物掺入的 C/Si 比关联关系变小，其表面覆盖或掺杂物的掺入过程与 Si 面不同。最近，通过改良生长设备以及优化生长条件（降压生长等），不掺杂外延层的浓度能降低到 $1\times10^{13}\,cm^{-3}$ 以下[2,7]。

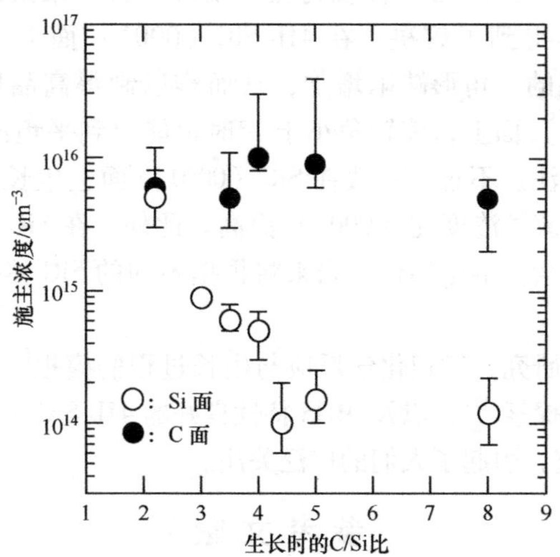

图 5.1.5　4H-SiC {0001} 偏轴衬底上形成的不掺杂 4H-SiC 外延层的施主浓度与 C/Si 比的关联关系

通过在生长时添加掺杂物，能够实现大范围的价电子控制。通常，采用 N_2 作为 N 施主来进行 n 型掺杂，采用 $Al(CH_3)_3$ 作为 Al 受主来进行 p 型掺杂。图 5.1.6 展示了掺杂特性的范例。由于掺杂物的掺入取决于生长时的 C/Si 比以及衬底晶向[9]，如控制得好，有望形成陡峭的掺杂分布曲线并能轻松实现大范围价电子控制。

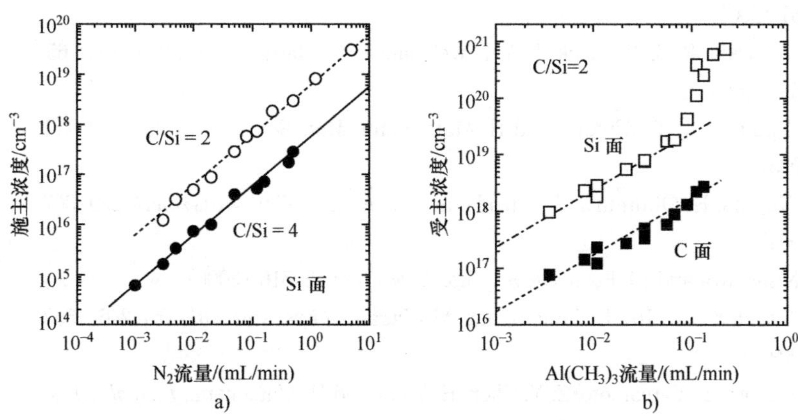

图 5.1.6　SiC 生长时添加掺杂物后的掺杂特性

a）N 掺杂　b）Al 掺杂

在4H-SiC（0001）面上设置5°~8°的偏轴角生长，可获得晶型良好的外延层。但为减少衬底面位错以及增加从SiC晶锭切出的衬底片数，业内一直致力于减少偏轴角。虽然在4°偏轴衬底中出现了台阶聚集的问题，但通过改良生长工艺，基本得到了解决。在4H-SiC（0001）面上，如继续缩小偏轴角，会导致外延层的三角形缺陷增加，从而难以制得高品质外延层。另一方面，4H-SiC（$000\bar{1}$）面上，偏轴角小于1°时也能得到平坦的外延层[10]，这一发现引发人们的关注。不过，一般在SiC（$000\bar{1}$）面上生长时，N原子掺杂较多，故其残留的载流子浓度比（0001）面高。此外，在SiC（$000\bar{1}$）面上难以实现高浓度p型掺杂。不论如何，未来将根据不同的SiC器件类型，来选择不同的外延方式。

作为一项基础研究，气相化学反应与生长过程的模拟[11]，SiC外延生长时缺陷的扩展现象的探索[12]，以及MOS特性良好的4H-SiC（$11\bar{2}0$）面外延层的制备[13]等相关研究，引起了人们的广泛关注。

参考文献

1） H. Matsunami and T. Kimoto, *Mater. Sci. Eng.* R20, 125 (1997).

2） M. Ito, L. Storasta, and H. Tsuchida, *Appl. Phys. Express* 1, 015001 (2008).

3） O. Kordina, C. Hallin, A. Henry, J. P. Bergman, I. Ivanov, A. Ellison, N. T. Son, and E. Janzén, *phys. stat. sol.* (b) 202, 321 (1997).

4） A. A. Burk, *Chem. Vap. Deposition* 12, 465 (2006).

5） N. Kuroda, K. Shibahara, W. S. Yoo, S. Nishino and H. Matsunami, *Ext. Abstr. 19th Conf. Solid State Devices and Materials* (Tokyo, 1987) p. 227.

6） T. Kimoto and H. Matsunami, *J. Appl. Phys.* 75, 850 (1994).

7） T. Kimoto, S. Nakazawa, K. Hashimoto, and H. Matsunami, *Appl. Phys. Lett.* 79, 2761 (2001).

8） D. J. Larkin, P. G. Neudeck, J. A. Powell, and L. G. Matus, *Appl. Phys. Lett.* 65, 1659 (1994).

9） T. Yamamoto, T. Kimoto, and H. Matsunami, *Mat. Sci. Forum* 264-268, 111 (1998).

10） K. Kojima, H. Okumura, S. Kuroda, and K. Arai, *J. Crystal Growth* 269, 367 (2004).

11） S. Nishizawa and M. Pons, *Chem. Vap. Deposition* 12, 516 (2006).

12） H. Tsuchida, M. Ito, I. Kamata, and M. Nagano, *phys. stat. sol.* (b) 246, 1553 (2009).

13） T. Kimoto, T. Yamamoto, Z. Y. Chen, H. Yano, and H. Matsunami, *J. Appl. Phys.* 89, 6105 (2001).

5.2　SiC 外延生长技术的进展

5.2.1　SiC 外延层的高品质化

外延生长技术，就是在单晶衬底上生长出晶格一致、高纯度、低缺陷的晶体薄膜的方法，主要适用于半导体器件有源层的制造。在制造发光二极管等发光器件以及无线通信功率放大器等电子器件的各种化合物半导体方面，外延生长技术在对包括材料组成控制在内的量子阱构造等异质界面的材料物理性质的发现上，做出了重大贡献。

作为实现低碳社会的关键，SiC 功率半导体的普及化备受期待。作为基础的 SiC 单晶，由于采用升华法制备的单晶衬底无法实现对载流子浓度的精密控制，且无法有效降低晶体缺陷，故外延生长技术必不可少。

制造 SiC 功率半导体器件，通常采用六方晶结构的禁带、电子迁移率等物理性质优良的 4H 型单晶体上切出的｛0001｝面，或者使用｛0001｝数度偏轴角晶面的晶片。SiC 单晶体存在各种晶体缺陷，比如向晶体生长方位的 c 轴方向延伸的贯通螺旋位错，被认为会影响器件耐压特性。再如，与生长方向垂直的 c 面内存在的基平面位错，会影响双极型器件的正向特性，以及金属氧化物半导体场效应晶体管（Metal Oxide Semiconductor Field Effect Transistor，MOSFET）的栅极氧化膜性能退化。近年来，采用升华法制备的 SiC 单晶衬底中，关于阻碍器件普及化最典型的微管缺陷，目前微管密度$\leqslant 1/cm^2$的直径 4in（100mm）衬底较常见，但晶体中仍存在高密度（约$1\times10^4/cm^2$）的基平面位错、贯通螺旋位错，以及贯通刃位错，如何减少此类缺陷以及通过外延生长抑制缺陷的延伸等成为研究课题。

如今，功率半导体应用的直径 4in 衬底及外延产品已推向市场，基于可实现大范围导电性控制，同时可较容易地制备出对器件工艺中十分重要的高品质氧化膜，SiC 作为功率半导体材料真正开始普及化。此前，SiC 主要用于制造 SBD，应用于功率因数校正（Power Factor Collection，PFC）电路中，但随着近年衬底以及外延晶片质量的提升，SiC MOSFET 制造成为现实。

以下将介绍应用于功率半导体的 SiC 外延晶片品质提升的相关进展。

1. 量产技术

SiC 晶体外延生长中最常使用的方法是化学气相沉积（Chemical Vapor Deposition，CVD）法。较为典型的方式为：原料气体使用硅烷（SiH_4）或丙烷（C_3H_8），载体气体使用氢气（H_2），在 1500～1600℃ 的生长温度下实现 2～15μm/h 的生长速率[1]。n 型掺杂使用氮气（N_2）。

为实现 SiC 功率半导体的商用化，必须要降低材料成本，同时提高外延生长设备的生产能力也很重要。为此，必须开发出基于采用多片式生长的外延设备下，实现大尺寸晶片均匀性、重复性良好的外延技术。目前，基于直径 3in 同炉制备8片或者4in 同炉制备6片设备的外延量产技术已投入使用。也有报告了4in 同炉制备10片[2]的数据，此类的大型设备在设计上考虑了兼容6in 晶片的外延生长。

另外，随着产量的提高，同时为制造高耐压器件，用厚外延膜的高速生长技术开发也取得进展，有文献报告通过添加氯化物可以达到 100μm/h 以上的生长速率[3]，以及自主研发的设备可实现 250μm/h 的高速生长[4]。

2. 形貌控制技术

SiC 拥有多种堆垛结构各异的晶体类型，必须实现对晶型的控制。4H 晶型被用于制造功率器件，台阶控制外延生长法[5]作为一种可重复性良好的制备4H 晶型的方法，即采用衬底 {0001} 晶面几度偏轴角的晶向，在 1500℃左右的温度下可重复性良好地控制晶体结构的外延法[5]，如今作为产业化的生长技术被得到广泛应用。

直径 2in 或 3in 晶片为主流的时期，为得到平坦的外延表面通常使用 Si 面 8°偏轴角衬底，但随着衬底的扩径，为实现成本降低，Si 面 4°偏轴衬底成为了主流。衬底的低偏轴角趋势成为阻碍台阶流生长的重要原因，减少台阶聚集缺陷也成为新的研究课题。

到现在为止，基于4in Si 面 4°偏轴角衬底的外延生长中，通过优化形貌评估技术，及化学机械抛光（Chemical Mechanical Polishing，CMP）条件与外延生长条件的适配度，有效制得无台阶聚集缺陷的平坦的外延表面（见图 5. 2. 1）。另外，有文献证实了极少数的长度 200μm 左右的台阶聚集缺陷，是由于螺旋位错的顶点产生，但并非伴随层错产生[6]。台阶聚集缺陷是影响 MOSFET 氧化膜可靠性问题的重要因素，故随着该缺陷得到控制，业内期待加快 SiC MOSFET 商业化。

另外，基于更低偏轴角衬底的外延技术研发也在推进中，这也将成为今后促进 SiC 晶片大尺寸化的一项技术。

3. 缺陷控制技术

SiC 衬底上存在的微管缺陷会贯通至外延层，不过通过改变外延生长条件，衬底上的微管缺陷会在生长过程中分解为贯通螺旋位错，从而实现微管阻塞[7]。

SiC 衬底 {0001} 面上存在的基平面位错由于衬底晶向偏轴角，会向外延层延伸。一般衬底的基平面位错密度在 $1\times10^4\sim5\times10^4/cm^2$ 量级，而外延生长层上可降低至 $1\times10^2/cm^2$ 水平。这是通过优化了外延生长初期条件后，将基平面位错转变成拥有同样伯格斯矢量性质的贯通刃位错[8]。

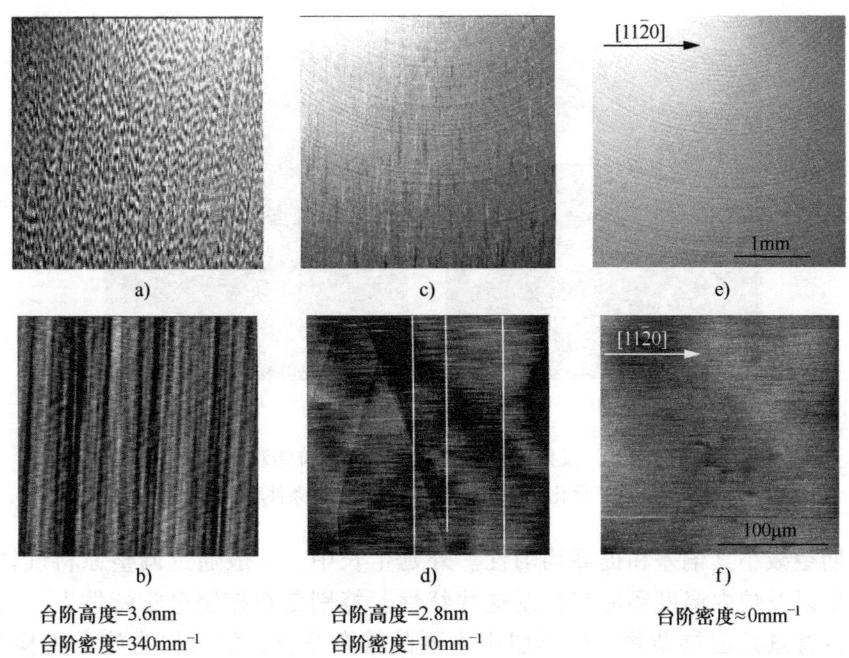

图5.2.1 直径4in Si面4°偏轴角衬底上SiC外延生长晶片的表面形貌：a)，c)，e) Candela图像，b)，d)，f) 对应的AFM图像；a)，b) 高C/Si生长时台阶聚集的表面，c)，d) 低台阶聚集的表面，e)，f) 无台阶聚集的表面

同时，外延生长层与衬底界面附近会生成基平面位错向衬底偏轴方向与垂直方向延伸的界面位错，会在外延生长中导致位错半环列的生成[9]。有文献报告抑制这些位错生成的有效方法是优化包括减少生长中的应力在内的各种生长条件[10]。界面位错的形成与衬底偏轴角有很大相关性，相比Si面8°偏轴衬底，Si面4°偏轴衬底上界面位错的出现量大幅减少，但会诱发上述台阶聚集缺陷的形成，所以能实现综合品质把控的外延技术开发至关重要（见图5.2.2）。

一方面，外延工艺产生的各种缺陷中，具有代表性的是由于外延炉中的沉积物在外延生长过程中掉落到衬底表面而引起的“Downfall”，以及Si面4°偏轴衬底上常发生的被称为器件杀手的“三角形缺陷”。前者可通过提高外延炉的生产维护管理水平得到降低，后者可通过优化外延工艺实现降低，不过仍需进一步降低此类外延缺陷。

4. 特性控制技术

功率半导体应用级SiC外延晶片的品质判定参数，主要项目包括外延厚度以及载流子浓度，这两项直接关系到器件性能以及成品率，所以业界一直

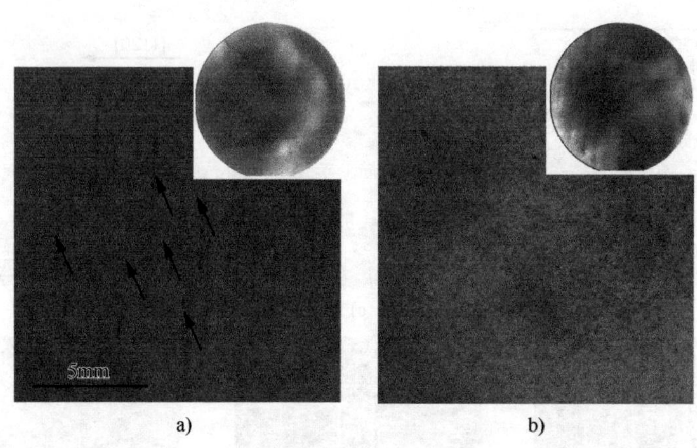

a) b)

图5.2.2 反射X射线形貌下的界面位错观察结果
a）优化生长条件前 b）优化生长条件后

强烈期望减小其偏差和提高均匀性。外延生长中，一般通过调整原料气体等的流量以及炉内温度环境来控制这些特性。特别是在控制电学特性上，必须要减少背景残留掺杂物。外延层中主要的掺杂是氮，氮会作为施主置换SiC晶体中碳原子位置，改变碳源原料气体与硅源原料气体供应量的比例（C/Si比）是一种有效的手段。具体来说，高C/Si比的条件下进行生长，可抑制氮的进入，能够制得不掺杂情况下载流子浓度为$5\times10^{12}cm^{-3}$的高纯度晶体[11]。但高C/Si比条件下的生长会导致形貌变差，必须选择适合的生长条件来实现其载流子浓度。

现在，直径4in Si面4°偏轴衬底上的外延生长中，除了可实现上述的无台阶聚集的表面外，基于可抑制缺陷的外延工艺基础上，外延厚度均匀性2%、载流子浓度均匀性10%的外延片已经推出市场，并朝着更进一步改善均匀性方向发展（见图5.2.3）。

5. 碳（C）面生长技术

SiC的功率器件中，MOSFET器件的产业化备受期待，但其存在沟道迁移率较低的问题。SiC {0001} 面有Si面和C面两极面，通常在Si面上容易生长制作MOSFET器件必需的低背景掺杂外延层，不过如果采用C面进行外延可提高器件的沟道迁移率等相关性能，目前也受到业内的关注。

C面生长的外延层施主浓度比较高，与掺杂的C/Si比的关联较小，在低压、高温、高C/Si比的条件下，C面外延的残留施主浓度只能降到$5\times10^{14}cm^{-3}$，也有文献报告采用1°以下的低偏轴角衬底也能得到良好的外延表面状态[12]，成为一项备受关注的晶片低成本化技术。

现在，有关C面外延晶片仅限于研究开发用途，有数据显示基于直径3in C

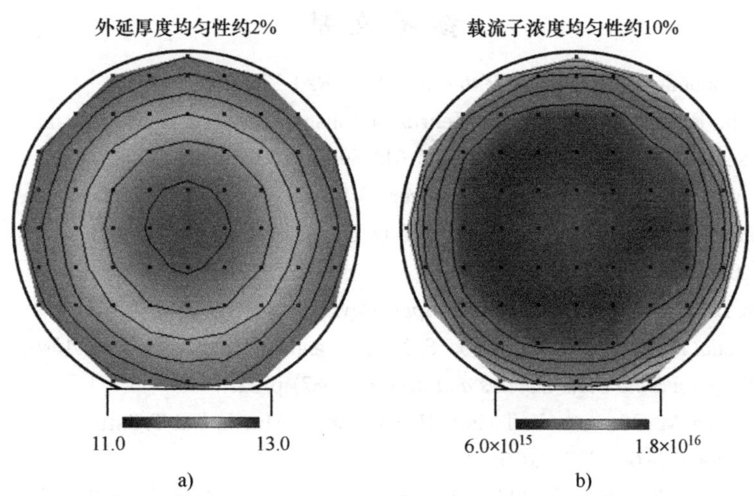

图5.2.3 直径4in Si面4°偏轴衬底上外延层的均匀性

a）外延厚度（μm） b）载流子浓度（cm^{-3}）

面4°偏轴角衬底上，外延载流子浓度均匀性实现≤10%，达到与Si面衬底同等水平，目前低偏轴角衬底的外延生长技术开发正在朝着实用化方向发展。

6. 表面清洗技术

器件制造工艺通常是在洁净室内进行，SiC器件制造工艺大量沿用了Si器件技术，所以用来制造器件的SiC外延晶片也被要求与Si晶片同等的清洁度。Si晶片普遍采用RCA清洗方式，其清洗机制非常明确。故目前也多用RCA清洗方式来清洗SiC晶片，以该技术为中心的清洗工艺也在持续开发中。

SiC外延晶片生产时，一般对外延厚度、载流子浓度等项目实施100%全检。载流子浓度测试采用Hg-C-V测定法，测试后晶片表面会有Hg残留，故去除残留以及防止对后加工的污染很有必要。以去除Hg为目的对SiC外延晶片实施1次清洗后，采用电感耦合等离子体质谱法（Inductively Coupled Plasma-Mass Spectrometry，ICP-MS）以及全反射X射线荧光光谱（Total Reflection X-ray Fluorescence，TXRF）分析评估，检测结果显示Hg浓度低于最小检测值（$0.2\times10^{10}cm^{-2}$），最终清洗后表面的其他需控制的金属元素都低于最低标准。

综上，概述了功率器件应用级高质量SiC外延生长技术的相关进展情况。近年来，基于升华法单晶衬底的扩径及抑制缺陷的外延技术的进展，外延晶片的高品质化与量产技术开发逐步推进，进而加速了器件产业化。

今后，进一步提高均匀性和减少缺陷，并采用低成本衬底生产外延以提升结晶质量，以及大尺寸与多片生产式外延生长的技术发展，将推动各种SiC器件的产业化，并实现SiC材料的市场普及化。

参 考 文 献

1） H. Matsunami and T. Kimoto, *Mater. Sci. Eng.* R20, 125 (1997).

2） C. Hecht, R. Stein, B. Thomas, L. Wehrhahn-Kilian, J. Rosberg, H. Kitahata, and F. Wischmeyer, *Mater. Sci. Forum* 645-648, 89 (2010).

3） F. La Via, G. Galvagno, G. Foti, M. Mauceri, S. Leone, G. Pistone, G. Abbondanza, A. Veneroni, M. Masi, G. L. Valente, and D. Crippa, *Chem. Vap. Deposition* 12, 509 (2006).

4） M. Ito, L. Storasta, and H. Tsuchida, *Appl. Phys. Express* 1, 015001 (2008).

5） N. Kuroda, K. Shibahara, W. S. Yoo, S. Nishino, and H. Matsunami, *Ext. Abstr. 19th Conf. on Solid State Devices and Mater.* (1987) p. 227.

6） K. Momose, M. Odawara, Y. Tajima, H. Koizumi, D. Mutoh, and T. Sato, *Mater. Sci. Forum* 645-648, 115 (2010).

7） I. Kamata, H. Tsuchida, T. Jikimoto, and K. Izumi, *Jpn. J. Appl. Phys.* 39, 6496 (2000).

8） S. Ha, P. Mieszkowski, M. Skowronski, and L. B. Rowland, *J. Cryst. Growth* 244, 257 (2002).

9） X. Zhang, S. Ha, Y. Hanlumnyang, C. H. Chou, V. Rodriguez, M. Skowronski, J. J. Sumakeris, M. J. Paisley, and M. J. O' Loughlin, *J. Appl. Phys.* 101, 053517 (2007).

10） H. Tsuchida, I. Kamata, K. Kojima, K. Momose, M. Odawara, T. Takahashi, Y. Ishida, and K. Matsuzawa, *Mater. Res. Soc. Symp. Proc.* D04-03, 1069 (2008).

11） D. J. Larkin, P. G. Neudeck, J. A. Powell, and L. G. Matsu, *Appl. Phys. Lett.* 65, 1659 (1994).

12） K. Kojima, S. Kuroda, H. Okumura, and K. Arai, *Chem. Vap. Deposition* 12, 489 (2006).

5.2.2 SiC 外延层的高速生长

为了 SiC 功率器件的普及，需要进一步降低成本。当前器件制造总成本中，外延生长制造占了较大比例，对外延制造成本的降低诉求较高。造成外延生长的成本问题的原因在于生长速率过慢。作为竞争对手，Si 外延量产设备的生长速率可达数十～数百 μm/h，而 SiC 外延量产设备的生长速率却只能实现数 μm/h，相差悬殊，这一差距直接反映到价格差上。

而寄予厚望的高耐压（5kV 以上）的 SiC 功率器件，外延厚度一般要达到 50μm 以上。数 μm/h 的生长设备上很难实现厚膜外延的量产化。

综上，对能实现数十 μm/h 以上的生长速率的 SiC 高速外延技术被寄予厚望，诸多机构都展开了相关研究。

下文将介绍近年以来的高速外延生长技术的进展。首先，关于使 SiC 外延表面品质劣化最主要的因素，根据与生长条件的关系将其分为 3 类，下面进行一一说明。其次，以这些知识为基础，探究实现高速外延生长的要点。最后，说明进一步实现高速化的 4 种方法，以及介绍当前研发的最新进展。

在这里以 4H-SiC 8°偏轴角衬底的 Si 面外延生长为例。由于 Si 面上外延掺杂物的控制范围较大，且器件工序的稳定性高，故高速外延生长相关的研究也都集中于 Si 面。另外，针对衬底的偏轴角，虽然数 μm/h 生长速率的外延逐渐转向使用 4°偏轴角衬底，但对技术要求高的高速生长还未成功在 4°偏轴角衬底上生产出器件应用级别的外延层。

1. 外延层表面品质劣化的主因以及产生机理

通常，外延生长是在 1500～1700℃进行，在这一温度区间内，硅（Si）与碳（C）是以液态或是固态形式稳定存在。为了增大生长速率，就需要更多的原料气体，但超过某个临界点就会生成 Si 或 C 的液态/固体，对外延生长造成不良影响。下文将从“存在过量原料”的观点，来说明外延层劣化的主要因素。

图 5.2.4 是在氢气（H_2）-硅烷（SiH_4）-丙烷（C_3H_8）气体系统中使用热化学气相沉积法（热 CVD 法），H_2 流量为 10L/min，衬底温度为 1500℃，生长压力固定在 100Torr㊀，改变 SiH_4 与 C_3H_8 的各种流量后成膜的结果[1]。纵轴表示原料气体（SiH_4 与 C_3H_8）的供给比（C/Si 比），横轴表示生长速率，得到镜面的条件用●表示，外延生长受阻造成表面形貌粗糙的条件用 × 表示。将图中得到镜面的区域（镜面区域）涂成网状。从该图可以得知，随着生长速率变快，镜面区域会变窄。也有其他文献报告了这种趋势[2]，这是 SiC 外延生长中普遍的趋势。

如图 5.2.4 所示，形成粗糙表面的区域（粗面区域）从其劣化主要因素角度分为三个区域：A：巨型台阶聚集（Si 或 C 原料过量的区域），B：气相中均匀成核（Si 与 C 原料过量的区域），C：外延层表面 Si 滴（Si 原料比 A 区域更加过量的区域）。这里所谓的巨型台阶聚集是指由于聚束效应生成的台阶高度比原子层还要大的部分。4H-SiC 的一个原子层高度约为 1nm，巨型台阶聚集形成的台阶高度要大于 1nm。图 5.2.4 中形成了 10nm 以上的台阶。

“A：巨型台阶聚集”通常被认为发生在 SiC 外延生长过程中当过量提供 SiH_4 或者 C_3H_8 中任意一种气体原料时，此时由于台阶边缘形成 Si 团簇或者 C 团簇，从而产生的一种现象（聚集效果[3]），这里我们提到的 Si 团簇和 C 团簇都是在临界成核浓度下生成的产物，在存在一段时间后会蒸发掉。这种产物的

㊀ 1Torr = 133.322Pa。

存在会妨碍台阶流模式生长，尽管不会对外延层结晶性产生影响，但是由于存在10nm以上的台阶会造成器件性能劣化，无法用于器件制造。同时随着台阶的发展，阶梯的宽度会变大，在超过某个阈值之后会开始二维成核，产生3C-SiC晶型。因此随着外延层厚度的增大，难以维持有效的外延生长，最终导致形成多晶型。

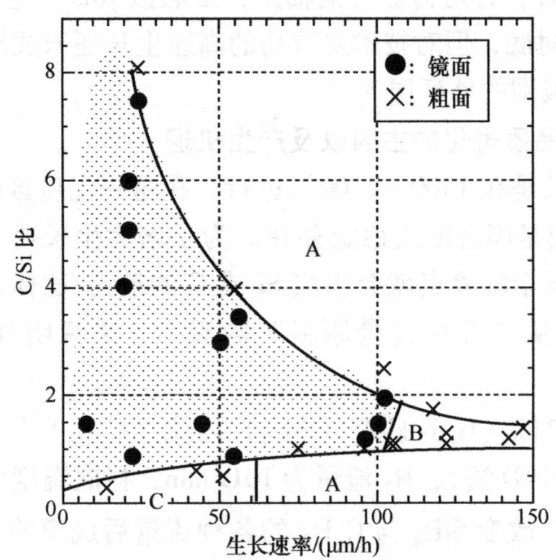

图5.2.4 H_2-SiH_4-C_3H_8气体系统中在使用热CVD法时，改变SiH_4与C_3H_8的流量后成膜的结果。纵轴表示原料气体（SiH_4与C_3H_8）的供给比（C/Si比），横轴表示生长速率，得到镜面的条件用●表示，外延生长受阻造成表面形貌粗糙的条件用×表示。粗面区域按照主要影响因素分成以下3个方面，即A：巨型台阶聚集，B：气相中均匀成核，C：外延层表面Si滴

“C：外延层表面Si滴”，是指当提供了比产生巨型台阶聚集情况下更多的SiH_4时，不参与外延生长的Si原子在外延层表面的浓度超过了临界成核浓度而形成的一种现象[1]。因为生长温度超过了Si的熔点，所以在SiC表面扩散的Si原子以液滴形式凝聚，冷却后形成不规则的Si固体残留在SiC表面。因为在这个阶段，上文中提到的Si团簇也会以一定概率出现，所以也同时会生成巨型台阶聚集。

“B：气相中均匀成核”，是指提供的SiH_4和C_3H_8的浓度超过了气相中的临界成核浓度时产生的一种现象。从观察生长炉内的结果可知，在气相中形成的是Si液滴和SiC的particle[4]。SiC表面的Si液滴虽然大部分都蒸发掉了，但其附着过的区域会遗留下蒸发的痕迹，产生pit，从而妨碍外延生长[1]。存在有SiC particle和pit的外延层不能被用于制作相关器件。

2. 高速外延生长技术的关键点

上述的三种劣化的原因都是过剩气体原料转移为液相/固相所引起的。因此如图5.2.4所示，镜面会急剧变化为粗面。在生长过程中，如果C/Si比从镜面区瞬间偏离到粗面区，此后在镜面区生长也无法得到品质优良的外延层。下面举实例说明。

外延生长的初期，在1~2min内将生长速率由0增加到100μm/h，之后保持100μm/h的生长速率30min。增加速率的方法有两种：（a）C/Si比固定在4的情况下增加生长速率，对偏离镜面区进入粗面区的部分将C/Si比下调至1.5；（b）在不偏离镜面区的情况下将C/Si比固定为1.5，将速率增大到100μm/h。图5.2.5向我们展示了这两种方法。图5.2.6a展示的是通过方法（a）生长出的外延层表面的照片，我们可以看到图中混入了3C-SiC的晶型，无法得到我们需要的外延层。与之相对，通过方法（b）生长出的外延层表面平坦，品质良好（见图5.2.6b）。

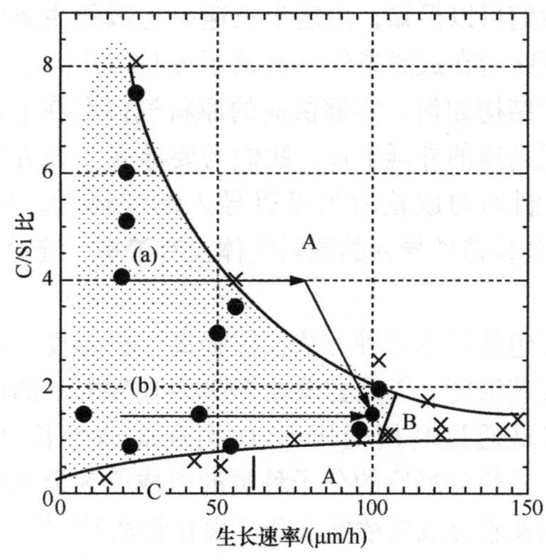

图5.2.5　表示生长初期工艺差异的说明，图中（a）（b）表示两种方法

作为结论，在外延生长中维持镜面区的C/Si比对于高速外延生长技术来说十分必要。

C/Si比的变化一般会发生在生长开始和结束阶段。虽然与流量计的性能也有相关，但通常在导入气体原料时的变化特别明显。镜面区随着生长速率的变快会越来越窄。所以如果出于加快生长速率的考虑而直接导入大量的气体原料，C/Si比有非常大的可能性偏离镜面区。因此，为了实现高速生长，关键点在于首先导入少量的气体原料待C/Si比在镜面区稳定后再慢慢增加至所设定的流量。

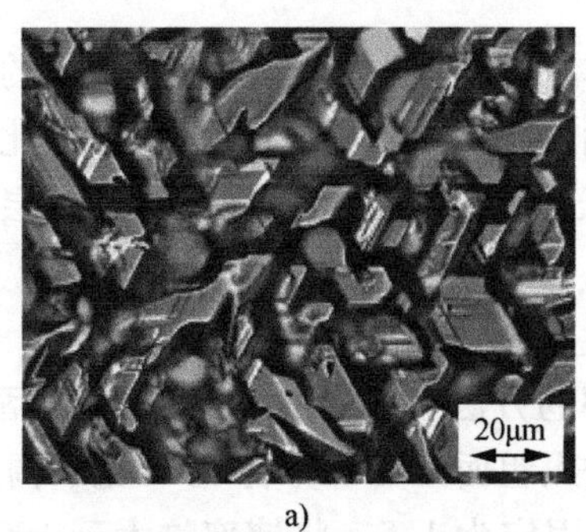

a)

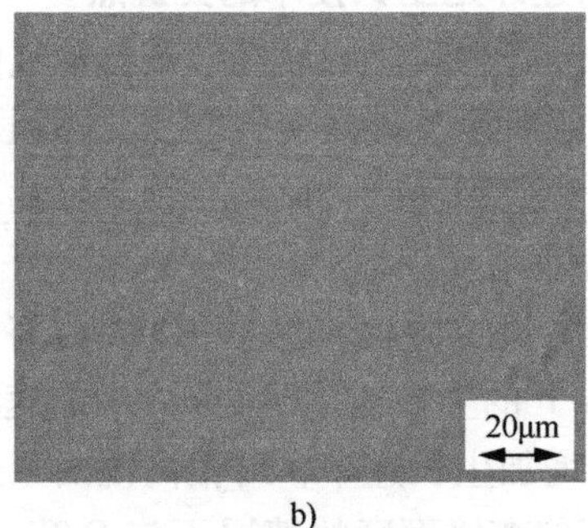

b)

图 5.2.6　生长初期通过改变增速方法后形成的外延层表面照片

a）将 C/Si 比固定在 4 时提高生长速率，对偏离镜面区进入粗面区的部分将 C/Si 下调至 1.5

b）在不偏离镜面区的前提下将 C/Si 比固定在 1.5，之后将速率增加至 100μm/h

3. 进一步增速的方法

从图 5.2.4 中我们可以得知，决定生长速率上限的主要因素是气相中的均匀成核。这一因素意味着在成膜条件（载流子流量、压力、生长温度）一定的前提下，不论反应炉结构如何，能够供应的原料气体存在上限。从这些事实可以得出，为了实现更高速的外延生长，我们需要导入 2 种方法。一种是"物理化学法"，即通过抑制均匀成核增加可以导入的气体量。另一种是"工程学法"，即通过优化设备构造使导入的原料气体没有浪费，充分附着于衬底上，达到快速生长的目的。

物理化学法具体包括以下三种方法：①提高生长温度，②降低原料气体的分压，③提高临界成核浓度。①是尝试在 1700 ~ 1850℃ 的高温下进行生长（高温生长法）[5~7]。②是通过利用低压 CVD 实现高速生长（分压控制法）[8]。③是利用氯化物气体将热分解后的分子种类的组成变为以不容易成核的分子为主的分子种类，从而使临界成核浓度上升（卤化物法）[9~12]。

工程学法则是采用气体导管，并通过精密规划衬底托盘和气体导管的位置，从而实现高效率的气体供应，实现高速生长（高效率气体供应法）[13]。

4. 高速生长研究的现状

下面来介绍一下上述提到的 4 种方法的代表性成果。

在"高温生长法"中，通过在 1700 ~ 1850℃ 中进行生长，这一温度比一般生长温度（1500 ~ 1700℃）高 100℃ 以上，目的是抑制气相中的均匀晶核的形成。但是，在如此高的温度下不能忽视 H_2 的刻蚀效果。高温生长是沉积与刻蚀互相竞争的过程，如果生长温度过高，刻蚀效果反而会抑制生长速率[5,6]。通过优化生长条件，生长速率可以达到 50 ~ 70μm/h[5~7]。

在"分压控制法"中，Tsuchida 团队利用独自开发的 CVD 装置（H_2-SiH_4-

C_3H_8 气体系），将生长条件控制为：生长温度：1650℃，H_2 流量：70L/min，压力：15Torr，C/Si 比：1.0，Si/H_2：0.5%，就可以实现 250μm/h 的生长速率[8]。另外在温度：1600℃，H_2 流量：70L/min，压力：15Torr，C/Si 比：1.0 的生长条件下，4in 面积上的平均生长速率为 77μm/h，掺杂浓度为 $1\times10^{13}\sim2\times10^{13}cm^{-3}$，外延厚度为 280μm，表面粗糙度（Rms）达到 0.2nm。此时的外延层的载流子寿命约为 1μs，这是一个非常长的寿命，制备出了高品质的外延层[8]。

在“卤化物法”中，使用氯化物气体，例如 HCl、$SiHCl_3$、$SiCl_4$、CH_3Cl、CH_3SiCl_3 等。从热力学的角度，不管使用上述何种气体，在一般生长温度范围（1500～1600℃）内都可以得到相同的效果[9]。那么为何添加了氯化物气体之后生长速率会变快。原因在于，在 1500～1600℃的温度范围内，H_2-SiH_4-C_3H_8 气体中主要的 Si 类物质是原子状的 Si。原子状的 Si 的化学性质活跃，正如前文所述，如果超过了临界分压就会发生聚合反应，形成 Si 液滴（气相中的均匀成核）。这一临界分压决定着可以投入 CVD 炉中的原料气体量的上限。添加了氯化物气体时，SiH_xCl_y 成为了主要分子种群。SiH_xCl_y 在上述温度范围内很难发生聚合反应。因此通过添加氯化物后，其临界成核浓度比较高，故可通入更多的原料气体[9]。同时由于氯化物气体有刻蚀效果，可以有效降低台阶上混入 3C-SiC 的概率[10]。这样一来就能实现高速生长。目前有文献报告了，采用 H_2-SiH_4-C_2H_4-HCl 类的气体，在 1550℃的生长温度下实现了 112μm/h 的生长速率。此外，采用 H_2-$SiHCl_3$-C_2H_4 类气体实现了 100μm/h 的生长速率[11]，而采用 H_2-CH_3SiCl_3 类的单一原料气体的生长速率可以达到 104μm/h[12]。

在“高效率气体供应法”中，气体的流动与衬底位置关系十分重要[13]。如果相对气体流向倾斜于衬底，就会产生大量无法促进生长而白白流失的气体。针对这种情况，如果相对气体流向 90°放置衬底，气体就不会产生浪费，直接流向衬底表面。Ishida 团队基于上述想法，开发出了近垂直管式（立式）CVD 炉（见图 5.2.7）[13]。这种反应炉由于在衬底正上方放置了一个与衬底直径相同的气体导管，可高效地为衬底导入原料气体。在衬底温度为 1580℃，压力为 20Torr，H_2 流量为 30L/min，SiH_4 流量为 120mL/min，C_3H_8 流量为 42mL/min，以及 N_2 流量为 5mL/min 的生长条件下，获得了平均生长速率达到 140μm/h、厚度均匀性为 3.9%（2in）、

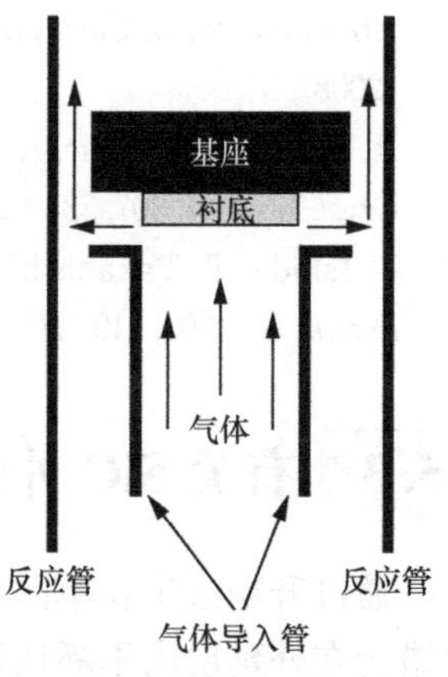

图 5.2.7　近垂直管式 CVD 炉的概念图

平均掺杂浓度为 $4.88\times10^{13}cm^{-3}$、浓度均匀性为8.9%（2in）的生长数据。

参考文献

1) Y. Ishida, T. Takahashi, K. Kojima, H. Okumura, K. Arai, and S. Yoshida, *Mater. Sci. Forum* 457-460, 213 (2004).
2) R. Rupp, Yu. N. Makarov, H. Behner, and A. Wiedenhofer, *phys. stat. sol.* (b) 202, 281 (1997).
3) Y. Ishida, T. Takahashi, H. Okumura, K. Arai, and S. Yoshida, *Mater. Sci. Forum* 600-603, 473 (2009).
4) Y. Ishida, T. Takahashi, H. Okumura, K. Arai, and S. Yoshida, *Jpn. J. Appl. Phys.* 43, 5140 (2004).
5) K. Masahara, T. Takahashi, M. Kushibe, T. Ohno, J. Nishio, K. Kojima, Y. Ishida, T. Suzuki, T. Tanaka, S. Yoshida, and K. Arai, *Mater. Sci. Forum* 389-393, 179 (2002).
6) A. Ellison, J. Zhang, A. Henry, and E. Janzen, *J. Crystal Growth* 236, 225 (2002).
7) K. Fujihira, T. Kimoto, and H. Matsunami, *J. Crystal Growth* 255, 136 (2003).
8) H. Tsuchida, M. Ito, I. Kamata, and M. Nagano, *phys. stat. sol.* (b) 246, 1553 (2009).
9) F. La Via, G. Galvagno, G. Foti, M. Mauceri, S. Leone, G. Pistone, G. Abbondanza, A. Veneroni, M. Masi, G. L. Valente, and D. Crippa, *Chem. Vap. Deposition* 12, 509 (2006).
10) P. Lu, J. H. Edgar, O. J. Glembocki, P. B. Klein, E. R. Glaser, J. Perrin, and J. J. Chaudhuri, *J. Cryst. Growth* 285, 506 (2005).
11) F. La Via, G. Izzo, M. Mauceri, G. Pistone, G. Condorelli, L. Perdicaro, G. Abbondanza, L. Calcagno, G. Foti, and D. Crippa, *J. Cryst. Growth* 311, 107 (2008).
12) H. Pedersen, S. Leone, A. Henry, F. C. Beyer, V. Darakchieva, and E. Janzen, *J. Cryst. Growth* 307, 334 (2007).
13) Y. Ishida, T. Takahashi, H. Okumura, K. Arai, and S. Yoshida, *Mater. Sci. Forum* 600-603, 119 (2009).

5.3 有关SiC外延生长中晶体缺陷的研究

通过升华法生长单晶得到的4H-SiC单晶体的衬底上会存在多种位错。这些位错会在外延层内不断地延伸，在这一过程中就会发生各种缺陷的转化。另外，在外延生长时还会产生新的位错和层错缺陷。同时，在外延层内部还会产生各种类型的点缺陷。

这些存在于外延层内部的扩展缺陷（位错，层错缺陷）和点缺陷大都会影响器件的电学性能。因此我们要努力降低扩展缺陷和点缺陷的密度，为此研究清楚各类缺陷的构造和生成机制从而获得控制方法十分重要。

5.3.1　扩展缺陷

1. 贯通螺旋位错

螺旋位错（Threading Screw Dislocation，TSD）是一种存在于 4H-SiC 单晶体内的代表性位错。TSD 在 4H-SiC 单晶体内大都沿着 c 轴方向扩展，拥有 nc 的伯格斯矢量，拥有 $1c$ 的伯格斯矢量的 TSD 被称为 $1c$ TSD，或者单纯地称为 TSD。4H-SiC 中，拥有 $3c$ 以上的伯格斯矢量的 TSD 会在位错芯部出现作为微管的中空孔[1]。

现在商业销售的 4H-SiC 衬底规格为微管密度 0 ~ 100/cm^2，$1c$ TSD 密度 10^2 ~ 10^4/cm^2。图 5.3.1 展示了 4H-SiC 外延生长时其微管和 $1c$ TSD 的主要变化[2,4]。图 5.3.1a、b 分别显示了衬底内的微管在外延层上以微管形态，或分解为复数的 $1c$ TSD 延伸。后者可以理解为是 nc（$n \geqslant 3$）的伯格斯矢量分解为 n 个 $1c$[2]。这样，随着伯格斯矢量分解为 $n \times 1c$，微管的中空孔就会消失。衬底内的微管分解为多个 $1c$ TSD 的概率（微管阻塞率）可以通过气相外延生长时的原料 C/Si 比来控制提高。当原料 C/Si 比相对较小时，基本可以 100% 阻塞衬底内存在的微管[5]。

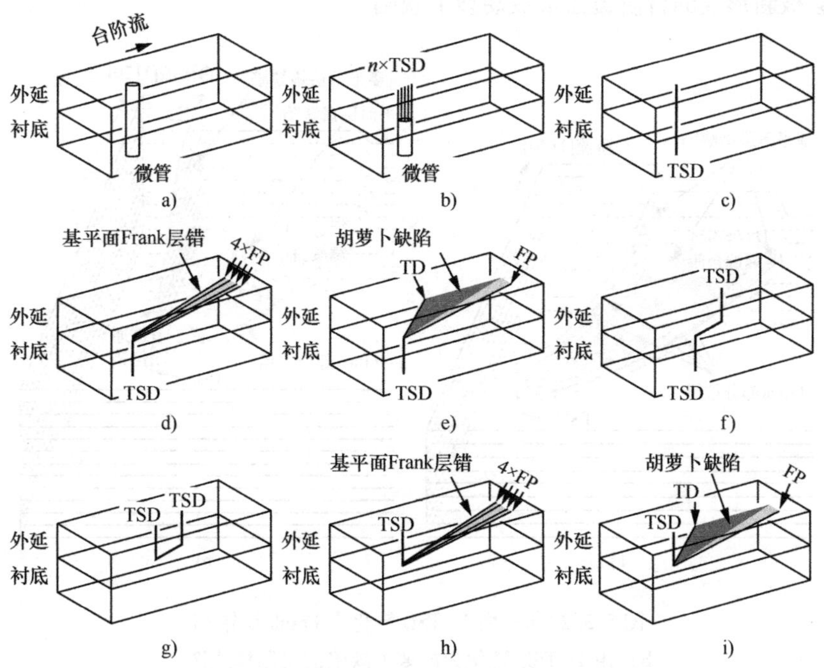

图 5.3.1　4H-SiC 外延生长过程中 TSD 的主要变化过程（模式图）

如图5.3.1所示，在外延生长过程中衬底内大部分的1*c* TSD都以固有的形态延伸。但也存在一部分在生长过程中转化为Frank层错或胡萝卜缺陷。图5.3.1d展示的是Frank层错转化的过程。拥有1*c*伯格斯矢量的TSD被分解为4个Frank层错（图中FP）[3]。伴随着伯格斯矢量从1*c*分解为4×*c*/4［0001］，位错线由c轴方向变化到衬底平面内。另一方面，由于1*c* TSD的转化，有时也会生成图5.3.1e所示的基平面层错和棱镜面层错复合构造的胡萝卜缺陷[4]。基平面层错的一端以Frank层错（图中FP）为终端，另一端则连接着棱镜面层错。棱镜面层错以外的另一侧则是一直延伸至表面的贯通位错（图中TD）。

另外，如图5.3.1f、g、h、i所示，由于1*c* TSD→Frank层错→1*c* TSD的转化，造成了1*c* TSD和Frank层错的半闭环（1*c* TSD-Frank层错-1*c* TSD），结合生成了1*c* TSD和Frank层错，以及结合产生1*c* TSD和胡萝卜缺陷[3,4]。

基于Frank层错和胡萝卜缺陷的微观构造分析结果，下文将探讨各类缺陷形成的机制[4]。如图5.3.2a所示，1*c* TSD分解形成的4个Frank部分位错存在于不同的基平面。在各自的Frank部分位错之间存在基平面层错缺陷（Frank层错）。外延生长的表面，由于1*c* TSD的存在而形成的合计高度达到4个双层的螺旋台阶，会随着台阶流被新形成的台阶覆盖，1*c* TSD转化为Frank层错。另一方面，由1*c* TSD转化为胡萝卜缺陷，如图5.3.2b所示。在外延生长的表面，由于1*c* TSD的存在而形成的4个双层高度的螺旋台阶中的1个，随着台阶流的推进会被新形成的台阶覆盖形成胡萝卜缺陷。

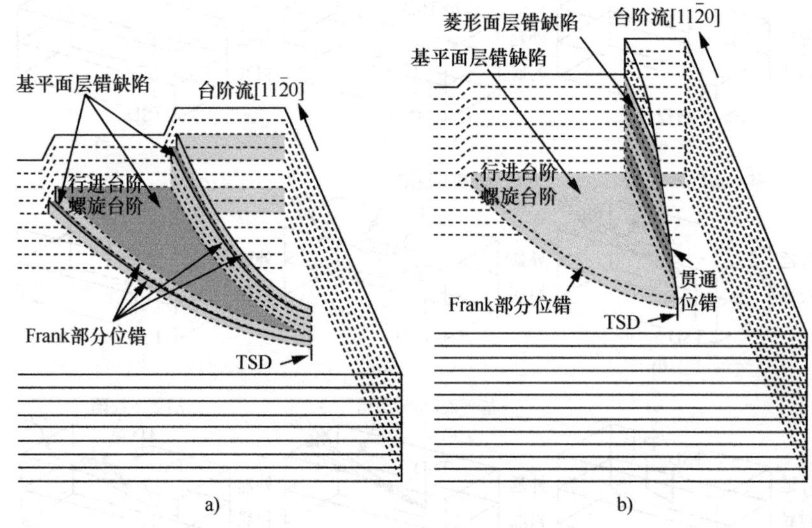

图5.3.2 a）由1*c* TSD转化为Frank层错和b）由1*c* TSD转化为胡萝卜缺陷的机制模式图

2. 基平面位错和刃位错

存在于4H-SiC 单晶体内的代表性位错除了TSD之外，还有基平面位错（Basal Plane Dislocation，BPD）和刃位错（Threading Edge Dislocation，TED），两者都有 $a/3<11\bar{2}0>$ 的伯格斯矢量。在4H-SiC 单晶体中，BPD 是在基平面内延伸的，TED 大致是沿着 c 轴方向生长。由于两者的伯格斯矢量相同，BPD 和 TED 之间可以进行结构转化。尤其是在使用4H-SiC（0001）偏轴角衬底进行外延生长时，如图 5.3.3 中的（a）所示，衬底内的大部分 BPD（一般来说 90% 以上）都会转化成 TED[6]。与之相对，如图中的（b）所示，一部分的 BPD 会以固有的形态在外延层内延伸。当衬底内的 BPD 具有不平行于台阶流方向 $[11\bar{2}0]$ 的伯格斯矢量时，在外延生长过程中会全部转化成 TED；而平行于台阶流方向 $[11\bar{2}0]$ 的伯格斯矢量的 BPD，部分会继续延伸至外延层[4]。如图中的（c）所示，衬底内的大部分的 TED 会以 TED 的形态在外延层延伸，但也有相关文献指出如图中的（d）所示在外延生长过程中部分 TED 也会转化为 BPD[6]。另外除了从衬底内 BPD 的延伸外，在升降温工艺、高温氢气刻蚀工艺、外延生长工艺等过程中会有新的 BPD 以位错环或者半位错环的形式产生[4]。

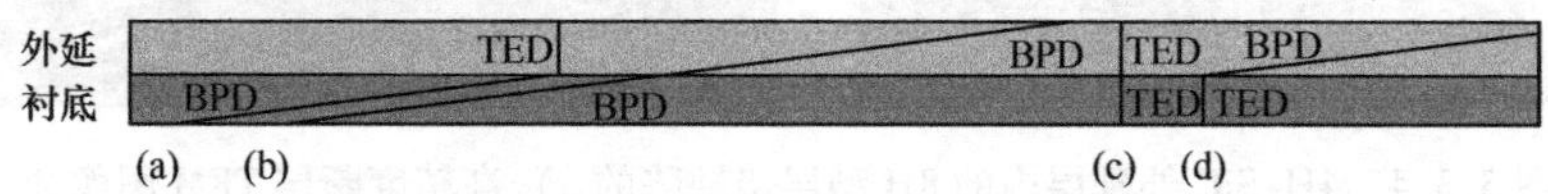

图 5.3.3　4H-SiC 外延生长中 BPD、TED 的主要变化过程（模式图）

所谓完全位错 BPD（$b=a/3<11\bar{2}0>$）会分解为 2 个伯格斯矢量为 $a/3<1\bar{1}00>$ 类型的 Shockley 位错，存在于基平面上[6]。此时，这两个部分位错之间会形成 Shockley 层错。这种 Shockley 层错当注入过剩载流子时该部分的位错会在基平面移动，从而使层错的面积扩大。因此当 4H-SiC 双极型晶体管功率器件在双极工作中注入过剩载流子时，电导调制层内的 Shockley 层错会扩大，这是导致正向导电特性劣化（正向运作时开启电压会随时间推移而变大的现象）问题的主要原因[6]。另一方面，由于 TED 不会引发 Shockley 层错的扩大，故业内尝试着提高外延生长时衬底内的 BPD 转化为 TED 的效率，来降低 BPD 密度。迄今为止，有报告称在通过 KOH 腐蚀的（000$\bar{1}$）C 面低偏轴角（3.5°~4°）的衬底上进行外延生长时，可以有效降低由衬底延伸至外延层的 BPD 密度，可达到数个/cm^2，甚至可以降至实质性为零的 BPD[4,6]。另外，通过提高外延生长速率或外延生长过程中采用中断操作，也可以有效降低外延层内的 BPD 密度。

3. 外延生长层错缺陷

4H-SiC 在外延生长中形成的新层错缺陷（外延层错缺陷）包括 3C-SiC 的包裹物和 8H 型层错缺陷。其他的外延生长层错缺陷类型还包括间隙原子型（非本征型）层错缺陷、原子空位型（本征型）层错缺陷、（3，5）型层错缺陷[4,7]。

3C-SiC包裹物通常会形成典型的三角形形状（三角形缺陷），也会形成各种形状。另外，3C-SiC包裹物比较典型的会在衬底上形成一个平行的断面层，其c轴方向的厚度会随各缺陷的不同而不同，并且有时还会有分裂成多层的3C-SiC层[4]。而且，有研究表明，以3C-SiC包裹物为起点，会形成与胡萝卜缺陷类似的缺陷以及同结构的棱镜面层错[4]。图5.3.4是4H-SiC外延层内的8H型层错缺陷的高精度断层TEM图像和光致发光光谱（PL）图像。从高精度断层TEM图像中可以看到，8H型层错缺陷是向4H-SiC结构中混入1*c*（8层）的8H结构形成的[8]。PL图像中显示出8H型层错缺陷具有典型的直角三角形形状。有时两个8H型层错缺陷相互毗邻还会形成等边三角形的形状。

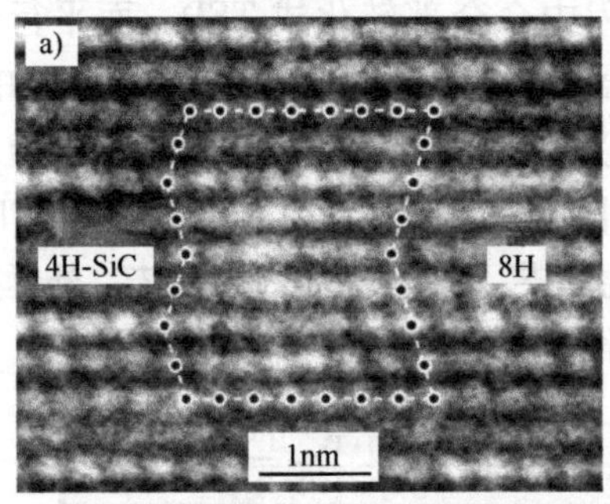

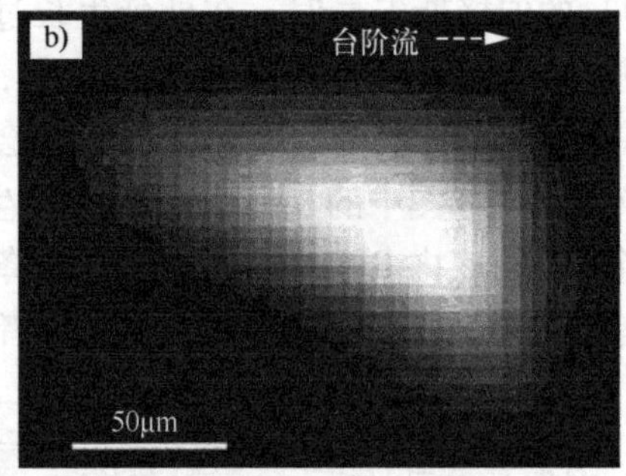

图5.3.4 4H-SiC外延层内的8H型层错缺陷的a）高精度断层TEM图像和b）光致发光光谱（PL）图像

3C-SiC包裹物和8H型层错缺陷的密度有随着外延生长速率的增加而增加的趋势。8H型层错缺陷密度可以通过化学机械抛光方式和提高生长温度方式降低，如在12μm/h左右的生长速率下密度基本可以降低至0[8]。不过，也有研究证实3C-SiC包裹物形成的主要原因是，由于外延生长中炉内团块状SiC掉落在衬底上。另外，这些外延生长层错缺陷，如使用4°等较低偏轴角的衬底时其密度有增大的趋势。因此今后，采用从数十到100μm/h以上的高速生长，或者在使用低偏轴角衬底时，开发出能够有效抑制上述外延层错缺陷生成的技术十分重要。

5.3.2 点缺陷

在制作高电压4H-SiC双极型器件时，为了在较厚的漂移层上保持足够的电导调制，需要确保足够的载流子寿命。由于点缺陷是限制寿命的重要因素（载流子寿命杀手）之一，为了提高载流子寿命就必须减少点缺陷。n型高品质4H-SiC外延层内，基本上都有被称为$Z_{1/2}$中心（$E_c-0.65eV$）、$EH_{6/7}$中心（$E_c-1.55eV$）的两种处于支配地位的深能级陷阱。迄今为止的研究表明，$Z_{1/2}$中心与$EH_{6/7}$中心存在碳空位相关的缺陷，就是与载流子寿命有关的点缺陷[9,10]。另一方面，研究还确认了$Z_{1/2}$中心与$EH_{6/7}$中心的浓度与载流子寿命之间存在反向相关性，尤其是$Z_{1/2}$中心对于n型4H-SiC外延层来说是致命的载流子寿命杀手[9]。

相关文献详细调查了n型4H-SiC外延生长的过程中，生长温度、原料C/Si比对$Z_{1/2}$中心浓度产生的影响[10]。如图5.3.5a所示，生长温度越高，则$Z_{1/2}$中心浓度变大。另外，原料C/Si比越小，$Z_{1/2}$中心浓度反而越大[10]。因此，通过保证相对较低的生长温度以及较高的原料C/Si比，可以将$Z_{1/2}$中心浓度降低至$1\times10^{12}cm^{-3}$及以下。另一方面，如图5.3.5b可知，当生长速率在10~250μm/h的较大范围内时，$Z_{1/2}$中心浓度与生长速率基本没有关系。当前，在80μm/h的高速生长条件下，保持n型掺杂浓度为$2\times10^{13}cm^{-3}$，就可以实现$Z_{1/2}$中心浓度为$1.2\times10^{12}cm^{-3}$的4H-SiC外延层[4]。

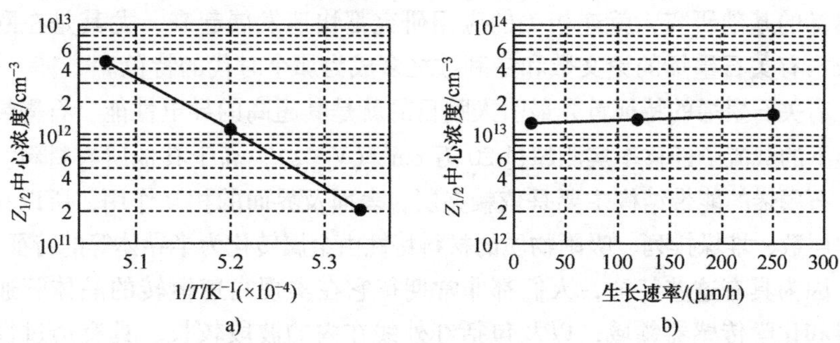

图5.3.5 4H-SiC外延生长过程中，a）生长温度和b）生长速率与$Z_{1/2}$中心浓度的关系

参考文献

1) W. Si, M. Dudley, R. Glass, V. Tsvetkov, and C. H. Carter, Jr., *Mater. Sci. Forum* 264-268, 429 (1998).
2) I. Kamata, H. Tsuchida, T. Jikimoto, and K. Izumi, *Jpn. J. Appl. Phys.* 39, 6496 (2000).
3) H. Tsuchida, I. Kamata, and M. Nagano, *J. Cryst. Growth* 310, 757 (2008).
4) H. Tsuchida, M. Ito, I. Kamata and M. Nagano, *phys. stat. sol.* (b) 246, 1553 (2009).
5) I. Kamata, H. Tsuchida, T. Jikimoto, and K. Izumi, *Jpn. J. Appl. Phys.* 41, L1137 (2002).
6) M. Skowronski and S. Ha, *J. Appl. Phys.* 99, 011101 (2006).
7) G. Feng, J. Suda, and T. Kimoto, *Appl. Phys. Lett.* 94, 091910 (2009).
8) S. Izumi, H. Tsuchida, I. Kamata, and T. Tawara, *Appl. Phys. Lett.* 86, 202108 (2005).
9) T. Kimoto, K. Danno, and J. Suda, *phys. stat. sol.* (b) 245, 1327 (2008).
10) K. Danno, T. Hori, and T. Kimoto, *J. Appl. Phys.* 101, 053709 (2007).

专栏：石墨烯

石墨烯是由石墨单层构成的二维结构物质，其基本构成要素是 sp^2 杂化连接紧密堆积在一起的碳原子（碳纳米管，富勒烯）。人类很早就发现了石墨烯，虽然把它作为理想的二维结构物质的代表进行了很长时间的理论研究，然而从热力学的观点来看，它在现实中不能保持稳定形态，只是纸上谈兵的物质。但2004年英国的研究小组首次成功剥离出石墨烯，它惊为天人的物理性能也都一点点得到展露，赢得世界的关注。不仅仅是有关石墨烯的基础研究，就连相关的应用研究都快速发展起来，尤其是在欧美国家，有关石墨烯的论文数和专利数之多成为那个时代的特色。

有关石墨烯的特征首先最引人瞩目的就是其超高的导电性能。石墨烯在室温下的载流子迁移率实测超过20万 $cm^2/(V \cdot s)$，高于其他所有材料。另外，石墨烯的能带结构主要是依赖夹层、表面及界面的相互作用，所以具有根据层数、堆垛排列、吸附物质的材料特性由金属转化为半导体等的特征。

因为具有这些特征，人们都非常期待它在实现高速运转的晶体管通道材料和化学传感器领域，以及包括红外线在内的波段较长、具有透过性的透明导电薄膜材料等的应用。但是，特别是要获得具有均匀高电子迁移率的石墨烯薄膜的良好重复性是困难的。随着对石墨烯物理性质研究的进展，在想要充分利用其特有物理性质的产业应用中，石墨烯制备方法成为瓶颈。成功剥离出石墨烯的研究者因其在石墨烯这一大领域的开拓和对该领域发展的贡献被授予了2010年诺贝尔物理学奖。

石墨烯的首次剥离使用的是一种利用胶带从石墨上剥离出来的原始的方法。在此之后出现了许多新的制备方案，立足于产业发展目标，人们追求着重复性高的石墨烯制备方法。其中，在真空环境下对 SiC 表面进行加热（碳化）的碳化硅外延法，作为一种可以制备出大面积晶片级别的较高品质的石墨烯的方法得到期待。

在很早以前就知道 SiC 碳化表面存在石墨烯层，但除去一部分由于碳纳米管的生成而导致此种现象的观点，对于这部分石墨烯的研究也就只停留于“碳化层”，认为是它导致 SiC 器件工艺中出现的表面粗糙和金属电极界面的不稳定电接触的原因。随着 SiC 表面控制技术的提高和使用低能电子显微镜（LEEM）等的层数识别法的确立，已经可以观察控制1~3层左右的石墨烯的生长。

在 SiC 表面进行的石墨烯生长，它的形成原理是在真空环境下升温，从 1100℃开始 Si 原子会率先从 SiC 衬底表面升华，剩下的 C 原子会自发形成二维的蜂巢状晶格。因此其与通常的薄膜晶体生长过程相反，SiC 衬底自身不断减少的同时由表面向晶体内部生长，也被认为是“负的”生长模式。大多数情况下，对于 Si 面上生长 2 ~3 层左右的石墨烯后会抑制之后 Si 升华的情况，C 面上则比较容易地生长出 10 层以上的石墨烯。这也可解释为石墨烯/SiC 界面稳定性形成的主要原因，即在 Si 升华过程中 Si 面出现的表面重建（$6\sqrt{3}\times6\sqrt{3}$）R30°作为稳定的结合层（隔断层）可以有效抑制从衬底面 SiC 晶体中的 Si 升华。

最近，通过在石墨烯和 SiC 接合部插入氢元素（SiC 表面的氢元素终端）可以实现电子结构上的分离。同时在惰性气体 Ar 的压力环境下生长，就可以获得高品质的石墨烯的案例引人注目。但是由于在载流子迁移率等方面还没有达到理想的数值，所以需要在理解石墨烯生长前 SiC 表面的极性、形态依存关系，以及生长环境、生长温度、生长时间对石墨烯生长构造的影响的基础上，实现生长条件的最优化。因此，至少不能仅限于对 SiC 上的石墨烯作为碳纳米材料进行讨论，还需要对在 SiC 高温工艺下作为碳化层的石墨烯的两面性进行跨领域、相互补充的技术革新的追求。

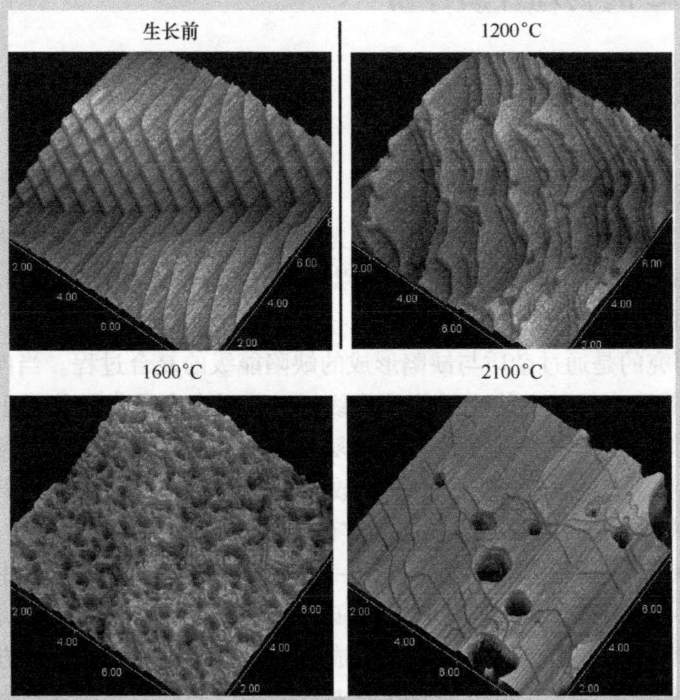

超高真空下的石墨烯生长（碳化）后 SiC（0001）表面的原子间作用力的显微镜图像（10μm×10μm）［关西学院大学］

第 6 章

SiC 的表征技术

半导体材料的表征技术可以为晶体生长和器件开发提供重要的参考。借鉴适用于 Si 与 GaAs 的表征技术，SiC 晶体的物理性质以及晶体缺陷表征方式取得了一定的进展，不过 SiC 也有其特有的检测以及对数据的分析解读技术。本章将介绍晶体的各种表征方法的原理以及在 SiC 相关领域的应用实例。

6.1 SiC 的物理性质评价

6.1.1 光致发光

1. PL 法的原理与方法

（1）原理

对半导体晶体进行光照时晶体吸收光子后重新辐射出光子的过程就是光致发光（Photo Luminescence，PL）。它可以反映出晶体的各种性质，利用 PL 对晶体进行表征的方法叫作 PL 法。

PL 法研究的是通过杂质与缺陷形成的缺陷能级的复合过程。当向半导体晶体照射比禁带宽度还要大的光子能的光线时，此时会在导带和价带上生成额外的电子和空穴，这些电子和空穴会通过复合过程恢复到最初的热平衡状态。如图 6.1.1 所示，半导体复合过程中会释放 PL 光。本小节将会基于 4H-SiC 来说明 PL 光谱的起源以及表征技术的应用实例。

由于 SiC 晶体是间接带隙半导体，一般情况下在复合发光过程中为了保留能量会释放一定的声子，使发光效率降低。在 SiC 晶体中由于结晶构造复杂性而存在很多种模式的声子，于是就会生成许多声子伴线。这里为了方便区分各种声子，我们用能量值（单位为 meV）对它们进行分类，并在各类发射光谱线的标号上注上脚标，用来表示声子伴线。这种方法十分常用。比如，标号 I_{77}，表示的是在 SiC 中固有的 77meV 自由激子发光的声子伴线。同时，自由杂质、

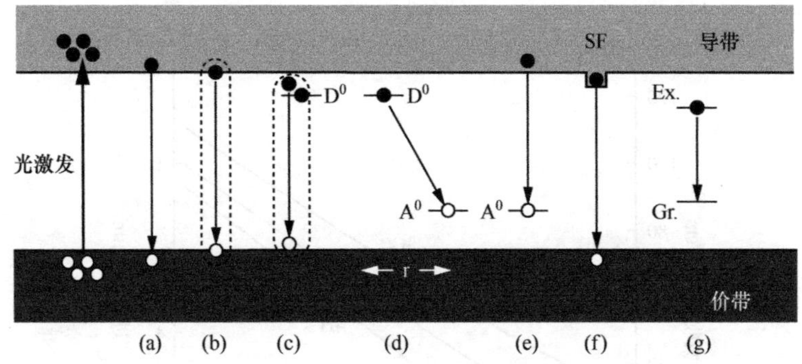

图 6.1.1 半导体的发光再复合过程

(a)—禁带宽度 (b)—自由激子 (c)—束缚激子 (d)—DA 对（施主-受主对）
(e)—自由电子-受主 (f)—位错缺陷引起的量子阱结构 (g)—壳内跃迁

缺陷等引起的缺陷能级的复合发光过程中，会出现不伴随声子的发光现象（零声子线，脚标为 0）。

另外，任意置换杂质中晶格的 Si 格位或 C 格位的一方时，缺陷能级也会随之改变。4H-SiC 中，由于 Si 与 C 的格位变化产生了六方格位和立方格位，根据它们的不同，缺陷能级也会有所变化。通过以上可以得知，在 PL 光谱中，虽为单一的杂质但却存在有多个缺陷能级，多个缺陷能级又会表现出多个声子伴线。这也是为什么光谱如此复杂的原因[1-3]。

（2）方法

PL 测定方法分为分析发光波长成分的光谱测定，及调查特定波长成分在样品上的强度变化的映射测量和图像测量。光谱测定的激发光源通常会选用高亮度、高稳定性、单色性的激光。例如，Ar^+ 激光（364nm），He-Cd 激光（325nm），Nd：YAG 激光的第 4 高调波（266nm），Ar 激光的第 2 高调波（244nm）等的紫外线激光。在样品上的激发光穿透强度随着波长的变短而变浅（见图 6.1.2）[4]。在低温测定的过程中会使用制冷剂浸泡型（最高 2K 左右）或者热传导型（最高 10K 左右）的低温恒温器。分光系统一般会使用将焦点距离为 30 ~ 60cm 级的格栅型分光器与可视光域的 CCD（Charge Coupled Device，电荷耦合器件）、近红外线光域的 InGaAs 二极管并联的设备。

室温下晶圆映射/图像测量法，作为一种能够简便且高效率地检测出缺陷的方法，最近也被广泛采用。激发光的选择除了上文所提到的激光外，还出现了紫外线 LED（365nm）以及重氢灯（200 ~ 250nm）。在映射区域，可以根据需求将激发光缩小至 1mm ~ 1μm，同时可以在样品上利用光电倍增管等检测仪器扫描测定出每一个点的 PL 强度并将其二维化。与之相对的是，在图像测量区域，用光线照射一定的区域，再用高感光照相机制作 PL 图像。比较这两者的特

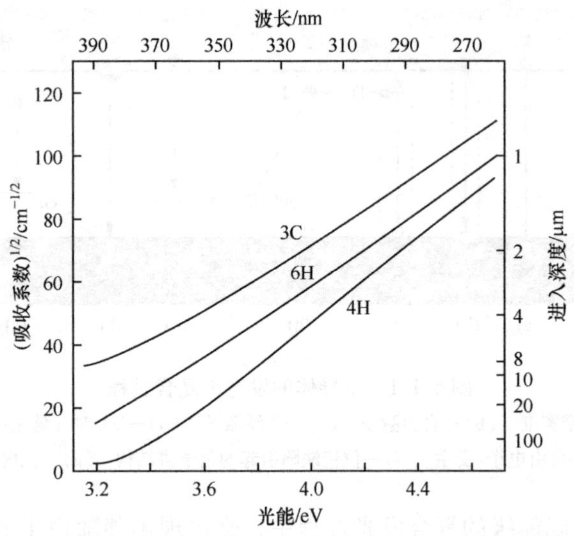

图6.1.2　室温下SiC的光吸收特性（改编自参考文献［4］）

点，我们可以发现，前者可测定的波长区域更广，且还可以与光谱测定设备结合使用，而后者的特点是测定时间非常的短。

2. 4H-SiC的代表性PL光谱

（1）自由激子

自由电子与自由空穴通过库仑力相结合组成一对的状态叫作自由激子（Free Exciton，FE）。复合产生的能量是由禁带宽度能量（E_G）减去激子形成能量（E_X）和声子能量的数值（见图6.1.1中的（b））。由于FE的发光位置被要求必须十分准确，与FE零声子线位置相同的地方被称为激子隙（E_{GX}），经常被用于衡量光谱基准。图6.1.3所示的是当残余的杂质过多时和过少时的外延晶片在2K下的PL光谱[5]。观测到的FE线用I来表示。由图可知，一般情况下，随着杂质浓度的提高，下文会提到的束缚激子发光以及DA对发光会逐渐变强，FE发光会逐渐变弱。出于这种规律，我们经常把FE发光的相对强度作为衡量结晶高纯度的标准。

（2）束缚激子发光

中性的N、P施主以及中性的B、Al、Ga受主可以捕获FE。我们把它称为束缚激子（Bound Exciton，BE）（见图6.1.1中的（c））[1,2]。BE的影响因素包括杂质离子，中性化的电子或空穴，以及构成FE的电子和空穴共4类粒子，我们称之为“4B”。图6.1.3中出现的P_0、Q_0是由中性N施主产生的BE发光（零声子线），它们分别与N原子置换六方格位、立方格位中的C原子后的缺陷能级相对应。与FE发光相比，BE发光只有束缚能量（E_{BX}）会出现在低能一侧。一般来说，E_{BX}是施主能级/受主能级电离能的 1/10 左右。如图 6.1.3 所示，我们在中性 B 受主能级中观测到了 BE 发光现象。

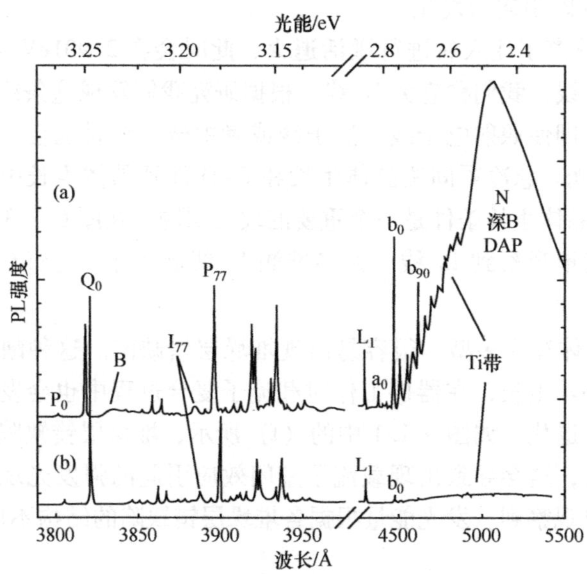

图 6.1.3　2K 下的 4H-SiC 外延结晶的 PL 光谱[5]。残留杂质多时见光谱（a），少时见光谱（b）。光谱（a）的短波一侧用 3Å 水平方向移动来表示

下文介绍等电子陷阱的束缚激子发光[3]。根据配位场理论，置换掉晶格 Si 侧的 Ti 能吸引电子，之后还可以利用库仑力捕捉空穴。这一过程与激子束缚 Ti 原子的状态基本一致。等电子陷阱的 BE 与中性施主/受主产生的 BE 的 4 粒子系不同，是一种 3 粒子系。这是因为其在发光光谱上会出现 3 条极其具有特征的发光线，分别被命名为 A、B、C-line。图 6.1.3 中标记为 a_0、b_0 的发光线，是在 Ti 等电子陷阱中发生的 BE 发光条件下的 A、B-line 零声子线，因为其发光的 E_{BX}过于大，即使在室温条件下激子不解离，也可以观测到发光现象。由于 SiC 中通常存在 Ti 杂质，故利用它来检测上述的发光线是有效的。

(3) DA 对发光

所谓的 DA 对发光如图 6.1.1 中的（d）所示，是被施主捕捉到的电子与被受主捕捉到的空穴的复合发光，其发光能量的主要来源为依存于施主-受主间距离 r 的库仑力。在低温的 PL 环境下，可以观测到由 Al、Ga、B 等受主与 N 施主引起的 DA 对发光[2]。在发光的低能量一侧，会持续出现由保留动能的声子伴线和强有力的电子格相互作用产生的光学声子伴线。由于随着测定温度的不断升高，从浅 N 施主释放出电子的概率也会变高，这样就会导致如图 6.1.1 中的（e）所示的自由电子受主（free-to-acceptor）发光会处于支配地位[1,2]。而且，B 受主在

置换晶格的 Si 格位时会形成浅能级，在置换 C 格位时会形成深能级。图 6.1.3 所示的 N-B 对发光是由深受主引起的。

（4）层错缺陷引起的发光

4H-SiC 晶体离子注入后进行激活退火，此时会在 2.901eV（427nm）的地方出现一条发光线，我们称它为 L_1 线。根据研究我们发现这条线的出现并不依存于各种离子，即使照射电子线、质子线或者中微子线时也会出现，我们称这种现象为 D_1 发光。急冷凝固法晶体生长和 CVD 外延晶体生长中，如何实现不出现 D_1 发光的晶体生长条件是一个重要的攻关课题。在图 6.1.3 的外延样品中我们也可以明确地观察到 L_1 线。大多推测 L_1 线起源于 Si 空位（V_{si}）导致的 BE 发光[3]。

由于 SiC 晶体存在多型，很容易出现堆垛层错缺陷。这种缺陷不仅仅发生在单晶生长和外延生长，在器件工作时载流子复合过程中也会发生，这会导致相关器件性能的退化。如图 6.1.1 中的（f）所示，堆垛层错缺陷在晶格中以量子阱的形态活动，这会导致出现载流子禁闭效应引起的强发光现象，这种现象在室温下也可以观察到。发光能量根据各堆垛层错缺陷的结构不同大致在2.5～3.0eV 范围内[6]。

（5）深能级发光

商用衬底在低温条件下大多可以观测到图 6.1.4 所示的多条深能级发光线[7]。钒（V）在置换晶格的 Si 格位后会形成深受主能级，同时还有使晶体高电阻化。V 属于可迁移金属，其 3d 不完全壳内的电子跃迁会导致在 0.82～0.97eV 能级附近呈现发光的状态。图中被标记为 α、β 的发光线分别对应置换六方格位、立方格位后的情况。在衬底中经常可以观察到由 V 引起的发光现象，也说明衬底容易出现 V 污染问题。Cr 元素也可观察到类似的 1.15～1.19eV 的壳内电子跃迁发光现象。

在图 6.1.4 中出现的非 V 引起的发光线的归属暂时还不明确。将在 1.06eV 上拥有峰值的强烈发光线命名为 UD-1，在 1.36eV 的发光线命名为 UD-3，两者都伴随着伴峰和局部的声子带（undefined，UD）。图中在 1.1eV 附近也观测到了发光现象。这一发光区域与已有文献报告过的 UD-2 发光线相距非常近，但形状有所不同，推测应该是有别的起源。另外，被视为 Si 空位起因的 T_{2V_a} 中心的发光现象也被观测到了，强度为 1.3～1.4eV。深能级作为这些发光线的产生原因，补偿了残留在晶体中的浅施主及受主，同时带来了半绝缘性能。以上所述的深能级发光线大多都可以在室温下检测出来。

3. 通过 PL 映射以及成像进行缺陷评价

通过研究观察到的 SiC 衬底各发光成分的面内强度分布，可确认产生发光原因的缺陷以及掺杂的分布状况，及进一步分析“致命缺陷中心”的分布情

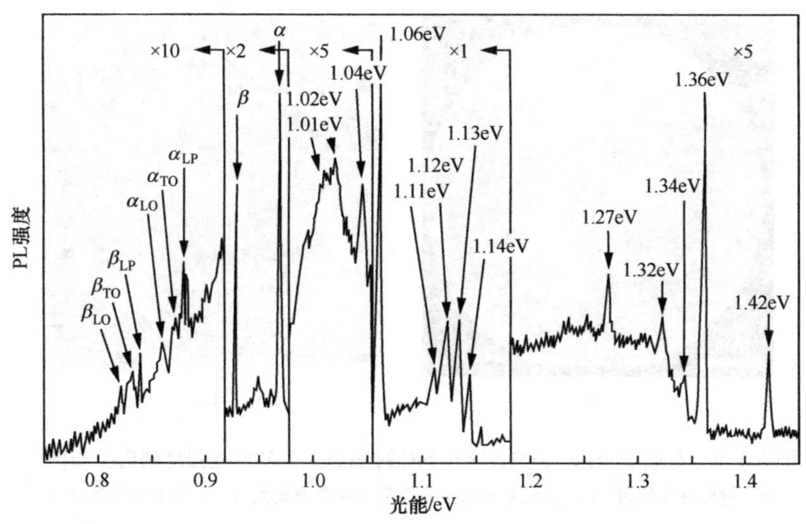

图 6.1.4　4.2K 下在 4H-SiC 衬底晶体中观测到的深能级 PL 光谱

况。首先介绍非掺半绝缘型 6H-SiC 衬底在室温下的 PL 映射情况。6H-SiC 衬底中会大面积出现 Si 空位造成的 1.3eV 的发光情况[8]。图 6.1.5a 所示为衬底的整片发光情况，图 6.1.5b 为边缘部分的高清分解图。通过对比熔融 KOH 腐蚀形成的腐蚀坑和发光点形貌，确认了图中的暗线为小角度晶界（刃型位错），小型暗点是贯穿螺旋位错，而大型暗点则为微管。在这里提到的微管，依据其空洞结构的几何效应，通常在暗点中心上伴有 1～2 个辉点。通常腐蚀坑只能在 Si 面上观察，但在 PL 映射中没有此项限制。另外，PL 成像也得到与图 6.1.5a 的发光类型相同的发光现象，而其测定时间可由映射所需要的大约 30min 缩短至 30s。

而添加了 V 的半绝缘型 6H-SiC 衬底上会出现由 V 引起的 0.9eV 的发光带。在对它的强度分布进行研究后，可以观察到明显的位错现象，形成与图 6.1.5 相反的对比度（辉线，辉点）。我们推断两者的差别主要反映了 Si 空位与掺杂的扩散系数的差异，以及与位错之间的相互作用的不同。

通过 PL 映射手段检测出的在 4H-SiC 晶体的堆垛层错缺陷的结果如图 6.1.6所示[9]。(0001）晶面 8°斜切晶体的外延层上，在室温下映射出了 266nm 激子在 2.9eV 附近显现出来的由堆垛层错缺陷引起的发光现象。通过确认图中右侧棒状形貌缺陷的宽度（35μm）与外延层膜厚度（5μm）以及偏轴角计算出来的基平面投影到测试样品表面的投影宽度结果一致，故也证实了其为堆垛层错缺陷。另外，图中的直角三角形形貌缺陷，一般认为是在进行 PL 映射测定时由于载流子复合而产生的堆垛层错缺陷。两种

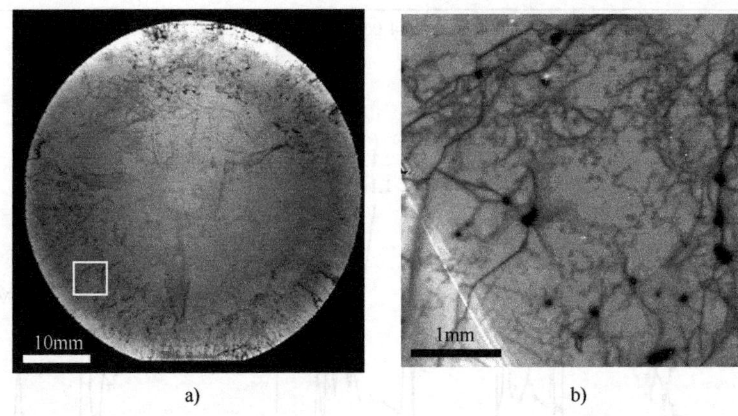

图6.1.5 室温下非掺半绝缘型6H-SiC衬底的1.3eV发光强度映射分布图[8]
a）衬底整片映射 b）衬底左下的正方形范围的高清放大图，白色部分为高强度

堆垛层错缺陷都可以通过透射电子显微镜鉴定为 intrinsic Frank 型和 single Shockley 型层错。同时会存在其他构造的堆垛层错缺陷[6]，这些层错的产生机理还在进一步研究中[10]。

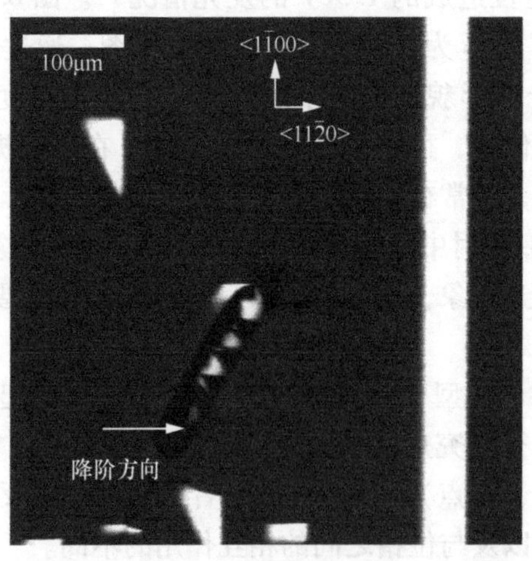

图6.1.6 4H-SiC（0001）面8°偏轴角的外延层上观测到的由堆垛层错缺陷引起的发光现象（2.9eV）的强度映射[9]

参考文献

1） R. P. Devaty and W. J. Choyke, *phys. stat. sol.* (a) 162, 5 (1997).

2） 松波弘之編著：半導体SiC技術と応用，日刊工業新聞社（2003年），塩谷繁雄：光物性ハンドブック，朝倉書店（1984）.

3) W. J. Choyke and L. Patrick, *Silicon Carbide-1973,* R. C. Marshall et al. eds., Univ. South Carolina Press (1974) p. 261.
4) S. G. Sridhara, T. J. Esperjesi, R. P. Devaty, and W. J. Choyke, *Mater. Sci. Eng.* B61-62, 229 (1999).
5) A. Ellison, T. Kimoto, I. G. Ivanov, Q. Wahab, A. Henry, O. Kordina, J. Zhang, C. G. Hemmingsson, C. -Yu. Gu, M. R. Leys, and E. Janzén, *Mater. Sci. Forum* 264-268, 108 (1998).
6) G. Feng, J. Suda, and T. Kimoto, *Physica B* 404, 4745 (2009).
7) M. Tajima, M. Tanaka, and N. Hoshino, *Mater. Sci. Forum* 389-393, 597 (2002).
8) M. Tajima, E. Higashi, T. Hayashi, H. Kinoshita, and H. Shiomi, *Appl. Phys. Lett.* 86, 061914 (2005).
9) N. Hoshino, M. Tajima, T. Nishiguchi, K. Ikeda, T. Hayashi, H. Kinoshita, and H. Shiomi, *Jpn. J. Appl. Phys.* 46, L973 (2007).
10) J. D. Caldwell, R. E. Stahlbush, M. G. Ancona, O. J. Glembocki, and K. D. Hobart, *J. Appl. Phys.* 108, 044503 (2010).

6.1.2 拉曼散射评估

当我们用单色光照射物质时会出现与入射光有特定差值的散射光，这种现象就被称为拉曼散射。由于入射光与散射光的光频率差在每一种物质上都是固定的，所以我们可以通过拉曼光谱对拉曼散射进行测定，从而对该物质进行特性评价。

SiC晶体属于宽禁带半导体，用可视激光对不含高密度杂质的晶体照射时可观察到是透明的，拉曼散射率较大。因此利用亚纳米级空间分辨率的显微拉曼散射测定法可以轻松地对SiC晶体的物理性质做出评价，这一方法在该区域的应用也与X射线衍射仪（XRD）技术、电子显微镜观察法、荧光测定法并称。各类型的SiC的化学元素相同，但由于沿c轴方向的Si-C原子层的排列方式不同，从而存在多种晶型。拉曼光谱在判定晶型上是一种强有力且简便的方法，甚至还可以对其导电性进行评价。

1. SiC晶型的声子模式与拉曼光谱

SiC通常被视为一种共价晶体，但基于Si与C的电负性不同，从而会引起电荷的移动，使其变成一种具有离子性的极性半导体。由于沿着Si-C二重原子层的<0001>方向的堆垛方式不同，SiC存在多种晶型。其中周期构造最短最简单的是3C晶型，我们称它为β-SiC，它的晶体构造是闪锌矿型（立方晶体），每个晶胞中有2个原子。3C以外的nH晶型（n=2，4，6等）、3nR晶型（n=5，7，9等）的每个晶胞中含有n个Si-C对，分别属于六方晶体、菱形晶体，高阶晶型的周期是3C-SiC的整数倍（n倍）。因此，其布里渊区（BZ）的大小是3C-SiC的1/n。两者的声子的分散曲线近似，都有n重折叠[1]。由于折叠

（zone folding）的存在，我们将出现了新的 $q=0$ 的点的类型称为折叠模式（folded mode）。折叠模式大多会具有拉曼光活性，也都可以观测到拉曼散射。图6.1.7所示的是3C、4H、6H 晶型中沿 <0001> 方向扩散的声子散射曲线以及折叠模式。

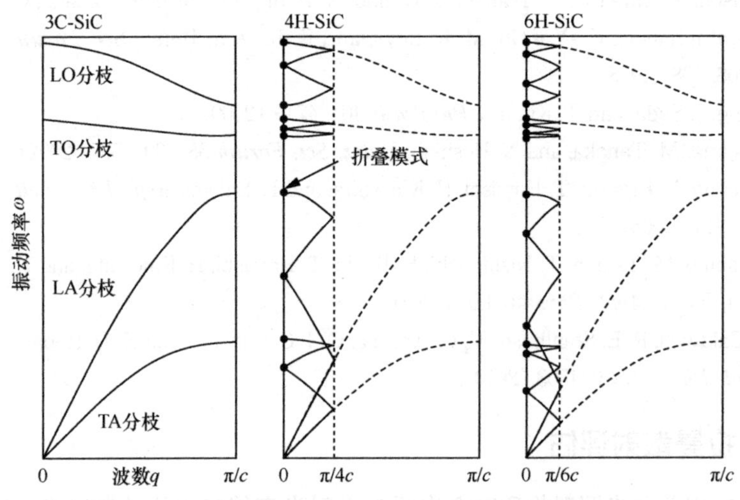

图6.1.7　3C、4H、6H 晶型的声子散射曲线和折叠模式

声子导致的拉曼散射过程中波数矢量定律与能量守恒定律一样也在入射光子、散射光子和声子之间成立。斯托克斯散射中的波数矢量定律用 $q=k_i-k_s$ 表示。这里的 q、k_i、k_s 分别表示声子、入射光子和散射光子的波数矢量。在使用可视激光的情况下，由于 k_i、k_s 远远小于 BZ（k_i，$k_s \ll q_B=\pi/c$，q_B 是 BZ 端的波数矢量，c 是 <0001> 方向的晶胞的长度），所以观测到的声子模式的波数矢量基本趋近于 $q\approx 0$。

在 SiC 高阶晶型中，随着折叠次数的增加，$q=0$ 的声子模式数量也增加。拉曼散射中通常可以明显观测到光学声子横波（TO）分支的折叠模式（Folded TO，FTO）和声学声子横波（TA）分支的折叠模式（FTA）。SiC 进行折叠模式的拉曼光谱带是用对应的3C-SiC 的声子分支和还原波数矢量的数值来表示的，写作 FTO(x)、FTA(x)。与6H 晶型的折叠模式相对应的3C-SiC 的声子还原波数矢量（$x=q/q_B$）为0，2/6，4/6，6/6。声子的散射曲线的折叠结果即 $q=0$ 的折叠模式，如果具有拉曼光活性就可以通过拉曼光谱观测到。折叠模式的振动频率以及其散射强度都可以强有力地反映出 SiC 晶体的堆积结构以及周期，所以通过测定折叠模式下的拉曼矢量就可以较为轻松地判明是何种晶型。图6.1.8表示的是采用典型晶体的｛0001｝面测定出的拉曼矢量。另外，各种晶型的折叠模式的振动频率见表6.1.1。

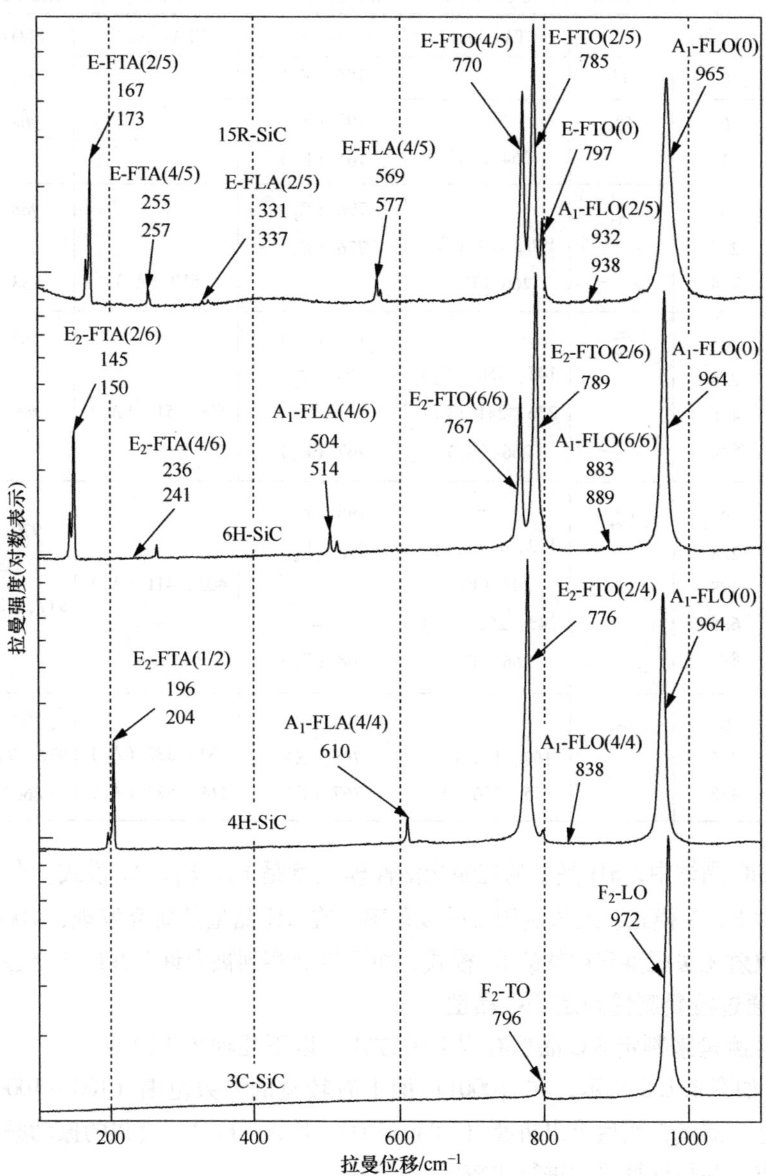

图 6.1.8　典型的 SiC 晶型的拉曼光谱（使用 514.5nm 的激发光，在 {0001} 面的反向散射的测量结果）

表 6.1.1　典型 SiC 晶型的折叠模式的振动频率

晶型		空间群	声学波（平面）	光学波（平面）	声学波（轴向）	光学波（轴向）
	$x=q/q_B$		FTA：cm^{-1}	FTO：cm^{-1}	FLA：cm^{-1}	FLO：cm^{-1}
3C	0	T_d^2	—	796（F_2）	—	972（F_2）
2H	0	C_{6v}^4		799（E_1）		968（A_1）
	1		264（E_2）	764（E_2）	—	—
4H	0	C_{6v}^4		796（E_1）		968（A_1）
	2/4		196，204（E_2）	776（E_2）		
	4/4		266（E_1）		610（A_1）	838（A_1）
6H	0	C_{6v}^4		797（E_1）		965（A_1）
	2/6		145，150（E_2）	789（E_2）		
	4/6		236，241（E_1）		504，514（A_1）	889（A_1）
	6/6		266（E_1）	767（E_2）	—	—
8H	0	C_{6v}^4	—	796（E_1）		970（A_1）
	2/8		112，117（E_2）	793（E_2）	—	—
	4/8		203（E_1）		403，411（A_1）	917，923（A_1）
	6/8		248，252（E_2）	—	—	
	8/8		266（E_1）	768（E_1）	615（A_1）	?
15R	0	C_{3v}^5		797（E）		965（A_1）
	2/5		167，173（E）	785（E）	331，337（A_1）	932，938（A_1）
	4/5		255，256（E）	767（E）	569，577（A_1）	860（A_1）

在 SiC 晶体中，nH 晶型的拉曼光活性模式就是 E_1、E_2、A_1 模式。在 3nR 晶型中则为 E、A 模式。通过利用拉曼极化率[2]在 nH 晶型的研究发现，{0001} 面的反向散射无法观察到被禁的 E_1 模式，而可以观察到被允许存在的 E_2 模式。

2. 通过拉曼测量判定 SiC 晶型

拉曼测量来判定 SiC 晶型有很多种方式，以下几种较为简便。

1）如图 6.1.8 所示，在 {0001} 面上有较宽的波数范围（100 ~ 1000cm^{-1}）对矢量进行测量，然后求出折叠（FTA，FTO，FLA，FLO）模式的振动频率以及强度分布，并与计算强度进行比较。

2）相对低阶的晶型（如 4H、6H、15R、8H 等）在其 {0001} 面对 250cm^{-1}以下的 FTA 双峰模式进行测量，根据测量出的振动频率判定其构造[1]。该 FTA 双峰模式在 514.5nm 的激子中，4H-SiC 晶型为（196cm^{-1}，204cm^{-1}），6H-SiC 晶型为（144cm^{-1}，150cm^{-1}），15R-SiC 晶型为（167cm^{-1}，173cm^{-1}），8H 晶型为（112cm^{-1}，117cm^{-1}）。

3）采用 {0001} 面的垂直晶体面进行测量时，由于 E_2 模式在反向散射是被禁止的，所以我们使用在光学分支区域可以被观察的 E_1（TO）模式和 A_1（TO）的振动频率差来判定晶型。α-SiC 是单轴晶体且具有各向异性，我们可以观察到在 <0001> 方向上进行原子移位的 A_1 模式和在 <0001> 方向的垂直面内振动的 E_1 模式在振动频率上的差别。我们将晶型的六方晶形视作 h，此时上述两者的振动频率差 $\omega(E_{lt})-\omega(A_{lt})$ 就可以用式（6.1.1）来表示[1]。

$$\omega(E_{lt})-\omega(A_{lt})=29.4\mathrm{h}(\mathrm{cm}^{-1}) \tag{6.1.1}$$

我们可以从对 $\omega(E_{lt})-\omega(A_{lt})$ 的测量中得知测试样品的 hexagonality 的数值，进而也可以推测出相应的晶型。

3. 拉曼强度轮廓

SiC 晶型里含有包括折叠模式在内的较多的拉曼光谱带。这些拉曼光谱带的相对强度（强度轮廓）是 SiC 晶型的堆垛结构中特有的。Nakashima 团队就针对大多数 SiC 晶型中的 SiC 的拉曼强度轮廓进行了解析[3]。他们依据键极化率和一维晶格振动模式，对在 <0001> 方向上扩散的声子模式进行了横波以及纵波折叠模式的拉曼强度轮廓的计算。计算得出的结果不仅仅吻合 4H、6H、15R-SiC 等低周期晶型，132R、66R、51R-SiC 等高周期晶型也均吻合实验结果。

4. 对堆垛层错的评价

SiC 是一种比较容易发生堆垛层错的晶体，当层错密度较高时就可以通过拉曼散射检测出来。堆垛层错可以破坏晶体的周期性，故拉曼散射过程中的波数矢量定律变得缓慢，甚至会导致新的拉曼光谱带的出现。因此，可通过扩大拉曼光谱带的宽度[5]，观察新生成的拉曼光谱带。图 6.1.9 分别展示了基本不含有堆垛层错的 6H-SiC 晶体和含有高密度堆垛层错的 6H-SiC 晶体的拉曼矢量的例子。

堆垛层错密度较小时会造成拉曼光谱带底部变宽以及非对称化等问题。密度较大时，如图 6.1.9 所示，则会造成 FTO、FTA 带的变形，同时会在 700～800cm^{-1}、0～265cm^{-1}的区域上出现新的拉曼光谱带，同时可以观测到较宽的背景。之所以会造成这种变化的理由如下：①由于波数矢量法则遭到破坏，$q=0$ 之外的声子模式被激活，②拉曼散射过程中的偏振光选择法则被破坏，③声子寿命的下降。还有一点，前面我们提过，尽管对于 4H、6H-SiC 的 {0001} 面的拉曼散射，798cm^{-1}的 E_1 模式在反向散射中被禁，但也正是因为波数矢量法则被破坏掉，我们才得以观察到[6]。

由于拉曼光谱带的强度轮廓解析法在有堆垛层错缺陷的晶体中逐渐普及，可以与 XRD 测量一样被应用于堆垛层错缺陷的密度和性质等的测量，因此备受人们的期待。人们现在正用此方法研究 Acheson 法制备的衬底结晶缺陷和由于退火工艺引起的晶型变化产生的缺陷。同时针对 α-SiC 的各种堆垛层错缺陷模

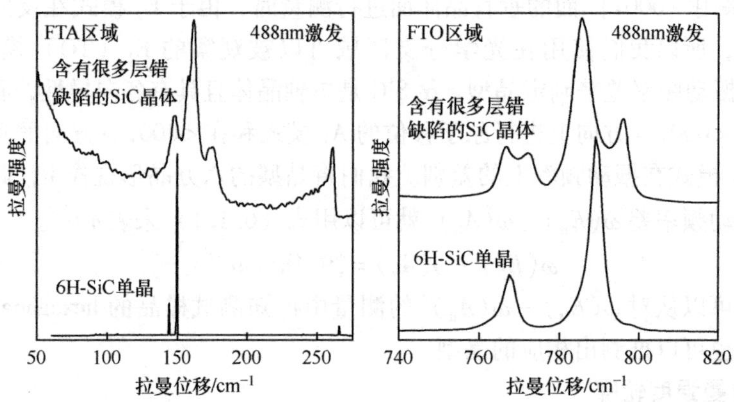

图 6.1.9　含有高密度堆垛层错的6H-SiC 晶体与高品质的6H-SiC 晶体的拉曼光谱对比

式造成的拉曼光谱进行了模拟实验，并比较其与光谱测量，以及 XRD 测量的分析结果[1]。

5. 通过深紫外激发拉曼散射对 SiC 表面层的评估

（1）对离子注入层的评估

通常情况下离子注入层的厚度介于微米到亚微米之间。因此如果想得到从 SiC 注入层发出的拉曼信号，那么就必须使用拉曼探测深度（Raman probing depth：$1/2\alpha$，α 为光吸收系数）为 100nm、244nm 的深紫外（Deep Ultraviolet，DUV）激发光[7]。

离子注入后的激活退火工艺，会使得注入的离子置换掉晶格格位上的 Si 或 C，并还原其结晶性。还原的程度可以通过拉曼光谱带的强度以及线宽来推算。当我们掺入具有电活性的杂质时，如后文所述，可以从等离子体激光-LO 声子耦合（LO Phonon Plasmon Coupled，LOPC）模式的振动频率与形状，求出掺入杂质的电活性率。目前采用 DUV 激发拉曼散射进行研究磷（P）掺杂的 4H-SiC 经过退火后的结晶性还原，及离子注入后的电激活状态[8]。如图 6.1.10 所示，随着离子激活退火温度的增加，FLA、FTO 模式变得锋利，实现结晶性的恢复。另外，因为 LOPC 模式变宽以及向振动频率高的一侧进行转移的缘故，除了结晶性恢复外，也实现了离子注入的电激活，另外载流子浓度也在增加。

（2）加工表面层的评价

残留在晶体衬底上的划痕和使用显微镜等无法检测出的损伤区域是在外延工艺过程中埋下隐患的重要原因[9]。图 6.1.11a 是机械研磨（多段研磨）后的 4H-SiC 晶片的微分干涉显微镜图片。

在位置Ⅰ和Ⅱ处我们都观测到了划痕，图 6.1.11b、c 展示了位置Ⅱ的详细情况。我们从声学波（轴向）（FLA）模式的角度进行解析，就可以观测到压应变的分布情况以及局部存在着线宽窄、表示载流子浓度降低的 narrow-LOPC 模式。有关上述的压应变的分布以及载流子浓度降低的区域，在残留有研磨痕迹的晶体两侧几微米的区域里都有分布。通过上述情况，我们可以判定根据加工状态的不同，在远离研磨痕迹的地方也存在有损伤区域。为了使加工过程更加完美，必须去除这些明确遗留有划痕的地方。但如位置Ⅲ所示的那样，在那些没有明确观测出划痕的地方，也测量出 narrow-LOPC 模式。我们推测诱发外延划痕的原因还有这些看不见的损伤区域。从这里我们也可以看出对硬度高的 SiC 晶片材料加工的难度。

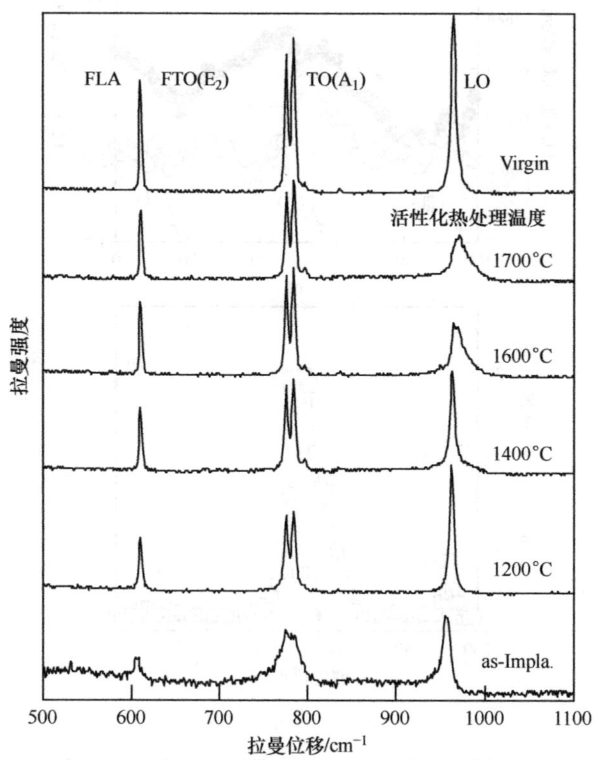

图 6.1.10　离子注入并进行热处理后的 4H-SiC 晶片的 244nm 激发拉曼光谱

对潜划痕的分析中，通过深紫外激发拉曼散射分析加工损伤和位错等造成的晶格畸变分布是十分有效的。在 3C-SiC 中，我们使用应用于 2 轴性畸变的拉曼散射光谱进行研究[10]，但六方晶的 α-SiC 还没有明确使用拉曼散射法对畸变进行定量分析。在产业化进程中，迫切希望可以尽早确立 4H-SiC 晶体的相关畸变分析法。

6. 极性表面的判定（DUV 激发拉曼散射）

SiC 的 {0001} 面是极性面，(0001) Si 极性面和 $(000\bar{1})$ C 极性面的化学

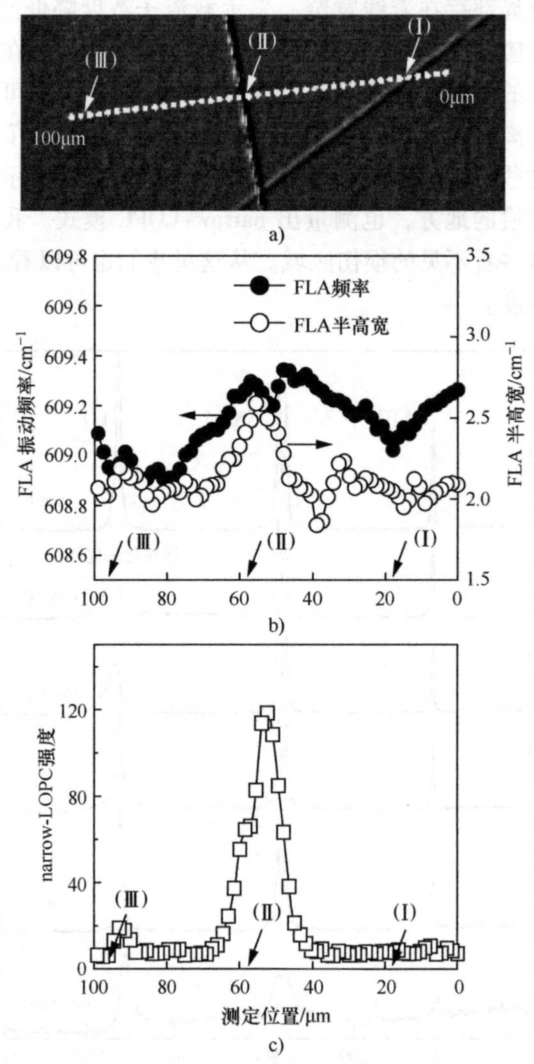

图 6.1.11　经 244nm 激发光照射的 4H-SiC 晶体在研磨表面层后的 1 维拉曼映射

a）光学显微镜图片　b）FLA 模式下的振动频率以及半高宽分布

c）narrow-LOPC 模式下的强度分布

性质和电学特性都不同。在使用 DUV 激发光（224nm，266nm）对｛0001｝面进行拉曼光谱测量时，我们可以发现折叠双峰模式的相对强度比 $I(\omega_+)/I(\omega_-)$ 在 Si 面和 C 面上不同[11]。但我们在穿透深度较深的可视激光激发的情况下却无法找到上述的拉曼强度比与极性面的依存关系。如图 6.1.12 所示，在 SiC 中我们只有在拥有 200nm 左右的穿透深度的 DUV 激发的情况下才能观测到上述现象。这表明在厚约 100nm 的 SiC 表面层上局部存在的声子振动状态，根据所在

Si 面和 C 面的不同而不同。利用这一现象，我们可以从 DUV 测量出发，对 SiC 极性面进行无损、非接触的测量判定。

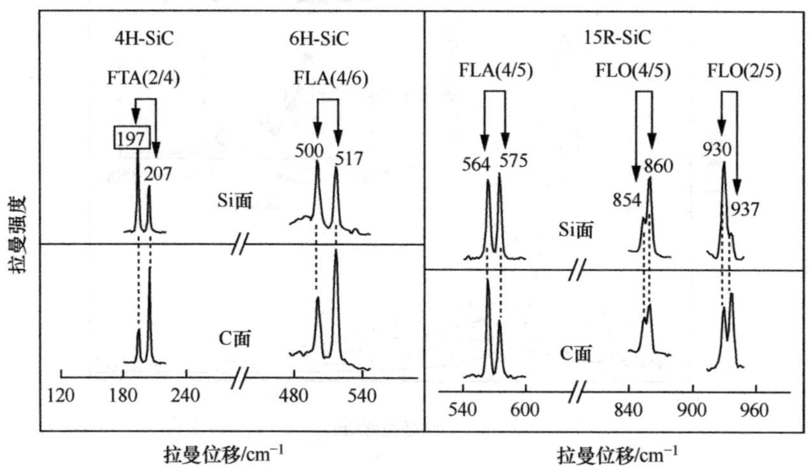

图 6.1.12 在（0001）Si 面和（$000\bar{1}$）C 面使用 244nm 激发光测定的 FTA 双极的相对强度比较

7. 导电性评价

半导体内的自由载流子每时每刻都进行着集团运动般的等离子体振动。这种振动是一种纵波振动并伴随有宏观的电场，会与在极性半导体内同属纵波的纵波光模相结合，形成 LOPC 模式。LOPC 模式的振动频率、形状等都会根据载流子的浓度而变化，所以我们可以通过对 LOPC 模式的形状进行分析，从而推测自由载流子浓度和载流子的迁移率[12-14]。当我们把系统的介电函数作为$\varepsilon(\omega)$时，LOPC 模式对应的拉曼强度可以用以下公式来表示。

$$I(\omega)=\frac{(n(\omega)+1)}{\omega}A(\omega)\mathrm{Im}\left(-\frac{1}{\varepsilon(\omega)}\right) \tag{6.1.2}$$

$$\varepsilon(\omega)=\varepsilon_{\infty}\left(1+\frac{\omega_{\mathrm{L}}^{2}-\omega^{2}-\omega\Gamma_{\mathrm{L}}}{\omega_{\mathrm{T}}^{2}-\omega^{2}-\omega\Gamma_{\mathrm{T}}}-\frac{\omega_{\mathrm{P}}^{2}}{\omega^{2}+\mathrm{i}\omega\gamma}\right) \tag{6.1.3}$$

式中，$n(\omega)$ 是玻色因子，$A(\omega)$ 是关于 ω 的比较缓和的函数。ω_{P}是等离子体振动频率，用 $\omega_{\mathrm{P}}=(4\pi n^{2}/\varepsilon_{\infty}m^{*})^{1/2}$ 表示。介电函数 $\varepsilon(\omega)$ 的第 1 项受声子影响，第 2 项是受自由电子影响的德鲁德项。载流子迁移率 μ 和衰减常数 γ 的关系是 $\mu=e/(m^{*}\gamma)$。这里的 LOPC 模式有 2 个分支（L_{-}，L_{+}），但在 SiC 中我们只能检测到振动频率较高的 L_{+} 模式。

如图 6.1.13 所示，在不含有自由载流子测试样品中 LOPC 模式可以作为尖锐且强有力的 LO 模式被观测到，并且随着载流子浓度变高，会向高波数侧转移并变宽，其强度会变弱。把 ω_{P}、γ、Γ 作为拟合参数，让 LOPC 模式适用于式

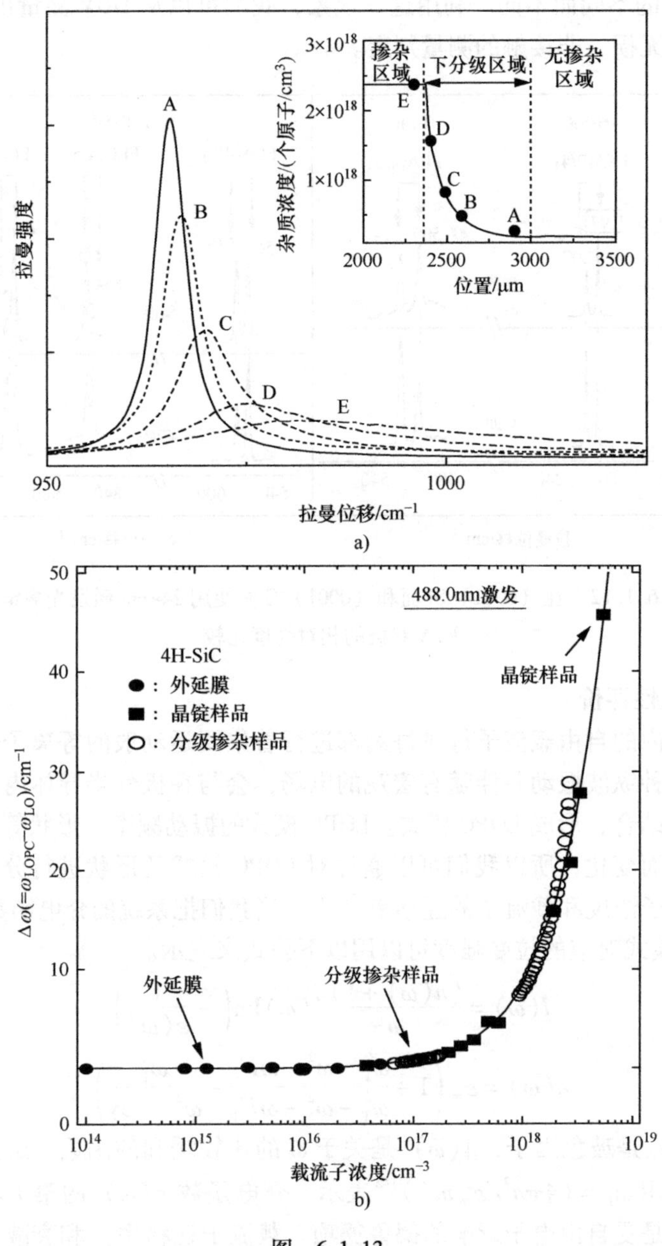

图 6.1.13

a) LOPC 模式的载流子依存性 b) 相对转换量 $\Delta\omega(=\omega_{LOPC}-\omega_{LO})$ 与载流子浓度的关系

(6.1.2)，借此求出 ω_P、γ 的最佳解。我们可以发现该结果决定着载流子浓度 n 和载流子迁移率 μ。而且我们发现通过该算法求出的载流子浓度与霍尔效应测量出的数值基本一致。迁移率方面，两种测量法所得出的数值有些许差别，拉曼解析出来的数值都偏小。

8. 低载流子浓度区域的载流子浓度简易测量法[14,15]

从式（6.1.2）我们可以得知，$\varepsilon(\omega_+)=0$ 的解 ω_+ 与 L_+ 模式的峰频波数相对应，如果我们假定 $\Gamma=\gamma=0$ 再来解 $\varepsilon(\omega)=0$，会得到下式。

$$\omega_{\pm}^2=1/2\{(\omega_L^2+\omega_P^2)\pm[(\omega_L^2+\omega_P^2)^2-4\omega_P^2\omega_T^2]^{1/2}\} \tag{6.1.4}$$

在 4H-SiC 中，LO 声子的振动频率 $\omega_{LO}(A_1)$ 为 964cm^{-1}，这个数值十分高，所以只有在载流子浓度为 10^{18}cm^{-3} 以下的浓度区域，条件 ω_P^2，$(\Delta\omega)^2\ll\omega_{LO}^2$ 才成立。在这个条件下从式（6.1.4）我们可以得到下面的这个近似公式。

$$n\approx\frac{\varepsilon_\infty m^*}{4\pi e^2}\frac{2\omega_L}{(1-\varepsilon_\infty/\varepsilon_0)}\Delta\omega \tag{6.1.5}$$

从式（6.1.5）我们可以发现在 SiC 中，LOPC 模式与纯净的 4H-SiC 的 LO 声子的振动频率之间的差 $\Delta\omega(=\omega_+-\omega_{LO})$ 和载流子浓度 n 之间呈线性变化关系[15]。当我们用 4H-SiC 的电子有效质量 $m^*=0.29m_0$、$\omega_L=964\text{cm}^{-1}$ 计算系数时，从式（6.1.5）就可以推导出式（6.1.6）。

$$n(\text{cm}^{-3})=1.23\times10^{17}\times\Delta\omega(\text{cm}^{-1}) \tag{6.1.6}$$

如图 6.1.13b 中用实线表示的那样，实验获得的数据与式（6.1.6）完全一致。

在这里，我要提醒大家，使用 LOPC 模式的峰频振动频率来推测 SiC 的载流子浓度这种简便方法只能使用在测试样品为低浓度（$n<5\times10^{18}\text{cm}^{-3}$）的情况下。同时现阶段还很难推算出有关迁移率的数据。

9. 高载流子浓度区域的载流子浓度评价法（法诺干涉效应）

具有高自由载流子浓度的 n 型 4H-SiC 中，导带内的宽电子跃迁带和FTA($x=2/4$) 声子模式之间有能量的重叠，从而引发干涉效应，造成 FTA 带形状的畸变不对称。这样的现象我们称为法诺干涉效应[16]。图 6.1.14 所示的是拥有各种载流子浓度的 n 型 4H-SiC 的拉曼光谱。由于受到了法诺干涉的影响，导致畸变的光谱形状 I 用下式来表示。

$$I(\omega)=\frac{(q+\varepsilon)^2}{1+\varepsilon^2},\varepsilon=(\omega-\Omega-\delta\Omega)/\Gamma \tag{6.1.7}$$

式中，Ω、$\delta\Omega$、Γ 分别表示声子振动频率、峰值移位、形状扩展带来的参数，这些参数可以将式（6.1.7）代入到测定光谱中求出。

有关具有多种高浓度（$n>10^{18}\text{cm}^{-3}$）载流子的 n 型 4H-SiC 的 FTA($x=2/4$) 双极，$\delta\Omega$、Γ 和 q 的值都可以作为 n 的函数被求出。当我们知道了测试样品的法诺参数时，载流子浓度也就可以被推定出来了。高载流子浓度的 n 型 SiC 的 LOPC 模式强度非常弱，所以不容易进行光谱分析。但是 FTA 模式的强度即使处在高浓度载流子区域中也不会大幅降低，所以用法诺干涉效应的载流子浓度

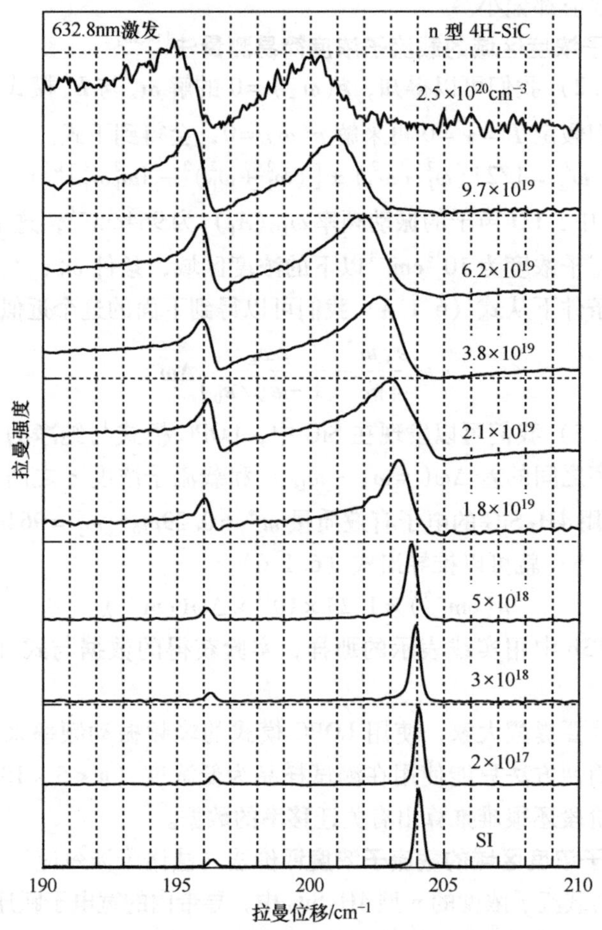

图 6.1.14　用 632.8nm 激发光测量的 n 型 4H-SiC 晶体的 FTA 模式的载流子浓度依存性。$n>10^{19}\text{cm}^{-3}$ 以上时法诺干涉效应导致的光谱形状变化十分显著

评价法来进行 n 型低电阻 SiC 的导电载流子浓度的推定十分有效。

10. p 型 SiC 的载流子浓度评价

在 p 型 SiC 晶体中，即便空穴浓度增大，LOPC 模式的峰频波数也几乎不变，只是宽度有所增加。因此，n 型 SiC 晶体的 LOPC 模式的分析法在这里就用不了。那么就出现了一个替代方案，即通过 LOPC 模式的半高宽来推定空穴浓度[17]。Müller 团队通过研究发现，LOPC 模式的半高宽（FWHM）和空穴浓度之间的关系可以表示为 $p=2.63\times10^{14}(\text{FWHM})^{4.03}$。利用这个结果，我们就可以大概推算出约在 $2\times10^{19}\text{cm}^{-3}>p>10^{17}\text{cm}^{-3}$ 这个范围内的空穴浓度。

参考文献

1) S. Nakashima and H. Harima, *phys. stat. sol.* (*a*) 162, 39 (1997).
2) R. Loudon, *Advance in Phys.* 13, 423 (1964).
3) S. Nakashima and K. Tahara, *Phys. Rev. B* 40, 6339 (1989).
4) S. Nakashima, K. Kisoda, and J.-P. Gauthier, *J. Appl. Phys.* 75, 5354 (1994).
5) S. Nakashima, H. Ohta, M. Hangyo, and B. Plosz, *Phil. Mag. B* 70, 971 (1994).
6) S. Nakashima, Y. Nakatake, H. Harima, M. Katsuno, and N. Ohtani, *Appl. Phys. Lett.* 77, 3612 (2000).
7) S. Nakashima, H. Okumura, T. Yamamoto, and R. Shimidzu, *Applied Spectroscopy* 58, 224 (2004).
8) S. Nakashima, T. Mitani, J. Senzaki, H. Okumura, and T. Yamamoto, *J. Appl. Phys.* 97, 123507 (2005).
9) S. Nakashima, T. Kato, S. Nishizawa, T. Mitani, H. Okumura, and T. Yamamoto, *J. Electrochem. Soc.* 153, G319 (2006).
10) S. Rohmfeld, M. Hundhausen, and L. Ley, *J. Appl. Phys.* 91, 1113 (2002).
11) S. Nakashima, T. Mitani, T. Tomita, T. Kato, S. Nishizawa, H. Okumura, and H. Harima, *Phys. Rev. B* 75, 115321, (2007).
12) H. Harima, S. Nakashima, and T. Uemura, *J. Appl. Phys.* 78, 1996 (1995).
13) S. Nakashima, H. Harima, N. Ohtani, and M. Katsuno, *J. Appl. Phys.* 95, 3547 (2004).
14) S. Nakashima, T. Kitamura, T. Mitani, H. Okumura, M. Katsuno, and N. Ohtani, *Phys. Rev. B* 76, 245208 (2007).
15) S. Nakashima, T. Kitamura, T. Kato, K. Kojima, R. Kosugi, H. Okumura, H. Tsuchida, and M. Ito, *Appl. Phys. Lett.* 93, 121913 (2008).
16) P. J. Colwell and M. V. Klein, *Phys. Rev. B* 6, 498 (1972).
17) R. Müller, U. Künecke, A. Thuaire, M. Mermoux, M. Pons, and P. Wellmann, *phys. stat. sol.* (c) 3, 558 (2006).

6.1.3 霍尔效应

半导体薄膜的霍尔效应测量通常是在图6.1.15所示的van der Pauw构造上进行的。在衬底上生长外延层时，由于电流只在外延层上导通，所以若为n型外延层，衬底要采用半绝缘型或者p型，若为p型外延层，衬底要采用半绝缘型或者n型。有关电极的形成：若为n型SiC，气相沉积后在1000℃的高温下对Ni进行热处理便可形成，若为p型SiC，气相沉积后在900～1000℃的高温下对Al进行热处理便可形成。为了求出薄膜的电阻率ρ，我们在电极AB之间通电流I_{AB}，来测量电极DC间的电压V_{DC}。同样地，我们也可以在电极BC之间通电流I_{BC}，来测量电极AD间的电压V_{AD}。然后，我们计算$R_{AB,DC} = V_{DC}/I_{AB}$和

$R_{BC,AD}=V_{AD}/I_{BC}$。之后，我们再来求薄膜中的多数载流子浓度。此时，我们向样品施加一个垂直方向的磁场 B，同时在电极 AC 之间通电流 I_{AC}，测量电极 DB 之间产生的电压 V_{DB}。之后我们计算 $\Delta R_{AC,DB}=V_{DB}/I_{AC}$，并将这些数值代入到下面的公式中求解 ρ、n 以及多数载流子迁移率 μ[1]。

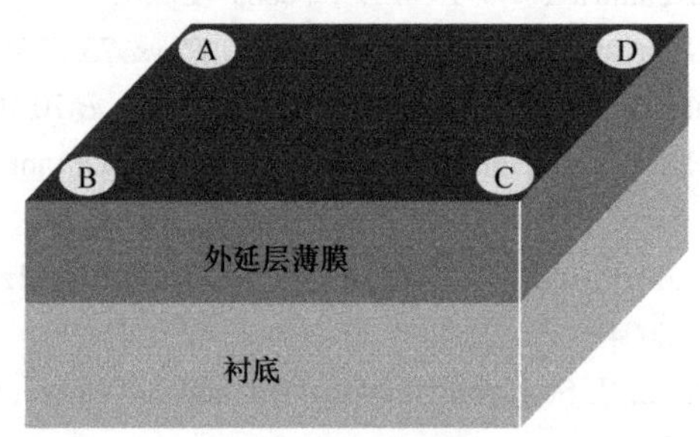

图 6.1.15　用于霍尔效应测定的 van der Pauw 构造

$$\rho=\frac{\pi d}{\ln 2}\cdot\frac{(R_{AB,DC}+R_{BC,AD})}{2}\cdot f \tag{6.1.8}$$

$$n=\frac{B}{qd\Delta R_{AC,DB}} \tag{6.1.9}$$

$$\mu=\frac{1}{qn\rho} \tag{6.1.10}$$

式中，q 为电子电荷，d 为外延层膜厚度，f 为修正系数，可通过下式来进行计算[1]。

$$\left|\frac{R_{AB,DC}-R_{BC,AD}}{R_{AB,DC}+R_{BC,AD}}\right|=\frac{f}{\ln 2}\cdot\cosh^{-1}\left[\frac{\exp(\ln 2/f)}{2}\right] \tag{6.1.11}$$

图 6.1.16 所示的是 n 型半导体的能带图，利用该图我们从载流子浓度的角度出发思考我们手中这些数据。我们提高测量温度，将费米能级 E_F 向施主能级 E_D的下方移动，就会发现施主会向导带释放电子致使电子浓度增加。因此，我们用下式表示电子浓度的温度依存关系 $n(T)$[2]。

$$n(T)=\sum_i N_{Di}[1-f_{FD}(E_{Di})]-N_A \tag{6.1.12}$$

式中，N_{Di}与 E_{Di}分别是第 i 个施主浓度和第 i 个能级，N_A 是受主浓度，$f_{FD}(E_{Di})$是在 E_{Di}上的费米分布函数。这里的电子浓度比空穴浓度要大很多。

接下来我们从电子浓度的温度依存性出发思考一下如何测量外延层中含有的施主种类数量以及如何评价各类施主浓度和能级。在只有一种施主的情况下[2]，我们将 $\ln n(T)$-$1/T$ 图中低温侧的斜率代入到下式中就可以求出施主能级 (E_C-E_D)，进而可以由饱和值求出 N_D。

$$n(T)\propto\exp\left(-\frac{E_C-E_D}{2kT}\right) \tag{6.1.13}$$

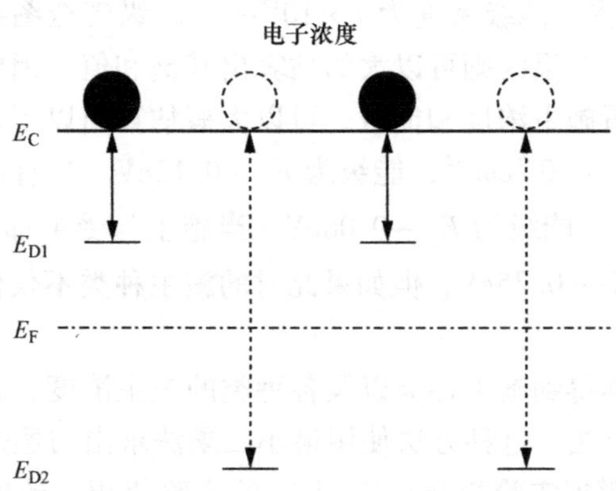

图6.1.16 展示费米能级与导带的电子浓度之间关系的能带图

式中，k是玻耳兹曼常数，T是绝对温度。

接下来我们来介绍一下在分析这些数据时要注意的一些关键点。图6.1.17中，施主种类只有一种时图中表示为（○），有两种时图中表示为（◇），当施主与受主都存在时图中表示为（△），图6.1.17就为我们展示了以上这些情况下$\ln n(T)$-$1/T$的模拟实验结果。共同的施主（施主1）浓度为$1\times10^{16}cm^{-3}$，施主能级为$E_C-0.12eV$；追加的施主（施主2）浓度为$5\times10^{15}cm^{-3}$，施主能

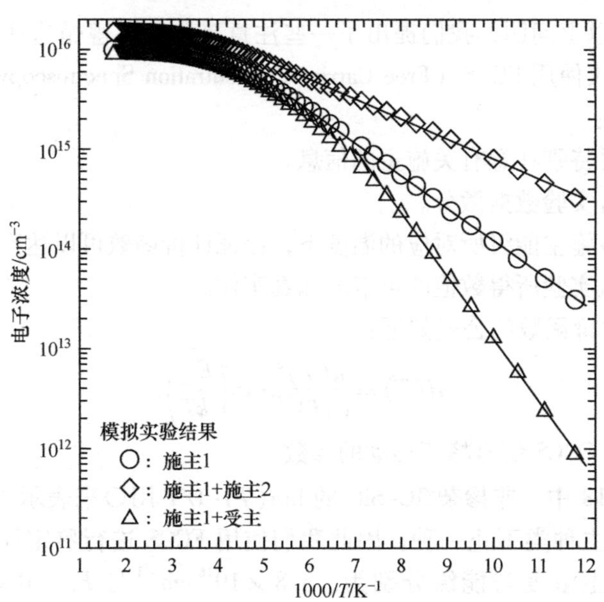

图6.1.17 三种条件下（一种施主，两种施主，施主与受主）电子浓度的温度依存性的模拟实验结果

级为 $E_C-0.06eV$；受主能级密度为 $1\times10^{15}cm^{-3}$。纵观全图我们可以发现低温区出现了一条直线，高温区则可以大约估算出其饱和值。因此如果我们从饱和值和斜率的角度来看施主浓度和能级，可以大概估算出以下数值。当只有一种施主存在时浓度为 $1\times10^{16}cm^{-3}$，能级为 $E_C-0.12eV$。当有两种施主存在时浓度为 $1.5\times10^{16}cm^{-3}$，能级为 $E_C-0.08eV$。当施主与受主都存在时浓度为 $9\times10^{15}cm^{-3}$，能级为 $E_C-0.25eV$，但如果此时的施主种类不仅仅只有一种，则无法进行分析计算。

当我们想要明确得到施主种类以及各种类的施主浓度、施主能级的大体数值时，最好采用拟合法。这种方法使用最小二乘法求出与通过式（6.1.12）和式（6.1.14）进行模拟实验的 $\ln n(T)$-$1/T$ 的实验值相一致的数值（N_{Di}，E_{Di}，N_A）。在这里，$N_C(T)$ 是指导带的有效状态浓度。

$$n(T)=N_C(T)\exp\left(-\frac{E_C-E_F(T)}{kT}\right) \tag{6.1.14}$$

因为我们不知道实际情况下外延层中到底有多少种施主种类以及每一种类的施主能级，所以对于各个施主能级来说我们都是探讨包含其峰值的评价函数。在 Hoffmann 提出的 DHES（Differential Hall-Effect Spectroscopy，差分霍尔效应光谱）[3] 中，因为 E_F 会将实验值 $n(T)$ 微分，从而导致测量误差变大，无法求出真实的峰值。

为了解决以上问题，我们提出了一些注意事项。在遵循这些注意事项的基础上，我们建议使用 FCCS（Free Carrier Concentration Spectroscopy，自由载流子浓度光谱）[4-8]：

1）不必要特别在意有关施主的信息。

2）不要将实验数据微分。

3）要在各施主能级所对应的温度下，保证评价函数可以达到峰值。

4）要确认实验所得数值的可信度和真实性。

FCCS 的评价函数的公式如下：

$$H(T)\equiv\frac{n(T)^2}{(kT)^{5/2}}\exp\left(\frac{E_{ref}}{kT}\right) \tag{6.1.15}$$

式中，E_{ref}是使 FCCS 信号峰值移动的参数。

在图 6.1.18 中，非掺杂 3C-SiC 的 $\ln n(T)$-$1/T$ 用○来表示[4,5]。从图中我们可以看到施主种类不止一种。因此我们使用 FCCS 进行鉴定评价后发现了 3 种施主。各施主浓度与能级分别为，$3.8\times10^{16}cm^{-3}$ 与 $E_C-0.018eV$，$7.1\times10^{16}cm^{-3}$ 与 $E_C-0.051eV$，以及 $1.1\times10^{17}cm^{-3}$ 与 $E_C-0.114eV$。使用这些数据进行模拟实验其结果就如图中的实线所示。○连成的形状与实线基本重合可知，通过 FCCS 得到的数值比较准确。

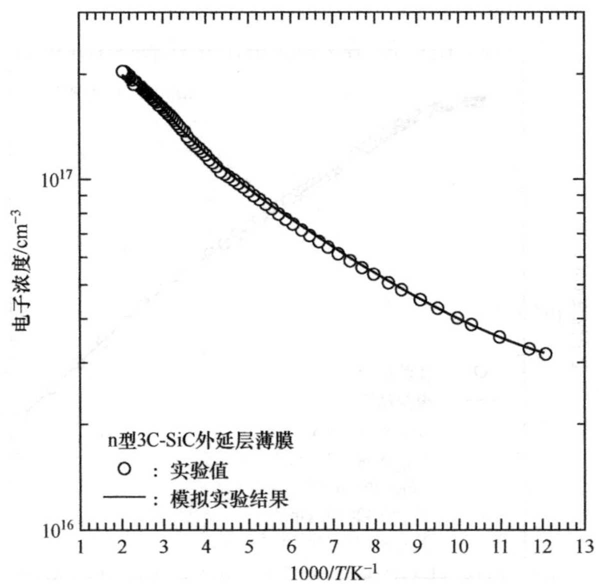

图 6.1.18　n 型 3C-SiC 的电子浓度的温度依存性

在图 6.1.19 中，N 掺杂 4H-SiC 用○来表示[6]。图中实线表示的是使用了 FCCS 的测量评价结果数据进行的模拟实验的结果。可以发现这两者基本一致。从图中我们可以得知外延层中有两种施主，且浓度基本相同。N 原子分别与 SiC 的六方晶系和立方晶系的 C 原子进行置换，变成施主。从实验结果来看，N 原子与任何一系的置换概率一致。在 N 掺杂 6H-SiC 中，N 原子置换到六方晶系和立方晶系的概率与我们预想得一样，是 2∶1[8]。

掺杂（施主或者受主）能级与掺杂浓度密切相关。具体的关系用以下公式来表示。

$$\Delta E_i(N_{total}) = \Delta E_i(0) - \alpha_i \sqrt[3]{N_{total}} \qquad (6.1.16)$$

表 6.1.2[4-7] 中是我们通过最小二乘法求出的参数（$\Delta E_i(0), \alpha_i$）。N_{total} 表示的是掺杂浓度的总和。

表 6.1.2　能级与掺杂浓度依存性的参数

	N 掺杂 3C-SiC	N 掺杂 4H-SiC	Al 掺杂 4H-SiC
$\Delta E_1(0)$/meV	51.9	70.9	220
α_1/(meV · cm)	5.97×10^{-5}	3.38×10^{-5}	1.90×10^{-5}
$\Delta E_2(0)$/meV	71.8	123.7	413
α_2/(meV · cm)	3.38×10^{-5}	4.65×10^{-5}	2.07×10^{-5}
$\Delta E_3(0)$/meV	176	…	…
α_3/(meV · cm)	9.77×10^{-5}	…	…

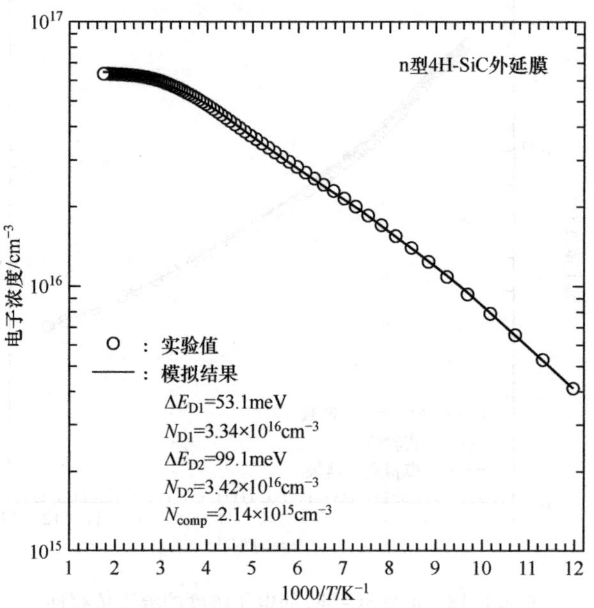

图 6.1.19　n 型 4H-SiC 的电子浓度的温度依存性

之后，从对迁移率的杂质浓度依存性以及温度依存性的调查结果中我们可以得知，当温度控制在 -20℃以上时，我们可以得到以下几个公式[4-7]。

$$\mu(T,N_{\text{imp}})=\mu(300,N_{\text{imp}})\left(\frac{T}{300}\right)^{-\beta(N_{\text{imp}})} \tag{6.1.17}$$

$$\mu(300,N_{\text{imp}})=\mu_{\min}(300)+\frac{\mu_{\max}(300)-\mu_{\min}(300)}{1+\left(\dfrac{N_{\text{imp}}}{N_{\mu}}\right)^{\gamma_{\mu}}} \tag{6.1.18}$$

$$\beta(N_{\text{imp}})=\beta_{\min}+\frac{\beta_{\max}-\beta_{\min}}{1+\left(\dfrac{N_{\text{imp}}}{N_{\beta}}\right)^{\gamma_{\mu}}} \tag{6.1.19}$$

表 6.1.3 是通过最小二乘法求出的参数 $\mu(300,\ N_{\text{imp}})$ 和 $\beta(N_{\text{imp}})$[6,7]。N_{imp} 表示的是杂质浓度（施主浓度和受主浓度的综合）。通过以上这些公式计算，我们可以得到在器件模拟实验中必需的掺杂浓度、多数载流子的迁移率的掺杂浓度依存性以及温度依存性的数据。

最后，为大家介绍在从掺入高浓度 Al 的非退化 SiC 的空穴浓度的温度依存性 $p(T)$ 角度对受主浓度以及受主能级（E_A）进行测定评价时需要注意的一些地方。在图 6.1.20 中我们用○表示掺入了大约 $4\times10^{18}\text{cm}^{-3}$ 的 Al 的 6H-SiC 的 $p(T)$，用●表示 $E_F(T)$[8-10]。用 $f_{FD}(E_A)$ 作为分布函数，对 N_A 与 E_A 分别进行测量后得出其数据为 $2.5\times10^{19}\text{cm}^{-3}$ 与 $E_V+0.18\text{eV}$。但是 N_A 的测定结果由于比掺入的 Al 浓度还要高，所以并不准确。

表 6.1.3　迁移率温度的依存性以及杂质浓度依存性的参数

4H-SiC	μ_{min} /(cm^2·V^{-1}·s^{-1})	μ_{max} /(cm^2·V^{-1}·s^{-1})	N_μ /cm^{-3}	τ_μ	β_{min}	β_{max}	N_β /cm^{-3}	τ_β
N 掺杂	0	977	1.17×10^{17}	0.49	1.54	2.62	1.14×10^{17}	1.35
Al 掺杂	38	106	2.97×10^{18}	0.36	2.51	3.04	8.64×10^{17}	0.46

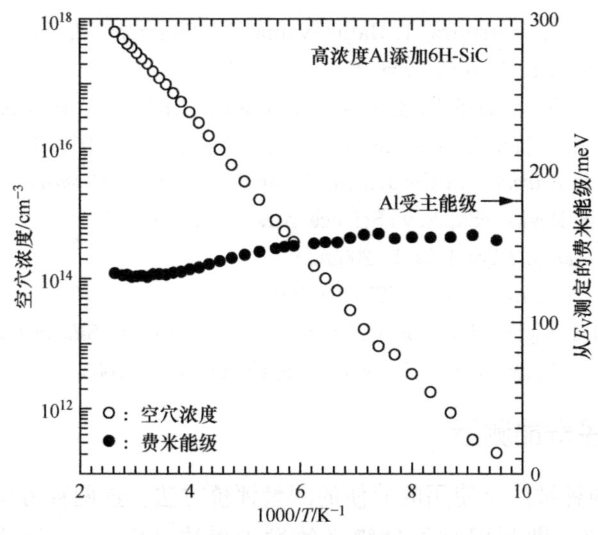

图 6.1.20　加入高浓度 Al 的 6H-SiC 的空穴浓度以及费米能级的温度依存性

作为宽禁带半导体的 SiC 的相对介电常数比较低，空穴的有效质量也比电子的有效质量要大，所以理论上的 E_A 也会变大[8-10]。因此如图 6.1.20 所示，在全测量温度范围内，$E_F(T)$ 存在于价电子带上端（E_V）和 E_A 之间。因此，在 $f_{FD}(E_A)$ 中被无视的受主的受激能级附近存在 $E_F(T)$，同时在受激能级里还有空穴。

Schmid 团队为了能通过 $f_{FD}(E_A)$ 得到准确的 N_A，修正了由空穴的散射机理决定的霍尔系数的修正系数（γ），并计算出了 γ 的温度依存性[11]。另一方面，Matsuura 则提出了一个充分考虑到受主受激能级的分布函数，并运用此函数得到了一个较为准确的 N_A[8-10]。

掺杂浓度较低时由于会出现 $E_F(T)$ 比 E_A 还要深的地方，所以我们可以无视激发态，利用 $f_{FD}(E_A)$ 测量出一个精确度较高的 N_A[10]。

参考文献

1）河東田隆：半導体評価技術，6.2節，産業図書（1989）.

2）S. M. Sze, *Physics of Semiconductor Devices,* 2nd ed., chapter 1（Wiley, New York, 1981）.

3）H. J. Hoffmann, *Appl. Phys.* 19, 307（1979）.

4）H. Matsuura, Y. Masuda, Y. Chen, and S. Nishino, *Jpn. J. Appl. Phys.* 39, 5069（2000）.

5）H. Matsuura, H. Nagasawa, K. Yagi, and T. Kawahara, *J. Appl. Phys.* 96, 7346（2004）.

6）S. Kagamihara, H. Matsuura, T. Hatakeyama, T. Watanabe, M. Kushibe, T. Shinohe, and K. Arai, *J. Appl. Phys.* 96, 5601（2004）.

7）H. Matsuura, M. Komeda, S. Kagamihara, H. Iwata, R. Ishihara, T. Hatakeyama, T. Watanabe, K. Kojima, T. Shinohe, and K. Arai, *J. Appl. Phys.* 96, 2708（2004）.

8）H. Matsuura, in *Advances in Condensed Matter and Materials Research* Vol. 10, H. Geelvinck, S. Reynst eds., Nova Science, New York（2011）.

9）H. Matsuura, *New J. Phys.* 4, 12.1（2002）.

10）H. Matsuura, *Phys. Rev. B* 74, 245216 1（2006）.

11）F. Schmid, M. Krieger, M. Laube, G. Pensl, and G. Wagner, in *Silicon Carbide,* W. J. Choyke, H. Matsunami, G. Pensl eds.（Springer, Berlin, 2003）.

6.1.4 载流子寿命测量

本节介绍两种被广泛使用的简便的测量评价方法。这两种方法有非破坏性、非接触式的特点，即利用时间分辨光致发光谱法（time-resolved photoluminescence，TRPL）和微波光电导衰减法（microwave photoconductivity decay，μ-PCD）测量4H-SiC外延层的载流子寿命。

1. 测量原理

TRPL与μ-PCD一样都是通过向测试样品照射激光为其注入过剩载流子，分析样品中发生负荷导致过剩载流子浓度减小的这个过程，从而测算出载流子的寿命。图6.1.21为我们展示了各种测量系统构成中的一种示意图。测量系统大体可以分为激发光源系统、探测系统和测试样品平台。TRPL与μ-PCD的检测原理是不同的。

TRPL是利用光电倍增管对自由激子在复合过程中的发光（λ约为390nm）强度的瞬态特性进行测定。通过这种方法，如果自由激子浓度与过剩载流子浓度成一定比例，我们可以追踪到过剩载流子浓度的时间变化。

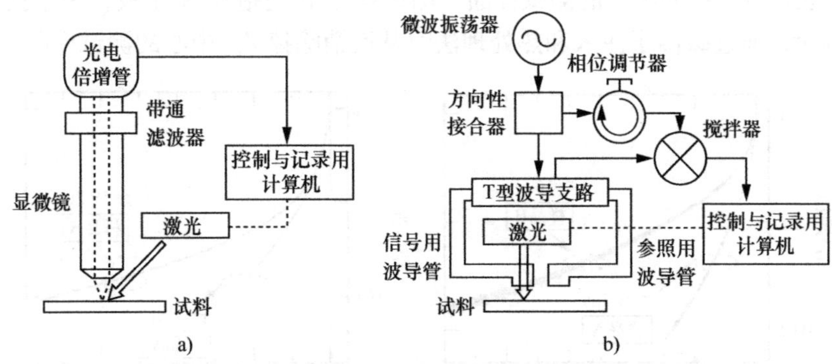

图 6.1.21　各测量系统的构成图

a）TRPL　b）μ-PCD（μ-PCD 测量系统是根据株式会社 Kobeluco 科研所提供的资料为基础制作而成的）

μ-PCD 则是利用微波的反射率对过剩载流子产生、复合过程中引起测试样品的电导率变化的瞬态特性进行测量。那么通过研究没有被激光照射到的部分与照射到部分的差值，我们也可以追踪到过剩载流子浓度随时间的变化规律。

在 SiC 中，为了生成电子和空穴，我们经常使用能量比禁带宽度大的激光作为激发光源。另外根据激光波长的不同在 SiC 单晶体内的穿透深度也不一样，根据实验样品的外延层膜厚度以及测量目的选择对应波长的激光就显得十分重要。例如，在室温条件下，波长为 355nm 时在 4H-SiC 的穿透深度可以达到 48μm，325nm 时穿透深度就只有 7.4μm[1]。

我们注入的过剩载流子浓度可以通过激光的输出功率和光点尺寸进行调节。当注入的过剩载流子浓度比热平衡状态的多数载流子浓度都高时，我们称之为大注入条件，反之称为小注入条件。如表 6.1.4 所示，根据不同的注入条件以及测量过剩载流子的原理的不同，我们求得的载流子寿命也有着不一样的意义[2]。

表 6.1.4　TRPL、μ-PCD 测得的载流子寿命（After Klein[2]）

注入条件	TRPL	μ-PCD
大注入	$\tau_{HL}/2$	τ_{HL}
小注入	τ_{MCL}	$\mu_n\delta n(t)+\mu_p\delta p(t)$

注：τ_{HL}：大注入载流子寿命，τ_{MCL}：少数载流子寿命。

2. 载流子寿命的测量实例

在 n 型 4H-SiC 外延层（膜厚约 250μm，掺杂浓度 $7\times10^{13}\mathrm{cm}^{-3}$）上使用 TRPL 与 μ-PCD 测量得到的衰变曲线如图 6.1.22 所示。这里的测试样品 A 是指

外延生长后（as-grown）的测试样品。测试样品B是指与A比较，为了提高载流子寿命，通过碳离子注入和热处理法[3]从而消除掉$Z_{1/2}$中心的测试样品。

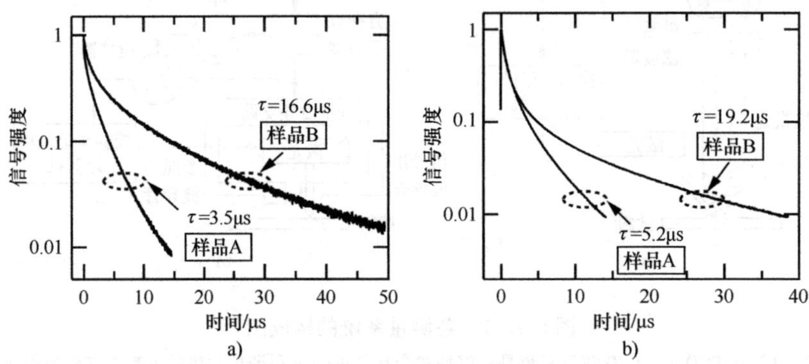

图6.1.22　n型4H-SiC外延层的测量结果

a）TRPL　b）μ-PCD

在TRPL测量中，我们使用波长为355nm的激子激光注入过剩载流子。单位面积的载流子注入量为$1\times10^{12}cm^{-2}$，外延层总体的平均过剩载流子浓度为$4\times10^{13}cm^{-3}$，按照之前的定义为小注入条件。在μ-PCD测定中，我们使用的是波长为349nm的激发激光，单位面积的载流子注入量为$1\times10^{14}cm^{-2}$，外延层总体的平均过剩载流子浓度为$4\times10^{15}cm^{-3}$，按照之前的定义为大注入条件。TRPL与μ-PCD一样，由于样品B的衰变相比样品A的衰变更迟缓，所以我们可以确认通过碳离子注入和热处理法可以有效改善载流子寿命较短的问题。

当我们依据衰变曲线来判断载流子寿命时，用能看作指数函数的检出强度的减少来计算衰变的时间常数，我们把这种时间常数称为多数载流子寿命。检出强度减少到载流子注入时的1/e所需要的时间称为1/e载流子寿命。之后我们也会提及，当外延层的厚度比激光的穿透深度还要深时，在注入载流子之后膜内的载流子分布并不均匀，此时我们要仔细评估载流子寿命。出于上述原因，我们采用多数载流子寿命，并使用图6.1.22中衰减曲线被虚线围起来的部分来计算载流子寿命。通过TRPL测量得到的载流子寿命（τ_{MCL}），样品A为3.5μs，样品B为16.6μs。通过μ-PCD测量得到的载流子寿命（τ_{HL}），样品A为5.2μs，样品B为19.2μs。

3. 载流子复合的路径以及模拟实验

如上文所述，我们测量出的载流子寿命（τ_{eff}）与所有的复合过程都有关系。载流子复合的途径有SRH（Shockley-Read-Hall）复合（τ_{SRH}）、辐射复合（τ_{rad}）、俄歇复合（τ_{Auger}）以及表面（界面）复合（τ_{surf}），我们之前测量出的载流子寿命和这些复合中的载流子寿命呈现以下的关系[2]。

$$\frac{1}{\tau_{\text{eff}}}=\frac{1}{\tau_{\text{SRH}}}+\frac{1}{\tau_{\text{rad}}}+\frac{1}{\tau_{\text{Auger}}}+\frac{1}{\tau_{\text{surf}}} \tag{6.1.20}$$

SRH 复合是一种借助于晶体中的缺陷或者杂质形成的禁带宽度内的能级的复合。在 n 型 4H-SiC 中，我们可以清楚地发现 $Z_{1/2}$ 中心是明显的复合中心[2,4,5]。通过表面以及界面的能级进行的复合称为表面（界面）复合。根据表面、界面处理的方法不同，复合速度也有较大的差异[6]。

为了分析注入 SiC 的过剩载流子的扩散以及复合的过程，根据扩散方程式，考虑到上述的复合过程，提出了以下模型[7]。

$$\frac{\partial N(z,t)}{\partial t}=D\frac{\partial^2 N(z,t)}{\partial z^2}-\frac{N(z,t)}{\tau_{\text{SRH}}}-BN(z,t)^2-CN(z,t)^3+G(z,t) \tag{6.1.21}$$

边界条件如下：

$$D\left.\frac{\partial N(z,t)}{\partial z}\right|_{z=0}=Sr_1N(0,t),D\left.\frac{\partial N(z,t)}{\partial z}\right|_{z=d}=-Sr_2N(d,t) \tag{6.1.22}$$

式中，N 为过剩载流子浓度，t 为载流子注入开始后的所需时间，z 为从外延层表面开始的深度，D 为载流子的扩散系数，B 为辐射复合系数，C 为俄歇复合系数，G 为载流子生成速度，d 为外延层膜厚度，Sr_1 与 Sr_2 分别为表面和背面的复合速度。同时由于 SiC 是间接带隙半导体，当过剩载流子浓度过低时，式（6.1.21）右边的第 3 项和第 4 项都能够省略，此时只需要考虑 SRH 复合和表面复合就可以[8]。

使用上述的模型，计算厚度为 250μm 的 4H-SiC 外延层上的过剩载流子浓度分布随时间的变化，其结果如图 6.1.23 所示。把激发光的波长分别设为 355nm 和 349nm 并分别进行计算。我们设定 τ_{SRH} 为 10μs，D 为 $2.9\text{cm}^2/\text{s}$，B 为 $1.5\times10^{-12}\text{cm}^3/\text{s}$，$C$ 为 $7\times10^{-31}\text{cm}^6/\text{s}$，$Sr_1$ 与 Sr_2 同为 $1\times10^5\text{cm/s}$。当 $\lambda=355\text{nm}$ 时，注入载流子（$t=0\mu\text{s}$）时表面的过剩载流子浓度为背面的约 100 倍；当 $\lambda=349\text{nm}$ 时，由于穿透深度更短，倍数变为 1000 倍以上。随着时间的推移，由于载流子复合的原因，浓度会逐渐减小，同时向更深的方向扩散，分布逐渐变得均匀起来。在载流子注入 20μs 后，过剩载流子会在外延层较深处对称分布。当形成这样的分布状态时，我们对衰退进行评价就可以求出更加正确的载流子寿命。同时我们也可以推断出在表面、背面附近的过剩载流子浓度减少的现象是受到表面复合深刻影响的。

4. 体载流子寿命评估

双极型功率器件的设计中，晶体内部的载流子寿命（体载流子寿命）是一项非常重要的指标。但是，使用一般的方法测得的载流子寿命，会受到上述表面复合的影响。因此，以评估体载流子寿命为目的，向厚度约 250μm 的 n 型

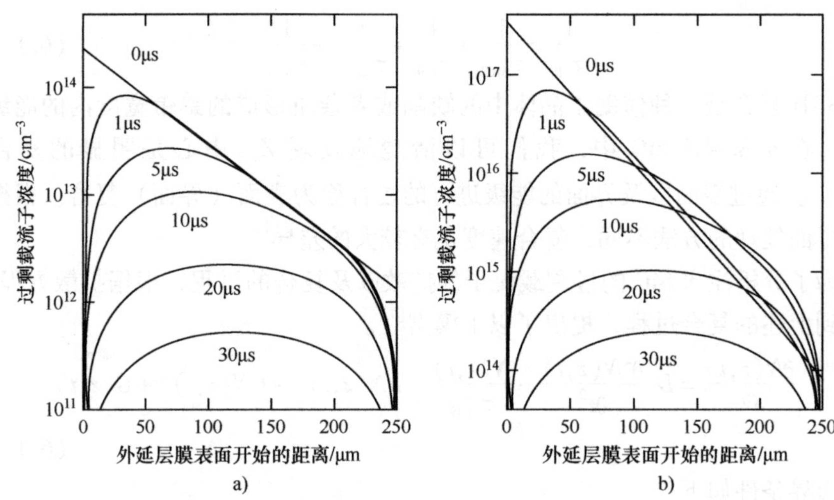

图6.1.23　注入4H-SiC的过剩载流子分布的模拟实验结果

a）波长为355nm　b）波长为349nm

4H-SiC外延层样本中使用碳离子注入和热处理法来测量[9]。通过机械研磨彻底去除相同样品的衬底部分，之后再次进行研磨使外延层膜厚度每次减少20～30μm，在每个厚度下使用TRPL对载流子寿命进行测量。若要使用本方法对体载流子寿命进行分析，由于必须要假定存在如下所述的极大的表面复合，所以在研磨后不用施加特殊的表面处理，仅使用RCA清洗后进行TRPL测量。

图6.1.24a展示了载流子寿命与外延层膜厚度的关系。厚度在170μm以上时载流子寿命保持相对恒定，低于170μm时膜厚度越小，载流子寿命越低。这种趋势表明了背面存在的表面复合的影响，根据膜厚度不同也存在差异。即膜厚度低于170μm，外延层模厚度越小，表面（载流子注入面）与背面中的复合越会正向影响本体中的SRH复合，在表面复合的影响下，载流子寿命逐渐减少。另一方面，厚度在170μm以上时，注入的大部分过剩载流子都由于SRH复合以及载流子注入面上的表面复合而消失，所以背面的表面复合的影响可以无视，因此载流子寿命可以视为没有变化。少量注入的条件下进行测定，表面复合速度极快，外延层膜厚度与载流子寿命之间存在以下关系[10]：

$$\frac{1}{\tau_{\text{eff}}}=\frac{1}{\tau_{\text{bulk}}}+\frac{\pi^2 D}{d^2} \tag{6.1.23}$$

式中，τ_{bulk}为体载流子寿命，D为少数载流子（这里为空穴）的扩散系数。图6.1.24b展示了$1/\tau_{\text{eff}}$与$1/d^2$的关系，图中直线斜率为$\pi^2 D$，y截距为$1/\tau_{\text{bulk}}$。在这种解析方法下，该外延层的体载流子寿命评估为20～30μs，空穴扩散系数为2.7～3.0cm^2/s左右[9]。

5. 成像测量

随着晶片的扩径以及器件面积的增大，载流子寿命的片内分布（成像）测

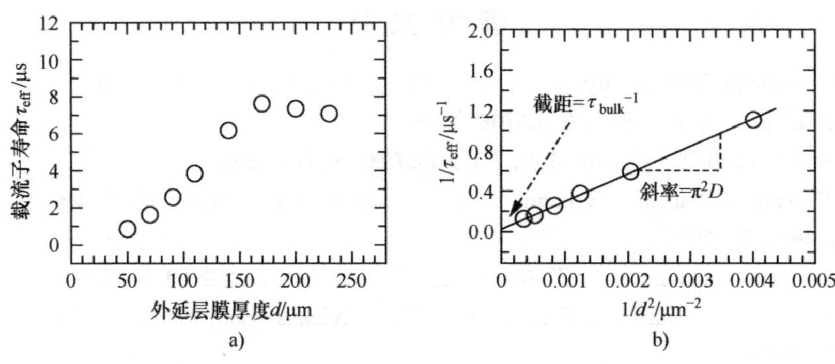

图6.1.24 载流子寿命τ_{eff}与膜厚度d的关系

a) τ_{eff}与d b) $1/\tau_{eff}$与$1/d^2$

量越来越有必要。图6.1.25是直径3in的n型4H-SiC晶片（外延层膜厚度：约125μm，掺杂浓度：$7\times10^{13}cm^{-3}$）的TRPL成像测量结果。激子发光波长为355nm，平均过剩载流子浓度为$6\times10^{14}cm^{-3}$。通过使用计算机控制的x-y自动平台，在1mm的台阶上同时对x方向和y方向进行了测量。经过测量可知，载流子寿命存在面内不均匀性。晶片中央载流子寿命相对较长，大约1.2~1.4μs，周边部位有些地方可见载流子寿命较短的区域。特别是图中虚线围起来的部分，通过显微镜进一步观察确认为微管聚集的区域，受此影响载流子寿命变短（0.5~0.9μs）。4H-SiC外延层存在多种扩展缺陷，探明其对载流子寿命分别存在何种影响，将成为今后研究的课题。

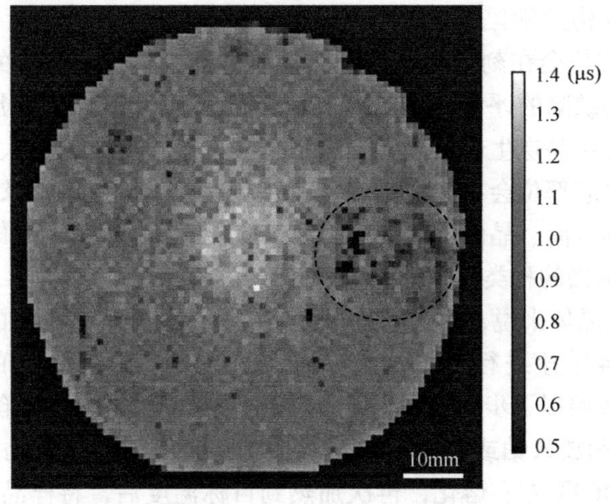

图6.1.25 4H-SiC外延晶片直径3in载流子寿命成像

参考文献

1） S. G. Sridhara, R. P. Devaty, and W. J. Choyke, *J. Appl. Phys.* 84, 2963（1998）.
2） P. B. Klein, *J. Appl. Phys.* 103, 033702（2008）.
3） L. Storasta and H. Tsuchida, *Appl. Phys. Lett.* 90, 062116（2007）.
4） T. Tawara, H. Tsuchida, S. Izumi, I. Kamata, and K. Izumi, *Mater. Sci. Forum* 457-460, 565（2004）.
5） K. Danno, D. Nakamura, and T. Kimoto, *Appl. Phys. Lett.* 90, 202109（2007）.
6） A. Galeckas, J. Linnros, M. Frischholz, and V. Grivickas, *Appl. Phys. Lett.* 79, 365（2001）.
7） A. Galeckas, J. Linnros, V. Grivickas, U. Lindefelt, and C. Hallin, *Appl. Phys. Lett.* 71, 3269（1997）.
8） T. Kimoto, K. Danno, and J. Suda, *phys. stat. sol.*（*b*）245, 1327（2008）.
9） T. Miyazawa, M. Ito, and H. Tsuchida, *Appl. Phys. Lett.* 97, 202106（2010）.
10） D. K. Schroder, *Semiconductor Material and Device Characterization*, 3rd edition（Wiley, New Jersey, 2006）p. 389.

6.2 SiC的缺陷评估

6.2.1 采用化学刻蚀评估位错

1. SiC位错评估与熔融盐刻蚀

半导体单晶体的缺陷刻蚀测量方式，广泛应用于单晶体中的位错、堆垛层错缺陷、晶界等构造缺陷评估。使用化学药品对晶体表面进行化学药品刻蚀（腐蚀），缺陷部位会在刻蚀表面形成腐蚀坑。通过分析腐蚀坑的形状与分布，可以实现对结晶缺陷的评估。腐蚀坑产生于晶体表面上化学势比周围高的部位，从原理上来说是结晶逆生长的现象。一般来说，晶格应变非常大的部分，或存在悬空键的位错芯部位会有选择地受到刻蚀。因此腐蚀坑的形状由位错缺陷的种类、位错线的方向、晶体的对称性决定，从它的形状能够判断缺陷的种类。

2. 熔融盐刻蚀的种类与刻蚀方法

对于SiC单晶体来说，由于其化学性质稳定，很难溶于一般的酸或碱溶液，所以使用高温熔融盐进行刻蚀。在多种刻蚀剂中，最为常用的是氢氧化钾（KOH）。一般按照以下步骤使用KOH熔融液进行SiC单晶体缺陷检查刻蚀。

将KOH试剂放入铂或者镍制的坩埚中，在具有温度调节功能的电炉内加热，KOH会在400℃左右熔化，再次加热到目标温度后，将样品用铂或镍制的夹具放入熔融液中，按需要时间进行刻蚀。使用光学显微镜观察腐蚀坑，便于观测腐蚀坑的标准刻蚀条件是在500～530℃下刻蚀几分钟到10min左右。不过温度越高，时间越长，刻蚀的程度越大，所以随着用于观测的样品的改变，也必须改变参量。同时，表面会残留加工应变，由此引起的腐蚀坑也时有出现。并且，加工应变造成的腐蚀坑与晶体缺陷造成的腐蚀坑形状不同，可以区分出来，但加工应变造成的腐蚀坑会生长到覆盖晶体缺陷造成的腐蚀坑的大小，所以必须充分去除加工应变。

使用以上方法对 SiC {0001} 衬底进行刻蚀时，(0001) Si 面侧会由于缺陷而产生腐蚀坑，$(000\bar{1})$ C 面侧整体刻蚀速度快，难以出现缺陷带来的表面凹凸。

3. 刻蚀中出现的腐蚀坑与位错的对应关系

在对腐蚀坑与位错对应关系进行说明之前，先对有关位错的术语定义进行说明。位错的位移矢量称为柏氏矢量，柏氏矢量 ($\boldsymbol{b}$) 与位错线的方向 (t) 之间的关系为 $\boldsymbol{b} \perp t$ 的缺陷称为刃位错，$\boldsymbol{b}//t$ 的缺陷称为贯通螺旋位错，其他的情况称为混合位错。堆垛层错缺陷与理想晶体的交界处存在的位错称为不全位错，晶体中独立存在的位错称为全位错[1]。

SiC 单晶体 (0001) Si 面 $<11\bar{2}0>8°$偏轴衬底使用 CVD 法进行外延生长后，经过熔融盐刻蚀的表面如图 6.2.1 所示。图 a 中，可以观察到六边形的大型 (L)、中型 (M)、小型 (S) 与贝壳状 (O) 4 种腐蚀坑。六边形的大型、中型、小型腐蚀坑都归类为贯通 c 面的贯通位错 (Threading Dislocation, TD)。图 b展示了这些贯通位错的典型腐蚀坑截面。柏氏矢量的区别表现在腐蚀坑的大小上，大型腐蚀坑为 $\boldsymbol{b} = <0001>n$(4H-SiC 是 $n=3$ 以上) 时，称为微管。中型腐蚀坑为 $\boldsymbol{b} = <0001>$且 $\boldsymbol{b}//t$ 时，称为贯通螺位错 (Threading Screw Dislocation, TSD)。小型腐蚀坑为 $\boldsymbol{b} = 1/3 <11\bar{2}0>$ 且 $\boldsymbol{b} \perp t$ 时，称为贯通刃位错 (Threading Edge Dislocation, TED)[2]。微管是 Frank 在 1951 年预言过的中空位错缺陷 (hollow core dislocation) 中的一种，是由于贯通螺旋位错的柏氏矢量变得极大，位错中心变为中空而形成的[3]。由于位错芯变为中空，大型六边形腐蚀坑中心无底，观测时呈现为黑色腐蚀坑。

图6.2.1a 中贝壳状的腐蚀坑是存在于 (0001) 面 (衬底面) 上的位错，称为基平面位错 (Basal Plane Dislocation, BPD)。图 6.2.1c 展示了典型的 BPD 腐蚀坑截面。大部分 BPD 为 $\boldsymbol{b} = 1/3\ [11\bar{2}0]$, $1/3\ [\bar{2}110]$, $1/3\ [1\bar{2}10]$ 等的全位错。熔融盐刻蚀中无法区分柏氏矢量，所以无法区分螺旋位错、刃位错、混合位错。

SiC 基平面内比较容易混入堆垛层错缺陷。堆垛层错缺陷的边缘存在理想晶体与堆垛层错缺陷的差别，会形成不全位错。这一不全位错存在于基平面，所以在熔融盐刻蚀中以贝壳形状的腐蚀坑形式存在，堆垛层错缺陷部分与理想晶体部分刻蚀速度不同，所以进行熔融盐刻蚀时会呈现为线状腐蚀坑。不全位

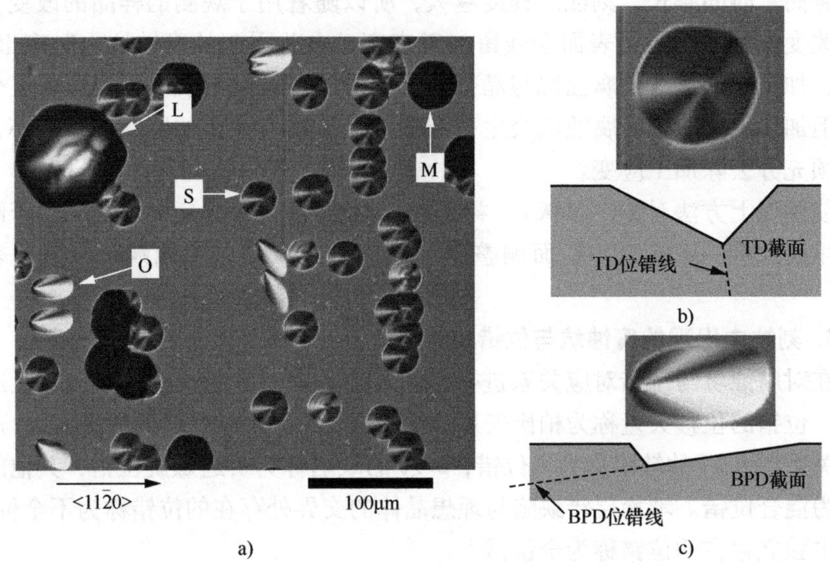

图 6.2.1　位错的腐蚀坑图像与截面图

错存在于堆垛缺陷的边缘，所以线状腐蚀坑的边缘会形成贝壳状腐蚀坑。堆垛层错缺陷的宽度极小（1μm 以下）时，很难区分不全位错与全位错。表 6.2.1 中总结了腐蚀坑形状与缺陷的对应关系。

表 6.2.1　腐蚀坑形状与缺陷的对应关系

缺陷种类	腐蚀坑形状	柏氏矢量	位错面向
微管：MP (MicroPipe)	大型六角形状	<0001>n	t//c 轴
贯穿螺旋位错：TSD (Threading Screw Dislocation)	中型六角形状	<0001>	t//c 轴
贯穿刃位错：TED (Threading Edge Dislocation)	小型六角形状	1/3<11$\bar{2}$0>	t//c 轴
基平面位错：BPD (Basal Plane Dislocation)	贝壳形状①	1/3<11$\bar{2}$0>	t⊥c 轴
堆垛层错：SF (Stacking Faults)	线状 （两端呈贝壳形状①）	—	—

① 表现为贝壳形状的蚀刻坑多数在 $\boldsymbol{b}$=1/3<11$\bar{2}$0>，部分堆垛层错的位错也有出现。

4. 掺杂物浓度与腐蚀坑的刻蚀速度

腐蚀坑形状及大小有时会根据熔融盐的种类不同而有所差异。在这里对使用 KOH 进行刻蚀的情况进行说明。SiC 中的掺杂物浓度改变时，在相同刻蚀条件下 TSD 的腐蚀坑直径也会发生变化。图 6.2.2 表示了不同掺杂物浓度下腐蚀坑的刻蚀速度的变化[4]。在含有 p 型掺杂物的情况下，TSD 的腐蚀坑是清晰的六边形，掺杂物浓度升高，腐蚀坑的刻蚀速度加快；在含有 n 型掺杂物的情况下，10^{14} ~ 10^{17} cm^{-3} 的范围内基本保持相同的刻蚀速度，而 10^{18} cm^{-3} 以上的高浓度区域中刻蚀速度变慢。并且 n 型高浓度（10^{18} cm^{-3} 以上）的情况下，TD 的腐蚀坑外沿变得圆滑，难以区别 TSD 与 TED。

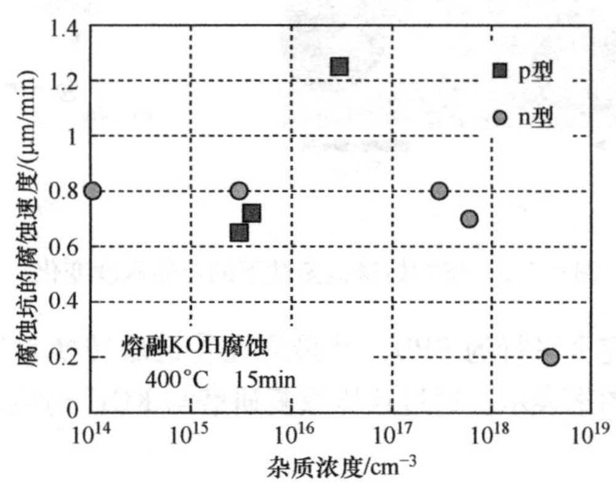

图 6.2.2　不同掺杂物浓度下腐蚀坑的刻蚀速度的变化

5. 再增加 KOH

图 6.2.3a 为在（0001）Si 面 <11$\bar{2}$0> 8°偏轴衬底上使用亚稳态溶剂外延（MSE）法进行外延生长后，进行 KOH 刻蚀的图像，图 b 是向图 a 中再增加 KOH 进行刻蚀的图像。如果在进行过一次 KOH 刻蚀后，再次增加 KOH 进行刻蚀，腐蚀坑形状会变大，与图 a 相比，图 b 中的 BPD 与 TED 的位错芯的距离变大。图 c 为 BPD 截面的示意图。进行增加 KOH 的刻蚀，使得刻蚀沿着位错芯更加深入。通过增加熔融盐刻蚀，可以得到位错深度方向的信息。

图 6.2.3b 的位错在增加 KOH 之前，呈现为 TED 的腐蚀坑形状，增加 KOH 后刻蚀深度增大，呈现为 BPD 的腐蚀坑形状。这解释了晶体生长过程中 BPD 转变为 TED 的现象。

6. 研磨 + 熔融盐刻蚀

图 6.2.4 为（0001）Si 面 <11$\bar{2}$0> 8°偏轴衬底上使用 MSE 法进行外延生长，重复研磨及 KOH 刻蚀的结果。从生长膜厚与研磨量的关系可以得知，①为衬底与外延层的界面附近，同样②、③、④展示了生长膜厚逐渐变厚的范围。用圆圈出来的位错中，①区域可观测到朝向 <1$\bar{1}$00> 方向的 BPD，稍微进行外延生长的②区域可观测到向 <11$\bar{2}$0> 扭曲的 BPD，进一步生长的③区域已经变

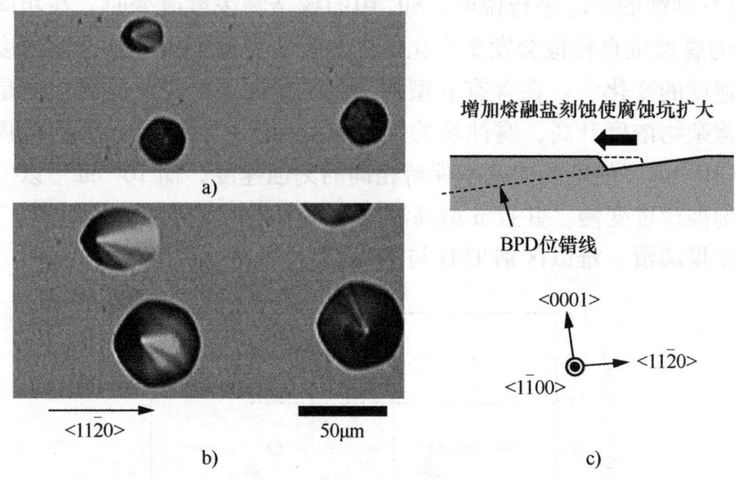

图 6.2.3　增加熔融盐刻蚀下的位错深度变化

为与 < 11$\bar{2}$0 > 方向完全平行的 BPD，并最终在④区域转换为 TED。这一结果用图 6.2.4 中的示意图来表示。通过这样重复研磨与 KOH 刻蚀，可以分析生长中位错的演变过程。

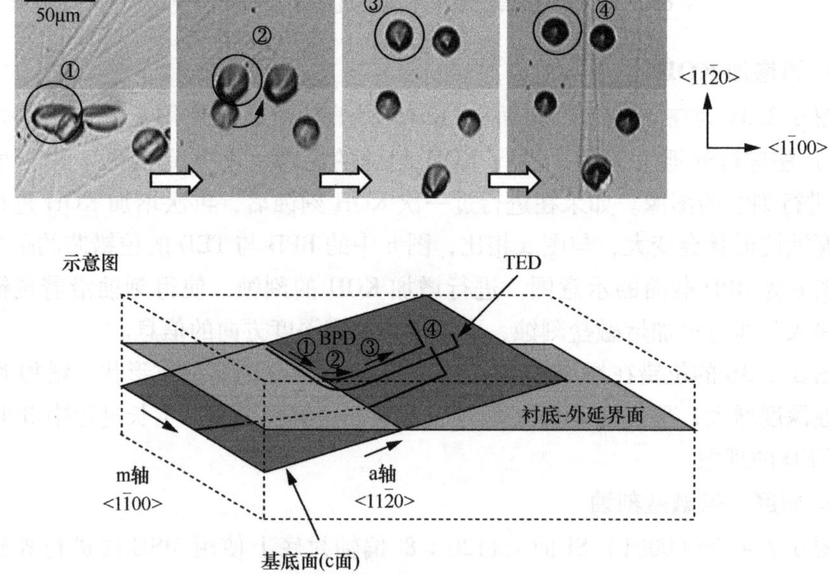

图 6.2.4　通过研磨 + 熔融盐刻蚀得出的位错轨迹

7. NaOH：KOH 和 Na_2O_2：KOH 的超微腐蚀坑

上述 n 型掺杂物浓度升高，KOH 刻蚀中贯通位错的腐蚀坑形状呈圆形，难以区分TSD与TED。近年来，有人提出对n型掺杂物浓度较高的普通衬底使用NaOH：KOH=1：1的共融混合物熔融盐刻蚀[4]，或使用Na_2O_2：KOH=1：1的共融混合物熔融盐刻蚀[5]。特别是Na_2O_2+KOH共融混合物熔融盐刻蚀能够完全区分TSD与TED，有望成为区分衬底位错的有效方法。

将刻蚀时间极大缩短，会形成100nm左右的极小腐蚀坑，也有使用低加速电压SEM等来进行观察的方法[6]。这一方法有可能得到腐蚀坑形成初期的信息，除此之外，由于腐蚀坑尺寸极小，以前只能TEM观测的10nm左右微型结构变得比较容易观察了。

参考文献

1）鈴木秀次：転位論入門，アグネ（1967）.
2）J. Takahashi, M. Kanaya, and Y. Fujiwara, *J.Cryst.Growth* 135, 61（1994）.
3）F. C. Frank, *Acta Crystallogr.* 4, 497（1951）.
4）奥山貴樹，高橋徹夫，石田夕起，児島一聡，加藤智久，中村勝光，滝沢武男，奥村元：「溶融塩（KOH, NaOH）エッチングによるSiC結晶のピット形成」SiC及び関連ワイドバンドギャップ半導体研究会第16回講演会　予稿集（2007）p. 63.
5）石川由加里，姚永昭，菅原義弘，斉藤広明，旦野克典，鈴木寛，河合洋一郎，柴田典義：「Na_2O_2を添加した溶融KOHエッチングによる高ドープn型4H-SiCの転位検出」SiC及び関連ワイドバンドギャップ半導体研究会第19回講演会　予稿集（2010）p. 20.
6）一色俊之，浜田信吉，中村勇，池田孝，西尾弘司：「極微細エッチピット法／SEM法によるSiC結晶欠陥のサブミクロン評価」SiC及び関連ワイドバンドギャップ半導体研究会第17回講演会　予稿集（2008）p. 44.

6.2.2　X射线形貌法下的位错、堆垛层错缺陷等的评估

4H-SiC晶片以及外延层中的高密度位错与堆垛层错缺陷，会对4H-SiC电力电子器件性能造成较大影响。评估4H-SiC电力电子器件中存在的缺陷的分布状态，以及器件制作过程中缺陷状态的变化，明确位错及堆垛层错缺陷怎样影响电力电子器件的特性十分重要。

X射线形貌法是一种能够轻松观察到晶体中的位错及堆垛层错缺陷等晶格缺陷的方法。与透射电子显微镜法相比，具有无须制备检测用薄膜样品、容易实现晶片整体以及电力电子器件整体检测的优势，同时也有检测到的图像分辨率较差的短板。特别是，如图6.2.5所示的配置，从几乎平行于晶片表面的角度入射X射线，在适当的晶体面引发衍射来观察缺陷的掠入射（或者是小角入射）X射线形貌法，近年来广泛应用于4H-SiC电力电子器件的研究中。射出晶体外的X射线并不带有晶体深处的信息，可以做到仅观察近表面的晶格缺陷图

像。可以不受晶片中的大量缺陷的干扰，轻松实现晶片表面的外延层或者使用外延层制成的电力电子器件内部的位错及堆垛层错缺陷等的检测。

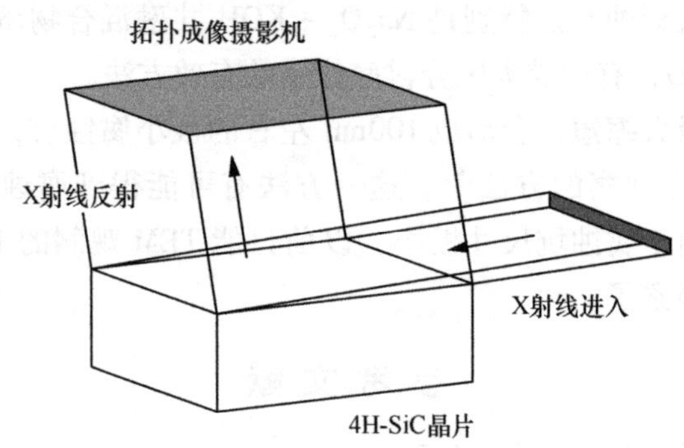

图 6.2.5　掠入射的 X 射线形貌学的实验配置

这一方法正在应用于 SiC 电力电子器件制作工序带来的位错结构变化的检测，以及电力电子器件性能下降原因的分析。例如，大野团队[1]使用该方法对外延层生长中伴随的位错结构的变化进行了观察，发现了衬底面位错在外延层中转变为贯通刃位错。并且，该方法也用于观察随着外延层生长在衬底与外延层的界面发生的界面位错[2,3]、制作 pn 结的结构时偶尔形成于 pn 结界面附近的界面位错[4]等。在查明 pn 结界面上反向偏置漏电流发生的原因时，也在使用掠入射的 X 射线形貌法。特别是为了降低接触电阻而在表面附近注入大剂量离子的 pn 结的结构中，在比表面更深的位置形成的 pn 结界面位置上，贯通螺旋位错周围点缺陷聚集，进而导致部分贯通螺旋位错部位发生漏电的现象引发讨论[5]。使用本方法可以表征 pn 二极管中的位错密度，以及二极管特性的波动与性能的统计相关性[6]。该方法也可用于分析 MOS 结构的性能降低原因，可以检查到 SiO_2/SiC 界面上的贯通螺旋位错的终端部位发生电击穿[7]。X 射线形貌实验表明，外延层生长时贯通螺旋位错的表面终端部位会形成凹凸，这些带有外延层的晶片上形成 SiO_2/SiC 界面时，界面上也会形成凹凸，这就是造成 MOS 结构性能下降的原因之一。除了上述用途，该方法也被应用于商用晶片的入库检验。

在这里对近年来应用的掠入射 X 射线形貌法进行简述说明。

1. 4H-SiC 晶片的形状与晶体学

4H-SiC 晶片的形状由 SEMI 标准[8]来规定，商用晶片通常都遵循这一标准。较长的第 1 定向平面在［$1\bar{1}00$］晶带轴方向，较短的第 2 定向平面在［$\bar{1}\bar{1}20$］晶带轴方向。［0001］方向朝第 2 定向平面方向偏斜 8°、4°，或者微倾斜角度切割。晶片的形状与晶体取向的关系如图 6.2.6a、b 所示。晶体取向定义唯一。4H-SiC 与 Si 相比，晶体结构的对称性较低，对晶片进行切割使其［$\bar{1}\bar{1}20$］方向具有特异性，外延层生长、器件制造工艺使这一特异性显现出来。为避免其带来的混乱，4H-SiC 的晶体取向等不会采用模糊的表达，只有唯一的表述。特别是，位错以及堆垛缺陷的辨认中，晶体取向及晶面的正确唯一表述非常重要。

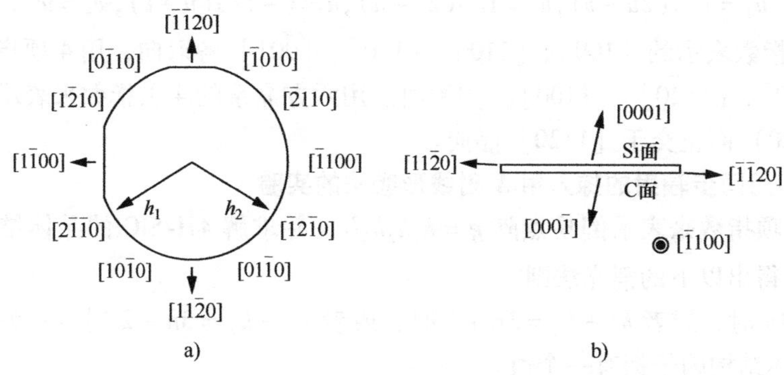

图 6.2.6

a）从 Si 面看晶片时的定向平面与晶体取向 b）从［$\bar{1}$100］方向看时的晶体取向

为避免混乱，在六方晶系中，使用密勒指数中的 4 项指数 h_1、h_2、h_3、l_h 来表达晶体取向、晶面以及倒格矢。单斜晶系中晶面的密勒指数的 3 项指数 h、k、l 之间存在如下关系：

$$h_1 = h, h_2 = k, h_3 = -(h+k), l_h = l$$

图 6.2.7 展示了用六方晶系中的 4 项指数以及单斜晶系中的 3 项指数来表示晶格面的情况。如图所示，作为单斜晶系，以 3 项指数来表示的（100）、（110）、（001）各面表示为（10$\bar{1}$0）、（11$\bar{2}$0）、（0001）。

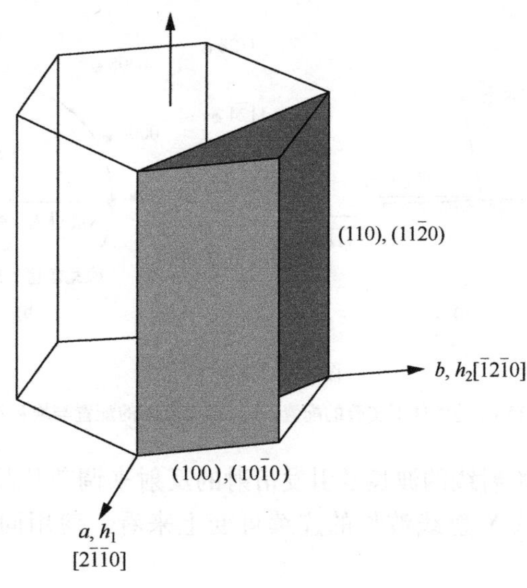

图 6.2.7 六方晶系的结晶方位和结晶面

并且，表示晶体取向的4项指数 u_1、u_2、u_3、w_h 与3项指数 u、v、w 之间存在如下关系：

$$u_1=1/3(2u-v),u_2=1/3(2v-u),u_3=-1/3(u+v),w_h=w$$

3项指数表示的［100］、［110］、［$\bar{1}$10］、［001］各取向，用4项指数表示为［$2\bar{1}\bar{1}0$］、［$11\bar{2}0$］、［$\bar{1}100$］、［0001］。用六方晶系的4项指数来表示时，例如，($11\bar{2}0$) 面正交于［$11\bar{2}0$］晶向。

2. 利用同步辐射的掠入射 *X* 射线形貌法的实验

用4项指数来表示倒易点阵 $\boldsymbol{g}=h_1h_2h_3l_h$，并求解4H-SiC的晶体结构因子时，可以得出以下的消光法则[9]：

$l_h=4n$ 时，或者 $h_1-h_2=3n+1$ 时，或者 $h_1-h_2=3n+2$ 时（n 为任意整数），晶体结构因子拥有一个值。

考虑到消光法则，选用方便观察位错及堆垛层错缺陷的反射来设定实验条件。$\boldsymbol{g}=\bar{1}\bar{1}28$、$\lambda=0.15\text{nm}$ 的条件下实验的配置如图6.2.8a所示，图6.2.8b展示了在这一条件下的倒易点阵的配置与埃瓦尔德衍射球的关系。$\lambda=0.15\text{nm}$ 的埃瓦尔德衍射球设定为与 $\boldsymbol{g}=\bar{1}\bar{1}28$ 的倒易点阵相接。

入射X射线的辖域越小，或者样品与图像摄影设备之间的距离越近，形貌图像的分辨率就越高。为了能在一定程度上满足两者，会使用同步辐射设备。掠入射形貌法的实验中，利用了Si（111）面衍射的2个晶体进行准直[10]，通常在入射X射线峰值的半高宽 $\omega=2.2\text{s}$ 的情况下进行实验，图像摄影设备使用X射线视觉相机或者X射线平板探测器，图像的摄影使用分辨率较高的核乳胶板。

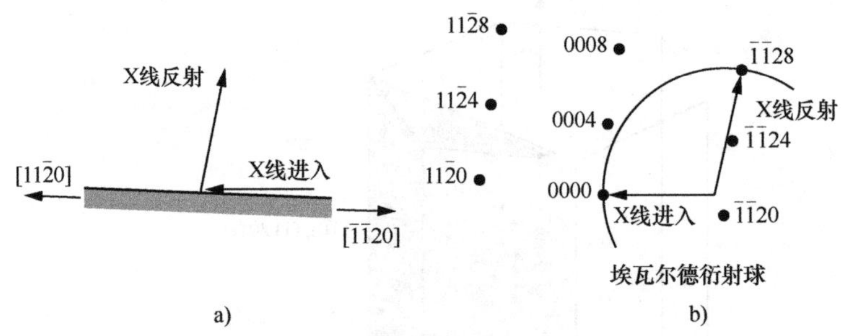

图 6.2.8

a）$\boldsymbol{g}=\bar{1}\bar{1}28$、$\lambda=0.15\text{nm}$ 的条件下实验的配置 b）倒易点阵的配置与埃瓦尔德衍射球的关系

可以通过选择X射线的波长及引发衍射的反射来调节从晶体表面到内部的X射线穿透深度。从X射线波长的连续可变上来看，使用同步辐射设备也很方便。

形貌观察的位错成像对比度存在以下规则[11]：

$$\boldsymbol{g} \cdot \boldsymbol{b} = 0 \tag{6.2.1}$$

$$(\boldsymbol{\xi} \times \boldsymbol{g}) \cdot \boldsymbol{b} = 0 \tag{6.2.2}$$

式中，$\boldsymbol{g}$ 为倒格矢，$\boldsymbol{b}$ 为位错的柏氏矢量，$\boldsymbol{\xi}$ 为表示位错线方向的单位矢量[12]。位错的柏氏矢量与位错线的方向平行或者是反平行的螺旋位错的情况下，满足式（6.2.1）时，位错的成像对比度消失。图 6.2.9 是使用掠入射 X 射线形貌法观察到的位错环的一个示例，图 a 为 $\boldsymbol{g} = \bar{2}118$ 满足布拉格条件的状态，图 b 为 $\boldsymbol{g} = 0\bar{1}18$ 满足布拉格条件的状态。

位错的柏氏矢量正交于位错线的方向的刃位错中满足式（6.2.1）和式（6.2.2）两者时，对比度消失。图 6.2.9b 中黑色箭头指示的部分的对比度消失，所以黑色箭头所指部分为面位错的螺旋位错，螺旋位错平行或者反平行于柏氏矢量，所以这一位错的柏氏矢量为 $\boldsymbol{b} = \pm 1/3[2\bar{1}\bar{1}0]$。位错的柏氏矢量随着位错环保存下来。位错环的 CB 之间正交于柏氏矢量，所以是面位错的刃位错部分。这里不做详细的分析，但需要实验证实[13]的是，位错环的黑色对比度部分是 C（碳）核的刃位错部分，由此才能最终求导出柏氏矢量为 $\boldsymbol{b} = 1/3[\bar{2}110]$。

位错以及堆垛层错缺陷，使引发衍射的反射发生变化时，对比度会发生变化或者消失，应用这一性质，可以辨认位错的柏氏矢量以及位错的种类，也可以对未知缺陷进行分析。这种方法被称为 $\boldsymbol{g} \cdot \boldsymbol{b}$ 分析，与使用透射电子显微镜的缺陷分析方法类似[11,14-16]。位错的成像等不是在观察位错本身，而是位错周边缓慢变化的晶格应变的对比度。需要注意的是，这些对比度的差值等也取决于入射 X 射线的散度，以及样品与图像摄影机器间的距离。

以上就是对掠入射 X 射线形貌法基础事项的描述，详细内容请见参考文献。

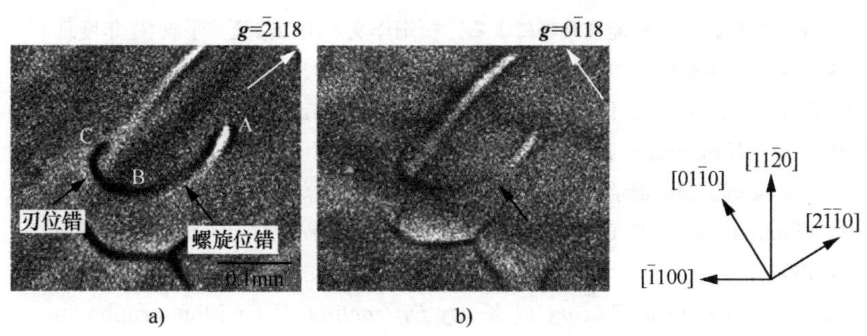

图 6.2.9

a）$\boldsymbol{g} = \bar{2}118$ 满足布拉格条件时观察到的面位错环成像 b）$\boldsymbol{g} = 0\bar{1}18$ 满足布拉格条件时相同位错环成像

注：图中白色箭头表示入射 X 射线方向。

参考文献

1） T. Ohno, H. Yamaguchi, S. Kuroda, K. Kojima, K. T. Suzuki, and K. Arai, *J. Cryst. Growth* 260, 209 (2004) ; T. Ohno, H. Yamaguchi, S. Kuroda, K. Kojima, T. Suzuki, and K. Arai, *J. Cryst . Growth* 271, 1 (2004).

2） H. Matsuhata, H. Yamaguchi, I. Nagai, T. Ohno, R. Kosugi, and A. Kinoshita, *Mater. Sci. Forum* 600-603, 309 (2009).

3） H. Tsuchida, I. Kamata, K. Kojima, M. Momose, M. Odawara, T. Takahashi, Y. Ishida, and K. Matsuzawa, *Mater. Res. Soc. Symp. Proc.* 1069, 123 (2008).

4） 松畑洋文，山口博隆，田中保宣：SiC及び関連ワイドギャップ半導体研究会第18回講演会 予稿集（2009）p. 106.

5） T. Tsuji, T. Tawara, R.Tanuma, Y. Yonezawa, N. Iwamuro, K. Kosaka, H. Yurimoto, D. Kobayashi, H. Matsuhata, K. Fukuda, H. Okumura, and K. Arai, *Mater. Sci. Forum* 645-648, 913 (2010).

6） 小杉亮治：SiC及び関連ワイドバンドギャップ半導体研究会第4回個別討論会予稿集（2009）p. 60.

7） T. Suzuki, H. Yamaguchi, T. Hatakeyama, H. Matsuhata, J. Senzaki, K. Fukuda, T. Shinohe, and H. Okumura, *Mater. Sci. Forum* 717-720, 789 (2012).

8） SEMI (Semiconductor Equipment and Materials International) International Standards M55-0308.

9） 結晶構造因子の導出について，B. C. カリティ，X線回折要論，松村源太郎訳，アグネ承風社（1980）.

10） 菊田惺志：X線回折・散乱技術（上），東京大学出版会（1992年）.

11） B. K. Tanner, *X-ray Diffraction Topography* (Pergamon Press, Oxford, 1976) P. 100.

12） J. P. Hirth and J. Lothe, *Theory of Dislocations*, 2nd edition (John Wiley and Sons, 1982).

13） 透過型電子顕微鏡高分解能像観察による．松畑洋文，山口浩隆：平成21年度日本結晶学会年会予稿集（2009）OA-I-05；Cコア転位，Siコア転位については以下を参照，P. Pirouz, J. L. Demenet, and M. H. Hong, *Phil Mag. A* 81, 1207 (2001) ; X. J. Ning and P. Pirouz, *J. Mater. Res.* 11, 884 (1996).

14） 坂公恭：結晶電子顕微鏡学，内田老鶴圃（1997）.

15） D. B. Williams and C. B. Carter, *Transmission Electron Microscopy* (Plenum Press, 1996).

16） A. Authier, *Dynamical Theory of X-ray Diffraction*, IUCr Monographs on Crystallography II (Oxford Science Publications, New York, 2001).

6.2.3 深能级评估

点缺陷是一个至数个原子的规模形成的晶体的缺陷的总称，具体有原子空位（vacancy）、间隙原子（interstitial）、掺杂物，以及它们的复合缺陷（complex，空位-掺杂物对、空位-逆置换原子对等）。不含特定掺杂物的点缺陷称为本征缺陷。点缺陷会局部扰乱电子的周期电势，在禁带中形成能级。特别是在能量上比用于掺杂的施主、受主的能级存在于更深位置的能级统称为深能级（deep level）[1]。

图 6.2.10 展示了深能级性质的示意图。深能级与导带的电子、价带的空穴发生相互作用，一般分为以下三种：

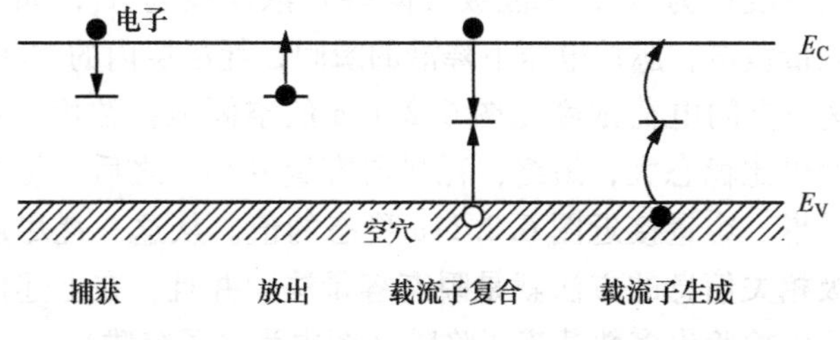

图 6.2.10　深能级与载流子的相互作用示意图

• 电子陷阱：主要是俘获导带电子与向导带释放电子。通常相当于距导带底较近的能级。

• 空穴陷阱：主要是俘获价带空穴与向价带释放空穴。通常相当于距价带顶较近的能级。

• 载流子复合/生成中心：导带的电子与价带的空穴通过介于导带和价带之间的能级能够大概率复合产生复合中心，或者是价带的电子通过深能级被激发至导带（导带中的电子、价带中的空穴成对生成）的生成中心。禁带中央位置附近的能级多称为有效的复合中心/生成中心。

这里，电子（空穴）陷阱会俘获载流子使其成为捕获电子（捕获空穴），半导体的电阻率增大，器件的电流减少。另一方面，如果能灵活运用适当的陷阱，那么利用补偿，可以显著降低载流子浓度，得到半绝缘的特性。半绝缘半导体中，几乎全部的载流子都会被俘获，费米能级钉扎于陷阱能级附近。载流子复合中心，顾名思义，可以限制载流子的寿命，载流子生成中心会增大器件的漏电流（起因是耗尽层内的载流子生成）。通过深能级来表述载流子浓度的时间变化的 Shockley-Read-Hall 模型（SRH 模型）相关内容，请参考半导体物理相关教科书。

如上所述，深能级俘获、放出载流子过程中，一般放出载流子过程比俘获过程慢，比较有代表性的评估深能级的方法是 DLTS（Deep Level Transient Spectroscopy，深能级瞬态谱）。这一方法，是肖特基势垒及 pn 结的耗尽层附近容易出现深能级，给载流子施加扰动（脉冲电压、脉冲光等），测定从深能级放出载流子以回到平衡状态的瞬态特性的分析方法[2]。在此，只简单考虑 n 型肖特基势垒中的深能级（一种）与导带中电子的相互作用（见图 6.2.11）。如图 6.2.11a所示，对肖特基势垒施加电压的状态设定为稳态。此时，能量在准费米能级之下的深能级（中性区中的全部，耗尽层内只有耗尽层端附近）被视为会俘获所有电子。接下来如图 6.2.11b 所示，施加适当的正脉冲电压后，耗尽层会缩小，除了肖特基势垒界面附近，所有的深能级都会俘获电子（俘获过程较慢）。之后，脉冲电压下降沿，如图 6.2.11c 所示，施加稳态电压后耗尽层扩大，这一耗尽层内的深能级无法瞬间放出电子（放出过程较慢），将这种 n 型半导体的施主浓度设为 N_D，深能级（陷阱）浓度设为 N_T，如果认为深能级捕获 1 个电子就带负电，脉冲电压下降沿的瞬间，耗尽层内的空间电荷浓度为 $e(N_D^+ - N_T^-)$。这一空间电荷浓度比图 6.2.11a 的空间电荷浓度（eN_D^+）小，所以耗尽层宽度变得比稳态大，最终，耗尽层容量变小。之后，使电子从深能级被缓缓放出到导带，容量接近图 6.2.11a 稳态的值。从这一耗尽层容量的时间变化得出深能级相关信息的方法就是瞬态容量法。并且，在上述使用肖特基势垒的情况下，可以检验出多数载流子陷阱（图中为电子陷阱）。

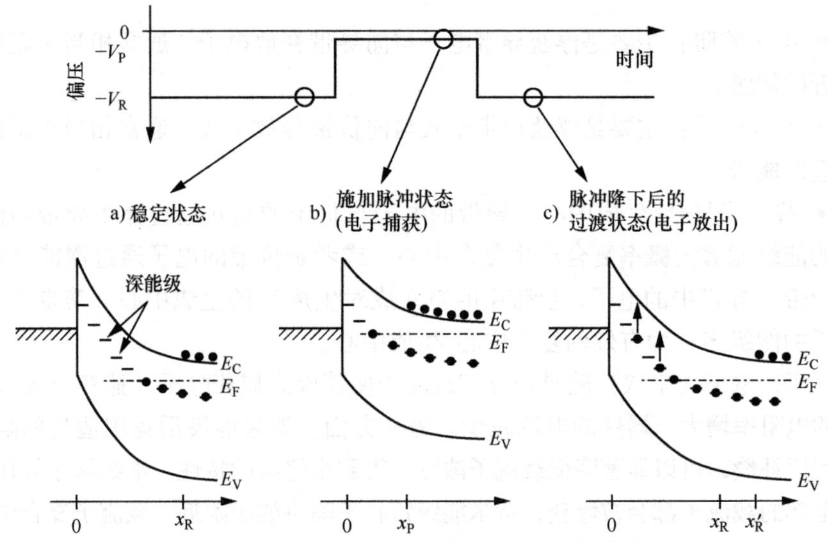

图 6.2.11　n 型肖特基结构深能级与导带中电子的相互作用（施加脉冲电压带来的瞬态现象）

从深能级放出的电子的时间常数满足以下公式[1,2]。

$$\tau = \frac{g}{\sigma v_{th} N_C} \exp\left(\frac{E_C - E_T}{kT}\right) = \frac{g}{\sigma v_{th} N_C} \exp\left(\frac{E_A}{kT}\right) \qquad (6.2.3)$$

式中，N_C 为导带的有效状态浓度，σ 为深能级俘获电子时的俘获截面积，v_{th} 为电子的热速度，E_A 为放出的激活能。E_A 从热力学观点来看表示能带端（上述情况为导带端）的能量深度（能级）。俘获截面积 σ 取决于深能级的荷电状态及俘获过程，取 $10^{-18} \sim 10^{-12}\text{cm}^2$ 的值。一般放出时间常数近似于陷阱能级远离禁带端的能量差，呈指数函数增长。图 6.2.11c 展示的瞬态状态中，耗尽层容量$C(t)$使用式（6.2.3）中的 τ，表示为

$$C(t) = \sqrt{\frac{e\varepsilon_s(N_D - n_T)}{2(V_d - V)}} = C_{st}\sqrt{1 - \frac{N_T\exp(-t/\tau)}{N_D}}$$

$$C_{st} = \sqrt{\frac{e\varepsilon_s N_D}{2(V_d - V)}} \tag{6.2.4}$$

式中，ε_s 为半导体的相对介电常数，V_d 为内建电场。考虑到深能级浓度远小于施主浓度（$N_T \ll N_D$）的情况，可以展开式（6.2.4）的平方根，能够近似成以下公式。

$$C(t) = C_{st}\left\{1 - \frac{N_T}{2N_D}\exp\left(\frac{t}{\tau}\right)\right\} \tag{6.2.5}$$

式（6.2.5）是 DLTS 法的基本公式，应用于各种分析过程。因此，在 DLTS 测定中，$N_T \ll N_D$（p 型的情况下为 $N_T \ll N_A$）不成立的情况下，应当注意无法得到正确评估的情况。利用傅里叶级数展开的 DLTS[3] 正被开发为瞬态容量$C(t)$的分析方法。图 6.2.12a 展示了从低温到高温改变温度的同时测定的瞬态容量示意图。在这里，脉冲电压的下降沿时刻用 $t=0$ 表示，$t=t_1$，$t_2(t_1<t_2)$ 时容量差 $\Delta C = C(t_2) - C(t_1)$ 对温度的关系曲线，用图 6.2.12b 表示。在极低的温度下，$t_1=t_2$ 时也无法放出电子，ΔC 几乎为 0。极高的温度下，$t_1=t_2$ 时已经放出全部电子，ΔC 仍然几乎为 0。在这中间的温度 T_P 下，DLTS 信号（ΔC）取最大值。这一最大温度 T_P 对应深能级的能量深度，最大高度与深能级（电子陷阱）的浓度（更严谨的说法为 N_T/N_D）呈比例关系。在这里，最大温度时放出的时间常数 τ 与测定参数 t_1、t_2 之间存在如下关系[2]。

$$\tau = \frac{t_2 - t_1}{\ln(t_2/t_1)} \tag{6.2.6}$$

多种 t_1、t_2 下进行 DLTS 测定，可以得到每次测定对应的（τ，T_P）。这一阿伦尼乌斯曲线的示意图如图 6.2.13 所示。在式（6.2.3）中，N_C 与 $T^{3/2}$ 成比例，v_{th} 与 $T^{1/2}$ 成比例，如果 σ 的温度关联度小，$\ln\tau T^2$ - $1/T$ 为直线，由这一趋势可以求得激活能（能级）E_A，由纵轴切片可以求得俘获截面积。深能级的浓度可以使用式（6.2.5）由 ΔC 计算得出。如果使用漏电流较小的样品进行高精度的容量测定，可以准确求得精度在 $N_T/N_D < 10^{-4}$ 的浓度。因此，如果使用 $1\times10^{15}\text{cm}^{-3}$的掺杂浓度的样品，检出最低限为 $10^{10} \sim 10^{11}\text{cm}^{-3}$。光致发光中，

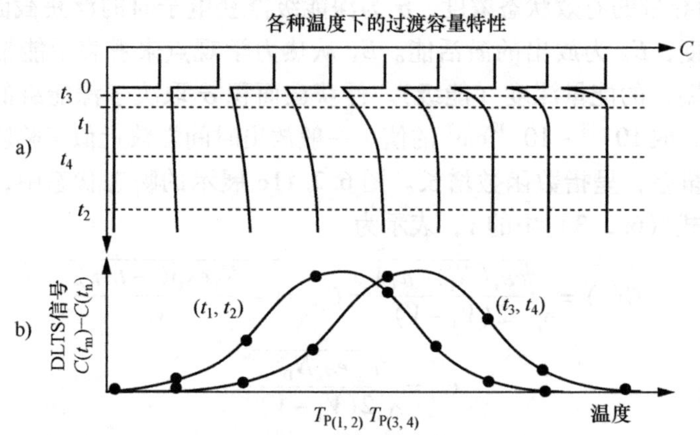

图 6.2.12 DLTS 的原理

a）结的瞬态容量特性 b）对应的 DLTS 信号

只能检出干预到伴随发光发生的辐射复合的缺陷，但 DLTS 在原理上可以检出所有拥有电气活性的深能级，可以测算其绝对浓度。并且，如果使用 pn 结施加正电压使得少数载流子注入，还能得到少数载流子陷阱的信息。

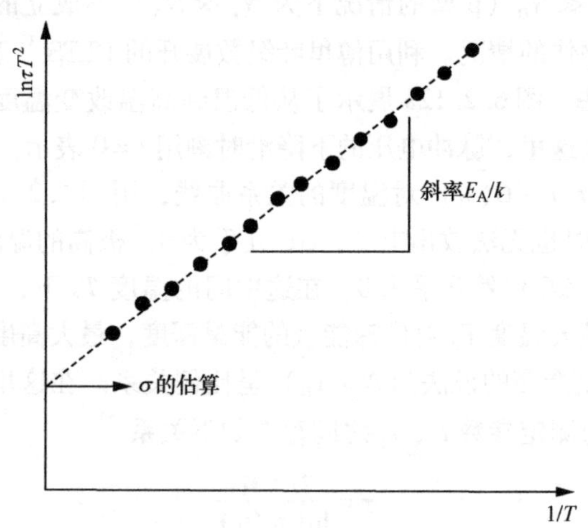

图 6.2.13 放出时间常数的阿伦尼乌斯曲线

将深能级（陷阱）用带电状态分类，可分为以下两类（只俘获 1 个电子或者空穴的能级）：

- 受主型陷阱：比费米能级低时为负（－e），高时为中性（高于费米能级为中性）。
- 施主型陷阱：比费米能级高时为正（＋e），低时为中性（低于费米能级为中性）。

例如，考虑到图 6. 2. 11 所示的 n 型半导体中的电子陷阱，分为以下几种：

- 受主型陷阱：俘获电子后为带负电，放出电子后为中性。
- 施主型陷阱：俘获电子后为中性，放出电子后带正电。

因此，施主型陷阱中，电子的俘获、放出受到陷阱的库仑势的影响。利用 Poole-Frenkel 效应，可以求出陷阱的带电状态。

图 6. 2. 14 展示的 n 型（N 掺杂），以及 p 型（Al 掺杂）4H-SiC 外延生长层上形成肖特基势垒测定到的 DLTS 光谱的一个示例。4H-SiC 的禁带宽度在室温下为 3. 26eV，禁带中央能级从导带/价带端偏离约 1. 6eV。因此，被开发用于 Si 或 GaAs 的 DLTS 测定装置（温度范围：约 30 ~ 500K），难以检测出足够深的能级，必须在 700K 以上的高温下进行 DLTS 测定。即使在这样的高温下，为了充分抑制漏电流，需要使用肖特基势垒较大的肖特基电极（n 型使用 Ni，p 型使用 Ti）进行 DLTS 测定。通过这些测定得到的 as-grown 4H-SiC 生长层上观察到的主要深能级如图 6. 2. 15 所示[3]。作为禁带中央附近的能级，在 n 型中检出 $EH_{6/7}$ 中心（E_C − 1. 55eV）[4]，p 型中检出 HK4（P1）中心（E_V + 1. 44eV）[5]。图 6. 2. 14 中表示的深能级都是热稳定的，最低在 1000℃左右的热处理下，浓度也几乎不会发生变化。但是，在施加 1550 ~ 1600℃ 的高温的热处理（Ar 气体）后，$Z_{1/2}$ 中心（E_C − 0. 65eV）[6] 与 $EH_{6/7}$ 中心以外的能级几乎都消失了。目前还没能做到图 6. 2. 14 中展示的主要深能级起源的认定，但可以推测为不含特定掺杂物的本征缺陷（含复合体）。起因是 SiC 生长层上观测到的掺杂物的深能级中，含硼（B）的 D 中心（E_V + 0. 47eV）[7]、污染造成的 Ti（E_C − 0. 12/0. 16eV）[6] 十分出名。

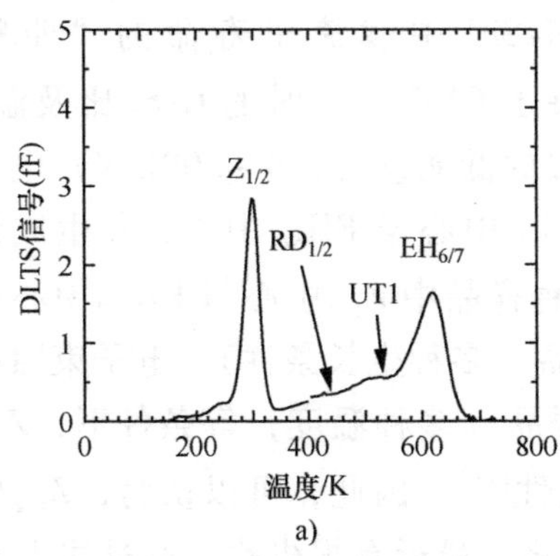

a)

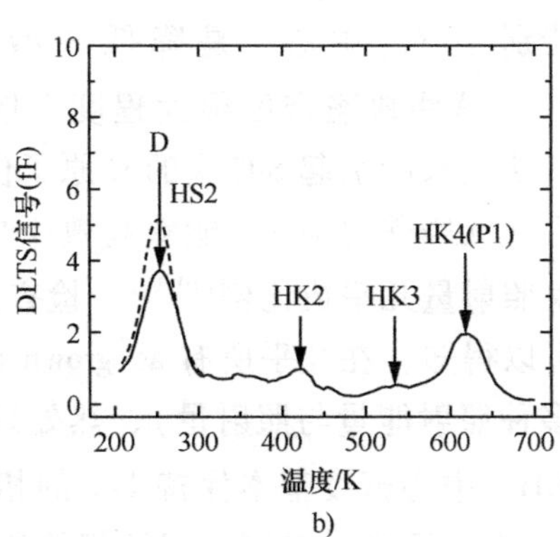

b)

图 6. 2. 14 SiC 肖特基势垒测定的 DLTS 光谱

a）n 型外延生长层 b）p 型外延生长层

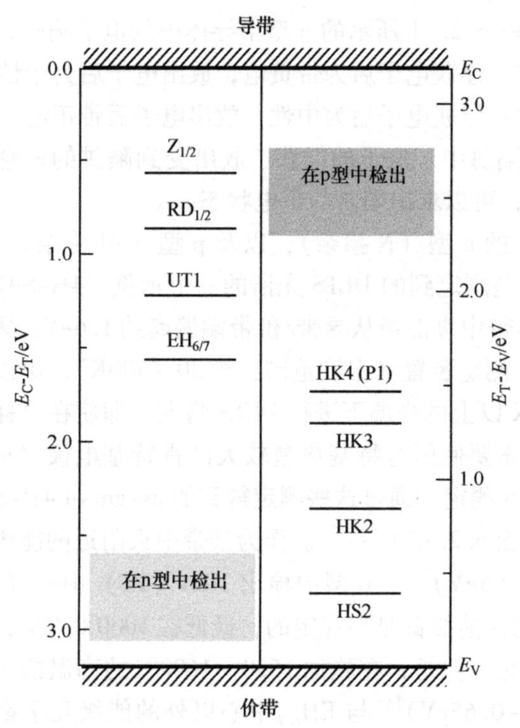

图 6.2.15 SiC 外延生长层上观测到的主要深能级

如上所述，as-grown SiC 生长层中最重要的深能级为 $Z_{1/2}$ 中心与 $EH_{6/7}$ 中心，特别是 $Z_{1/2}$ 中心，是降低 n 型 4H-SiC 中载流子寿命的“罪魁祸首”[8,9]。这些缺陷密度很大程度上取决于 CVD 生长时的 C/Si 比及温度。并且，使用只能引起 SiC 中的 C 原子位移的低能量（100～200keV）电子束照射后（无需热处理），能够高效生成 $Z_{1/2}$ 中心与 $EH_{6/7}$ 中心，其生成量与电子束照射量几乎成比例[10,11]。检查各种样品中 $Z_{1/2}$ 中心与 $EH_{6/7}$ 中心的相关性可以得知，在几乎所有 as-grown 样品（多种生长条件）、电子束照射样品（多种照射能量与照射量）、热处理样品（多种温度）等条件下，$Z_{1/2}$ 中心与 $EH_{6/7}$ 中心密度基本保持 1:1 的相关性[11]。因此，可以认为，$Z_{1/2}$ 中心与 $EH_{6/7}$ 中心至少是与同一起源相关的缺陷。最近有报告称，通过注入 C 离子以及退火，或者热氧化可以几乎完全消除这些缺陷，引发人们的关注[12,13]。同时，离子注入或干法刻蚀等器件工艺中生成的深能级的评估也在进步。

参考文献

1) A. G. Milnes, *Deep Impurities in Semiconductors* (1973).
2) D. V. Lang, *J. Appl. Phys.* 45, 3014 (1974).
3) T. Kimoto, K. Danno, and J. Suda, *phys. stat. sol.* (b) 245, 1327 (2008).
4) C. Hemmingsson, N. T. Son, O. Kordina, J. P. Bergman, E. Janzén, J. L. Lindström, S. Savage, and N. Nordell, *J. Appl. Phys.* 81, 6155 (1997).
5) K. Danno and T. Kimoto, *Jpn. J. Appl. Phys.* 45, L285 (2006).
6) T. Dalibor, G. Pensl, H. Matsunami, T. Kimoto, W. J. Choyke, A. Schöner, and N. Nordell, *phys. stat. sol.* (a) 162, 199 (1997).
7) S. G. Sridhara, L. L. Clemen, R. P. Devaty, W. L. Choyke, D. J. Larkin, H. S. Kong, T. Troffer, and G. Pensl, *J. Appl. Phys.* 83, 7909 (1998).
8) K. Danno, D. Nakamura, and T. Kimoto, *Appl. Phys. Lett.* 90, 202109 (2007).
9) P. B. Klein, *J. Appl. Phys.* 103, 033702 (2008).
10) L. Storasta, J. P. Bergman, E. Janzén, A. Henry, and J. Lu, *J. Appl. Phys.* 96, 4909 (2004).
11) K. Danno and T. Kimoto, *J. Appl. Phys.* 100, 113728 (2006).
12) L. Storasta, H. Tsuchida, T. Miyazawa, and T. Ohshima, *J. Appl. Phys.* 103 013705 (2008).
13) T. Hiyoshi and T. Kimoto, *Appl. Phys. Express* 2, 041101 (2009).

6.2.4　电子自旋共振（ESR）下的点缺陷评估

1. ESR 的原理及特征

电子自旋共振（Electron Spin Resonance，ESR）是一种在辨认晶体中的点缺陷及掺杂物时使用的评估法，该技术基于 ESR 光谱对缺陷及掺杂物的“波函数”反应极其敏感。

ESR 实验如图 6.2.16 所示。样品在边长 0.4cm × 高 1.5cm 以内，组装在安装有低温恒温器的微波谐振器内。向其中施加外部磁场 B，样品中会出现电子自旋取向。在这一状态下施加微波，微波能量 $h\nu$ 与电子自旋的塞曼能量 $g\mu_B B$ 是一致的，电子自旋反转，会引起微波的吸收。在这里，h 为普朗克常数，ν 为微波频率，g 为电子自旋 g 因子，μ_B 为玻尔磁子。ESR 中这一吸收能 $h\nu$ 恒定，通过扫描 B 进行检查。为了提高灵敏度，通常会在外部磁场施加 100kHz 的调制，用锁相放大器进行检出，所以能得到一元微分的信号。检出灵敏度为 1×10^9 个左右，通过比较标准样品与信号强度可以实现绝对定量。

从能级的角度来看，ESR 检出的电子自旋，相当于含有 1 个电子的能级。无法看到空能级（导带），或者带有 2 个电子的能级（价带）。也就是说，可以有选择地仅检出对于半导体最重要的禁带中的能级。即使是不带有 1 个电子的

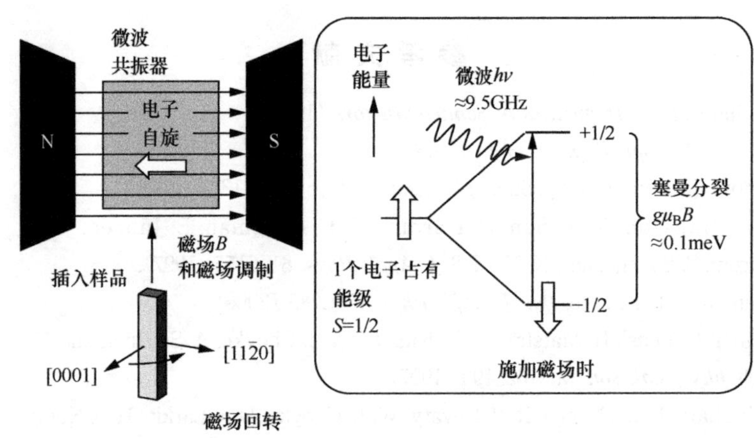

图 6.2.16　ESR 实验与原理

能级，也可以通过光激发或者电荷注入来改变荷电状态（或者是逆向的 ESR 信号消失现象）。与单色光激发组合在一起，可以检查能级的位置，这叫作光检出 ESR。

在 SiC 中，即使拿掉一个缺陷，*k* 位置与 *h* 位置的结构也会不同，由于在更宽的禁带上，会有 +2 ~ −2 左右的带电状态的变异。为了能够从中做出正确选择，离不开理论计算的支持。幸而后文中的“超精细分裂”能够通过第一性原理计算进行高精度的计算，也可以确保模型的有效性。

2. ESR 参数

从 ESR 实验中可以求得 g 因子（g）、超精细分裂（A）和精细分裂（D）。基本上 g 因子用其他光谱学中的“能量位置”来表示。之后的参数用相对由 g 因子决定的基准位置的位移量来表示，这里包含波函数的精确信息。准确来说，ESR 参数拥有各向异性，要用有 3 项主值与主轴坐标系的张量来表示。因此，随着主轴坐标系与磁场矢量 $\boldsymbol{B}$ 之间的角度的改变，g 及 A 的值也发生变化。SiC 的标准磁场旋转实验如图 6.2.16 所示，由角度变化可以求出各项参数的主值以及主轴坐标系。$\boldsymbol{B}$//[0001] 时，ESR 光谱最为简单，本书也将介绍这一角度的数据。模拟器对于角度变化的分析是有效的，在官网中也可以查阅到[1]。更为详细的内容请参考 ESR 教科书[2]或关于 SiC 点缺陷的英文文献[3]。

（1）g 因子（gyromagnetic ratio，旋磁比）

g 因子是为 ESR 信号分类的指标，可以由出现信号的共振磁场 B，用 $g = h\nu/\mu_B B = 71.4488 \times \nu[\mathrm{GHz}] \div B[\mathrm{mT}]$ 求出 g 因子。图 6.2.17 为 2MeV 电子束照射后的 p 型、n 型 4H-SiC 的 ESR 光谱，由 g 因子的不同来识别缺陷。g 张量的主轴坐标系能够精确反映缺陷的对称性，4H 或 6H 的情况下，基本是立方对称（T_d）、c 轴对称（C_{3v}）、(11$\bar{2}$0) 镜面对称（C_{1h}）其中之一。

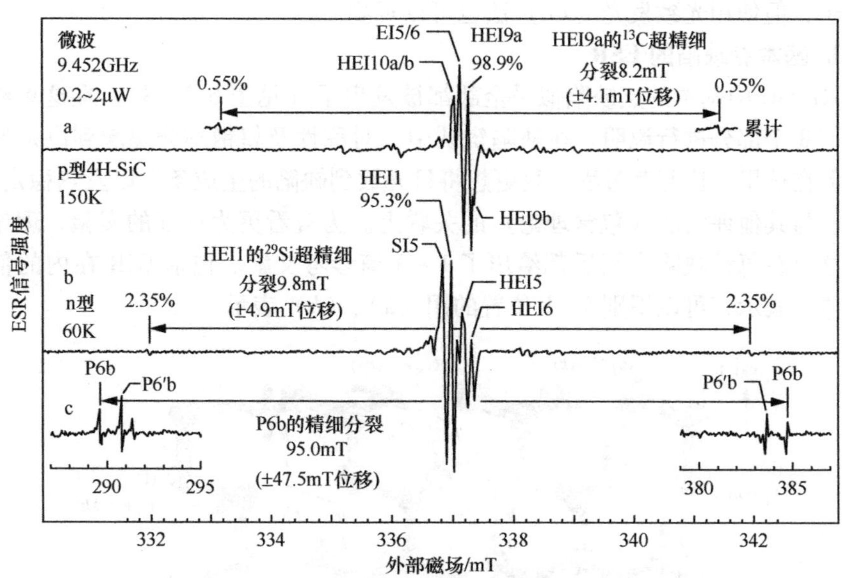

图 6.2.17 4H-SiC 的 ESR 光谱。曲线 a：p 型，电子束照射 2×10^{18}cm^{-2}@800℃，在暗态 60K 测定。曲线 b、c：n 型，电子束照射 1×10^{18}cm^{-2}@650℃，1.8eV 光照射，150K。磁场调制都是 0.05mT，100kHz

（2）超精细分裂（hyperfine splitting）

这一位移是由原子（核自旋）引起的内部磁场的信号位移，由此可以得出波函数的信息。由于 SiC 中原子的 s 轨道与 p 轨道为线性组合，其波函数较好表述，所以超精细分裂张量基本都是轴对称。其对称轴与 p 轨道轴一致，由各向异性可以求出 p 轨道密度，进而由各向同性求出 s 轨道密度。这些数据可以比第一性原理计算更为精密。

超精细分裂可以由 H、B、C、N、Al、Si、P 等几乎所有的主要原子观测到。核自旋的大小用 I 表示，ESR 信号以 $2I+1$ 的等间隔分裂，由此可以查明原子。但是，在碳和硅的情况下，有核自旋的同位素只有 $x\%$，所以超精细分裂也只有 $x\%$ 的强度比无法显现。碳为 ^{13}C（$x=1.1\%$，$I=1/2$），硅为 ^{29}Si（$x=4.7\%$，$I=1/2$），所以如图 6.2.17a、b 所示，只有 0.55% 与 2.35% 的信号。若要观测这些超精细分裂，ESR 信号必须非常强。

（3）精细分裂（fine splitting）

这一位移，是电子自旋产生的内部磁场带来的信号位移。电子自旋的大小用 S 来表示，S 为 1 以上（1/2 电子自旋 ×2 个以上）时发生位移，信号以 $2S$ 为单位分裂。图 6.2.17c 展示了其中一个例子。对于伴随精细分裂形成的能级来说，由于发生了通过光激发能级的 ESR 信号放大，难以进行密度定量及光检出 ESR，但使用光致发光（PL）法也可以观测。

3. 基本点缺陷的 ESR

4H-SiC 中基本的点缺陷似乎全部都被发现了（见图 6.2.18）。在这里将分为以下 8 个部分进行说明。在缺陷辨认中，对称性及超精细分裂起到决定性作用，但在这里，比起其过程，我更想将目光放到缺陷的生成条件以及热稳定性、能级、与其他评估法（包含理论）的关联上。为查看更为详细的实验、理论介绍，这里在每种缺陷介绍后都给出了 1~3 篇参考文献。包括 ESR 在内的信号用粗体字表示，可以识别 *k*、*h* 位置的用（*k*）、（*h*）表示。

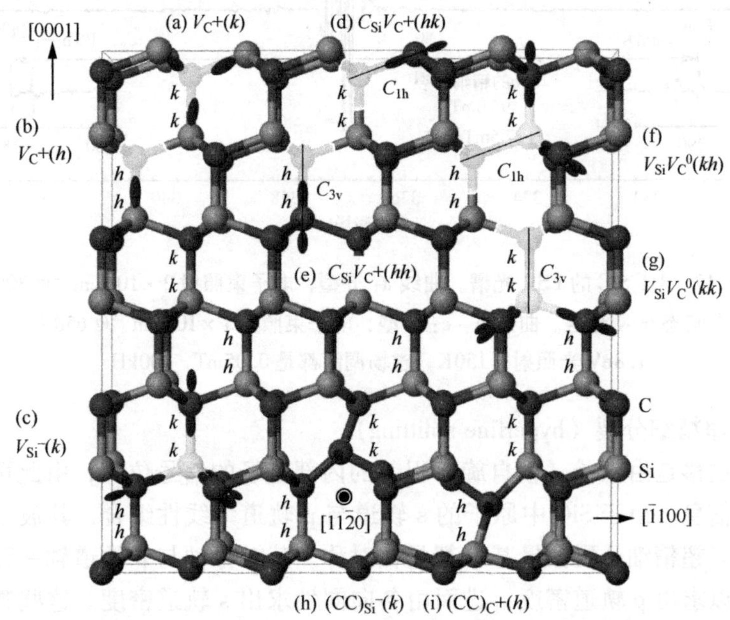

图 6.2.18　4H-SiC 的基本点缺陷。波函数分布示意图。不反映结构弛豫。

（1）碳空位（V_C）[4]——图 6.2.17 的（a）、（b），图 6.2.18 的（a）、（b）

4H 中称为 **EI5**（*k*）、**EI6**（*h*），6H 中称为 **Ky1**（*k*）、**Ky2**（*k*）、**Ky3**（*h*）。3C 中并没有发现碳空位。这些 ESR 信号与正电荷（$S=1/2$，C_{1h}/C_{3v}）的 V_C^+ 相对应，可以在 p 型半绝缘衬底上广泛观测到。由于 Si 与 C 的电负性关系，碳空位容易带正电，具有在 p 型中稳定的性质㊀。后文的硅空位中，这种倾向相反。不过，n 型 4H-SiC 中也能稍微观测到 −1 荷电（$S=1/2$，C_{1h}）的 **HEI1**（*h*）。人为干预的情况下，在 400~900℃的高温下进行电子束照射。室温下照射容易

㊀ 能够通过形成能（Formation Energy）准确判断缺陷的热稳定性。形成能越低越稳定，根据第一计算原理，V_C 在 p 型中形成能下降。

生成硅空位。

碳空位中会生成4个Si悬挂键，这些波函数在很大程度上重合，所以会出现大的晶格弛豫。基于这一特征，通过理论计算可以预测negative-U这一性质，但计算结果会有差异，V_C的ESR信号在暗态下出现的事实也与negative-U相悖。这一晶格弛豫在k、h位置上的完全不同也是V_C的特征。k位置的V_C与硅晶体的**G1/2**($V^{\pm}$)相似，可以在h位置上看到单独的C_{3v}弛豫结构。V_C成了实验与理论一致的理想范例，超精细分裂的实验值与计算值惊人的一致。

V_C的热稳定性仅次于后文中的复空位，应用电子束照射的情况下能达到1200℃左右，高纯度半绝缘性（HPSI）衬底上能达到1400℃。

关于能级，由光检出ESR可以求导出（+/0）能级为$E_V+1.5eV$左右，（-/-2）能级为$E_V+2.1eV$左右。需要注意的是，这一能级与光学跃迁相对应，所以与在电学测量等得到的热激发跃迁相比，相差的只有晶格弛豫的程度。

（2）硅空位（V_{Si}）[5]——图6.2.18的（c）

4H/6H中称为$\boldsymbol{V_{Si}^-}(k)$、$\mathbf{T}_{V2a}(h)$，3C中称为**T1**。V_{Si}^-顾名思义就是-1的负带电状态，与金刚石的空位V^-有一定类似性。与碳空位表现出正相反的性质，n型的更为稳定。人为干预的情况下，室温左右进行电子束照射。热稳定性远比V_C差，在400~600℃的退火下消失，因此，目前还未发现V_{Si}的正带电状态。

V_{Si}中会产生4个碳悬挂键，但波函数重合较小，不会出现如V_C一样的较大晶格弛豫。因此，能够保持较高的对称性，会出现电子自旋3/2这一稀有现象。V_{Si}^-被视为k位置，表现出T_d的高对称性，精细分裂例外地被取消。3C的T1与V_{Si}^-类似。一方面，T_{V2a}可以视为h位置的V_{Si}，应变为C_{3v}的结构，最终，由于T_d对称性遭到破坏，会出现微弱的精细分裂（5.0mT）。

V_{Si}的能级不能通过光检出ESR进行检查，但PL信号的**V1**（1.44eV）为V_{Si}，可以通过光检出ESR来确保**V2**(1.35eV）与T_{V2a}一致。因此，这是一个可以检查ESR与PL对应的系统。

（3）碳反位-硅空位对（$C_{Si}V_C$）[6]——图6.2.17的（a）、（b），图6.2.18的（d）、（e）

这一缺陷与V_{Si}存在互补关系，会使得V_{Si}的4个碳原子之一向空穴位置移动。p型的$C_{Si}V_C$比V_{Si}更稳定，n型则相反，V_{Si}更稳定。可以发现，4H在p型是+1带电（$S=1/2$，C_{3v}/C_{1h}）的**HEI9a**(kk)、**HEI9b**(hh)、**HEI10a**(kh)、**HEI10b**（hk）；在半绝缘~稍有n型中是-1带电（$S=1/2$，C_{1h}）的**SI5**(kk, hh)。人为干预的情况下，与V_C相同的高温电子束照射有效。

由于原子结构与V_C十分相近，热稳定性及能级与V_C十分相近。实际上，V_C与$C_{Si}V_C$的ESR信号是共存的。由ESR的结果来看，可以认为两者是载流子激活能为1.2~1.3eV的HPSI 4H-SiC衬底的载流子补偿缺陷。

（4）双空位（$V_{Si}V_C$）与大型空位[7]——图6.2.17的（c），图6.2.18的（f）、（g）

在4H里复空位被称为**P6b**(*hh*)、**P6′b**(*kk*)、**P7b**(*hk*)、**P7′b**(*kh*)。在6H里也可以看到一连串的**P6/P7**信号。带电为中性，$S=1$时表现出巨大的精细分裂（92~95mT），PL及光检出ESR也可以观测到0.99~1.05eV的信号。对复空位一样的对型缺陷来说，原则上会出现C_{3v}与C_{1h}两者的对称性（见图6.2.18）。超精细分裂发生于V_{Si}侧的3个C悬空键，这里局部存在61%的波函数。这些与第一性原理计算的结果恰好一致。

$V_{Si}V_C$是在载流子激活能为1.5~1.6eV的HPSI 4H-SiC衬底上起主导作用的缺陷，所以$E_V+1.5$eV左右有能级（0/-）。

照射制得的$V_{Si}V_C$到了1400℃还有残留，HPSI衬底上能够留存到1600℃。更高温度下进行退火，会出现被称为ANN1的ESR信号。超精细分裂数据不足，但可以认为是三空位（$V_CV_{Si}V_C$）。到1800℃以上都可以观测到这一信号，空位的聚集体对热极其稳定。

（5）晶格间碳与碳聚集体[8]——图6.2.17的（b），图6.2.18的（h），（i）

同样，可以预测到高热稳定性的缺陷中有碳聚集体。根据理论计算，SiC中独立的晶格间碳非常活跃，与晶格中的碳结合形成C_2二聚物。这一二聚物位于C位置时称为碳分离间隙（C_2）$_C$，位于Si位置时称为双碳反位(C_2)$_{Si}$。在4H中两者都能被发现。**EI1**、**EI3**分别是正带电、中性的（C_2）$_C$（只是超精细分裂数据还未开发出来），**HEI5**(*k*)、**HEI6**(*h*)可以认定为负带电的（C_2）$_{Si}$。**EI1/3**在室温下可以通过电子束照射观测，在200~300℃的低温下消失。这是由于（C_2）$_C$的活跃性。**HEI5/6**的热稳定性更强，退火从900~1000℃开始。从这里开始（C_2）$_{Si}$运动活跃，凝集生成大型碳聚集体。生成的聚集体或许是由于$S=0$，所以在ESR中看不到，但在PL中能够看到以D_I、D_{II}及三碳反位（C_3）$_{Si}$为首的热稳定碳聚集缺陷的生成。在PL中用2.68eV信号的电子束照射后也能观测到（C_2）$_{Si}$。

（6）施主、受主（N，P，B，Al）[9]

SiC的施主、受主的特点是，在*k*、*h*位置上的能级深度不同。ESR信号也能敏感反映这样的特征，能够很周密地检查三种晶体多型（4H，6H，3C）。

N施主在^{14}N超精细分裂（$I=1$）中发出三条主线的信号。由于碳原子置换，从围绕着N的Si原子也能观测到超精细分裂。能级较浅的*h*位置上，由于波函数离域，^{14}N超精细分裂变小，*k*位置上变大18倍。P施主在^{31}P超精细分裂（$I=1/2$）发出两条主线的信号。N施主也同样，能级较深的*k*位置上^{31}P超精细分裂变为4.5倍。

B受主中，^{10}B（存在比19.8%，$I=3$）为7条主线，^{11}B（存在比80.2%，$I=3/2$）为4条主线，两者的信号以2∶8的比例重合出现。虽然光谱变得十分复杂，但 *k*、*h* 位置都能识别出来。Al 受主与其他的掺杂物在 g 因子上极其不同，4H 中可以发现 1 个平滑的信号，6H 中可以发现 2 个。

使用这些施主、受主的 ESR 信号，可以对激活的掺杂物进行定量。P 或 B 的情况下，不激活也可以观测到成为缺陷的掺杂物。

（7）金属掺杂物（Sc、Ta、W、V）[10]

带有 d 电子的过渡金属掺杂物是 ESR 的优良对象，能够用各种原子作为观测对象，但在 SiC 中数据还不完整。有报告表明，钽（Ta）与钨（W）是晶体生长中的污染金属，钪（Sc）是为实现晶体生长控制而有意掺杂的掺杂物。钒（V）是在制作半绝缘衬底时使用的金属掺杂物，^{51}V 的核自旋 7/2 的 8 条主线信号能够观测到两种。与 V^{3+} 和 V^{4+} 的带电状态相对应，能够发现其与半绝缘特性的关联。

（8）SiC MOS 界面位错[11]

与硅 MOS 相同，SiC MOS 界面位错也能通过 ESR 来检查，但不像硅那么成功。在 SiC 的情况下，来自衬底的干扰信号是其中一个原因。增大表面积的多孔 SiC 上能够检出界面碳悬空键 P_C。同时能够检查到氢原子终端发生在 400～850℃ 的范围内。对于较浅的界面能级，也有低温电流检出 ESR 的信号。进行界面处理后 ESR 信号发生改变，但通过检测 n 沟道 4H-SiC MOSFET 的沟道区域，可以观测到与多孔 SiC 不同的界面碳悬空键 P_{H0}、P_{H1}。P_{H1} 中可以看到 ^1H 超精细分裂 5.4mT。可以认为其与 Si 面的浅界面能级相对应。

参 考 文 献

1） “EPR in Semiconductors”，http：//www.kc.tsukuba.ac.jp/div-media/epr/.

2） 伊達宗之：「新物理学シリーズ 20 電子スピン共鳴」培風館（1978）.

3） J. Isoya, T. Umeda, N. Mizuochi, N. T. Son, E. Janzén, and T. Ohshima *phys. stat. sol.*（*b*）245, 1298（2008）.

4） T. Umeda, J. Isoya, N. Morishita, T. Ohshima, T. Kamiya, A. Gali P. Deák, N. T. Son, and E. Janzén, *Phys. Rev. B* 70, 235212（2004）；T. Umeda Y. Ishitsuka, J. Isoya, N. T. Son, E. Janzén, N. Morishita, T. Ohshima, H. Itoh, and A. Gali, *Phys. Rev. B* 71, 193202（2005）.

5） H. Itoh, N. Hayakawa, I. Nashiyama, and E. Sakuma, *J. Appl. Phys.* 66, 4529（1989）；E. Janzén, A. Gali, P. Carlsson, A. Gällström, B. Magnusson, and N. T. Son, *Mater. Sci. Forum* 615-617, 347（2009）.

6） T. Umeda, N. T. Son, J. Isoya, E. Janzén, T. Ohshima, N. Morishita, H. Itoh, A. Gali, and M. Backstedte, *Phys. Rev. Lett.* 96, 145501（2006）；T. Umeda, J. Isoya, T. Ohshima, N. Morishita, H. Itoh, and A. Gali, *Phys. Rev. B* 75, 245202（2007）；N. T. Son, P. Carlsson, J. ul Hassan, B. Magnusson, and E. Janzén, *Phys. Rev. B* 75, 155204（2007）.

7） N. T. Son, P. Carlsson, J. ul Hassan, E. Janzén, T. Umeda, J. Isoya, A. Gali, M. Backstedte, N. Morishita, T. Ohshima, and H. Itoh, *Phys. Rev. Lett.* 96, 055501 (2006)；W. E. Carlos, N. Y. Garces, E. R. Glas, and M. A. Fanton, *Phys. Rev. B* 74, 235201 (2006).

8） T. Umeda, J. Isoya, N. Morishita, T. Ohshima, E. Janzén, and A. Gali, *Phys. Rev. B* 79, 115211 (2009).

9） S. Greurich-Weber, *phys. stat. sol.* (a) 162, 95 (1997)；N. T. Son, A. Henry, J. Isoya, M. Katagiri, T. Umeda, A. Gali, and E. Janzén, *Phys. Rev. B* 73, 075201 (2006).

10） K. Irmscher, I. Pintilie, L. Pintilie, and O. Schulz, *Physica B* 308-310, 730 (2001)；U. Gerstmann, S. Greulich-Weber, E. Rauls, J.-M. Spaeth, E. N. Kalabukhova, E. N. Mokhov, and F. Mauri, *Mater. Sci. Forum* 556-557, 469 (2007)；M. E. Zvanut, W. Lee, H. Wang, W. C. Mitchel, and W. D. Mitchell, *Mater. Sci. Forum* 527-529, 517 (2006).

11） J. L. Cantin, H. J. von Bardeleben, Y. Shishkin, Y. Ke, R. P. Devaty, and W. J. Choyke, *Phys. Rev. Lett.* 92, 015502 (2004).

专栏：晶圆成像评估

研磨过的 SiC 晶片上会存在划痕等研磨损伤，或微管、碳包裹物等缺陷。在 SiC 衬底上生产外延层，除了衬底上的缺陷引起的外延层缺陷外，还有可能生成外延生长的特有缺陷。

外延层生长的特有缺陷包含：外延设备引起的 downfall、triangle、comet、wavy pit 等缺陷，及来源于晶体缺陷的 carrot、shallow pit 等缺陷。这些缺陷的形貌基于 Si 面还是 C 面外延，以及偏轴角的不同会有所差异[1]。

由于这些表面缺陷会对器件的耐压性能造成不良影响，故如若能通过外延晶片的表面缺陷成像来预测器件制造时的成品率，就能够判断晶片是否适用于器件制造。另外，通过对比外延工艺前后的缺陷分布图，则可以辨认出工艺中特有的缺陷种类。

KLA Tencor 公司制造的激光式表面检测设备，即 Candela 晶片表面缺陷成像测试法，目前已经实现商用化。

Candela CS10 是一种由 2 个波长为 405nm 的激光器及 4 种传感器组合的，通过光学探头收集晶片表面的光学数据的检测设备。通过螺旋式扫描旋转的晶片，3in 晶片的表面形貌数据约 3min 内完成收集。对收集到的数据进行分析，进而实现晶片缺陷的成像。数据分析菜单可以实现定制化。

图 1 及图 2 展示了（000$\bar{1}$）C 面 8°偏轴角的 2in 外延晶片的缺陷分布图，及该外延片制造的 5mm×5mm 管芯大小的 MOSFET 器件的 TDDB 实验结果。存在 downfall 缺陷的器件全部在早期发生了失效，由此可知 Candela 晶片缺陷成像测试方式可预测器件的成品率。

因此，依据外延晶片表面缺陷成像与 MOSFET 器件的 TDDB 实验数据的对比分析，预计在不久的将来可以实现更高精度的成品率预测。

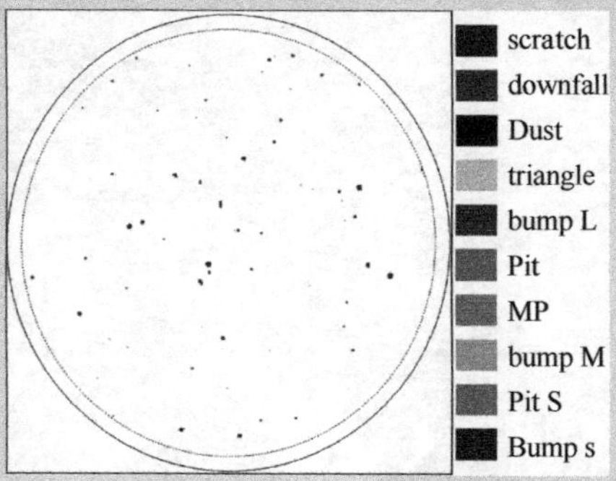

图 1　Candela 缺陷分布图

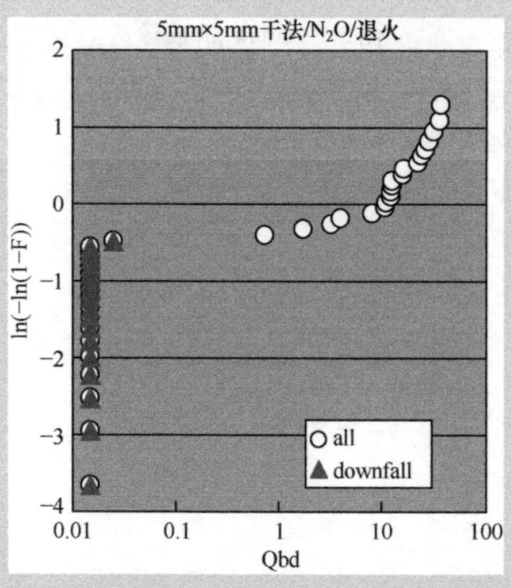

图 2　TDDB 实验结果

缺陷成像不仅适用于 downfall 这类尺寸大的缺陷，像 shallow pit 一样的微小缺陷也可测量。图 3 是（000$\bar{1}$）C 面 3in 4°偏轴角的外延晶片的 downfall 缺陷周边的 shallow pit 的成像案例。今后将进一步探明微小缺陷对器件成品率的影响。

器件不良不仅是晶片缺陷、外延缺陷造成的，制造工艺中产生的缺陷也会带来影响。因此，工艺后的缺陷成像也是接下来值得去研究的课题。

本书的作者们通过对成百上千枚晶片进行过测试，并将其结果制成数据库与同行的研究学者实现共享。

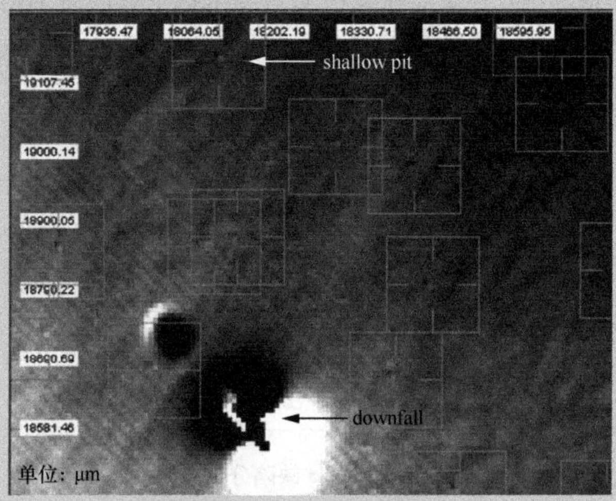

图 3　shallow pit 成像

[1] 一ノ関共一・畠山哲夫・樋口登・福田憲司：SiC および関連ワイドギャップ半導体研究会　第 18 回講演会 予稿集（2009）p. 91.

第 7 章 SiC 的工艺技术

在制造 SiC 器件时，离子注入、刻蚀、氧化、金属化电极等诸多工艺技术的整合必不可少。SiC 的化学键强，化学性质稳定，所以在很多工艺中都需要比已有的半导体更高的温度。在本章中，将介绍制作高性能 SiC 器件的工艺技术基础。

7.1 离子注入

制造 SiC 器件时，在场效应晶体管（FET）的源极和阱区的形成，肖特基二极管（SBD）的场限环的形成中，局部掺杂技术必不可少。通常在半导体工艺中使用的局部掺杂技术有扩散法和离子注入法，但由于 SiC 中掺杂物的扩散系数极小，对 SiC 使用扩散法进行掺杂相当困难。因此，作为一种局部掺杂技术，离子注入是一项重要的工艺。在晶体中注入离子后，会产生位移原子、晶格点等晶格缺陷。在追求恢复结晶性的同时，为了将注入的掺杂原子置换到晶格点（电气激活），必须要在注入后进行退火，所以退火工艺也成为一项重要的工艺。

离子注入与退火工艺也常应用于 Si 半导体器件制造工艺中，但 SiC 注入时的工艺温度不同。Si 离子注入通常在室温下进行，但对 SiC，尤其是大剂量注入时，需要用到将样本加热到 300～800℃ 的高温注入技术。这是因为在 SiC 离子注入时，剂量在 $10^{15}cm^{-2}$ 级以上的离子注入区将会非晶化，即使退火后也无法再进行良好的结晶化，会混入 3C-SiC 颗粒等其他晶型，导致激活率降低，无法形成低电阻区等问题㊀。为了抑制离子注入时的无定

㊀ 这是通常使用的 4H-SiC（0001）面及（$000\bar{1}$）面上的问题，一般认为起因于衬底偏轴角的存在。在面方位相差 90°的（$11\bar{2}0$）面上，可以避免这一问题[1]。

形化，需要使用加热样品的升温注入技术。只是，低剂量注入（10^{12} ~ $10^{14}cm^{-2}$）时，由于进行了室温注入后的退火，能够得到几乎完全的激活率（>90%）。注入后的激活退火一般是在Ar气体中以1500 ~ 1800℃的高温进行[2,3]。SiC的离子注入技术是一项重大的课题，其中，维持高温退火后SiC表面的平坦化，充分降低高浓度离子注入区的方块电阻，控制注入掺杂物的分布等问题也值得研究。本节将围绕上述三点对SiC的离子注入技术进行概述。

7.1.1 维持SiC表面平坦化

高温下对SiC进行退火在器件制作工艺中必不可少，但高温退火时SiC表面发生迁移现象，形成微台阶，表面明显变粗糙。这种表面粗糙会对SiC器件特性带来不良影响。对此，一些研究机构也报告了抑制表面粗糙的方法，如向Ar中添加微量SiH_4的SiH_4添加退火法[4]，以AlN膜或碳膜覆盖SiC表面的状态下进行退火的覆盖退火法[5,6]，或在几秒钟到几分钟的极短的时间内进行退火的RTA（Rapid Thermal Anneal，快速热退火）法[7]，都能有效维持退火后的表面平坦化。

使用碳膜覆盖退火后的SiC表面的AFM图像如图7.1.1所示[6]。使用碳膜，能够将表面的平均粗糙度降到1.0nm以下，与不使用碳膜覆盖的情况相比，能够将表面粗糙度降低一个数量级。这种碳膜能够通过光刻胶的碳化或溅射法形成，并且退火后，通过在氧等离子体中进行灰化处理及900℃氧气中进行热处理（SiC基本不会氧化），可以去除碳膜。如此，通过改良退火方法，可以抑制离子注入的SiC表面粗糙，维持表面平坦化。

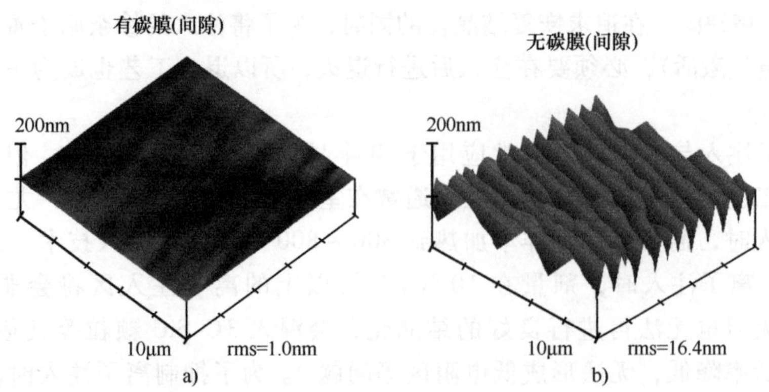

图7.1.1 4H-SiC（0001）面退火后的原子力显微镜图像（将剂量为$1\times10^{16}cm^{-2}$的Al在500℃下进行离子注入，1800℃温度下退火5min）

7.1.2 低电阻 n 型区的形成

我们需要场效应晶体管的源极区为低电阻，在 SiC 中，注入 N 离子或者 P 离子形成低电阻 n 型 SiC 技术的相关研究正在进行中。在 p 型 SiC 外延层上进行多段 30 ~ 200keV 能量的离子注入后会形成箱式分布（注入深度为 0.2 ~ 0.4μm），退火后常常通过范德堡法评估注入层的电学性质。

近年来也有报告表明 P 离子注入适用于低电阻化。Erlangen 大学的报告称，在 P 注入中最小能够得到 29Ω/□（800℃ 注入，1700℃ 退火，剂量 $1.4\times10^{16}cm^{-2}$）的低方块电阻，而 N 离子注入中最小能够得到 290Ω/□（700℃ 注入，1600℃退火，剂量 $2.7\times10^{15}cm^{-2}$）的方块电阻[8]。由于 N 原子在 SiC 中的固溶度比较低（1×10^{19} ~ $5\times10^{19}cm^{-3}$），导致 N 离子注入的情况下形成了高方块电阻。只是，N 离子注入也能得到 500Ω/□左右的方块电阻，因此也可以用于器件制作。并且，在剂量较低的情况下，N 离子注入与 P 离子注入差异较小。

图 7.1.2 为方块电阻与 P 离子注入剂量的关联关系[6]。在这里，通过在 10 ~ 180keV 的能量下，以 500℃温度向 4H-SiC（0001）面外延层注入 P 离子，形成 0.2μm 的箱式分布，并在 Ar 气体中进行 1700℃、30min 的退火。通过增加剂量至 $4\times10^{15}cm^{-2}$，可以显著降低方块电阻至 70Ω/□。剂量由 $4\times10^{15}cm^{-2}$ 增加到 $6\times10^{15}cm^{-2}$，方块电阻缓慢减小，最小能够得到 46Ω/□的电阻。这一方块电阻相当于 0.9mΩ · cm 的电阻率。

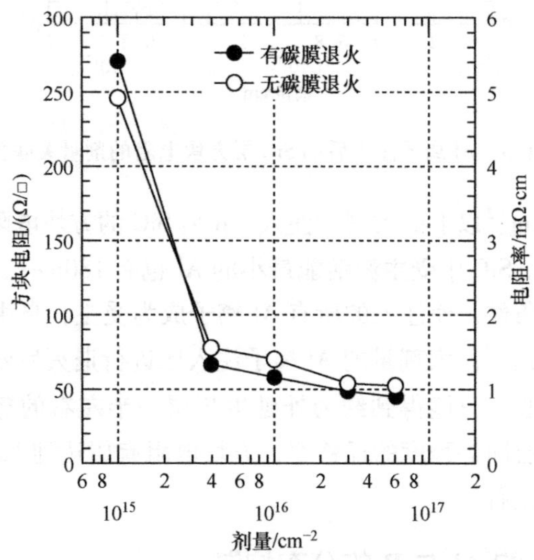

图 7.1.2 P 离子注入后的 SiC 层方块电阻的剂量关联关系

7.1.3 低电阻p型区的形成

在制作p型SiC时，通常注入Al或B离子。在制作PiN二极管的阳极或MOSFET的p型体接触区等低电阻p型SiC时，使用受主离子化能量E_i较小的Al(E_i=180meV)是有效的。但是，p型SiC与n型SiC不同，即使通过控制高温注入或高温退火，也无法得到数十到数百Ω/□的低方块电阻区。即使在500℃下向4H-SiC(0001)外延层注入Al离子，1800℃下退火时的方块电阻的剂量关联关系如图7.1.3所示[9]。剂量为$3.0\times10^{16}cm^{-2}$时，方块电阻最小(2.3kΩ/□)，换算成电阻率为46mΩ·cm。

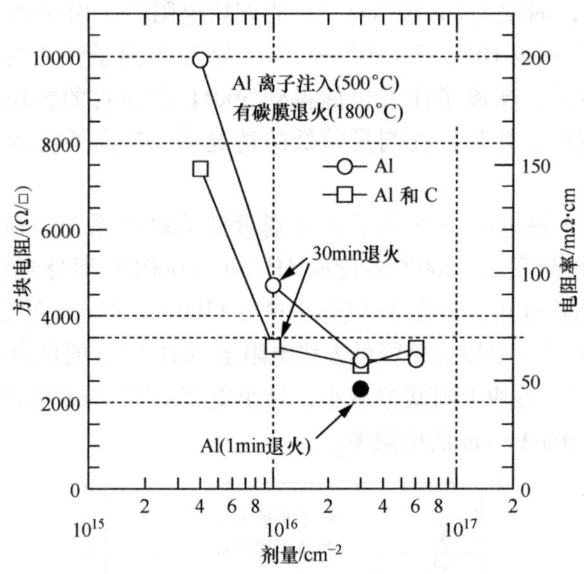

图7.1.3 Al离子注入后的SiC层方块电阻的剂量关联关系

即使进行$10^{16}cm^{-2}$以上的大剂量注入，p型SiC的方块电阻也高达数kΩ/□的理由有以下两点。SiC中受主激活能最小的Al也有180meV，所以即使通过改良离子注入或退火条件，使注入的所有Al离子成为受主，自由空穴浓度也只有受主浓度的百分之几[9]。大剂量的Al离子注入区进行退火后残留的缺陷会成为自由空穴的散射中心，只能得到约为外延生长层一半左右的迁移率[9]。如果能够得到与外延生长层同等程度的迁移率，方块电阻有望达到1kΩ/□（对应电阻率为20mΩ·cm）左右。

7.1.4 离子注入的Al与B的分布控制

从器件设计及器件工艺的观点来看，控制离子注入的掺杂物原子的深度方向分布也很重要。图7.1.4a展示了注入的Al原子与Al受主杂质的深度方向分布[10]。p型SiC衬底上形成低浓度p型外延层，在此处通过室温离子注入与1700℃退火制作浓度为$1\times10^{18}cm^{-3}$、厚度为0.2μm的p型区。Al原子的分布通过二次离子质谱（SIMS）进行分析，Al受主杂质分布通过测量不同偏压下Ti/SiC肖特基结构的C-V特性得到。离子注入射程端（深度0.3μm）上，退火初期Al原子的分布移向约50nm深的方向，但掺杂物扩散较小。并且，从激活率来看，Al原子与Al受主的分布非常一致，注入的Al几乎全部发挥受主的作用。

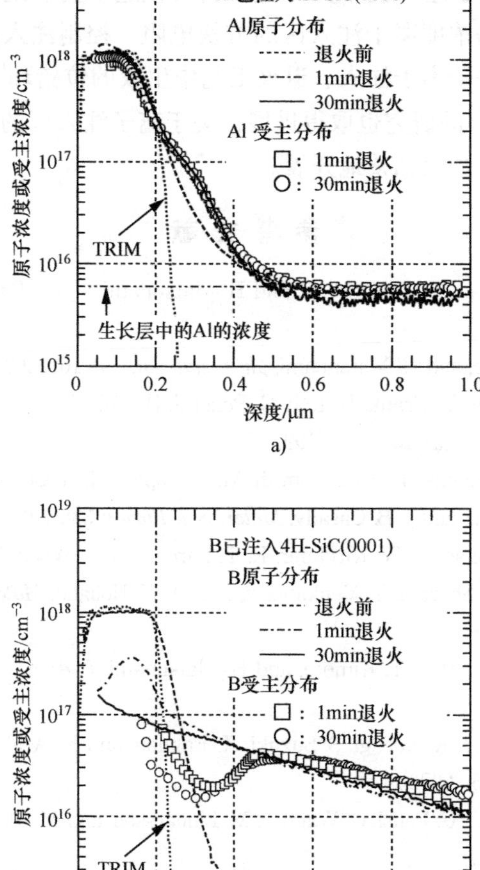

图7.1.4 注入原子与受主的深度方向分布图

a）Al离子注入 b）B离子注入

图7.1.4b展示了B原子与B受主杂质的深度方向分布[10]。与Al原子不同，B原子在退火时会显著扩散。深度在0.5~1.0μm下，B原子与B受主杂质的分布较为一致，但在注入射程端附近可以看到受主分布中较大的凹陷。这一区域中，大部分的B原子通常不发挥受主的作用，会形成叫作D中心的深能级（详见参考文献［10］）。

而且，离子注入的B原子在退火时明显扩散，由于形成较高浓度的深能级，原子分布与受主分布也并不完全一致。因此，通常的器件制作中，p型SiC应用Al是最符合期望的。

本节以SiC的离子注入技术为课题，简要概述了高温退火后维持SiC表面平坦化，充分降低高浓度离子注入区的方块电阻，控制注入的掺杂物原子的分布等内容。最近，关于离子注入、退火工艺中生成的位错环[11]，以及由于离子注入生成的深能级[12]的研究也取得进展，关于离子注入区的电学特性与构造缺陷的关联性研究也在如火如荼地开展。

参考文献

1) Y. Negoro, N. Miyamoto, T. Kimoto, and H. Matsunami, *Appl. Phys. Lett.* 80, 240 (2002).

2) T. Kimoto, N. Inoue, and H. Matsunami, *phys. stat. sol.* (a) 162, 263 (1997).

3) T. Troffer, M. Stadt, T. Frank, H. Itoh, G. Pensl, J. Heindl, H. P. Strunk, and M. Maier, *phys. stat. sol.* (a) 162, 277 (1997).

4) S. E. Saddow, J. Williams, T. Isaacs-Smith, M. A. Capano, J. A. Cooper, Jr., M. S. Mazzola, A. J. Hsieh, and J. B. Casady, *Mater. Sci. Forum* 338-342, 901 (2000).

5) K. A. Jones, P. B. Shah, K. W. Kirchner, R. T. Lareau, M. C. Wood, M. H. Ervin, R. D. Vispute, R. P. Sharma, T. Venkatesan, and O. W. Holland, *Mater. Sci. Eng.* B61-62, 281 (2000).

6) Y. Negoro, K. Katsumoto, T. Kimoto, and H. Matsunami, *J. Appl. Phys.* 96, 224 (2004).

7) J. Senzaki, S. Harada, R. Kosugi, S. Suzuki, K. Fukuda, and K. Arai, *Mater. Sci. Forum* 389-393, 795 (2002).

8) M. Laube, F. Schmid, G. Pensl, G. Wagner, M. Linnarsson, and M. Maier, *J. Appl. Phys.* 92, 549 (2002).

9) Y. Negoro, T. Kimoto, and H. Matsunami, F. Schmid, and G. Pensl, *J. Appl. Phys.* 96, 4916 (2004).

10) Y. Negoro, T. Kimoto, and H. Matsunami, *J. Appl. Phys.* 98, 043709 (2005).

11) M. Nagano, H. Tsuchida, T. Suzukik, T. Hatakeyama, J. Senzaki, and K. Fukuda, *J. Appl. Phys.* 108, 013511 (2010).

12) K. Kawahara, G. Alfieri, and T. Kimoto, *J. Appl. Phys.* 106, 013719 (2009).

7.2 刻蚀

SiC 化学性质比较稳定，在刻蚀温度、注入气体种类、溶液组成等方面与 Si 和 GaAs 大多不同。

7.2.1 反应等离子体刻蚀

通常，在器件制作中我们常用干刻蚀法，利用等离子体在半导体材料上进行刻蚀[1]。其中又以反应离子刻蚀（Reactive Ion Etching，RIE）法最为常用，用于刻蚀其他半导体材料的刻蚀系统也可以用在 SiC 上。在 RIE 装置的反应室中导入气体，并对其施加高频电场，就可以产生等离子体，将生成的化学性质活跃的自由基和离子轰击到材料上，就可以实现半导体衬底表面的刻蚀了。在 20 世纪 80 年代我们采用 RIE 法对 SiC 进行刻蚀，到 2000 年左右在对 SiC 进行刻蚀时主要使用以下三种方法：高密度等离子体的螺旋波法、电子回旋共振（Electron Cyclotron Resonance，ECR）法、电感耦合等离子体（Inductive Couple Plasma，ICP）法[2]。作为刻蚀所用的气体，我们通常选用带有氟元素的气体（SF_6，CF_4，NF_3，PF_5，BF_3，CHF_3），氯元素的气体（Cl_2，$SiCl_4$），溴元素的气体（IBr）。为了获得更快的刻蚀速度，通常使用六氟化硫（SF_6）。为了增加活性反应物的浓度，有时我们也会向上述气体中添加氧气（O_2）。比如，在使用 SF_6 与 O_2 的混合气体以 1μm/min 以上的速度对 4H-SiC 进行刻蚀时，可以观察到在器件上产生了在高频器件中必不可少的导通孔[2]。

有关在等离子体刻蚀中的抗刻蚀掩模材料，我们通常选用金属材料或氧化物。表 7.2.1 是添加了各类掩模材料的 SiC 刻蚀选择比。选择比的数值与衬底表面参与反应的自由基和离子种类密切相关。尽管金属掩模材料的选择比普遍较大，但它们可能会导致被刻蚀的 SiC 表面出现粗糙。在刻蚀中产生的难以挥发的物质会残留在刻蚀进行的表面，它们会形成微掩模，妨碍刻蚀的进行。尤其是金属掩模材料中的氧化物（Al_2O_3 等）和氟化物（AlF_3 等）由于在室温下难以挥发，所以容易产生上述情况。图 7.2.1a 是掩模材料为铝的刻蚀后的 4H-SiC。刻蚀气体使用的是 CHF_3 与 O_2 的混合气体，流量分别是 8mL/min 与 32mL/min。刻蚀中的压强维持在 1.3Pa，高频功率维持在 300W。此时的刻蚀速度约为 0.03μm/min[3]，这样一来刻蚀表面就会凹凸不平，10μm 角的表面粗糙度会超过 20nm。但是，当我们在之前的实验条件中添加 6mL/min 的氢气（H_2）时，刻蚀表面（见图 7.2.1b）的粗糙度就可以控制在 2nm 以下。这是因为在添加了 H_2 之后，会形成容易挥发的铝氢化合物（AlH_x）。虽然我们知道刻蚀后的 SiC 衬底对器件的特性有影响，但有关原理和评价机制尚不明确。同时在等离子体中生成的激活物与 SiC 衬底反应机理之间的基本关系也还不明确。

表 7.2.1　SiC 的掩模材料选择比

掩模材料	选择比
Al	4～60
Ni	20～90
Cr	8～35
SiO_2	0～8
ITO	0～5

注：(选择比) = (SiC 的刻蚀速度)/(掩模材料的刻蚀速度)。

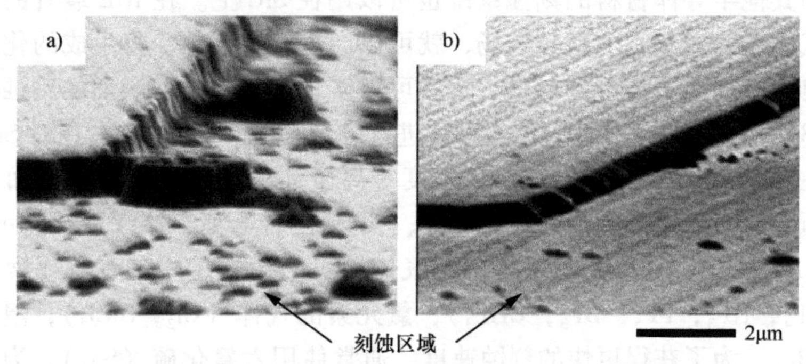

图 7.2.1　使用铝掩模材料进行等离子体刻蚀后的 4H-SiC

a）CHF_3 等离子体　b）向 CHF_3 添加 H_2 时，铝掩模层在等离子体刻蚀后消失

7.2.2　高温刻蚀

高温刻蚀是一种不使用等离子体的气相刻蚀法。在 20 世纪 60 年代后期，此方法中常用的刻蚀气体有三类：H_2，氯气（Cl_2）和 O_2 的混合气体，三氟化氯（ClF_3），在正常大气压和刻蚀气体条件下刻蚀速度与温度的关系如图 7.2.2 所示。H_2 常被用来进行外延生长前的原位刻蚀[4]，添加了氯化氢（HCl）之后刻蚀速度有所提高。在含有氢元素的刻蚀气体中进行热刻蚀会在 SiC 表面形成周期性台阶式结构[5]。当我们使用 Cl_2 与 O_2 混合气体时，在 Si 面上会形成刻蚀坑，我们可以通过刻蚀坑来对 SiC 的晶体性能进行评价[6]。ClF_3 与其他气体相比，可以提高刻蚀速度[7]。上述的任何一种气体在 SiC 表面都只会通过高温化学反应来进行刻蚀，所以高温刻蚀后的 SiC 表面不会出现像等离子体损伤那种的加工变质层。

7.2.3　湿法刻蚀

前面说到 SiC 是一种化学性质稳定的半导体材料，虽说如此但我们也是可

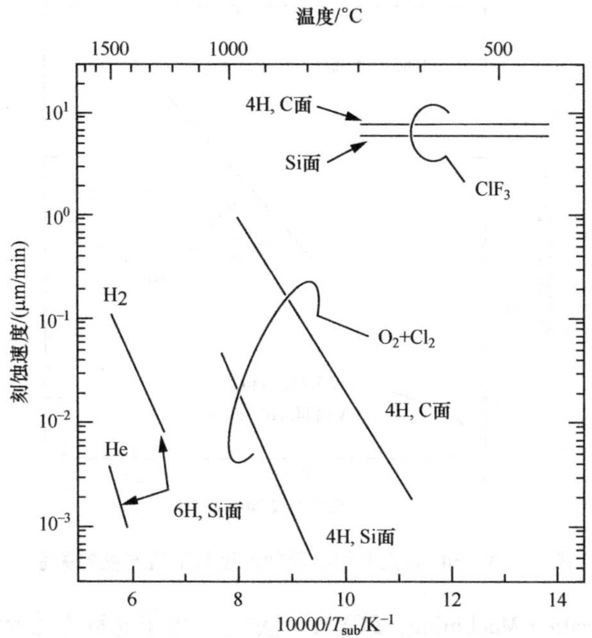

图 7.2.2　刻蚀速度与温度的关系

以使用熔融盐法和光电化学法来进行刻蚀的。在室温下，SiC 无法被王水或者氟硝酸刻蚀，但如果将温度提高到 500℃左右，SiC 与液化的氢氧化钾很容易发生反应。此时，Si 面的刻蚀速度慢于 C 面，大约是 0.5μm/min[8]。之后在 Si 面上会出现刻蚀坑，可以通过刻蚀坑来对 SiC 的晶体性能进行评价。

与硅、Ⅲ-Ⅴ族、Ⅱ-Ⅵ族等半导体一样，在 SiC 上使用光电化学法，可以一边进行刻蚀，一边就杂质浓度分布进行评价，还可以在半导体表面形成多孔。将半导体表面与接触电解液就会形成肖特基势垒，此时用比 SiC 禁带宽度能量更大的光照射，就会产生电子-空穴对。光电化学刻蚀法是利用由强光照射形成的电子-空穴对对半导体进行氧化分解，从而实现刻蚀的方法。在利用这个方法对 SiC 进行刻蚀时，室温下我们通常使用氟化氢（Hydrogen Fluoride，HF）和 KOH 水溶液（0.1～50 wt%）。刻蚀速度与 SiC 和电解液接触时产生的电流密度有关（见图 7.2.3），刻蚀量则可以根据法拉第电解定律进行计算[9]。用这种方法得到的刻蚀表面的形状根据电解液的浓度和电流密度的不同而变化[10]。

由于溶液刻蚀使用的都是强酸强碱，没有化学性质比较稳定的抗刻蚀掩模，所以很难对器件进行微加工。

7.2.4　刻蚀形状的控制

为了让 SiC 衬底尽量轻薄，我们介绍一下等离子体化学蒸发加工（Plasma

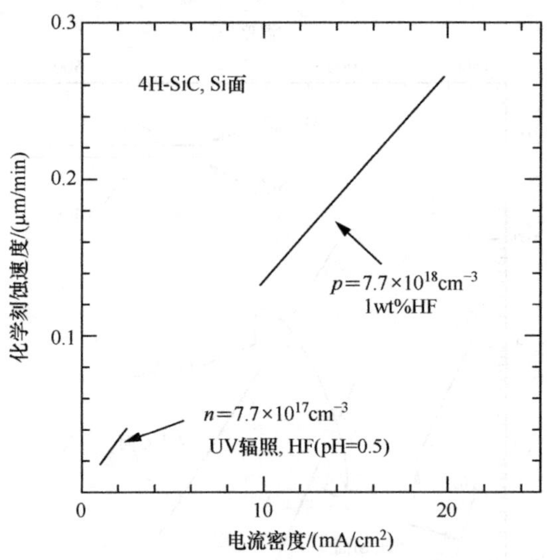

图 7.2.3　SiC 的光电化学刻蚀速度与电流密度的关系

Chemical Vaporization Machining，PCVM）法[11]。由于这种方法是在正常大气压下制造出等离子体，所以可以得到高密度的反应物。另外，气体分子的平均自由程比较小，所以等离子体中的离子能量比较小，对加工表面造成的损伤也比较小。这种方法下的 SiC 刻蚀速度主要取决于气体浓度与高频功率，大约在 1～180μm/min 这个范围内。这种方法不会在加工面残留加工变质层，也不会出现衬底变薄后的弯曲现象。

为了让器件耐高压以及高度集成，我们要使用等离子体刻蚀法在器件上制造出台面（mesa）和沟槽（trench）。此时对于台面和沟槽侧壁面的控制十分必要。由于等离子体刻蚀是利用各向异性进行的，所以在衬底表面会得到很多垂直的侧壁。但为了让器件耐高压，我们需要倾斜的台面侧壁。因此需要利用其他方法让刻蚀掩模附近变倾斜[12]。我们发现如果使用氟化氢溶液对氧化膜（SiO_2）掩模进行刻蚀，就可以实现各向同性的刻蚀。这样一来，SiC 台面的侧壁将会出现约 70°的倾斜面，这将会极大地提高耐高压性。

在等离子体刻蚀时形成的沟槽结构中，容易在沟槽底部出现亚沟槽（sub-trench）。图 7.2.4a 是在扫描电子显微镜下观察到的出现亚沟槽的 4H-SiC 沟槽截面图。利用 SF_6 与 O_2 的混合气体对 4H-SiC 的 C 面衬底进行等离子体刻蚀时通常会出现图中所示的沟槽结构。我们对这块材料用 Cl_2 和 O_2 的混合气体进行热刻蚀时，会发现亚沟槽完全消失（见图 7.2.4b）。上面也提及过 C 面的热刻蚀速度是最快的，所以推测是沟槽底部被迅速刻蚀掉，从而导致亚沟槽的消失。

图 7.2.4　热刻蚀法下的亚沟槽消失

a）用 SF_6 系进行等离子体刻蚀后的沟槽断面，沟槽底部形成亚沟槽

b）在相同部位进行热刻蚀后的断面

为了得到优质的器件，必须要控制沟槽的形状和刻蚀面粗糙度。等离子体刻蚀后的器件表面会出现几 nm 以上的表面粗糙度。解决方法就是进行两次热处理[13]。首先将出现了沟槽结构的材料在 1400℃、80Torr 的氢气中进行处理，之后再在 1700℃的混合气体（SiH_4 和 Ar）中进行热处理。进行两次热处理后，沟槽形状不会出现太大的变化，但侧壁的粗糙度可以有效地控制在 0.5nm 以下。

参 考 文 献

1）德山巍 編著：半導体ドライエッチング技術，産業図書（1992 年）.

2）*Silicon Carbide Microelectromechanical Systems for Harsh Environments*, R. Cheung ed.（Imperial College Press, 2006）.

3）H. Mikami, T. Hatayama, H. Yano, Y. Uraoka, and T. Fuyuki, *Jpn. J. Appl. Phys.* 44, 3817（2005）.

4）K. Akiyama, Y. Ishii, S. Abe, H. Murakami, Y. Kumagai, H. Okumura, T. Kimoto, J. Suda, and A. Koukitsu, *Jpn. J. Appl. Phys.* 48, 095505（2009）.

5）S. Nakamura, T. Kimoto, H. Matsunami, S. Tanaka, N. Teraguchi, and A. Suzuki, *Appl. Phys. Lett.* 76, 3412（2000）.

6）T. Hatayama, T. Shimizu, H. Koketsu, H. Yano, Y. Uraoka, and T. Fuyuki, *Jpn. J. Appl. Phys.* 48, 066516 (2009).
7）Y. Miura, H. Habuka, Y. Katsumi, S. Oda, Y. Fukai, K. Fukae, T. Kato, H. Okumura, and K. Arai, *Jpn. J. Appl. Phys.* 46, 7875 (2007).
8）M. Katsuno, N. Ohtani, J. Takahashi, H. Yashiro, and M. Kanaya, *Jpn. J. Appl. Phys.* 38, 4661 (1999).
9）H. Mikami, T. Hatayama, H. Yano, Y. Uraoka, and T. Fuyuki, *Jpn. J. Appl. Phys.* 44, 8329 (2005).
10）Y. Shishkin, W. Choyke, and R. Devaty, *J. Appl. Phys.* 96, 2311 (2004).
11）Y. Sano, T. Kato, T. Hori, K. Yamamura, H. Miura, Y. Katsuyama, and K. Yamauchi, *Mater. Sci. Forum* 645-648, 857 (2010).
12）T. Hiyoshi, T. Hori, J. Suda, and T. Kimoto, *IEEE Trans. Electron Devices* 55, 1841 (2008).
13）Y. Kawada, T. Tawara, S. Nakamura, T. Tamori, and N. Iwamuro, *Jpn. J. Appl. Phys.* 48, 116508 (2009).

7.3 栅极绝缘层

7.3.1 MOS界面基础与界面物理性质评估法

在SiC中，可以制成以SiC上形成的氧化膜作为栅极绝缘层的MOS（Metal Oxide Semiconductor，金属氧化物半导体）型器件。但是，与Si的MOS界面不同，SiC上大量的界面态密度成为问题。近年来，随着氧化膜生成法及氧化后的退火处理技术的发展，界面态密度也逐渐减少。由此，现在也有很多远远超过Si的理论上限的超低能量损耗MOSFET（Metal Oxide Semiconductor Field Effect Transistor，MOS场效应晶体管）被报道。本节将从多种SiC晶体多型中，选取物理性质最为优秀的、最适用于功率器件的4H-SiC，对MOS结构的形成方法、MOS界面特性及其评估方法进行讲解。其中，关于评估SiC的MOS界面特性时的注意点（与Si的MOS的不同）将作为重点来讲解。

1. 氧化膜的形成

SiC的一大特征便是，可以通过与Si相同的热氧化生成SiO_2这一良好的绝缘层。但问题是，SiC中的“C”无法完全去除，并会残留在氧化膜及氧化膜/SiC界面，为了规避这一问题，有人展开了沉积膜的相关研究。详细内容请参考后面部分。在这里对SiC的MOS结构生成法进行简单阐述。

无论哪种氧化膜生成法，都要先从清洁SiC衬底开始。通常对Si使用的酸、碱、过氧化氢溶液及氢氟酸为基底的RCA清洗，也广泛应用于SiC的清洗。虽然没有Si清洗那般进行严密细致的研究讨论，但仍然是一种标准清洗法。进行热氧化的情况下，将清洗后的 SiC 放入热氧化炉，在高温中通入氧气及水蒸气来使 SiC 表面氧化，为改善界面物理性质，有时会使用 N_2O 气体。SiC 的晶面不同，氧化速度也有很大的差异[1]。(0001) Si 面的氧化速度最慢，$(11\bar{2}0)$ a 面比它快约 3～5 倍。$(000\bar{1})$ C 面氧化速度最快，约为 Si 面的 10 倍，比 Si 略慢。氧化温度常常在 1100℃以上，界面物理性质的温度关联性根据晶面不同而不同。常用 LPCVD（Low-Pressure Chemical Vapor Deposition，低压化学气相沉积）法及 PECVD（Plasma-Enhanced Chemical Vapor Deposition，等离子体增强化学气相沉积）法生成沉积膜。氧化膜厚没有对晶面的关联，即使是像沟槽般的立体结构也能形成膜厚均一的氧化膜。与热氧化相比，能够在较低温度下生成，所以为了提高绝缘性，必须使用高温退火。为提高热氧化膜、沉积膜等的界面物理性质，通常在氧化膜形成后使用 NO 或 N_2O 气体进行界面氮化[2,3]。之后，形成各种电极，可制作 MOS 电容器件及 MOSFET，用于评估界面物理性质。与 Si 的 MOS 界面不同，即使在 400℃左右的含 H 气体中进行退火，SiC 的 MOS 界面物理性质也难以改善。

2. 使用 MOS 电容器的界面物理性质评估法

由于 SiC 的禁带宽度较大，几乎不存在少数载流子，决定 n 沟道 MOSFET 特性的导带侧的界面态密度必须使用 n 型 SiC 进行评估，而不是 p 型 SiC。使用 MOS 电容器的界面物理性质评估法有电容-电压（*C*-*V*）法、电导法、热激电流法等。在这里，对使用 n 型 MOS 电容器的情况进行说明。使用 p 型 MOS 电容器的价带侧的界面物理性质评估也同样可以进行，但要特别注意接触电阻及 p 型 SiC 层电阻带来的串联电阻的影响。

(1) 电容-电压（*C*-*V*）法

使用界面态中的电荷充放电无法追踪检测信号的高频信号（典型的有 100kHz 及 1MHz），用高频 *C*-*V* 物理性质能够最轻松地进行测定，并且是最简便的判断界面物理性质的方法。由于 SiC 禁带宽度较大，少数载流子在热条件下几乎不会生成，所以无法形成反型层，会出现较深的耗尽层。通过应用高频 *C*-*V* 特性的 terman 法[4,5]可以求得界面态密度，但由于是通过与理论曲线间的差分求得的，所以误差容易变大，难以进行高精度评估。通过平带电压漂移可以求得固定电荷密度，但不只是真固定电荷，还包括被界面态俘获的电荷，所以应该看作是“有效”固定电荷密度。

界面态中电荷的充放电追踪的低频（准静态）*C*-*V* 特性也有用处。单独应用时，常通过与高频 *C*-*V* 特性组合的 High-Low *C*-*V* 法[4,5]进行界面态密度的计算。这一方法中，按照式（7.3.1）代入所有实验值，能够精准地求得界面态密度 D_{it}。

$$D_{it}=\frac{C_{ox}}{q}\left(\frac{C_{LF}/C_{ox}}{1-C_{LF}/C_{ox}}-\frac{C_{HF}/C_{ox}}{1-C_{HF}/C_{ox}}\right) \tag{7.3.1}$$

式中，C_{ox}为氧化膜的电容；C_{LF}及C_{HF}分别为低频及高频电容。作为求出准确的D_{it}的前提，有必要准确测定高频及低频 C-V 特性。积累电容（氧化膜电容）一致，各自的测定中同一偏压时的表面势能也必须相同。前者受串联电阻成分的影响，后者受到向氧化膜注入的电荷量的影响。要特别注意制作的氧化膜上（界面附近）产生氧化膜陷阱的情况。C-V 测定时氧化膜陷阱电荷量即便有丝毫不同（即平带电压漂移不同），也会失去通过 High-Low C-V 法进行分析的意义。同时测定高频电容与低频电容是一种理想状态。在没有这种系统的情况下，必须通过统一各自测定前的氧化膜陷阱电荷量，将各偏压中的偏压施加时间作为相同条件进行测定。

能够评估的能量范围[5]，是高频及低频 C-V 特性能够满足各种条件的范围。室温下，例如通过100kHz 的信号进行测定，导带端约0.2eV 能量的界面态会响应这一信号，所以无法进行评估。并且，在低频测定中，界面态能够响应的范围是只到导带端约0.6eV 的程度。因此在室温下使用 High-Low C-V 法的分析中，界面态只能给出导带端约0.2～0.6eV 范围内的精确数据。通过高温测定，能够测定更深的能级。并且，通过设定更高的频率或者更低的温度条件，可以评估导带附近更浅的界面态。在注意以上几点的基础上，通过室温测定分析得到的界面态密度分布如图7.3.1所示[6]。只进行干法氧化，则界面态密度较大，但通过 NO 退火进行界面氮化可将其减小。通过 $POCl_3$ 退火导入磷（P）后能够大幅减小界面态密度，得到 High-Low C-V 法中难以准确评估的 $1\times10^{11}cm^{-2}eV^{-1}$ 以下的较低界面态。

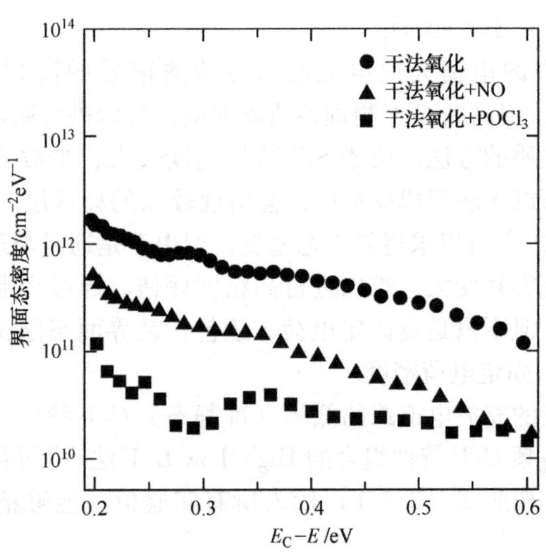

图7.3.1 对4H-SiC 的 n 型 MOS 电容器使用 High-Low C-V 法求得的界面态密度分布

(2) 低温 C-V 法

近些年来，人们认为导带附近的大量浅界面态决定了 n 沟道 MOSFET 的性能，浅界面态的评估变得十分重要。浅界面态的精准定量评估较难，但通过低温（100K 左右）下测定高频 C-V 特性，可以比较工艺导致的浅界面态密度（Gray-Brown 法[4]）。图 7.3.2 展示了从 300K 每次降低 20K 直到冷却到 80K 时测定的高频 C-V 特性。测定样品与图 7.3.1 中使用的样品相同。由图 7.3.1 可以预料到，干法氧化膜中，比 0.2eV 能级浅的界面态密度非常多，图 7.3.2 反映了这一现象，并且随着温度越来越低，C-V 特性越来越向正方向漂移。$POCl_3$ 退火后的样品的漂移量分别与图 7.3.1 的关系一致，$POCl_3$ 退火使得导带附近的浅界面态密度大幅减少。低温中积累侧的测试开始电压缓缓增大时，受到导带附近的浅界面态的影响，可以看到 C-V 特性漂移[6]。这是由于通过缓缓增大积累电压，更多的电子被界面缺陷俘获。

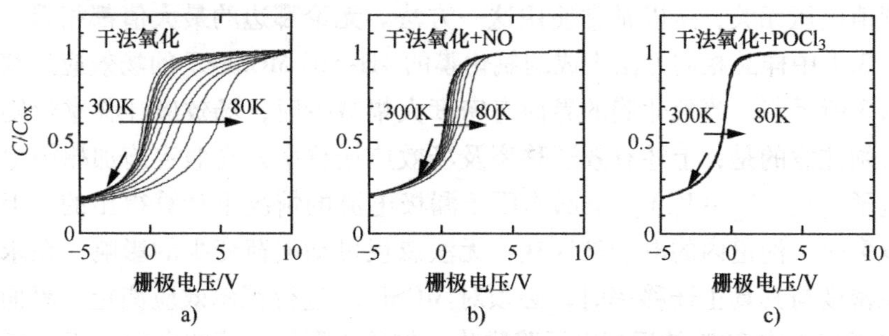

图 7.3.2　将 4H-SiC 的 n 型 MOS 电容器从 300K 每次降低 20K 直到冷却到 80K 时测定的高频（100kHz）C-V 特性。从积累侧到耗尽侧扫描栅极电压。导带附近的界面态越多，漂移幅度越大

(3) 电导法[4,5]

电导法是能够最精确地求得界面态密度的方法之一。向 MOS 电容器中施加偏压，频率扫描的同时测定电导率。通常，可以使用 LCR 仪表测定电容与电导率的并联电路，利用其测定值可以通过 MOS 电容器的等效电路求得界面态的电导率 $G_p(\omega)$。为得到界面态密度的能量分布，需要改变栅极电压进行频率扫描，所以需要一定的测试时间。并且，其分析也要比 C-V 法复杂。但是，电导法不仅可以得到界面态密度，还可以得到俘获截面积及表面势能波动等信息。虽然适用于 SiC MOS 电容器的例子并不多，但由于可以得到较为重要的信息，也不失为一种值得研究的评估法。

(4) 其他的评估法

使用 MOS 电容器的界面或氧化膜陷阱评估法，有 photo C-V 法[5,7]及热激电流（Thermally Stimulated Current，TSC）法，或者热介电弛豫电流（Thermal Dielectric Relaxation Current，TDRC）法[6,8]等。前者通过光照形成反型层，通过消光后的高频 C-V 特性的迟滞现象可以评估深能级。后者在低温下施加积累偏压，通过在一定的升温速度下测定陷阱中电子充电后的放电电流（界面附近），可以对氧化膜陷阱进行评估。

3. 使用 MOSFET 的界面物理性质评估法

（1）沟道迁移率

界面物理性质会给 MOSFET 的电学特性带来很大影响。可以通过 MOSFET 的漏极电流（I_d）-栅极电压（V_{gs}）求出沟道迁移率（μ_{ch}）及阈值电压（V_{th}）。沟道迁移率通常使用线性区域的有效迁移率（μ_{eff}）及场效应迁移率（μ_{FE}）。有效迁移率可以由漏极电导（g_D）求得，场效应迁移率由跨导（g_m）求得。求有效迁移率时，需要阈值电压。在界面态密度大、沟道迁移率较小的 MOSFET 的情况下，I_d-V_{gs}特性的电流上升不陡峭，难以确定阈值电压。场效应迁移率的求出与阈值电压无关，所以常常使用这一方法。无论哪边的最大值都相等。具有与图 7.3.1 中样品相同方法生成的氧化膜的 4H-SiC MOSFET 的场效应迁移率如图 7.3.3 所示[9]。当氧化膜的界面态密度大幅减少时，场效应迁移率也随之上升。必须注意的是，上述有效迁移率及场效应迁移率是在假定施加栅极电压诱发的电子［$C_{ox}(V_{gs}-V_{th})$］全部作用于漏极电流的情况下计算得出的。但当界面态较多时，沟道内的电子被俘获，无法忽视可动电荷变少的影响。在求出可动电荷密度与其真正迁移率时，必须对 MOSFET 进行霍尔效应测定。界面态较多的 MOSFET 中 90% 的反型电子陷阱化，作用于漏极电流的可动电荷只有 10% 左右[10]。由于存在这种状况，有关沟道电子散射机制的定性讨论基本都已完成，其研究并不像 Si 一般详尽。

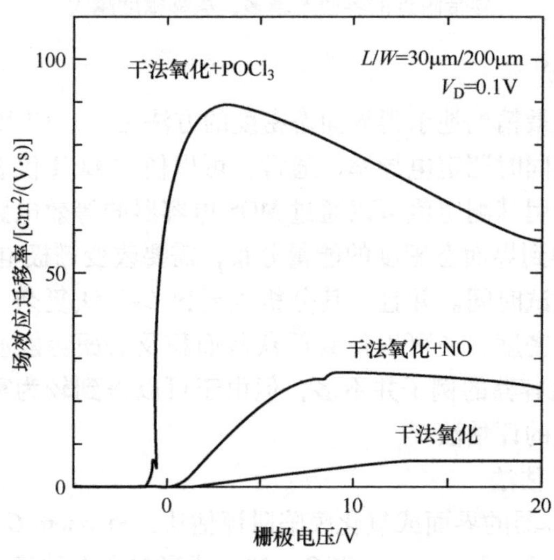

图 7.3.3 4H-SiC MOSFET 的场效应迁移率

（2）阈值电压

从阈值电压与其理论值的偏差，可以求出有效界面固定电荷密度。在这里，之所以说“有效”，是因为受到了界面态中捕获电荷的影响。通过测定其温度关联关系，可以得知捕获电荷密度的能级分布。特别是，低温下阈值电压的温度关联关系反映出了导带附近的界面态密度。

SiC 的 MOSFET 中，基本没有实现阈值电压的控制。也有人报告了阈值电压的不稳定性[11]，但并不多。与 Si 相比，SiC 中通过加压导致的阈值电压漂移较大。该领域今后需要进行更多相关研究，改善阈值电压的稳定性也很重要。

（3）电荷泵法[4]

这是一种通过向 MOSFET 的栅极施加脉冲电压，从而求出界面态密度的方法。实际上，也可以实现使用器件结构的评估。这是一种在 Si 的 MOSFET 中广泛使用的方法，但鲜有关于 SiC MOSFET 的报告例子。图 7.3.4 展示了一个例子[12]。未进行 NO 退火的 MOSFET 场效应迁移率小至 $4cm^2/(V \cdot s)$ 左右，显示了特殊的电荷泵特性。由于其迁移率较低，几何分量（geometric component）变大，电荷泵电流呈拖尾形。进行 NO 退火后场效应迁移率变为 $25cm^2/(V \cdot s)$，几何分量的影响变小，拖尾消失，表现出与 Si 的 MOSFET 同

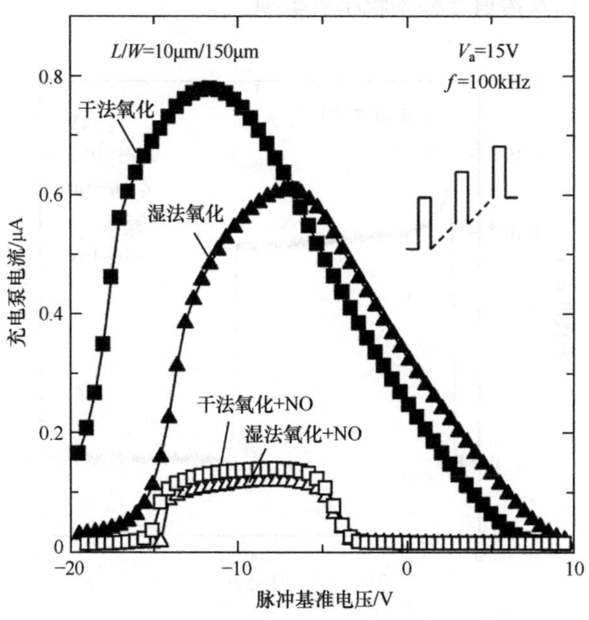

图 7.3.4　4H-SiC MOSFET 电荷泵测定示例

注：脉冲的上升、下降时间为 100ns。

样的梯形特性。通过增大沟道迁移率、缩短沟道长度，可以减小几何分量的影响。在这里可以捕捉到被界面态俘获的电子、空穴，所以可以求得除去导带/价带附近的禁带中央一定范围的能级中单位面积的界面态密度。通过改变脉冲形状可以进行界面态密度的能级分布等分析，但 SiC 的 MOSFET 还未进行过详细的分析。

（4）栅极脉冲施加时漏极电流的瞬态响应

测试时向栅极施加短时间的脉冲时漏极电流响应，界面态与近界面氧化膜陷阱俘获电子，可以观测到漏极电流随时间减小。测定示例如图 7.3.5 所示。测定的 MOSFET 通过对（$000\bar{1}$）C 面 4H-SiC 进行 NO 氧化形成氮氧化膜，界面附近生成氧化膜陷阱[13]。首先 $V_{gs}=-10V$ 条件下从近界面氧化膜陷阱放出电子，之后施加 $V_{gs}=10V$ 的脉冲电压，施加脉冲时向近界面氧化膜陷阱中缓缓注入电子，结果，阈值电压增大，漏极电流随时间减小。使用能观测到更短时间的电流响应系统，能够观测到界面态等响应迅速的陷阱[14]。改变脉冲电压，重复测量漏极电流，可以得到受陷阱影响较小的 *I-V* 特性（脉冲 *I-V* 特性）。

综上所述，在 Si 的 MOS 中开发的各种界面评估技术[4]也可以应用到 SiC 的 MOS 界面评估中。但是，在测定及分析时，要注意其禁带宽度较大、导带附近的界面态较多，以及沟道迁移率较小等事项。

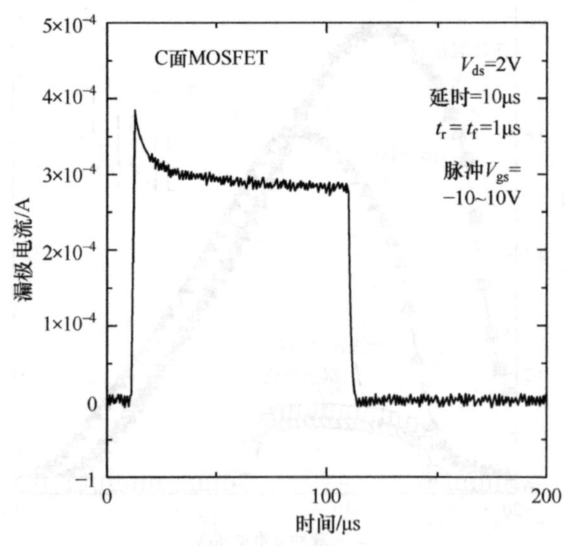

图 7.3.5　向栅极施加脉冲时漏极电流随时间的变化

注：向栅极施加 −10V 的脉冲 10μs 后，施加 10V 的栅极电压 100μs。

参考文献

1) K. Ueno, *phys. stat. sol.* (a) 162, 299 (1997).

2) G. Y. Chung, C. C. Tin, J. R. Williams, K. McDonald, R. K. Chanana, R. A. Weller, S. T. Pantelides, L. C. Feldman, O. W. Holland, M. K. Das, and J. W. Palmour, *IEEE Electron Device Lett.* 22, 176 (2001).

3) M. Noborio, J. Suda, and T. Kimoto, *IEEE Trans. Electron Devices* 55, 2054 (2008).

4) D. K. Schroder : Semiconductor Material and Device Characterization, 3rd edition (John Wiley & Sons, New Jersey, 2006).

5) J. A. Cooper, Jr., *phys. stat. sol.* (a) 162, 305 (1997).

6) D. Okamoto, H. Yano, T. Hatayama, and T. Fuyuki, *Appl. Phys. Lett.* 96, 203508 (2010).

7) H. Yano, F. Katafuchi, T. Kimoto, and H. Matsunami, *IEEE Trans. Electron Devices* 46, 504 (1999).

8) T. E. Rudeko, I. N. Osiyuk, I. P. Tyagulski, H. Ö. Ólafsson, and E. Ö. Sveinbjörnsson, *Solid-State Electron* 49, 545 (2005).

9) D. Okamoto, H. Yano, K. Hirata, T. Hatayama, and T. Fuyuki, *IEEE Electron Device Lett.* 31, 710 (2010).

10) N. S. Saks and A. K. Agarwal, *Appl. Phys. Lett.* 77, 3281 (2000).

11) A. J. Lelis, D. Habersat, R. Green, A. Ogunniyi, M. Gurfinkel, J. Suehle, and N. Goldsman, *IEEE Trans. Electron Devices* 55, 1835 (2008).

12) D. Okamoto, H. Yano, T. Hatayama, Y. Uraoka, and T. Fuyuki, *IEEE Trans. Electron Devices* 55, 2013 (2008).

13) D. Okamoto, H. Yano, Y. Oshiro, T. Hatayama, Y. Uraoka, and T. Fuyuki, *Appl. Phys. Express* 2, 021201 (2009).

14) M. Gurfinkel, H. D. Xiong, K. P. Cheung, J. S. Suehle, J. B. Bernstein, Y. Shapira, A. J. Lelis, D. Habersat, and N. Goldsman, *IEEE Trans. Electron Devices* 55, 2004 (2008).

7.3.2　热氧化膜

为制造以 SiC MOSFET 为核心结构的超低损耗 SiC MOS 功率器件，导通电阻的低电阻化是一项十分重要的研究课题。并且，相比 Si MOSFET 需要在更高温、更高电场环境下稳定工作的 SiC MOSFET 中，必须要生成具有比 Si 更可靠的 SiC 栅极绝缘层。但是，目前为止有报告的 SiC MOS 功率器件的导通电阻虽然远远低于 Si 的值，但与理论上限值相差很大，还没有充分发挥 SiC 的性能，其原因可能是 SiC MOS 栅极的沟道迁移率较小。并且，就 SiC 栅极绝缘层的可靠性来讲，临界击穿场强（E_{BD}）或击穿电荷总量（Q_{BD}）等可靠性的指标与 Si

相比非常小，在实现高品质 SiC MOS 界面中必不可少。与 Si MOS 界面相比，SiC MOS 界面中，较低的势垒高度、含碳的沟道层、Si 及 C 的悬挂键等造成的高密度界面态缺陷、偏轴角造成的表面粗糙等是导致器件特性劣化的原因，这些原因使得高沟道迁移率与高可靠度 SiC 栅极绝缘层同时存在的工艺技术开发变得十分困难。SiC 晶片中存在的晶体缺陷（位错缺陷、外延层表面缺陷等）及金属掺杂物会导致 SiC MOS 器件的可靠性及成品率降低，阻碍晶圆大口径化发展。在这里，对材料特性最适用于功率器件的 4H-SiC 进行热氧（氮）化处理后形成的栅极绝缘层构成的 MOS 界面物理性质及可靠性进行概述。

1. MOS 界面形成技术

（1）热氧化膜形成的面取向关联关系

通过与 Si 相同的热氧化法可以形成良好的绝缘层——SiO_2 膜，可以用于制作开关特性优良的 MOS 器件，也是 SiC 作为半导体材料前景光明的原因之一。具有代表性的热氧化法，有在 O_2 气体中进行干法氧化及在 H_2O 等水蒸气中进行的湿法氧化（包括利用 O_2 与 H_2 的燃烧反应进行的热氧化）。并且，通过 NO 及 N_2O 气体下的热氮化处理可以生成热氮氧化膜。

热氧化法的情况下，热氧化膜生长速度的面取向关联关系十分显著。1000～1200℃的温度下生成热氧化膜时，4H-SiC 表面上，$(000\bar{1})$ C 面最快，然后是 $(11\bar{2}0)$ 面、(0001) Si 面，$(000\bar{1})$ C 面的热氧化膜生长速度是 (0001) Si 面的 3～10 倍。一方面，1350℃以上的高温热氧化中，几乎看不到生长速度的面取向关联关系。关于这一生长速度的面取向关联关系，有很多说法，主要关注于 MOS 界面迁移层的厚度、最表面 Si 悬挂键的单位密度、界面的应力大小、CO_x 化合物脱离 MOS 界面的难易度、初期氧化反应过程的差别等，但都还没有结论。并且，能实现低界面态密度及高沟道迁移率的 MOS 界面形成条件也随面取向而异，必须将所有条件调整至最优。

（2）热氧（氮）化成膜法与 MOS 界面物理性质

SiC MOS 界面的能级密度比 Si MOS 界面高出一个数量级，所以大量电子被界面态俘获，沟道内电子浓度的减少及被俘获的电子发生库仑散射，结果导致 MOSFET 的沟道迁移率及漏极电流下降。并且，在热氧化膜的情况下，Si 及 C 悬挂键，加上 MOS 界面残留的 SiC_xO_y 及 C 簇等 C 化合物也成为导致界面缺陷的原因，造成 MOSFET 的沟道迁移率降低并且使得阈值向正电压侧漂移。为实现 SiC MOS 功率器件的制作，必须研究如何抑制这些因素。

利用干法氧化形成的热氧化膜的 MOS 结构中，界面态密度大，(0001) Si 面、$(11\bar{2}0)$ 面、$(000\bar{1})$ C 面上形成的所有 MOSFET 上沟道迁移率大概低至 $10cm^2/(V \cdot s)$。而相对的，湿法氧化中界面态密度变低，沟道迁移率变大。这是由于 MOS 界面附近生成的 C 化合物的氧化加速，H 及 OH 导致的悬挂键结合的效应。为实现这些效应，通过热氧化膜形成温度的低温化[1]、在湿氧氛围下进行热氧化膜形成后的冷却过程[2]等，优化湿法氧化工艺至关重要。目前为止，在湿法氧化形成的热氧化膜制成的MOSFET中，(0001) Si面上沟道迁移率约为$50cm^2/(V \cdot s)$[3]，$(000\bar{1})$ C面上沟道迁移率约为$100cm^2/(V \cdot s)$[4]，$(11\bar{2}0)$面上沟道迁移率超过$200cm^2/(V \cdot s)$[1,2]。

一方面，NO及N_2O气体中的热氮氧化处理，对降低界面态密度及提高沟道迁移率也有效果。对于这一方法生成的氮氧化膜，通过在MOS界面中导入N能够促进与悬挂键的结合及去除C化合物，与干法氧化膜相比，减少界面态密度及固定负电荷等使MOS界面物理性质得到改善。并且，沟道迁移率提高的主要原因，也显示了N掺杂对沟道的效果[5]。在具有1300℃的N_2O气氛下生成的氮氧化膜的MOSFET中，(0001) Si面上的沟道迁移率为$26cm^2/(V \cdot s)$，$(000\bar{1})$ C面上为$43cm^2/(V \cdot s)$，$(11\bar{2}0)$面上为$78cm^2/(V \cdot s)$（见图7.3.6）[6]。但是，过量导入的N会引起平带电压（V_{FB}）的增大，其原因可能是SiN的非公用电子对及SiON化合物带来的近界面氧化膜空穴陷阱的影响[7]。

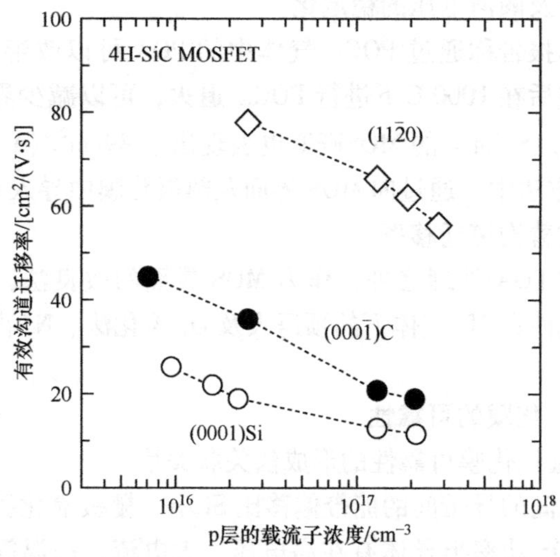

图7.3.6 4H-SiC MOSFET的沟道迁移率与p型外延层载流子浓度的关联关系[6]

[转载于T. Kimoto, Y. Kanzaki, M. Noborio, H. Kawano, and H. Matsunami, *Jpn. J. Appl. Phys.* 44, 1213 (2005)]

(3) 氧化后退火处理带来的MOS界面物理性质的改善

Si MOS工艺中广为人知的H_2气体中进行氧化后退火（Post Oxidation Anneal，POA）及界面氮化处理，都是消除热氧化时MOS界面上生成的悬挂键的方法，并适用于 SiC MOS 工艺。栅极绝缘层形成后的 NO 及 N_2O 气体中进行的界面氮化处理也与热氮氧化处理相同，向 MOS 界面导入 N，界面态密度降低，(0001) Si 面及 $(000\bar{1})$ C 面的沟道迁移率大约提高 $40cm^2/(V \cdot s)$[8,9]。一方面，NH_3 气体下进行的氮化处理中，不只是 MOS 界面，膜中也导入了高浓度的 N（约 $10^{22}cm^{-3}$），形成氮氧化膜[10]。结果，界面态密度降低导致沟道迁移率上升，并且栅极绝缘层的相对介电常数增加，有望增大 MOSFET 的漏极电流。低温等离子体氮化处理也能够改善 MOS 界面物理性质。这种情况下，向 MOS 界面导入 N 也可以改善 MOS 界面物理性质。

在 H_2 气体中进行 POA 处理时，在 Si MOS 工艺的 400℃下，很难有效改善 SiC MOS 界面物理性质，SiC MOS 工艺必须要 800℃以上的高温处理。并且，H_2 气体 POA 效应相当取决于面取向，(0001) Si 面上导带下端附近的界面态密度及 MOSFET 的沟道迁移率只能得到一定改善[11]，$(000\bar{1})$ C 面及 $(11\bar{2}0)$ 面上，界面态密度明显减少，MOSFET 的沟道迁移率大幅增加[4,12]。并且，NO 及 N_2O 气体中的氮化处理与 H_2 气体 POA 相组合，使得 MOS 界面物理性质进一步提高。例如，(0001) Si 面上，N_2O 处理后进行 1000℃的 H_2 气体 POA，能够实现沟道迁移率的提升及阈值电压的稳定化。

近年来，也有报告称通过 $POCl_3$ 气体中的 POA 可以改善 MOS 界面物理性质。热氧化膜形成后在 1000℃下进行 $POCl_3$ 退火，可以减少界面态密度及平带电压漂移，(0001) Si 面上的 MOSFET 也表现出了 $89cm^2/(V \cdot s)$ 的高沟道迁移率[13]。在这一方法中，通过向 MOS 界面及热氧化膜中导入 P，可以消除 MOS 界面上的应力，改善沟道迁移率。

除了上述各种 POA 处理之外，作为 MOS 界面的改良法，人们也在讨论研究栅极绝缘层形成前在 H_2 气体下的预退火及 O_3 氧化法、N^+ 离子注入、等离子体氮化处理等。

2. 热氧（氮）化膜的可靠性

（1）热氧（氮）化膜可靠性的形成法关联关系

SiC 与 SiO_2 之间的导带间的能带偏移比 Si 小，栅极氧化膜中容易注入载流子，但是，SiC MOS 功率半导体有在高电压、大电流、高温等严苛条件下工作的要求。因此，在实现高沟道迁移率的同时，能实现比 Si MOS 工艺更高可靠度的栅极绝缘层形成法的确立至关重要。近年来，SiC 晶片上形成的栅极绝缘层的可靠性相关研究越来越活跃，明确栅极绝缘层形成方法影响因素及面取向影响因素、击穿要素等成果也越来越多。

图 7.3.7 展示了 (0001) Si 面上的 MOS 电容器的经时击穿（Time Dependent Dielectric Breakdown，TDDB）特性（电流密度：$7mA/cm^2$）与栅极绝缘层形成法的关联关系。栅极绝缘层干法氧化后在 H_2、N_2O、N_2O/H_2、NH_3 气体中进

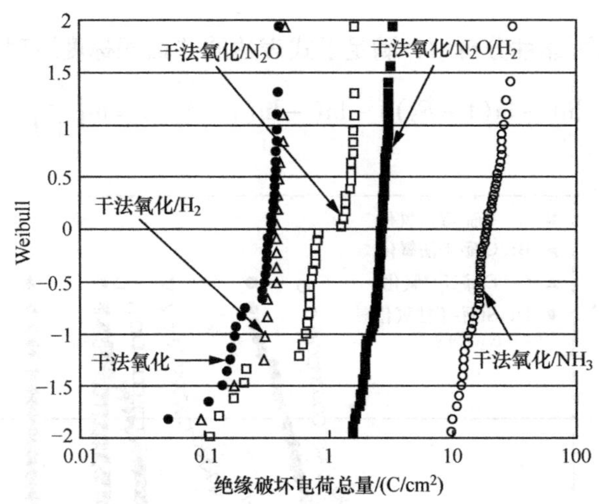

图7.3.7 4H-SiC（0001）Si面上的MOS电容器的TDDB特性

行各种POA。只对干法氧化施加氮化处理及氢处理，能够改善可靠性，提高Q_{BD}。氮化处理与氢处理相结合，能够抑制V_{FB}漂移。如此，氮化处理及氢处理在改善MOSFET的沟道迁移率同时，也能有效提高栅极绝缘层的可靠性，这可能来源于MOS界面及SiO_2膜内缺陷的N及H终端导致的热载流子耐性提高。一方面，湿法氧化等水蒸气气体中的处理会导致栅极绝缘层E_{BD}降低及V_{FB}漂移的增加。这是由于OH终端部分在电子注入后产生了负电荷陷阱[14]。

与（0001）Si面相同，作为提高（000$\bar{1}$）C面上的栅极绝缘层可靠性的技术，氮化处理及氢处理同样有效。如图7.3.8所示，与干法氧化及湿法氧化下形成的栅极绝缘层相比，N_2O气体下形成的热氮氧化膜表现出了高可靠性[15]。并且，通过氮化处理，MOS电容器的电流密度-场强（J-E）曲线的FN电流的上升场强增大[16]。但是，应用氮化处理的MOSFET的沟道迁移率与湿法氧化相比较低，高沟道迁移率与栅极绝缘层的高可靠性之间存在折中关系。目前几乎没有关于（11$\bar{2}$0）面上栅极绝缘层的可靠性的报道，今后的研究开发值得期待。

（2）SiC晶片缺陷对栅极绝缘层可靠性的影响

通过近年来的研究开发，SiC晶片的品质大大改善，但位错缺陷及外延膜表面缺陷等晶体缺陷很大程度上影响着栅极绝缘层的可靠性。并且，这些缺陷密度在晶片面内大不相同，所以在晶片的哪一部分设置评估器件，评估结果有时会完全不同。并且，栅极绝缘层可靠性对器件尺寸依赖度大，考虑SiC晶片的晶体缺陷密度的评估器件的设计及试制是十分重要的。作为回避这种问题的一种手段，有人提出适用面积标度原理的栅极绝缘层可靠性分析方法[17]。

栅极绝缘层可靠性分析中，满足下式表达的“面积标度原理”。

$$\ln(-\ln(1-F_2))-\ln(-\ln(1-F_1))=\ln\left(\frac{A_2}{A_1}\right) \tag{7.3.2}$$

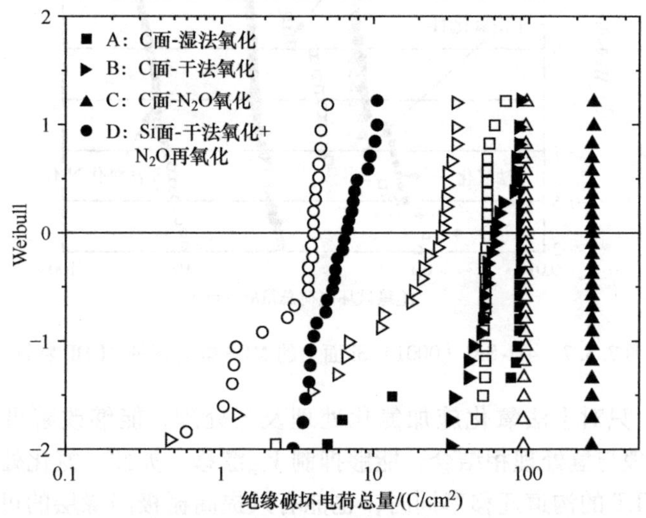

图7.3.8　4H-SiC（000$\bar{1}$）C面上的MOS电容器的TDDB特性[15]

注：白色标记与黑色标记分别表示评估温度为30℃与100℃。

[转载自M. Grieb, D. Peters, A. J. Bauer, P. Friedrichs, and H. Ryssel, *Mater. Sci. Forum* 600-603, 597 (2009)]

式（7.3.2）中，A_1 及 A_2 表示评估器件的栅极电极面积，F_1 及 F_2 表示评估器件的累积破坏率，两条Weibull曲线的纵轴方向之差等于栅极电压面积之比[$\ln(A_1/A_2)$]。利用这一关系式，通过某一栅极电极面积评估的Weibull曲线，可以推定面积不同的评估器件的Weibull曲线。

图7.3.9展示了（0001）Si面上形成的MOS电容器的TDDB测定结果（应力电场：10MV/cm）。通过1200℃的干法氧化形成约40nm的热氧化膜。图a中展示的不同栅极电极尺寸（ϕ50~600μm）的MOS电容器测定的6条Weibull曲线，适用于面积标度原理；图b中具有2个斜率的（一个分布状态）Weibull曲线收敛。由击穿处的评估可知，Weibull曲线斜率平缓的部分上分布的MOS电容器显示了位错缺陷（螺旋位错、刃位错、基平面位错）引发击穿。并且，通过这一Weibull曲线的斜率拐点处的数值，可以算出位错缺陷导致的击穿MOS电容器的比例。本次使用的SiC晶片上形成100μm×100μm栅极电极尺寸的MOS电容器时，其比例约为20%。

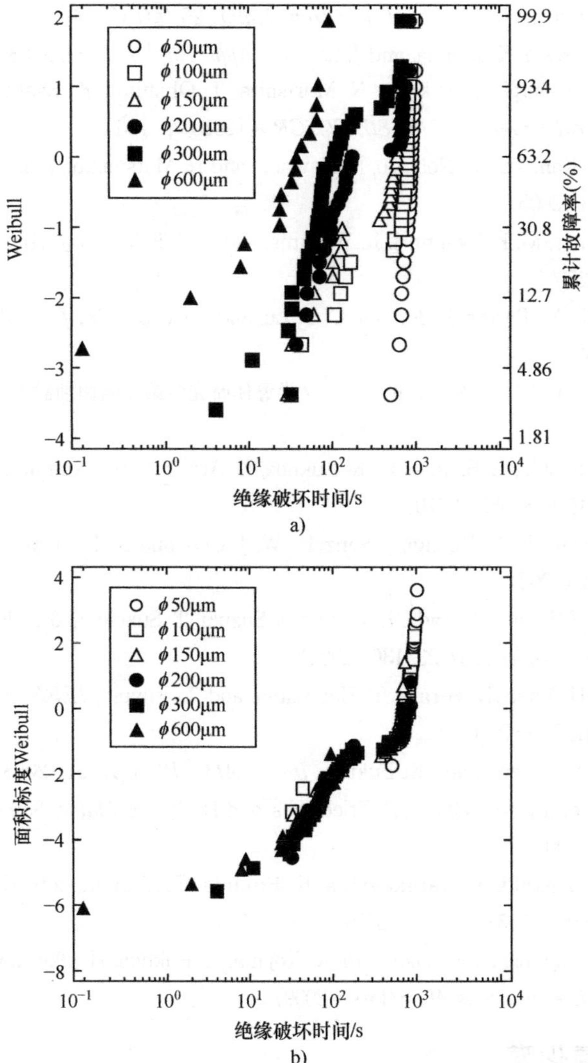

图7.3.9 4H-SiC（0001）Si面上形成的MOS电容器的TDDB测定结果

a）栅极电极面积不同的MOS电容器的Weibull曲线

b）面积标度原理下100μm×100μm标准化的栅极电极尺寸的Weibull曲线

参考文献

1） J. Senzaki, K. Kojima, T. Suzuki, and K. Fukuda, *Mater. Sci. Forum* 433-436, 613 (2003).

2） T. Endo, E. Okuno, T.Sakakibara, and S. Onda, *Mater. Sci. Forum* 600-603, 691 (2009).

3) L. A. Lipkin, and J. W. Palmour, *J. Electron. Mater.* 25, 909 (1996).
4) K. Fukuda, M. Kato, K. Kojima, and J. Senzaki, *Appl. Phys. Lett.* 84, 2088 (2004).
5) T. Umeda, R. Kosugi, K. Fukuda, N. Morishita, T. Ohshima, K. Esaki, and J. Isoya, *Technical Program of the 8th ECSCRM* (2010) p. 186.
6) T. Kimoto, Y. Kanzaki, M. Noborio, H. Kawano, and H. Matsunami, *Jpn. J. Appl. Phys.* 44, 1213 (2005).
7) J. Rozen, S. Dhar, M. E. Zvanut, J. R. Williams, and L. C. Feldman, *J. Appl. Phys.* 105, 124506 (2009).
8) K. C. Chang, L. M. Porter, J. Bentley, C. Y. Lu, and J. Cooper, *Jr., J. Appl. Phys.* 95, 8252 (2004).
9) 鈴木琢磨，SiC および関連ワイドギャップ半導体研究会第4回個別討論会 予稿集（2009).
10) J. Senzaki, T. Suzuki, A. Shimozato, K. Fukuda, K. Arai, and H. Okumura, *Mater. Sci. Forum* 645-648, 685 (2010).
11) S. Suzuki, S. Harada, R. Kosugi, J. Senzaki, W. J. Cho, and K. Fukuda, *J. Appl. Phys.* 92, 6230 (2002).
12) J. Senzaki, K. Kojima, S. Harada, R. Kosugi, S. Suzuki, T. Suzuki, and K. Fukuda, *IEEE Electron Device Lett.* 23, 136 (2002).
13) D. Okamoto, H. Yano, K. Hirata, T. Hatayama, and T. Fuyuki, *IEEE Electron Device Lett.* 31, 710 (2010).
14) J. Senzaki, A. Shimozato, and K. Fukuda, *Jpn. J. Appl. Phys.* 47, 91 (2008).
15) M. Grieb, D. Peters, A. J. Bauer, P. Friedrichs, and H. Ryssel, *Mater. Sci. Forum* 600-603, 597 (2009).
16) T. Suzuki, J. Senzaki, T. Hatakeyama, K. Fukuda, T. Shinohe, and K. Arai, *Mater. Sci. Forum* 615-617, 557 (2009).
17) J. Senzaki, A. Shimozato, M. Okamoto, K. Kojima, K. Fukuda, H. Okumura, and K. Arai, *Jpn. J. Appl. Phys.* 48, 081404 (2009).

7.3.3 沉积氧化膜

1. 背景

SiC 具有优良的物理性质[1]，SiC MOSFET 具有许多超越 Si 的材料界限的特性[2-4]。MOSFET 中，栅极绝缘层与 SiC 的界面物理性质会对器件特性带来巨大影响。目前为止，通常以 SiC 热氧化后形成的 SiO_2 用作栅极氧化膜。热氧化膜/SiC 界面物理性质逐渐得以改善，近年不是以 SiC 的热氧化膜作为栅极绝缘层，而是使用沉积法形成沉积氧化膜的研究越来越多。这是由于与热氧化膜相比，沉积氧化膜具有以下优点。

1）优良的界面物理性质：SiC 的情况下，热氧化时构成元素 C 必然会被吸收进氧化膜中。氧化膜/SiC 界面迁移层（SiC_xO_y）厚度与界面物理性质之间存在相关性，迁移层越薄，界面物理性质越优异[5]。沉积法几乎无法氧化SiC，所以迁移层变得比热氧化膜薄，有望能够改善特性。

2）高可靠性：如果衬底表面的位错等缺陷浓度较高，氧化膜的寿命会变短[6]。其原因是位错上形成的氧化膜品质可能降低，或位错部分氧化速度与无位错部分不同，界面形成凹凸可能发生电场增强等。在沉积膜上，SiC基本不会被氧化，所以有望实现不受位错密度影响、大面积且长寿命的栅极绝缘层[7,8]。

3）工艺简便：SiC比Si的氧化速度更慢（比Si需要更高温、更长时间的氧化），并且根据面取向不同，氧化速度也存在各向异性。使用沉积膜，可以缩短工艺时间，以及生成不存在各向异性的均一氧化膜。

充分利用电子的高迁移率的n沟道型常用于功率半导体。但是，考虑到将来的高耐压p型IGBT及高温工作CMOS电路应用，p沟道MOSFET相关的研究也至关重要。在这里以n型、p型MOS器件作为对象比较沉积氧化膜与热氧化膜。

2. 沉积氧化膜的形成

为评估界面态，制造出了n型、p型MOS电容器。SiC的禁带宽度较宽，常温下不会生成少数载流子，MOS界面不发生反型。因此，在评估给p型衬底上制作的n沟道MOSFET的特性带来影响的导带附近的界面态时，要使用n型衬底上制作的MOS电容器。n型MOS电容器的制作中使用的是8°偏轴n型4H-SiC（0001）外延衬底，施主浓度约为$1\times10^{16}cm^{-3}$。制作p型MOS电容器时，使用p型4H-SiC（0001）外延衬底（受主浓度约为$5\times10^{15}cm^{-3}$）。栅极氧化膜使用的是，将SiC直接在1300℃的N_2O（用N_2 10倍稀释）中氧化的热氧化膜与等离子体CVD（原料气体：SiH_4+N_2O，沉积温度：400℃）中沉积氧化膜后，在1300℃的N_2O（用N_2 10倍稀释）中退火后的沉积氧化膜。使用N_2O或NO的氮化处理[5,9-13]可以有效提高界面物理性质，广泛应用于SiC MOS型器件的制作中。并且，用N_2稀释N_2O是因为比100%的N_2O更能提高特性[9,12]。在栅极电极中使用Al。

也制作了用于评估迁移率的n沟道、p沟道MOSFET。n沟道MOSFET的制作中使用了8°偏轴p型4H-SiC（0001）外延衬底。衬底的受主浓度约为$5\times10^{15}cm^{-3}$。p沟道MOSFET是在施主浓度约为$1\times10^{16}cm^{-3}$ 8°偏轴n型4H-SiC(0001）外延衬底上制作的。栅极氧化膜通过与MOS电容器同样的方法（热氧化膜与沉积氧化膜）形成。栅极电极使用Al。制作的MOSFET的沟道长为25～100μm，沟道宽为200μm。SiC MOSFET中已经确认发现与Si MOSFET相同的短沟道效应[14]，所以制作了沟道长度较长的器件并进行了评估。

3. n型MOS器件的特性

对制作出的各类器件的测定需要在屏蔽电气的暗室内进行。测定温度保持在室温。使用C-V测定系统对高频电容（C_{HF}，1MHz）、准静态电容（C_{QS}，Quasi-Static）容量同时进行测量。图7.3.10表示的就是n型MOS电容器的C-V特性。该图还展示了理论计算出来的C-V特性（C_{Theory}）。另外，该图纵轴表示的是将氧化膜电容（C_{ox}）规范化后的数据。在对Si MOS电容器进行的测定中，并未发现累积-耗尽-反型特性，但得到了表示累积-耗尽-深耗尽状态的C-V特性。另外与沉积氧化膜相比，热氧化膜的C-V特性向阈值电压的正方向有较为明显的位移，根据存在于平带电容（C_{FB}）中的高频特性向阈值电压正方向的位移量（平带位移电压），可以计算出存在于界面上的有效固定电荷密度（在界面态下捕获到的电荷和氧化膜中的固定电荷的总和）。界面的有效固定电荷密度，在热氧化膜上为$1.1\times10^{12}cm^{-2}$（负电荷），在沉积氧化膜上为$2.2\times10^{11}cm^{-2}$（负电荷），可见沉积氧化膜上的数值较小。

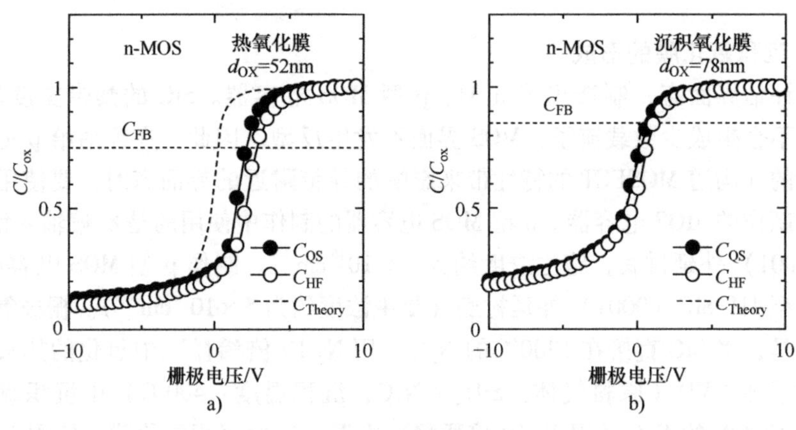

图7.3.10　n型MOS电容器的C-V特性

a）热氧化膜　b）沉积氧化膜

在高频、低频C-V特性中使用High-Low法可以计算出界面态密度。图7.3.11中展示的是热氧化膜、沉积氧化膜的界面态密度的能量分布。图中，可以发现在距导带0.2eV的界面态密度，在热氧化膜上是$2\times10^{12}cm^{-2}eV^{-1}$，沉积氧化膜上为$7\times10^{11}cm^{-2}eV^{-1}$，后者与前者相比减少了一半。n沟道MOSFET在工作时，界面上的费米能级出现在导带附近，致使导带附近的界面态密度比较大。当MOSFET开始工作后，此时即使施加阈值电压，界面上产生的大部分电荷也都会被界面态捕获，参与形成电流的可动电荷很少。另外，存在费米能级以下的（从导带附近到禁带中央）界面态会将捕捉到的电子作为库仑散射源进行活动，这也是导致沟道迁移率低下的主要原因。因此，业界期待通过降低沉积氧化膜上导带附近的界面态密度来提高 SiC MOSFET 的性能。

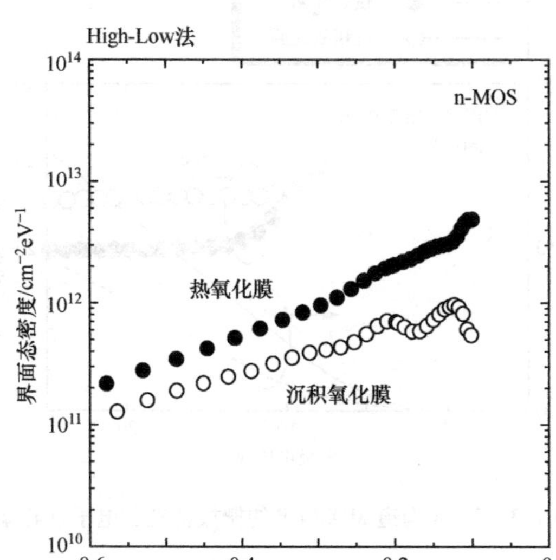

图 7.3.11 导带附近的界面态密度

接下来，进行对 SiC n 沟道 MOSFET 的评价。图 7.3.12 展示的是在线性区域中栅极特性（漏极电流 I_D-栅极电压 V_G 特性）的评估结果。漏极电压为 0.1V。另外图中也展示了有效迁移率（μ_{eff}）。在热氧化膜中根据栅极特性求出的阈值电压为 7.4V，在沉积氧化膜中为 5.3V。阈值电压的理论值约为 2V，实测数值大于理论数值。这是因为与在 MOS 电容器中所观察的一样，电子被氧化膜/SiC 界面的能级捕获，并作为负电荷进行活动。根据阈值电压的实测值和理论值之间的差别，可以按照 MOS 电容器的方法进行界面的有效固定电荷密度计算。结果是：在热氧化膜上为 $1.4\times10^{12}cm^{-2}$（负电荷），在沉积氧化膜上为 $8.2\times10^{11}cm^{-2}$（负电荷）。与 MOS 电容器的情况相同，沉积氧化膜的有效固定电荷密度较少，推测这是因为界面捕获的电子较少。热氧化膜和沉积氧化膜的电子迁移率分别为 $20cm^2/(V\cdot s)$、$25cm^2/(V\cdot s)$，沉积氧化膜的电子迁移率更快。从之前的论述中可以发现，这是因为堆积氧化的界面态密度较低，有限固定电荷密度较小，所以导致电子迁移率增加。

有关 n 沟道 MOSFET 的性能改善，有研究报道指出可以通过共同使用 N_2O 和 NO 的离子氮化处理或者湿法处理来实现[15,16]。具体应用到沉积氧化膜的情况，通过 NO 中间退火，进行离子氮化处理，获得优质的性能。此时，阈值电压为 4.6V（有效固定电荷密度为 $8.9\times10^{11}cm^{-2}$（负电荷）），沟道电子迁移率为 $32cm^2/(V\cdot s)$。

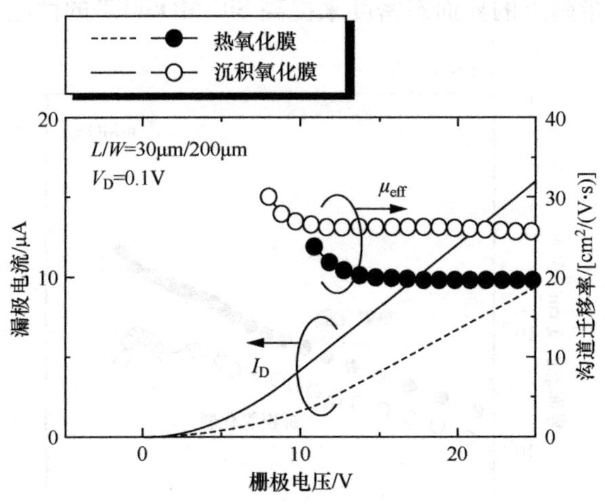

图 7.3.12　n 沟道 MOSFET 的栅极特性和电子迁移率

4. p 型 MOS 器件的特性

这里使用与 n 型器件相同的方法评估 p 型 MOS 电容器、p 沟道 MOSFET。p 型 MOS 电容器的 C-V 特性如图 7.3.13 所示，得到了与 n 型 MOS 电容器一样的累积-耗尽-深耗尽特性。实测的 C-V 特性与理论特性相比，栅极电压更向负向漂移，这是因为与 n 型 MOS 电容器不同，p 型 MOS 电容器界面上存在正电荷。由平带漂移求得的界面有效固定电荷密度在热氧化膜中为 2.4×10^{12}cm^{-2}（正电荷），在沉积氧化膜中为 1.5×10^{12}cm^{-2}（正电荷）。图 7.3.14 中展示了使用 High-Low 法计算的界面态密度的能级分布。该图也展示了影响 p 沟道 MOSFET 特性的价带附近上的界面态密度。距价带 0.2eV 位置上的界面态密度在热氧化膜上为 9×10^{11}cm^{-2}eV^{-1}，在沉积氧化膜上为 5×10^{11}cm^{-2}eV^{-1}，与 n 型 MOS 电容器一样，沉积氧化膜的数值比热氧化膜低。并且，与 n 型 MOS 电容器相比，p 型 MOS 电容器界面态密度的绝对值比较低。虽然界面态密度较低，但还是 p 型 MOS 电容器的界面有效固定电荷密度更大。p 型 MOS 电容器中，无法使用 High-Low 法评估的深能级俘获的空穴可能较多，氧化膜中存在的（施加栅极电压后极性不变）本征固定电荷密度可能较大。

接下来对 p 沟道 MOSFET 的特性进行评估。图 7.3.15 展示了线性区域中栅极特性与迁移率的评估结果，漏极电压为 −0.1V。由栅极特性推算求得的阈值电压在热氧化膜中为 −10.8V，在沉积氧化膜中为 −9.8V，与理论阈值电压（−4V）相比，向栅极电压负向漂移较大。由阈值电压的漂移量求得的有效固定电荷密度，在热氧化膜上为 3.0×10^{12}cm^{-2}（正电荷），在沉积氧化膜上为 2.7×10^{12}cm^{-2}（正电荷），界面的正电荷像 p 型 MOS 电容器上得到的一样多。并且，由阈值电压的漂移量求得的有效固定电荷密度在 150℃ 测定下显示出

$10^{12}cm^{-2}$以上的数值，一般认为这一固定电荷的起源是被深能级俘获的空穴及氧化膜中的本征固定电荷。p 沟道 MOSFET 的迁移率在热氧化膜中为 $7cm^2/(V·s)$，在沉积氧化膜中为 $10cm^2/(V·s)$。与 n 沟道 MOSFET 相同，沉积氧化膜的迁移率更高。

关于 p 型 MOS 器件，湿法处理能够更有效地提高器件特性，沉积氧化膜与湿法处理组合有望更进一步提高器件特性。关于 p 型 MOS 器件相关的报告[17-19]很有限，器件特性还有很大的上升空间。

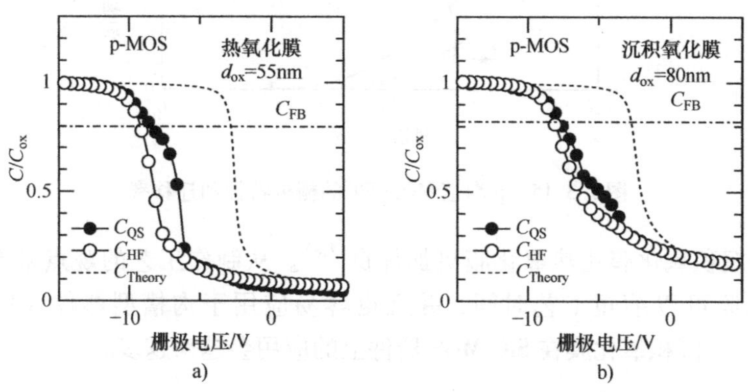

图 7.3.13 p 型 MOS 电容器的 C-V 特性

a）热氧化膜 b）沉积氧化膜

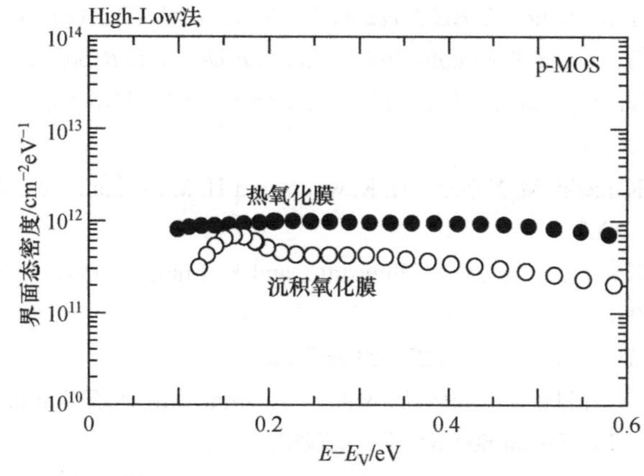

图 7.3.14 价带附近的界面态密度

5. 总结

上文对沉积氧化膜在 n 型、p 型 MOS 器件的应用进行了阐述。沉积氧化膜在 SiC MOS 器件上的应用对改善电学特性效果显著。并且，关于可靠性，也有

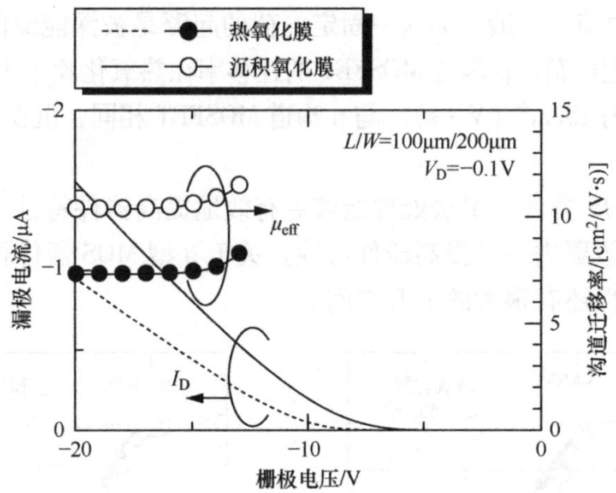

图 7.3.15　p 沟道 MOSFET 的栅极特性和迁移率

机构报告沉积氧化膜比热氧化膜更加优良[7,8]。从制作工艺的观点来看，使用沉积氧化膜可以缩短工艺时间，并且也容易应用于沟槽型器件（UMOSFET 等）。今后，沉积氧化膜在 SiC MOS 器件上的应用会越来越多。

参 考 文 献

1） H. Matsunami and T. Kimoto, *Mater. Sci. Eng.* R20, 125 (1997).

2） S. H. Ryu, S. Krishnaswami, M. O'Loughlin, J. Richmond, A. Agarwal, J. Palmour, and A. R. Hefner, *IEEE Electron Device Lett.* 25, 1721 (2004).

3） M. Noborio, J. Suda, and T. Kimoto, *IEEE Electron Device Lett.* 30, 831 (2009).

4） E. Okuno, T. Endo, J. Kawai, T. Sakakibara, and S. Onda, *Mater. Sci. Forum* 600-603, 1119 (2009).

5） T. Kimoto, Y. Kanzaki, M. Noborio, H. Kawano, and H. Matsunami, *Jpn. J. Appl. Phys.* 44, 1213 (2005).

6） J. Senzaki, K. Kojima, T. Kato, A. Shimozato, and K. Fukuda, *Appl. Phys. Lett.* 89, 022909 (2006).

7） S. Tanimoto, *Mater. Sci. Forum* 527-529, 955 (2006).

8） K. Fujihira, S. Yoshida, N. Miura, Y. Nakao, M. Imaizumi, T. Takami, and T. Oomori, *Mater. Sci. Forum* 600-603, 799 (2009).

9） P. Jamet, S. Dimitrijev, and P. Tanner, *J. Appl. Phys.* 90, 5058 (2001).

10） G. Y. Chung, C. C. Tin, J. R. Williams, K. McDonald, R. K. Chanana. R. A. Weller, S. T. Pantelides, L. C. Feldman, O. W. Holland, M. K. Das, and J. W. Palmour, *IEEE Electron Device Lett.* 22, 176 (2001).

11） L. A. Lipkin, M. K. Das, and J. W. Palmour, *Mater. Sci. Forum* 389-393, 985 (2002).

12) K. Y. Chung, S. Dimitrijev, J. Han, and H. B. Harrison, *J. Appl. Phys.* 93, 5682 (2003).
13) M. Noborio, J. Suda, S. Beljakowa, M. Krieger, and T. Kimoto, *phys. stat. sol.* (*a*) 206, 2374 (2009).
14) M. Noborio, Y. Kanzaki, J. Suda, and T. Kimoto, *IEEE Trans. Electron Devices* 52, 1954 (2005).
15) K. Fukuda, M. Kato, K. Kojima, and J. Senzaki, *Appl. Phys. Lett.* 84, 2088 (2004).
16) T. Endo, E. Okuno, T. Sakakibara, and S. Onda, *Mater. Sci. Forum* 600-603, 691 (2009).
17) M. Okamoto, M. Tanaka, T. Yatsuo, and K. Fukuda, *Appl. Phys. Lett.* 89, 023502 (2006).
18) J. S. Han, K. Y. Cheong, S. Dimitrijev, M. Laube, and G. Pensl, *Mater. Sci. Forum* 457-460, 1401 (2004).
19) M. Noborio, J. Suda, and T. Kimoto, *IEEE Trans. Electron Devices* 56, 1953 (2009).

7.3.4 高相对介电常数绝缘膜

高相对介电常数（High-k）绝缘膜一般是指与 SiO_2 膜相比介电常数更高的绝缘膜。通过高相对介电常数绝缘膜可以使 Si MOS 器件的栅绝缘膜变薄，并且可以有效减少栅漏电流的生成，因此备受瞩目[1]。在 Si LSI 研究开发中，通过实现元素等比例缩小和 MOS 器件的栅绝缘膜轻薄化，可以有效提高性能。但 SiO_2 栅绝缘膜的厚度只有几 nm 时，绝缘膜内的隧穿电流会快速增加，漏电流会导致 MOS 器件的电力消耗明显增大。与 SiO_2 的相对介电常数（3.9）相比，以二氧化铪（HfO_2）为代表的金属氧化物绝缘体的相对介电常数更高，近些年来，Si LSI 的栅绝缘膜正渐渐实际应用。比如，当把它用作具有 SiO_2 的 n 倍相对介电常数的高介电绝缘膜时，即使栅绝缘膜的物理膜厚度变为之前的 n 倍，也可以获得与 SiO_2 相同的容量密度；在同一膜厚度之下，也可以极大地减少漏电流的发生。另外，当在 DRAM（Dynamic Random Access Memory，动态随机存储器）用电容器上也使用高相对介电常数绝缘膜时，可以实现电容器的大容量化。

另一方面，SiC MOS 器件的 SiO_2 绝缘膜也可以通过与 Si 相同过程的热氧化来形成，由在 SiO_2/SiC 界面附近的碳元素杂质产生的界面缺陷会导致 MOSFET 的沟道迁移率有所下降。另外，除了上面提到的杂质问题之外，热氧化生成的杂质还会降低绝缘膜的可靠性。当 SiC MOS 器件的栅绝缘膜发生电击穿现象或者对其施加电应力时会出现缺陷，但这一形成机制暂不明确，推测与流过绝缘膜的漏电流导致的劣化现象有关。考虑到 SiC MOS 器件一般都在高温下工作，其能带构造导致它的导带偏移小于 Si MOS，所以即便 SiO_2 膜不存在电学性能缺陷，高温强电场条件下也是无法避免漏电流增加的。

因此，我们尝试在 SiC 衬底上沉积具有良好电学性能的高相对介电常数绝缘膜，来达到 SiC MOS 器件用栅绝缘膜的作用。与 7.3.3 节介绍的沉积氧化膜的情况一样，使用 CVD 法和溅射沉积法将高相对介电常数绝缘膜沉积在 SiC 衬底上，可以有效减轻因含碳元素杂质引起的 MOS 界面的性能劣化。如果进一步用 SiO_2 栅绝缘膜置换高介电常数膜，最理想的情况下可以增加物理膜厚，减少漏电流的发生，从而可以提高绝缘膜的可靠性。

图 7.3.16a 展示的是各种高相对介电常数绝缘膜材料的相对介电常数和禁带之间的关系[1]。根据之前讨论过的结论，最理想的栅绝缘膜应该具有较大的相对介电常数和较大的禁带宽度。但现实中，却不得不权衡相对介电常数和禁带之间的关系。比如，如果使用相对介电常数达到 80 左右的二氧化钛（TiO_2），就无法确保和 SiC 之间的合适禁带宽度（见图 7.3.16b）[2]。在 Si MOS 器件中，出于电学性能和界面稳定性选择 HfO_2 等铪元素材料，但在宽禁带半导体实际应用时，要选择那些可以最大程度地激发高相对介电常数绝缘膜导入效果的材料。另外在 SiC 器件中，通常在形成接触孔和注入离子之后的退火温度常常可以达到 1000℃以上，因此这也要求相关的高相对介电常数绝缘膜需要通过特殊的工艺处理来提高自己的耐热性。

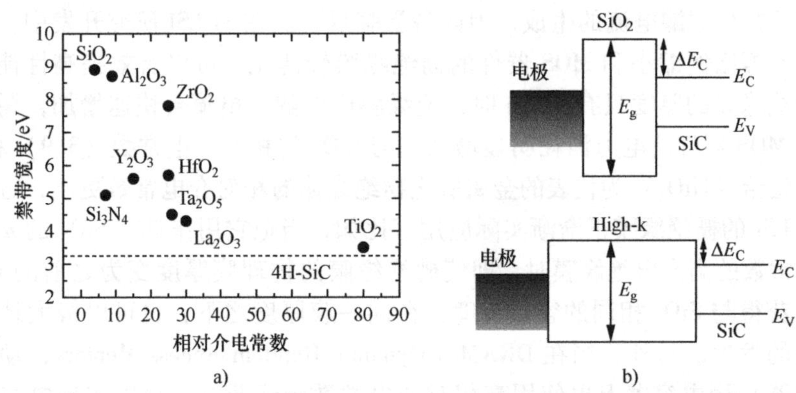

图 7.3.16 具有代表性的高相对介电常数绝缘膜材料的特征及能带的结构

a）相对介电常数和禁带的关系。参考了参考文献［1］中的数值，从近年的研究中明确了结晶构造、添加微量其他元素能够使相对介电常数发生较大的变化

b）导入高相对介电常数绝缘材料后的 SiC MOSFET 能带构造发生变化的示意图

近年来，有关 SiC 衬底上的热氧化膜的各种问题逐渐显现，大家对于通过在 SiC 上沉积高相对介电常数绝缘膜形成的 High-k/SiC 构造的关注也越来越浓

厚[3-8]。从图7.3.16中可以得知，以Al_2O_3为基础制造出的绝缘膜具有较大的禁带，是非常优异的一种材料[3,5,6,8]。但由于这种材料的相对介电常数只有SiO_2的两倍，所以相关研究尝试通过添加Ti或者Hf来增加相对介电常数[4,7]。另外，Al_2O_3以外的辅助材料，由于要通过低温下的退火处理进行晶体化，所以有可能会出现伴随着结晶晶界的缺陷。

在高相对介电常数绝缘膜应用中还有一个非常重要的课题就是与SiC衬底间的界面设计。如果将高相对介电常数绝缘膜直接沉积在SiC衬底上，从异质结界面的晶格不匹配情况和沉积前的SiC衬底表面的缺陷情况来考虑，是非常难实现完美的High-k/SiC直接键合的，但获得插入了10nm以内的SiO_2界面层的堆叠结构比较容易。

对于有界面层的High-k/SiO_2/SiC堆叠结构来说，在提高FET沟道迁移率时，热氧化膜以及与同一衬底之间的界面缺陷密度是非常重要的指标。通过之前的研究报告，可以得知在NO或者N_2O的气体中进行退火处理时导入氮气后的效果[9]，通过高温氢气退火消除缺陷的效果[10]，以及以上这些联合处理的效果[11]。在使用了高相对介电常数绝缘膜后，以上这些界面改善技术也依然有效[8]。尤其是在界面层使用比较轻薄的SiO_2层时，伴随着SiC衬底氧化可以有效减少碳元素杂质量，同时在氧化膜形成之后向其中添加氢元素和氮元素也更加简单。但不可忽视的是在高相对介电常数绝缘膜形成之际，由于热负荷以及其他因素的影响，可能会导致MOS界面物理性质的劣化，在进行过程设计时要十分注意。

图7.3.17展示的是High-k/SiO_2/SiC栅极叠层的制作实例[6,8]。高相对介电常数绝缘膜上一般采用反应溅射法沉积的添加了氮元素的氮氧化铝（AlON）膜。由于在Al_2O_3膜上存在大量固定负电荷，添加氮元素之后可以降低膜上的电荷数量。另外，界面层是对SiC衬底进行热氧化处理后形成的SiO_2层。为了可以改善电学性能，在实验材料上进行完高相对介电常数绝缘膜的沉积后，又对其进行了900℃高温的热处理，发现AlON膜依然维持着不规则结构，整体构造也没有变化。图7.3.18展示的是等效氧化层厚度（Equivalent Oxide Thickness，EOT）相近的SiO_2单层膜和AlON/SiO_2沉积构造绝缘膜在室温以及200℃下的电流-电压特性。根据图7.3.18，可以发现在高电场一侧栅极漏电流明显减少，从而可以判定高相对介电常数绝缘膜的优越性。另外被作为界面层利用的经过热氧化处理过的厚度只有10nm的SiO_2/SiC界面，通过氮化处理或者高温氢气退火处理后，性能更优，并且可以实现将界面能级密度控制在1×10^{10} ~ $5\times10^{10}cm^{-2}eV^{-1}$[8]。进一步，在$SiO_2$界面层上，具有通过沉积形成的AlON高相对介电常数膜的栅极叠层的nMOSFET，其电子迁移率可以实现与NO_x氧化单层SiO_2膜的电子迁移率相同。

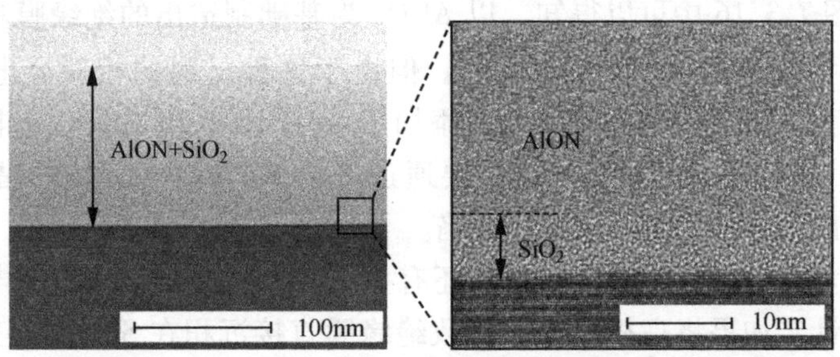

图 7.3.17　在 4H-SiC（0001）衬底上形成的轻薄热氧化膜上利用反应溅射法沉积添加了氮元素的 AlON 后对其构造的界面进行 TEM 成像

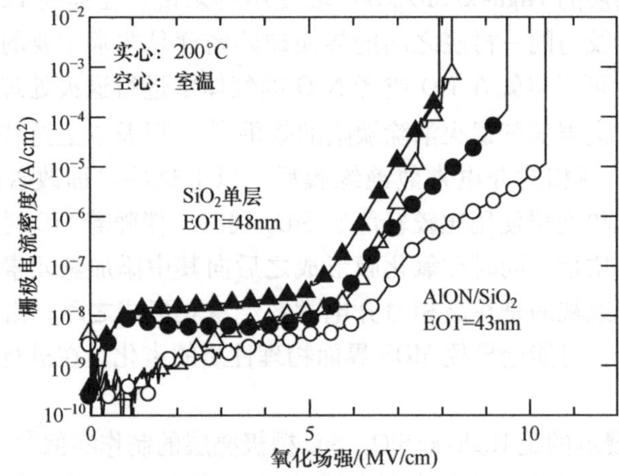

图 7.3.18　在 4H-SiC（0001）衬底上形成的热氧化膜和 AlON/SiO_2 沉积构造绝缘膜在室温以及 200℃下的电流-电压特性

以上就是对 SiC MOS 器件的高相对介电常数绝缘膜应用技术的介绍，由于针对此技术的研究开发刚刚起步，我们只介绍了具有 Al_2O_3 绝缘膜和 SiO_2 界面层构造的相关应用技术，但有关探索更适合 SiC 半导体的高相对介电常数栅极绝缘膜材料，不会引发界面缺陷的直接沉积法，以及推进界面电学性能改善技术等的研究依然在进行中。

参考文献

1）G. D. Wilk, R. M. Wallace, and J. M. Anthony, *J. Appl. Phys.* 89, 5243 (2001).

2）J. Robertson, *J. Vac. Sci. Technol.* B18, 1785 (2000).

3）C. M. Tanner, Y. C. Perng, C. Frewin, S. E. Saddow, and J. P. Chang, *Appl. Phys. Lett.* 91, 203510 (2007).

4) L. M. Lin and P. T. Lai, *J. Appl. Phys.* 102, 054515 (2007).
5) D. J. Lichtenwalner, V. Misra, S. Dhar, S. H. Ryu, and A. Agarwal, *Appl. Phys. Lett.* 95, 152113 (2009).
6) T. Hosoi, M. Harada, Y. Kagei, Y. Watanabe, T. Shimura, S. Mitani, Y. Nakano, T. Nakamura, and H. Watanabe, *Mater. Sci. Forum* 615-617, 541 (2009).
7) R. Suri, C. J. Kirkpatrick, D. J. Lichtenwalner, and V. Misra, *Appl. Phys. Lett.* 96, 042903 (2010).
8) T. Hosoi, Y. Kagei, T. Kirino, Y. Watanabe, K. Kozono, S. Mitani, Y. Nakano, T. Nakamura, and H. Watanabe, *Mater. Sci. Forum* 645-648, 991 (2010).
9) P. Jamet, S. Dimitrijev, and P. Tanner, *J. Appl. Phys.* 90, 5058 (2001).
10) K. Fukuda, S. Suzuki, and T. Tanaka, *Appl. Phys. Lett.* 76, 1585 (2000).
11) H. Watanabe, Y. Watanabe, M. Harada, Y. Kagei, T. Kirino, T. Hosoi, T. Shimura, S. Mitani, Y. Nakano, and T. Nakamura, *Mater. Sci. Forum* 615-617, 525 (2009).

7.4 电极

7.4.1 欧姆电极

欧姆电极（以下称为接触）承担着连接半导体衬底上各布线和器件上的 n 型区、p 型区的重要电气作用。接触的寄生电阻（以下称为接触电阻 R_C）会造成器件的大规模损伤，降低器件的动态特性，所以必须将它彻底消除。对于接触的开发目标是将功率器件中的接触电阻率（specific contact resistance）ρ_C 降低到器件的特征导通电阻（specific on-resistance）R_{onS}的 1% 以下。

现在业界普遍期待 SiC 在 Si 功率器件不擅长的高耐压领域工作时的低损耗。如何区分高耐压和中小耐压因人而异，但分界大体上都在 600V ~ 1kV 范围内。另一方面由于功率器件的特征导通电阻会随着耐压的减少而降低，所以如果想让接触电阻达到最小，需要寻找可以在耐压界限附近工作的器件。这里估算一下使用 4H-SiC 制成的 1kV 耐压功率器件的接触电阻率的必要数值。在 1kV 的耐压条件下，垂直结构功率器件的特征导通电阻大约略少于 $10^{-3}\Omega\cdot cm^2$[1]。那么这个数字的 1% 大约是 $10^{-5}\Omega\cdot cm^2$。由于可以有效将如功率晶体管的源极和漏极等在内部接触时的结构接触面积 A 限制到器件总面积 S 的 1/10，所以将接触电阻率的研发目标定为 $\rho_C=10^{-6}\Omega\cdot cm^2$（注：$\rho_C=R_CA$）。

SiC 的欧姆接触形成法通常采用在高浓度掺杂过后的杂质区域将含有关键元素的金属材料进行气相沉积后，在 1000℃ 的温度下进行沉积后退火处理（Post Deposition Anneal，PDA）形成的反应层就构成了 SiC 的接触[2,3]。关键元素在 n 型接触中就是 Ni，在 p 型接触中就是 Al。在 6H-SiC（禁带宽 E_g = 2.9eV）中，n 型[4]：$\rho_C = 7 \times 10^{-7}\Omega \cdot cm^2$，p 型[5]：$\rho_C = 2.8 \times 10^{-7}\Omega \cdot cm^2$。适用于功率器件上的 4H-SiC（$E_g$ = 3.2eV）中，n 型：$\rho_C = 3 \times 10^{-7}\Omega \cdot cm^2$，p 型：$\rho_C = 10^{-6}\Omega \cdot cm^2$[6]。本节中以“可以应用到实际的 SiC 功率器件的欧姆接触”为目标，主要介绍最新的接触技术成果。这些成果适用于全部的 4H-SiC 的应用，也基本适用于 6H-SiC 和 3C-SiC 衬底。受篇幅限制，我们不对 SiC 接触发展的历史以及 p 型低电阻接触和不含有关键元素的接触展开介绍。有兴趣的读者可以参考相关的综述论文[2,3,7]。

1. SiC 欧姆接触的形成[7]

（1）基本构造

在 Si 半导体中，如果存在像 Al 一样既可以发挥布线功能又可以发挥接触功能的配线材料，就可以如图 7.4.1a 一样，制作出一个结构简单的接触构造。但是，在 SiC 中为了得到低接触电阻，必须要采用 Ni 或者 Al 作为关键元素。同时过程中还需要经过近 1000℃的 PDA，所以无法采用简单的构造。进一步说明不能采用的理由，主要由于 Ni 的电阻率很高，层间绝缘膜（氧化膜）非常容易被剥离，所以非常难进行精细加工。Al 的问题是熔点比较低，在 1000℃的 PDA 过程中便会溶解，无法维持结构形状，并且当温度达到 500℃以上时会与层间绝缘膜产生激烈的反应，从而导致性能的衰退，引发短路故障等问题。同时还会出现 Ni 不适合 p 型接触，Al 不适合 n 型接触的问题。

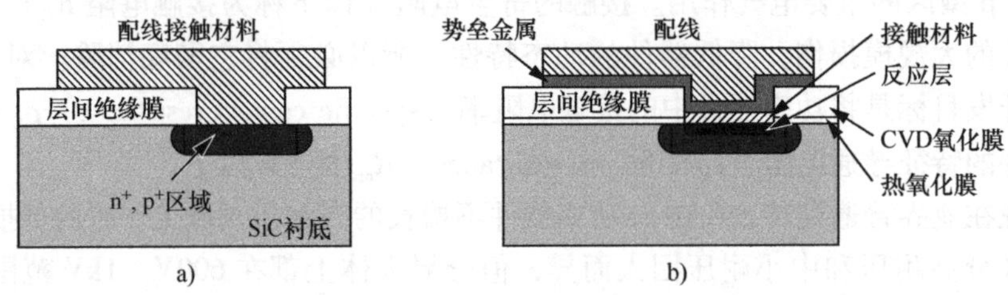

图 7.4.1　SiC 接触构造

a）理想型　b）实用型

为了解决上述提到的问题，在实际的 SiC 接触构造中有关结构如图 7.4.1b 所示，具有将不耐高温处理的布线和需要高温处理的接触分开的特点。另外，由于接触反应层比较薄，层间绝缘膜（或者场隔离膜）会变成热氧化膜和 CVD 膜之间的沉积构造，同时解决材料只会出现在接触窗中的问题。SiC 器件在高温（>200℃）环境下必须需要阻挡金属的参与[8]。

（2）形成过程

下面简单介绍一下这个结构的制作过程。①首先将在 n^+ 区或者 p^+ 区选择性形成的 SiC 衬底表面用酸清洗干净，通过热氧化和正常气压下的 CVD 形成层间绝缘膜。热氧化膜的厚度大约在 10nm 为最佳。②通过光刻和湿法刻蚀在 n^+ 区（或者在 p^+ 区）上开出一个接触窗，如果选择使用的是 RIE（反应性离子刻蚀），需要注意在马上就要贯穿场氧化膜之前先停止处理，将此时残留下来的氧化膜用湿法刻蚀法去除掉。通过以上这些过程，可以获得一个没有反应性生成物和等离子体损伤的接触窗底理想的 SiC 表面。③在衬底上对含有关键元素的接触材料进行化学气相沉积。④剥离掉光刻胶之后，就可以获得只在接触窗底有接触金属的结构。如果在其他位置还存在不同导电型的接触，则使用与之相匹配的接触材料重复上述的②~④[8]。⑤在全部的接触窗底放置好接触材料之后，进行一次 PDA，在所有的接触上形成反应层，这样欧姆电极就完成了。⑥最后完成阻挡金属和制模叠层。

在上述过程中，在 n 型（Ni）接触中特别规定禁止将沾有光刻胶的衬底放入化学气相沉积仪器中。所以又开发出了③~⑤的替代步骤③'~⑤'[8]。即，③'去除光刻胶，在洗干净的 SiC 衬底的表面上对接触材料进行蒸镀。④'进行 500~600℃的热处理，用硫酸和过氧化氢液体的加热混合液去除掉接触材料，这样就可以得到一个仅在接触窗底有反应层前驱体的结构。⑤'之后进行 PDA 处理，待反应层前驱体和 SiC 的反应完成后就会在接触窗底形成一个完整的反应层。

以上两种处理过程拥有以下特征：一旦形成接触窗，则不需要进行另外的酸洗就会出现清洁的 SiC 表面；只需要 1 块光刻版就可以在接触窗底实现接触材料的自我整合；在进行 PDA 时，接触窗的氧化膜侧壁和接触材料不会接触。

2. 实用性的接触开发

这里将介绍在所有的欧姆接触制作和评价过程中通用的注意事项。

在接触 PDA 过程中，为了防止接触点氧化，建议使用净化器通过半导体级的 Ar 或者 N_2 气体去除掉氧元素和水蒸气，以及建议使用加载锁式的 RTA 装置。同时还要注意避免长时间的 PDA 以及在高温状态下从 PDA 装置中取出衬底。为了使接触电阻率保持在 $10^{-6}\Omega\cdot cm^2$ 以下，需要最低 $10^{19}cm^{-3}$ 的掺杂。在掺入离子时，为了弥补离子损伤造成的性能低下和晶体结晶性质的混乱，建议进行 $10^{20}cm^{-3}$ 以上的掺杂。

这里介绍的 n 型接触和 p 型接触，如果没有特殊说明，是在前面的构造和过程中制作出来的接触。同时这里的衬底默认是（0001）Si 面倾斜角为 8°的 4H-SiC 晶圆。对接触电阻率的评价是通过基于传输线模型（Transmission Line Model）的 TLM（Transfer Length Method，传输长度法）精密测定后得出的[9]。将宽 200μm、长 100μm 的接触点以 6~30μm 的间隔排成一横列形成的线性

TLM 接触配置构造，大量制造出此构造并测算接触电阻率 ρ_C 和传输长度 L_T。为了使线性传输线模型和实验系统设计相一致，需要将接触下的 n^+ 层、p^+ 层从大尺寸衬底以及周围的杂质层中分离开。为了测定是否达到相对应的条件，每一个条件都需要进行 5 次以上的配置测试。

（1）n 型区接触[6]

在 p 型的 SiC 衬底上生长出厚度为 800nm、掺杂（N）浓度为 $1.5\times10^{19}cm^{-3}$ 的 n^+ 层外延生长层，在长方形台面上对此外延层进行加工，加工出厚度为 50nm 的 Ni 的线形 TLM 电极图形，然后在超高浓度的 Ar 中进行 2min 的 1000℃ PDA。经过热处理的 Ni 与 SiC 充分反应，变成 Ni_2Si、NiSi（硅化镍）和含有副产物 C 的反应层。我们习惯将这个反应层称为 Ni 接触。

在相邻的任意 TLM 接触点之间伸入探针，进行 I-V 测定（4 点探针法），将测得的数据制作成表格，可以得到一条经过原点的直线，也说明此时出现了欧姆接触。从 I-V 特性图的斜率中可以求出接触点的全部电阻，然后将接触点间隔的函数用图表示出来就可以得到如图 7.4.2 所示的 TLM 特性。数据可以连成一条直线说明形成了均一的接触和均一的 n^+ 层。这条直线在 y 轴和 x 轴上的截距是表示 2 倍的接触电阻 $2R_C$ 和传输长度 L_T 的重要数据。使用这些数据和接触的形态参数对 TLM 进行解析，可以得到接触电阻率 $\rho_C=3.3\times10^{-7}\Omega\cdot cm^2$。

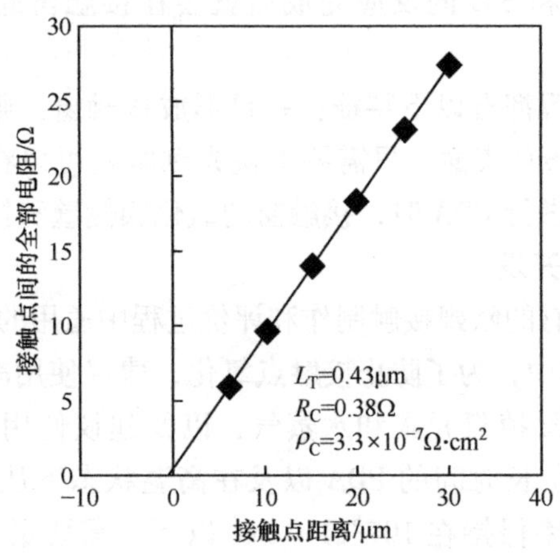

图 7.4.2　n^+SiC/Ni 接触的 TLM 特性

在这些数据中最重要的工艺参数是 PDA 温度。如图 7.4.3 所示，ρ_C 随着 PDA 温度的降低而急剧减小。为了保持 $10^{-6}\Omega\cdot cm^2$ 这个数值需要 950℃以上的 PDA。如果温度提高到 1000℃，ρ_C 的数值可能会再次下降。但还要考虑到高温对器件的构造及其电学性能造成的恶劣影响，所以上述的做法都不具有现实意义。

另一个非常重要的工艺参数就是原材料 Ni 的厚度。在 PDA 的合金反应中

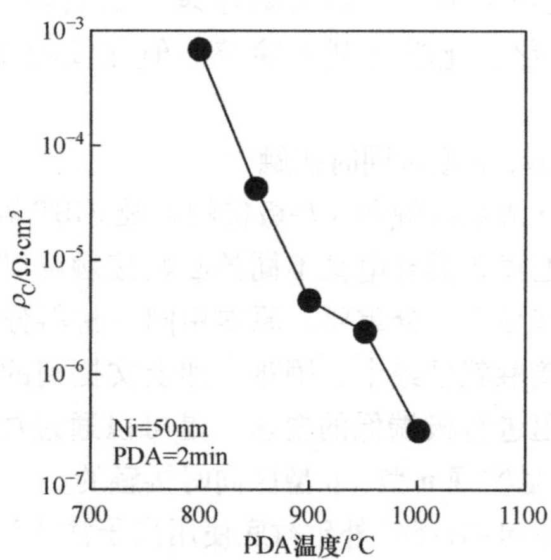

图 7.4.3 n^+SiC/Ni 接触的 PDA 处理温度与 ρ_C 的关系

会消耗与 Ni 的厚度基本相同的杂质层（SiC）。在器件的设计时，需要将此项消耗进行最大程度地限制。图 7.4.4 所示的是 Ni 的厚度与 ρ_C 之间的关系。当厚度达到 50nm 以上之后，ρ_C 的大小将不再取决于 Ni 的厚度。换言之，以上这些实验结果告诉我们为了保持 ρ_C 在一个较低的数值，需要将 Ni 的厚度消减到 50nm。使 Ni 厚度变薄，从抑制接触表面粗糙度的观点出发也是可行的。

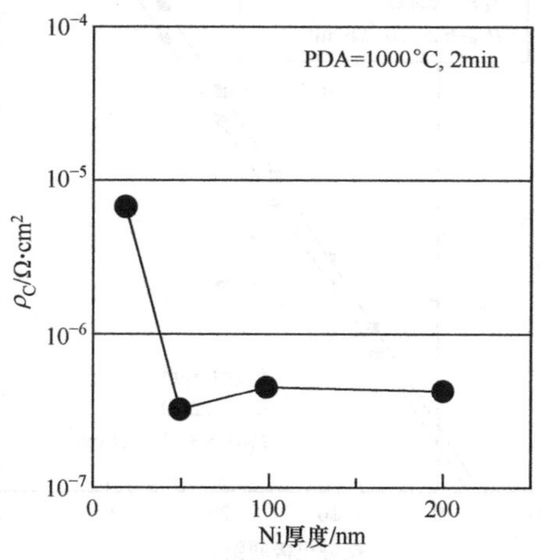

图 7.4.4 n^+SiC/Ni 接触的 Ni 厚度与 ρ_C 的关系

Ni 接触在实际应用上的课题是如何有效处理作为 PDA 副产物产生的 C。在热处理中生成的 C 会以石墨的形式析出附着在接触表面。石墨一般与金属之间黏着性较差，比较脆，即便不对其生成的部位做任何处理，也会出现 Al 布线和焊接用电极脱落的问题。为了解决这个严峻的问题，我们在对电极进行化学气相沉积之前，需要去除掉表面的石墨。具体方法有：溅射刻蚀、氧等离子体灰化、化学药剂去除等。但在此项工艺上还没有出现被公认为标准的技术。

（2）同一材料n型、p型区同时接触[7]

功率MOSFET的n源极接触和p基极接触以及IGBT器件的n发射极接触和p基极接触，为了使上述2类导电型不同的欧姆接触可以相邻放置，此时这里标题中所提到的技术就显得十分重要。原本用同一材料分别制作低电阻的n型接触和低电阻的p型接触就已经十分困难，如上文提到的p基极接触一样，如果不对p型接触的电阻进行极端低的要求，是可以通过注入离子进行高浓度p型掺杂，再应用Ni接触实现n型、p型区同时接触的。

图7.4.5展示的是向4H-SiC外延衬底使用离子注入法进行掺杂之后，在n型区和p型区分别制作出的Ni接触的TLM特性。掺杂浓度 $N_D=2\times10^{20}cm^{-3}$，$N_A=2\times10^{20}cm^{-3}$。使用厚度为50nm的Ni在超高纯度Ar中，进行2min的1000℃ PDA。相邻的接触间的 I-V 特性展示了两个接触完美的欧姆接触电阻。对此图进行分析，求算接触电阻率时发现n型接触 $\rho_{CN}=5.8\times10^{-6}\Omega\cdot cm^2$，p型接触 $\rho_{CP}=6.2\times10^{-3}\Omega\cdot cm^2$。

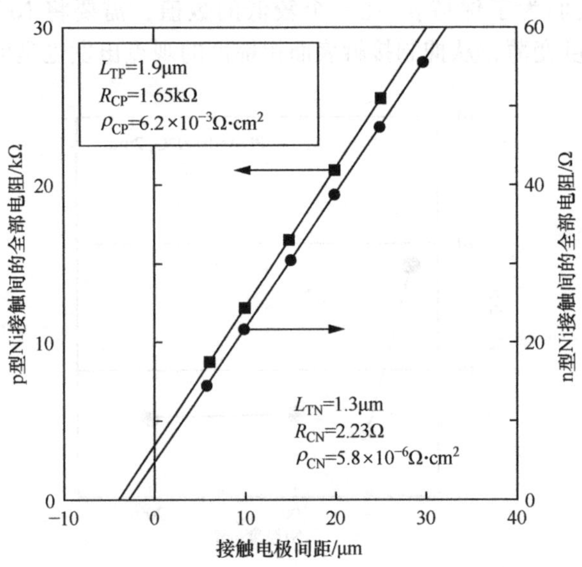

图7.4.5　n^+SiC/Ni接触与p^+SiC/Ni接触的TLM特性

用单一的Ni膜代替接触材料，再配合使用p型区中的关键元素Al和Ni的沉积膜，随着对Al添加量的控制，可以有效改善p型接触 ρ_C 的数值[10]。但是，此时n型接触的 ρ_C 反而会增大，所以要保持两者的相对平衡。

3. 接触的可靠性

在器件制作过程中形成的接触，如果到器件制作过程结束为止接触电阻没有增大，我们将这种性质定义为“工艺稳定性”；如果在器件制作过程结束后器件的接触电阻在很长一段时间内都不会增大，我们将这种性质定义为“稳定性”。这里将会介绍n型Ni接触、p型Ni接触、低电阻的p型Ti/Al接触的实验结果。另外需要提前说明的一点是进行实验的接触都没有设计Al布线。

(1) 工艺稳定性[6]

一般情况下，高温是加速接触性质劣化的主要原因。在SiC器件的制作过程中，比如以功率MOSFET的制作过程为例，在制作过程中形成的接触到封装结束为止主要需要经过的高温环节有低温H_2烧结工艺、层间绝缘膜和保护绝缘膜的CVD、回流焊、树脂封装等，以上这些环节的温度大概在200~450℃的范围内，处理时间一般不到30min。

图7.4.6是当n型Ni接触和p型Ti/Al接触暴露在模仿功率MOS热历程施加的温度应力时ρ_C的变化图[8]。n型Ni接触与图7.4.2所示的接触一样都是在相同的SiC衬底上形成的接触。图7.4.6中，ρ_{C0}表示的是在温度循环测试前的接触电阻率。除明确标记了H_2/He的循环之外，其他都在Ar气氛中进行加热。

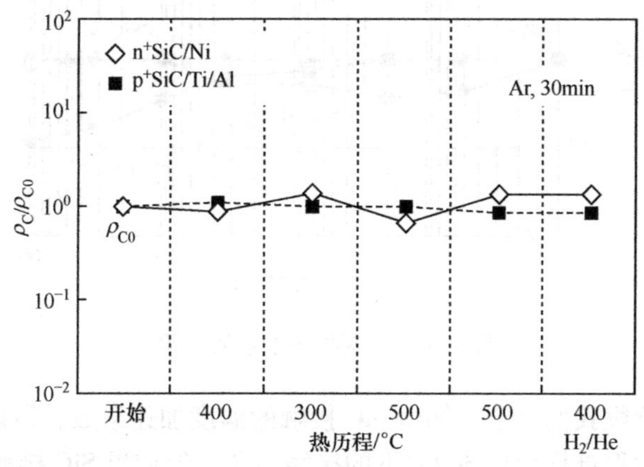

图7.4.6 模仿功率MOSFET制作过程的温度应力实验

从图中可以明确发现，两种类型的接触都在300~500℃的温度下进行多次热处理，并没有出现明显的劣化，性能极其稳定。另外还可以得知，两类接触在还原气氛中进行400℃热处理（低温氢气烧结）也丝毫没有问题。通过以上的实验，可以得出结论，上述的热处理接触在标准的功率MOSFET过程中具备充足的工艺稳定性。

(2) 稳定性[7]

此项实验的对象是进行过前面工艺稳定性实验的n型Ni接触和p型Ti/Al

接触，以及没有进行过工艺稳定性实验的p型Ni接触。p型Ni接触在图7.4.5中已经介绍过。实验模拟在300℃下工作的器件，但我们将实验温度提高到500℃，气氛是惰性气体。

图7.4.7展示的是实验进行到1000h为止的结果。从图中可以得知，与实验前3类接触的接触电阻率ρ_{C0}相比，3类接触在实验中ρ_C都不会增大。这个结果说明，3类接触在500℃的环境中，都具有1000h以上的稳定性。我们把3类接触的变化曲线分开来分析会发现，n型SiC/Ni接触在实验初期时ρ_C会在一段时间内呈现下降趋势，之后再缓慢地恢复到原来的水平，并呈现出饱和状态。p型Ti/Al接触的ρ_C一直在下降。相关研究推测这极有可能是因为接触的重要元素Al原子在SiC中缓慢地扩散，进而不断提升接触区域附近的受主浓度，进而促进了隧穿效应导致的场致反射。也正是因为这个效果，让原本在原理上不具备稳定性的p型SiC/Ni接触，其ρ_C在经过1000h的高温处理后也不会产生变化。

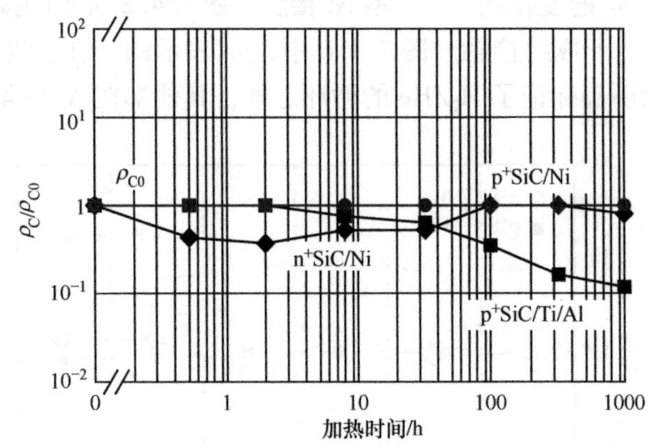

图7.4.7　500℃下的放置实验

由于在现阶段我们完全不知道SiC接触的温度加速系数，所以仅从500℃下的实验结果出发很难推测出300℃下的接触寿命，但如果SiC接触的温度加速系数与Si相对并没有太大不同，500℃下的实验结果还是很有推测价值的。最近的有关实验报告称在装配了Al布线的n型SiC/Ni接触上进行385℃以下、1万h以上的高温实验，其ρ_C数值依然保持稳定[8]。

4. 总结

以上介绍了实际应用在功率MOSFET和高频MESFET上的SiC欧姆接触的结构和其形成过程。通过应用相关结构和形成过程，可以达到在n型4H-SiC衬底上使用轻薄的Ni膜实现$10^{-7}\Omega\cdot cm^2$左右的低接触电阻率。p型接触电阻率虽然被限制在$10^{-3}\Omega\cdot cm^2$左右，但通过使用轻薄的Ni膜，可以实现同一材料

p 型、n 型同时接触。这种同时接触的实现技术对于功率 MOSFET 和 IGBT 的晶胞缩小来说至关重要。

在本节中介绍的各类接触在功率 MOSFET 的过程中都具备热处理的稳定性，在 500℃下进行 1000h 以上的处理，相关性能也不会劣化。由于篇幅的限制，在此不进行长篇描述，但如果将垂直结构功率 MOSFET 和 MESFET 等的三端刻蚀器件及 SBD 与 PiN 二极管等的二端器件移植到本章提到的各类接触上，可以得到业界期待的低电阻接触[7]。整合了该接触的垂直结构功率 MOSFET 显示出常关型的典型晶体管静态特性，在 300℃下进行 5000h 的热处理，其特性也不会劣化[10]。

参考文献

1) 荒井和雄，吉田貞史共編：SiC 素子の基礎と応用，オーム社（2003 年）.
2) L. M. Porter and R. F. Davis, *Mater. Sci. Eng.* B34, 83 (1995).
3) J. Crofton, L. M. Porter, and J. R. Willams, *phys. stat. sol.* (b) 202, 581 (1997).
4) J. Crofton, P. G. McMullin, J. R. Willian, and M. J. Bozack, *J. Appl. Phys.* 77, 1317 (1995).
5) J. Crofton, L. Beyer, J. R. Williams, E. D. Luckowski, S. E. Mohney, and L. M. Delucca, *Solid-State Electron.* 41, 1725 (1997).
6) S. Tanimoto, N. Kiritani, M. Hoshi, and H. Okushi, *Mater. Sci. Forum* 389-393, 879 (2002).
7) S. Tanimoto, H. Okushi, and K. Arai, in *Silicon Carbide : Recent Major Advances*, eds. W. J. Choyke, H. Matsunami and G. Pensl (Springer, Berlin, 2003), p. 651.
8) S. Tanimoto and H. Ohashi, *phys. stat. sol.* (a) 206, 2417 (2009).
9) D. K. Schroder, *Semiconductor Material and Device Characterization*, 2nd edition (Wiley-Interscience, New York, 1998) p. 133.
10) N. Kiritani, M. Hoshi, S. Tanimoto, K. Adachi, S. Nishizawa, T. Yatsuo, H. Okushi, and K. Arai, *Mater. Sci. Forum* 433-436, 669 (2003).

7.4.2 肖特基电极

金属/SiC 的肖特基势垒，是决定除了肖特基二极管之外，MESFET（金属/半导体场效应晶体管）特性的重要因素。由于势垒的高低影响器件的性能，所以选择合适高低的势垒就尤为重要。根据金属种类和 SiC 导电型（n 型、p 型）的组合，会显现出许多特性。从实用性角度出发，通常选择具有优良导电性（载流子迁移率较高）的 n 型衬底。势垒的高低又取决于表面处理，所以 SiC 的表面处理十分重要。

1. 肖特基势垒[1]

图7.4.8展示的是当金属/n型SiC肖特基势垒的偏置电压为0时的能带图。为了让图简洁，这里省略了肖特基效应（向半导体施加强大的电场会使界面的势垒高度降低）。图中的势垒高度$q\phi$用式（7.4.1）来表示。q为电子电荷；V_d为内建电场；qV_n为导带底部和SiC的费米能级的能量差；kT表示的是电子的热能（k是玻耳兹曼常数，T为绝对温度），但与前两项相比，此数据由于过小，一般忽略不计。qV_n用$qV_n=kT\ln(N_c/N_d)$表示，N_c是导带的有效能态密度，N_d是n型SiC的施主浓度。

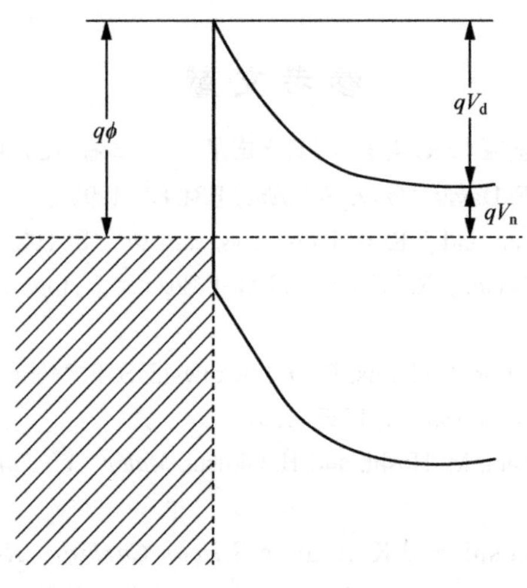

图7.4.8　肖特基势垒的能带图

$$q\phi = qV_d + qV_n + kT \tag{7.4.1}$$

检测势垒高度的方法有：电流-电压法、电容-电压法、内部光电子释放法、XPS（X射线光电子能谱）法。

2. n型4H-SiC的肖特基势垒[2]

4H-SiC的n^+衬底上台阶控制外延生长法中在不添加任何杂质的n型层（施主浓度$7.0\times10^{15}\sim4.0\times10^{16}\mathrm{cm}^{-3}$）上的肖特基势垒的高度，可以用各种方法进行检测。

SiC背面的欧姆接触，是在对Ni进行蒸镀后，在Ar气体中进行30min 1000℃的退火处理后形成的。欧姆接触形成后，分别在90℃的K_2CO_3（碳酸钾）进行10~60min的、在HCl中进行10min的、在王水中进行15min的、在HF中进行1min的浸泡，将表面清洁干净后，最后用去离子水进行清洗。然后，为了形成肖特基势垒，需要将各类金属在真空度为3.99~6.65Pa的环境下进行蒸镀。

（1）电流-电压法

图7.4.9将4H-SiC的Si、C面上Au/4H-SiC、Ni/4H-SiC、Ti/4H-SiC肖特基势垒的典型电流-电压特性分别用对数和线性表示出来。

但耗尽层的宽度比电子的平均自由程小时，可以将电流传输作为热电子发射来处理，电流密度J和电压V之间的最理想的关系用下式给出。

$$J=A^{*}T^{2}\exp\left(\frac{-q\phi}{kT}\right)\left[\exp\left(\frac{qV}{kT}\right)-1\right] \tag{7.4.2}$$

式中，A^{*}是理查森数，计算公式为

$$A^{*}=\frac{4\pi q m_{n}^{*}k^{2}}{h^{3}} \tag{7.4.3}$$

式中，m_{n}^{*}是电子有效质量，h是普朗克常数。如果是自由电子，$m_{n}^{*}=m_{0}$（自由电子质量），此时$A^{*}=1.20\times10^{6}\mathrm{A/(m^{2}K^{2})}$。

从图7.4.9的纵轴截距上可以得知，对于所有的肖特基势垒来说，饱和电流密度$J_{0}=A^{*}T^{2}\exp(-q\phi/k\mathrm{T})$。利用这个公式就可以计算出势垒高度。4H-SiC的电子有效质量为$0.206m_{0}$，简并的导带底数目为6，所以这里的理查森数为$1.46\times10^{6}\mathrm{A/(m^{2}K^{2})}$。在Si面上，可以得到以下数据：1.73eV（Au）、1.62eV（Ni）、0.95eV（Ti），这些数据表示的就是势垒高度，把这些高度表示在图7.4.9上。在C面上也是相同的，其数据为1.80eV(Au)、1.60eV(Ni)、1.16eV(Ti)。

根据电流（对数表示）-电压（线性表示）的斜率，可以求出Si面和C面的n值[⊖]（理想因子）分布在1.02～1.20之间。虽然n值最理想的数值是1，但上面的数值也在1附近，所以可以假设理查森数来推定势垒的高度。

电流-电压特性受n值、串联电阻、漏电流影响比较大。因此，当n值或者漏电流较大时，饱和电流密度J_{0}也会随之增大，造成势垒高度数值变小。这种情况下，假定理查森数求出的势垒高度与实际高度之间存在较大的误差。所以，要测定饱和电流的温度特性，然后以$\ln[J_{0}/(A^{*}T^{2})]$为纵轴、以$1/(kT)$为横轴来绘图，根据图中线条的斜率来求出势垒高度$q\phi$。

（2）电容-电压法

⊖ n值：电流密度有理想的式（7.4.2），在现实中因为各种原因用$J=J_{0}[\exp(qV/nkT)-1]$表示的比较多。在$V\geqslant kT/q$时，可以用$J\approx J_{0}\exp(qV/nkT)$来表示。

这里，n值是从电流（对数表示）-电压（线性表示）的图中利用对$V=0$外插入直线的斜率得到以下的公式：

$$n=\frac{q}{kT}\frac{\partial V}{\partial(\ln J)}$$

作为理想因子（ideality factor）。

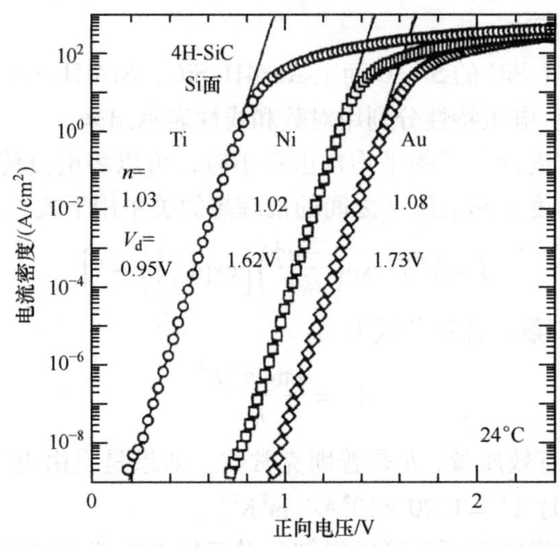

图7.4.9 根据电流-电压特性计算出的势垒高度（4H-SiC）

根据泊松方程，可以根据下式来求出肖特基势垒的电容。

$$\frac{1}{C^2}=\frac{2(V_d-V)}{q\varepsilon N_{\mathrm{d}}} \tag{7.4.4}$$

根据逆向的电容-电压特性，以$1/C^2$为纵轴、电压V为横轴作图，内建电场可以根据电压轴上的截距求出。ε表示的是半导体的相对介电常数。从图7.4.8可以得知，势垒高度$q\phi$为$qV_{\mathrm{d}}+qV_{\mathrm{n}}$。实验材料的施主浓度为$7.0\times10^{15}$ ~ $4.0\times10^{16}\mathrm{cm}^{-3}$，$qV_{\mathrm{n}}$是0.10 ~ 0.15eV。

图7.4.10表示的是典型的Ni/4H-SiC肖特基势垒的Si面和C面上的$1/C^2$-V的关系。可以根据电压轴上的截距求出内建电场V_{d}，根据斜率求出施主浓度。Si面的势垒高度$q\phi$是1.85eV(Au)、1.75eV(Ni)、1.17eV(Ti)。C面的数据是2.10eV(Au)、1.90eV(Ni)、1.30eV(Ti)。

电容-电压特性受存在于器件的串联电阻和金属/SiC界面上的极薄氧化膜的影响比较大，所以内建电场和势垒高度通常会被过高预估。

（3）内部光电子释放法

内部光电子释放法是利用光激发金属内部的电子，将穿过势垒的光电子作为电流收集的方法。当改变激发光能量$h\nu$后，光电子电流的生成量Y，可以根据简单的富勒理论[3]和$h\nu-q\phi>3kT$，用式（7.4.5）计算出来。

$$Y\propto(h\nu-q\phi)^2 \tag{7.4.5}$$

在这个测定中，需要多次从金属一侧照射光源，所以要保证金属膜足够轻薄。这里采用的是厚度为20nm的金属膜，生成的光电子足够满足观测需要。同时也可以无视从存在着界面的极薄氧化膜中释放出的电子。

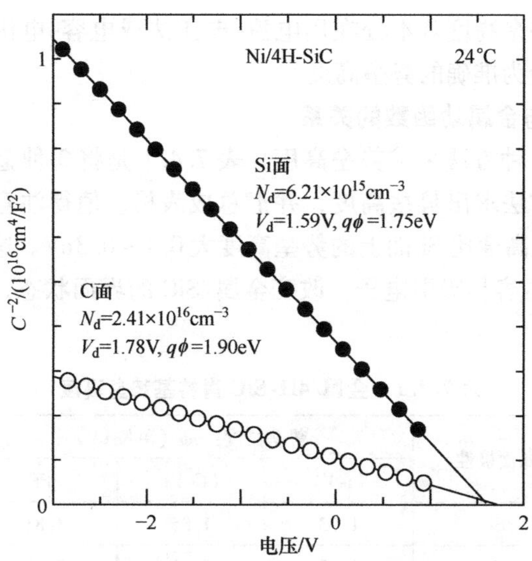

图 7.4.10　根据电容-电压特性计算出的势垒高度（4H-SiC）

图 7.4.11 表示的是把生成的光电流规范化后，取其数值的平方根与激发光能量之间的关系。根据图 7.4.11 可以外推直线部分，再根据横轴的截距，求出势垒高度。在 Si 面上，相关的势垒高度为 1.81eV（Au）、1.69eV（Ni）、1.09eV（Ti）。C 面上的相关势垒高度为 2.07eV（Au）、1.87eV（Ni）、1.25eV（Ti）。

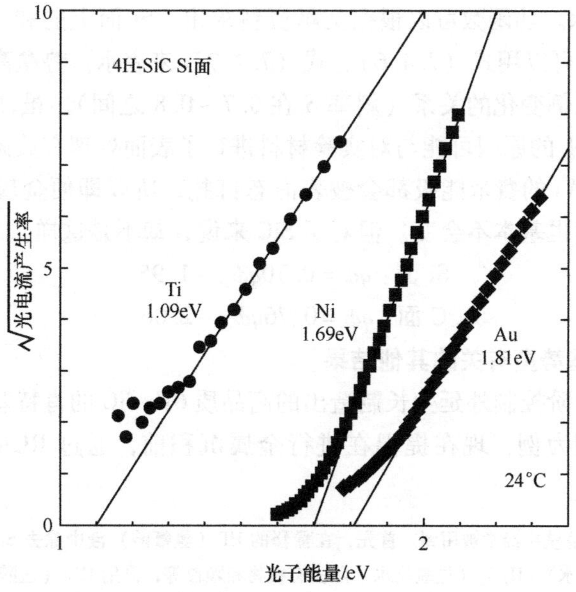

图 7.4.11　根据内部光电效应计算出的势垒高度（4H-SiC）

以上求得的势垒高度基本处在用电流-电压法或电容-电压法求得的数值的中间，可以说是最为准确的势垒高度。

3. 势垒高度与金属功函数的关系

上面介绍了3种方法来求势垒高度，表7.4.1是将3种金属的Si面、C面分别用上述3种方法求出势垒高度，并汇总成表格。值得注意的是，从全体来看，C面上的势垒高度比Si面上的势垒高度大0.1～0.3eV。这是因为C的电负度比Si的要高，更容易吸引电子，改变金属/SiC的界面状态，所以导致势垒高度变大。

表7.4.1 金属/4H-SiC肖特基势垒高度

金属	晶面极性	势垒高度：$q\phi$（单位eV）			n值
		(I-V)	(C-V)	IPE	
Au	Si	1.73	1.85	1.81	1.08
	C	1.80	2.10	2.07	1.20
Ni	Si	1.62	1.75	1.69	1.02
	C	1.60	1.90	1.87	1.08
Ti	Si	0.95	1.17	1.09	1.03
	C	1.16	1.30	1.25	1.04

注：I-V：电流-电压特性；C-V：电容-电压特性；IPE：内部光电效应。

根据表7.4.1，我们将势垒高度$q\phi$和金属的功函数$q\phi_m$之间的关系用图7.4.12来表示。功函数可以根据文献资料求出。Si面上的和C面上的$q\phi$和$q\phi_m$之间的关系可以用式(7.4.6)、式(7.4.7)来表示。势垒高度与金属的功函数之间存在比例变化的关系（斜率S在0.7～0.8之间）。虽然最理想的斜率为1，实际小于1的原因可能与对实验材料进行了表面处理有关系。现在实用的半导体Si和GaAs的费米能级都会被表面态钉扎，所以即便金属的功函数发生变化，势垒高度也基本不会变。但对于SiC来说，却不是这样。

$$\text{Si 面：} q\phi = 0.70q\phi_m - 1.95 \tag{7.4.6}$$

$$\text{C 面：} q\phi = 0.76q\phi_m - 2.06 \tag{7.4.7}$$

4. 与肖特基势垒有关的其他结果

有关通过台阶控制外延生长制造出的高品质6H-SiC的肖特基势垒的研究很多。以表面处理为例，现在提倡在进行金属沉积前，通过RCA清洗[⊖]、热氧

⊖ 在半导体的清洗中经常被用到。首先，在稀释的HF（氢氟酸）液中除去Si氧化膜；其次，用NH_4OH（氨水）+H_2O_2（过氧化水）除去有机物和颗粒等，再用HCl（盐酸）+H_2O_2的金属类去除法；最后，用去离子水冲洗即可。

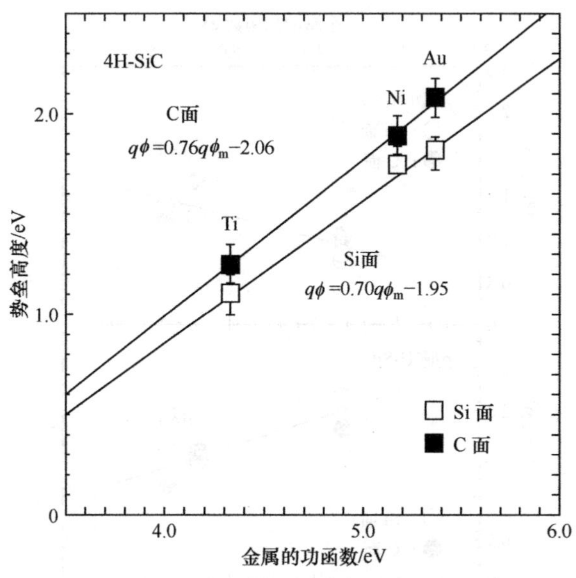

图 7.4.12　势垒高度与金属的功函数的关系（4H-SiC）

化、HF（氢氟酸）等进行氧化膜去除，再在超真空 600℃ 的环境下进行气体脱离等操作。将 XPS 的界面分析和电流-电压特性的结果进行对比，可以发现表面处理会影响势垒高度[4,5]。S 大概是 0.47 ~0.63。依据上文提到的势垒高度会根据金属的功函数进行变化的结果，可以去除掉费米能级的钉扎现象。即使是 6H-SiC 的肖特基势垒也呈现出 C 面高于 Si 面的现象。

图 7.4.13 表示的是 6H-SiC 的 n 型和 p 型沉积了相同的金属后，制作出来的肖特基势垒的关系。将两者的势垒高度相加所得的数值与禁带宽度相近，证明费米能级并未被钉扎。

对于金属/6H-SiC 肖特基势垒的物理性质正在从基础开始开展全面的研究[6]。这里，通过①去除有机物、②牺牲氧化-HF 浸渍、③在沸水中浸泡等三种不同的预处理来研究势垒高度的变化。研究时使用电学特性测试、俄歇电子能谱、低能电子衍射、X 射线电子能谱、扫描电子显微镜、透射电子显微镜，来观测明确晶体表面的原子排列和钝化层的情况。

对 Al、Ti、Mo、Ni、Pt 等 5 类金属和形成的肖特基势垒进行表面处理（③）后，势垒高度-金属功函数图的斜率 S 可以根据电流-电压特性计算出为 0.994，根据电容-电压特性计算出为 1.011，说明形成了较为理想的肖特基势垒。此时，可以通过电学特征以外的测试结果推测出氧气钝化了台阶端的反应、氢气钝化了表面的反应。

业界期待将 Si 上 3C-SiC 制造成电子器件，所以积极研究金属/3C-SiC 的肖特基势垒。因为必须使用晶格常数存在 20% 差异的异质外延生长技术，所以

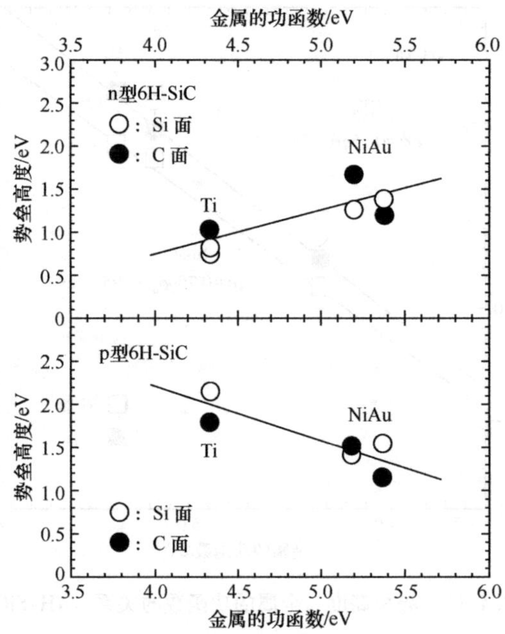

图 7.4.13　n 型、p 型上的势垒高度（6H-SiC）

3C-SiC 较难实现良好的结晶性，且势垒高度的数据也较分散，相关情况在参考文献［2］中有详细介绍。

参 考 文 献

1） S. M. Sze, *Physics of Semiconductor Devices*, Chapter. 5（John Wiley and Sons, 1981）.

2） A. Itoh and H. Matsunami, in *Silicon Carbide, Akademie Verlag*（2003）；*phys. stat. sol.*（a）162, 389（1997）.

3） R. H. Fowler, *Phys. Rev.* 38, 45（1931）.

4） J. R. Wardrop, R. E. Grant, Y. C. Wang, and R. F. Davis, *J. Appl. Phys.* 72, 4757（1992）.

5） J. R. Wardrop and R. E. Grant, *Appl. Phys. Lett.* 62, 2685（1993）.

6） T. Teraji and S. Hara, *Phys. Rev. B* 70, 035312（2004）.

专栏：MEMS

Micro-Electro-Mechanical System（MEMS，微机电系统）是利用半导体精密加工技术将微小的弹簧、晶体单元、齿轮等集成在芯片上的系统。在驱动上使用静电引力等，利用静电电容和压阻效应来判断是否产生位移。将这些精密电气机械和控制这些机械的 Si 集成电路共同集成在同一芯片上，就可以制造出超小型传感器、低损耗高频率开关、光开关等器件。以传感器为例，可以制造出压力传感器、加速度传感器、角速度传感器等，还可以制造出游戏机、智能手机、汽车、机器人等。其可应用的范围十分广泛。

当前，MEMS 器件的价值正不断被发掘，在各领域的应用也不断被推广，业界期待其在高温、高压、腐蚀环境、高辐射环境可以发挥作用。例如，为了实现对汽车发动机燃烧室的实时监测，安装有压力、气体浓度、温度等多种复合传感器。如果可以将 MEMS 器件运用到这些传感器上，就可以实现对汽车发动机状态的实时监控，从而彻底实现对燃烧过程的控制，这样可以大幅优化燃烧经费，是对社会的一个大变革。

现存的 Si 系 MEMS 从原理角度是无法在上述严酷环境下进行工作的。虽然与掺杂浓度也有关联，但 Si 在 200℃左右的环境下会变成一种体征半导体，失掉 pn 结的特性。在严酷的工作环境下，不仅控制 MEMS 的 Si 集成电路无法正常工作，MEMS 自身也会失去 pn 结赋予的绝缘（器件隔绝）特性。当把温度提高到 450℃附近后，极易发生位移现象，Si 的屈服强度也会大幅度下降[1]，在以 Si 的塑性变形为基础的 Si MEMS 上，各种可动功能变为无法使用。

所以被广泛关注的便是 SiC MEMS。半导体 SiC 备受关注的原因是，其具有较大的禁带宽度，即使在 600℃的高温下也可以作为半导体器件进行工作。单从机械零件的结构材料这点出发，SiC 即使在 1000℃左右也可以维持较高的屈服强度[1]，另外 SiC 具有远超 Si 的耐腐蚀性。可以说现阶段 SiC 是最适合作为恶劣环境下 MEMS 的材料。

迄今为止的 MEMS 器件多是利用 SiC 衬底上同质外延生长 SiC、Si 衬底上异质外延生长 3C-SiC 或者任意衬底上的多晶体覆膜[2]。通过选择刻蚀，利用形成了 6H-SiC 薄膜的压力传感器，以屈服强度为依据，检测出 SiC 薄膜的表面和内面的压力差导致薄膜产生的应变。之后会按照顺序形成 SiO_2、Si、多晶 SiC，反应性离子刻蚀（Reactive Ion Etching，RIE）导致的 SiC 形状变化，以及化学刻蚀造成的 SiO_2 和 Si 的选择性不足（牺牲层刻蚀）导致需要进行 SiC 表面微结构机械加工技术，以上这些在众多实验报告中均有记录，相关实验还尝试制作静电驱动谐振器。由于无法达到高性能传感器的程度，需要在旁边增加集成电路。相关实验也尝试了在电子器件用的 SiC 单晶体衬底上用 SiC 制作集成电路，再与上文提到的机构进行组合。

如果温度超过600℃，SiO_2 的绝缘性将会大幅劣化，且劣化速度变快，导致 MOSFET 无法使用。为了解决这个问题，业界普遍采用结型晶体管（JFET 和 BJT）组成集成电路。在机械部分也不将 SiO_2 用作绝缘层，全部用 SiC 单晶体来制作，绝缘材料尝试使用高品质的 SiC pn 结（反向偏置）[3]。

图1是用4H-SiC单晶体制作的静电驱动带状结构在电子显微镜下的照片。在SiC单晶体上通过外延生长和离子注入制作 pnp 结构，再通过光电化学刻蚀进行选择性刻蚀，从而形成图中的结构。p-SiC 带和 p-SiC 衬底之间有厚约600nm 的 n-SiC 存在，它一方面作为垫片支持中空的带，同时还具有电气绝缘的作用。向带和衬底上施加20V 左右的电压，在库仑定律的影响下，带会向下方移位。

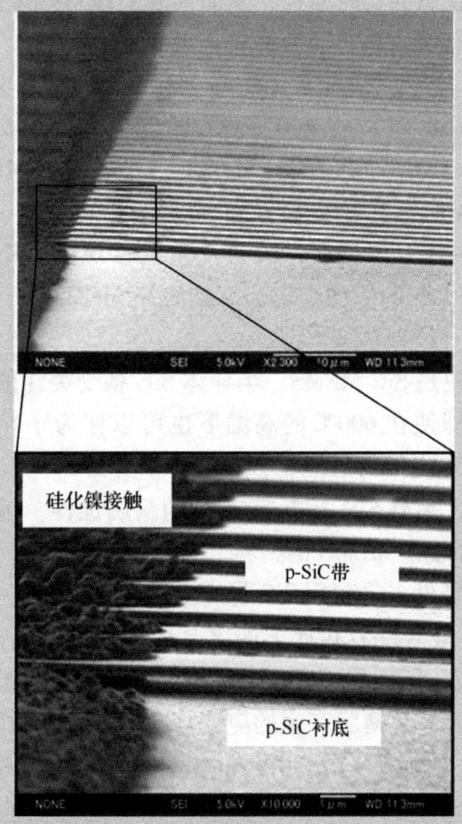

图1　用4H-SiC单晶体制作的静电驱动带状结构

[1] T. Suzuki, I. Yonenaga, and H. O. K. Kirchner, *Phys. Rev. Lett.* 75, 3470 (1995).
[2] M. Mehregany, C. A. Zorman, N. Rajan, and C. H. Wu, *Proc. IEEE* 86, 1594 (1998).
[3] J. Suda, N. Watanabe, K. Fukunaga, and T. Kimoto, *Jpn. J. Appl. Phys.* 48, 111101 (2009).

第 8 章

器　件

如 SBD、MOSFET 等 SiC 器件的实用化已起步。但“新量产”的 SiC 器件还在发展中，今后其性能必将会有大幅提升。在本章中会就种类繁多的 SiC 器件以及其结构进行说明，并讨论其面临的问题和技术现状，同时还会介绍备受瞩目的高性能器件。

8.1 器件设计

SiC 作为应用于功率器件的一种半导体材料，其最大特点就是，在 pn 结处的电介质击穿场强约是 Si 的 10 倍。根据这一特征，在高压器件中可以制造出低导通电阻的单极型器件，并且其高速工作的特性也可以大幅提高应用了电力电子技术的相关机器的转换效率。

有关 SiC 功率器件的设计方法和其他器件的结构与特性将在下面详细说明，首先就 SiC 功率器件的性能特征与 SiC 材料的物理性质之间的关系进行说明。也就是，为了保持所规定的绝缘击穿电压，需要求出必要的漂移层厚度和杂质浓度等基本的参数设计与半导体材料物理性质之间的关系，以此作为基础，来说明导通电阻等特性特征。进一步，还需明确将 SiC 应用在转换器上时产生的导通损耗以及开关损耗等器件电力损耗与半导体材料的物理性质之间的关系，并与 Si 材料的相关特性进行比较。

8.1.1 漂移层的设计与导通电阻

图 8.1.1 表示的是，在 pn 结二极管中，器件的绝缘击穿电压与漂移层之间的关系。图中的 pn 结二极管是一种在施加反向电压后，只在 n 型的漂移层可以观察到空间电荷层（耗尽层）的，由高浓度 p 型层和低浓度 n 型层构成的突变结型二极管。当向 pn 结上施加反向电压 V_a 时，n 型漂移层的施主浓度 N_D 和电场强度分布 $E(x)$ 呈现出下面这个泊松分布关系。

$$\frac{\mathrm{d}E(x)}{\mathrm{d}x}=\frac{Q(x)}{\varepsilon_{\mathrm{s}}}=\frac{qN_{\mathrm{D}}}{\varepsilon_{\mathrm{s}}} \tag{8.1.1}$$

式中，$Q(x)$ 表示的是离子化后施主产生的空间电荷，ε_{s} 表示的是半导体的相对介电常数。用 $E(W)=0$、$V(0)=0$ 的边界条件将它们合并后，可以得到下式。

$$E(x)=-\frac{qN_{\mathrm{D}}}{\varepsilon_{\mathrm{s}}}(W-x),V(x)=-\frac{qN_{\mathrm{D}}}{\varepsilon_{\mathrm{s}}}\left(Wx-\frac{x^2}{2}\right)$$

可以发现公式与图8.1.1表示的关系完全相符。反向电压 V_{a} 和耗尽层宽度 W 之间的关系如下式所示：

$$W=\sqrt{\frac{2\varepsilon_{\mathrm{s}}V_{\mathrm{a}}}{qN_{\mathrm{D}}}} \tag{8.1.2}$$

另外，用 E_{m} 代表pn结处的电场强度可以得到下式。

$$E_{\mathrm{m}}=\frac{qN_{\mathrm{D}}}{\varepsilon_{\mathrm{s}}}\cdot W=\sqrt{\frac{2qN_{\mathrm{D}}}{\varepsilon_{\mathrm{s}}}\cdot V_{\mathrm{a}}} \tag{8.1.3}$$

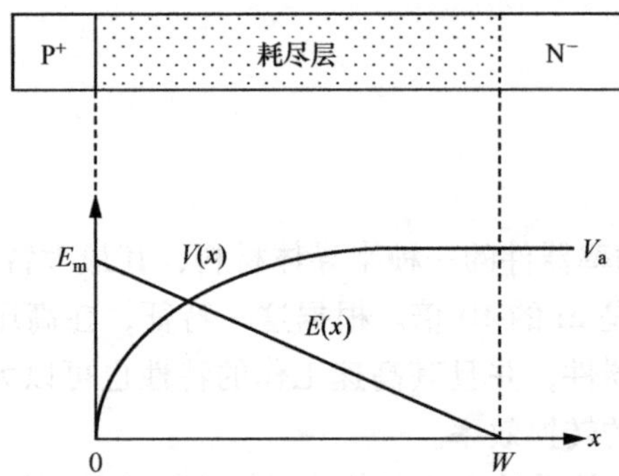

图8.1.1 突变型pn结二极管的电场强度和电压分布情况

绝缘击穿电压 V_{BD} 是在耗尽层全区域中将碰撞电离系数积分后达到1的电压。此时pn结处的电场强度 E_{m} 就是电介质击穿场强 E_{C}。图8.1.2展示的是SiC和Si的 E_{C} 与漂移层的施主浓度 N_{D} 之间的关系[1]。从图中可以得出，在所有的施主浓度下SiC的 E_{C} 都比Si高约一个数量级。

漂移层的施主浓度 N_{D} 与绝缘破坏电压 V_{BD} 之间的关系可以通过式(8.1.3)，其中 $V_{\mathrm{a}}=V_{\mathrm{BD}}$，$E_{\mathrm{m}}=E_{\mathrm{C}}$，表示如下：

$$V_{\mathrm{BD}}=E_{\mathrm{C}}^2\left(\frac{\varepsilon_{\mathrm{s}}}{2qN_{\mathrm{D}}}\right) \tag{8.1.4}$$

另外，如果此时的最大耗尽层宽度为 W_{BD}，W_{BD} 和绝缘击穿电压 V_{BD} 之间可以通过泊松分布得到下式。

$$W_{\mathrm{BD}}=\frac{2V_{\mathrm{BD}}}{E_{\mathrm{C}}} \tag{8.1.5}$$

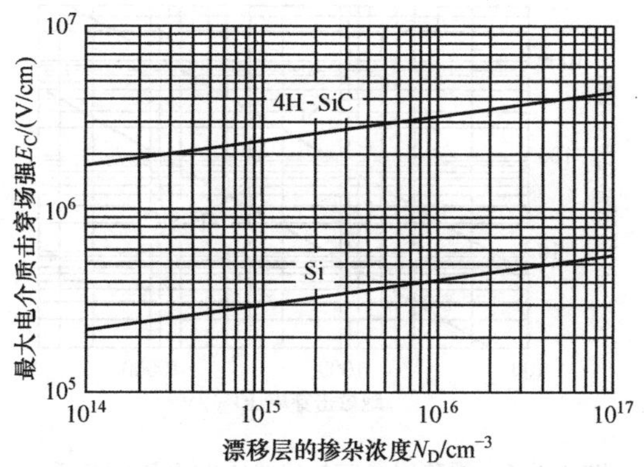

图 8.1.2 Si 以及 SiC 的最大电介质击穿场强

图 8.1.3 以及图 8.1.4 分别将式（8.1.4）和式（8.1.5）的关系表示出来。图中均可以对在 SiC 中呈现出的关系和在 Si 中呈现的关系进行比较。从图 8.1.3中可以得出，SiC 的漂移层施主浓度约是同一绝缘击穿电压下的 Si 的 200 倍。另外，从图 8.1.4 中可以得出，SiC 的漂移层厚度约是同一绝缘击穿电压下的 Si 的 1/10。

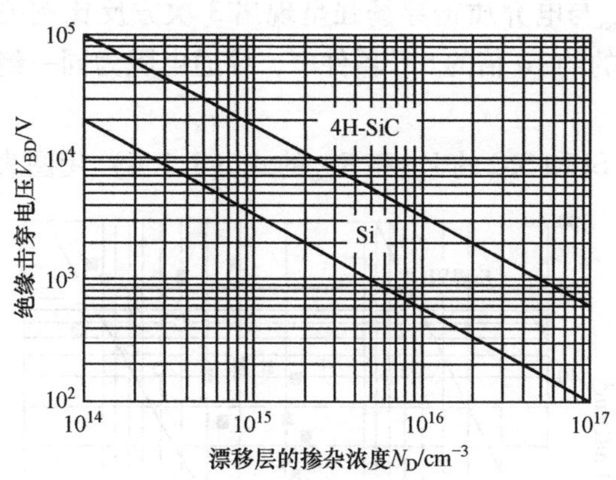

图 8.1.3 施主浓度和绝缘击穿电压的关系

SiC 器件的漂移层施主浓度、厚度与绝缘击穿电压之间的关系可以导致器件的导通电阻显著减少。现在，以典型的 SiC 功率器件，例如 MOSFET 和 JFET 等单极型场效应晶体管为例，将理想状态下的导通电阻，即单位面积的电阻仅存在漂移层的电阻，与 Si 器件进行比较。如果将绝缘击穿电压设为 V_{BD}，漂移层厚度设为 W_{BD}，电子迁移率设为 μ_n，面积为 A(cm^2) 的器件的导通电阻设为 R_{on}，器件的单位面积的导通电阻（这里称其为特征导通电阻或比导通电阻）

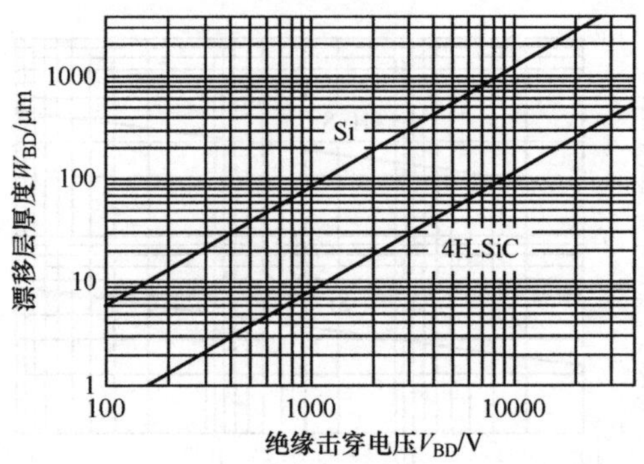

图 8.1.4　漂移层厚度与绝缘击穿电压的关系

R_{onS}可以表示为

$$R_{onS} = A \cdot R_{on} = A\left[\frac{W_{BD}}{Aq\mu_n N_D}\right]$$

再将式（8.1.4）和式（8.1.5）代入后，就可以得到下式。

$$R_{onS} = \frac{4V_{BD}^2}{\varepsilon_s \cdot \mu_n \cdot E_C^3} \tag{8.1.6}$$

也就是说，R_{onS}与电介质击穿场强呈现出3次方反比例关系。因此可以得到，在E_C值为Si的约10倍的SiC器件中，导通电阻为同一绝缘击穿电压下Si器件的约1/1000。

图8.1.5是将Si和SiC的V_{BD}和R_{onS}的式（8.1.6）用图表示出来。图中给

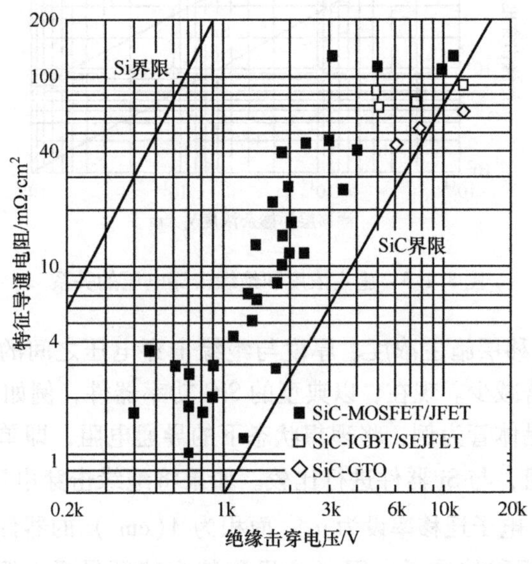

图 8.1.5　特征导通电阻和绝缘击穿电压之间的关系

出了一直以来实验的 SiC MOSFET 和 JFET 等场效应晶体管的特性值。在实际的器件中，漂移层的电阻还包括衬底电阻、沟道电阻、欧姆接触电阻等其他电阻，所以比理想状态下的导通电阻要高。另外式（8.1.6）中的电子迁移率 μ_n 和电介质击穿场强 E_C 都会随着漂移层的施主浓度变化而变化，所以必须进行紧密的控制。从图中可以得到，当 SiC 的绝缘击穿电压是 Si 的 10 倍以上，也可以获得基本相同的导通电阻的场效应晶体管。

8.1.2 器件的功率损耗

虽然可以通过 SiC 获得导通电阻极小的功率器件，但有必要了解 SiC 在各类功率变换设备中能否起到降低功率损耗并且提高转化效率的作用。图 8.1.6 是在变换器中功率器件在进行开关时电流和电压的波形。1 个周期的开关中器件产生的所有的功率损耗用 P_T 表示，可以得到下式。

$$P_T = P_{on} + P_{SW(on)} + P_{SW(off)}$$

式中，P_{on}表示的是导通损耗，$P_{SW(on)}$、$P_{SW(off)}$ 分别表示开启时和关断时的功率损耗。这里，忽略掉驱动电路上的损耗。

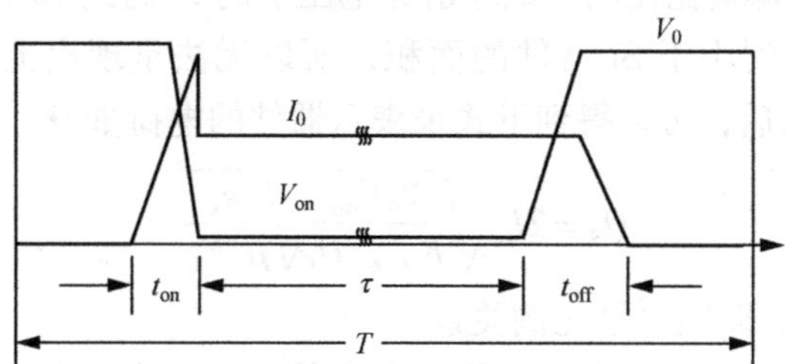

图 8.1.6 开关器件的电流、电压波形

1. 导通损耗

器件的导通损耗用 P_{on}表示，可以得到下式。

$$P_{on} = \frac{1}{T}\int^{\tau} \nu \cdot i\mathrm{d}t = V_{on} \cdot I_0 \cdot D_f$$

$$= \frac{R_{onS}}{A} \cdot I_0^2 \cdot D_f = \frac{I_0^2 D_f}{A} \cdot \frac{4V_{BD}^2}{\varepsilon_s \mu_n E_C^3} \quad (8.1.7)$$

式中，I_0 是有效电流，V_{on}是导通电压，$D_f(=\tau/T)$ 是导通比。单位面积的导通损耗（导通损耗密度）为 $P_{on\text{-}A}$，可以得到下式。

$$P_{on\text{-}A} = \frac{R_{onS} I_0^2}{A^2} D_f \quad (8.1.8)$$

利用损耗密度 $P_{on\text{-}A}$ 来表示器件面积 A 和导通损耗 P_{on}，可以得到式（8.1.9）和式（8.1.10）。

$$A=\frac{I_0\sqrt{R_{onS}}}{\sqrt{P_{on\text{-}A}/D_f}}=\frac{2I_0V_{BD}}{\sqrt{P_{on\text{-}A}/D_f}\cdot\sqrt{\varepsilon_s\mu_nE_C^3}} \tag{8.1.9}$$

$$P_{on}=\frac{2I_0V_{BD}\cdot D_f\cdot\sqrt{P_{on\text{-}A}/D_f}}{\sqrt{\varepsilon_s\mu_nE_C^3}} \tag{8.1.10}$$

通过以上这些公式，可以得出导通损耗密度相同的器件面积以及导通损耗都呈现出（$\varepsilon_s\mu_nE_C^3$）$^{-1/2}$的比例关系。

2. 开关损耗

在单极型器件进行开关操作时可以将其视为器件输出功率的充放电现象。也就是说，在器件开启和关闭时，分别会对形成空间电荷层的电荷量进行排斥和吸引。将累积电荷量当作 Q_S，可以获得下式来表示单位面积的电荷量。

$$\frac{Q_S}{A}=qN_DW=\sqrt{\frac{V_0}{V_{BD}}}qN_DW_{BD}=\sqrt{\frac{V_0}{V_{BD}}}\varepsilon_sE_C \tag{8.1.11}$$

公式中的 V_0 表示的是开关电压，公式的后半部分采用了泊松关系来表示。从式（8.1.11）中可以得到，由于 SiC 的 E_C 较高，漂移层的施主浓度也随之较高，所以单位面积的电荷量比在同一绝缘击穿电压下的 Si 高约 10 倍。但实际上 SiC 器件的面积可以做到小于 Si 器件的面积，所以无法呈现出上述的关系。将式（8.1.9）的 A 代入后，可以得到下式来表示器件的电荷量 Q_S。

$$Q_S=2I_0\sqrt{\frac{V_0V_{BD}}{R_{on\text{-}A}/D_f}}\sqrt{\frac{\varepsilon_s}{\mu_nE_C}} \tag{8.1.12}$$

可知 Q_S 与 $[\varepsilon_s/(\mu_nE_C)]^{1/2}$呈比例关系。

下面来思考一下，流入感性负载的电流关闭后会发生什么。图 8.1.7 表示的是理想状态下的电流和电压波形，负载电流在开关时间 t_s 之间基本一致，直到器件电压变为回路电源电压 V_0 时才会减小。根据这段时间内积累电荷量$Q_S=t_s\cdot I_0$ 的关系，可以用下式表示开关损耗。

$$P_{SW}=\int^{t_s}i\cdot v\mathrm{d}t=I_0\int^{t_s}V_0\left(\frac{t}{t_s}\right)^2\mathrm{d}t=\frac{I_0\cdot V_0}{3}t_s= \tag{8.1.13}$$

$$\frac{V_0}{3}Q_S=\frac{A}{3}\sqrt{\frac{V_0^3}{V_{BD}}}\varepsilon_sE_C$$

单位面积的开关损耗（开关损耗密度）用下式表示。

$$P_{SW\text{-}A}=\frac{1}{3}\sqrt{\frac{V_0^3}{V_{BD}}}\varepsilon_sE_C \tag{8.1.14}$$

3. SiC 和 Si 器件的损耗比较

表 8.1.1 总结了简单模型下的器件功率损耗的相关指标数据。此模型假定器件的导通损耗只存在漂移层的导通电阻产生的损耗，开关损耗只存在由于空

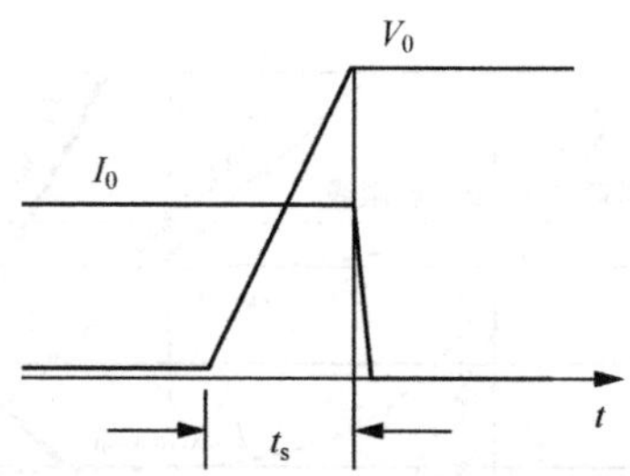

图 8.1.7　感性负载关闭时的波形

间电荷层的沉积电荷的充放电造成的损耗。表中同时还进行了绝缘击穿电压 600V 的 SiC MOSFET 和同一绝缘击穿电压下的 Si MOSFET 的相关数据的比较。同时，进行比较的器件的主要参数和物理性质见表 8.1.2。在相同导通损耗密度下，SiC/Si 器件面积和导通损耗大约是 0.023 倍，开关损耗大约是 0.29 倍。

下面就两种器件的功率损耗进行具体的比较。首先如图 8.1.8 所示，当电源电压 V_0 =200V、电流为 30A、导通比为 50% 时，得出感性负载的斩波电路分别在 f =100kHz、500kHz 的载波频率下工作时的损耗。此时使用表 8.1.2 中的参数代入到式（8.1.6）中，可得出两种器件的特征导通电阻 R_{onS} 分别为 0.3mΩ · cm^2 和 52mΩ · cm^2。

表 8.1.1　器件的功率损耗有关指标以及 SiC 和 Si 的比较

项　目		指标	SiC/Si①
漂移层厚度	W_{BD}	E_C^{-1}	0.06
特征导通电阻	R_{onS}	$(\varepsilon_s\mu_n E_C^3)^{-1}$	0.0006
相同导通损耗密度下的面积	A	$(\varepsilon_s\mu_n E_C^3)^{-1/2}$	0.023
相同导通损耗密度下的导通损耗	P_{on}		
相同导通损耗密度下的开关损耗	P_{SW}	$(\varepsilon_s/\mu_n E_C)^{1/2}$	0.29
单位器件面积的积累电荷量	$Q_{S/A}$	$\varepsilon_s E_C$	13.9
开关损耗密度	$P_{SW\text{-}A}$		

① 以 600V MOSFET 为例。

表 8.1.2　进行比较的器件参数与物理性质（以 600V MOSFET 为例）

器件参数		单位	Si MOSFET	SiC MOSFET
漂移层浓度	N_D	cm^{-3}	4×10^{14}	8×10^{16}
漂移层厚度	W_{BD}	μm	42	3
电子迁移率	μ_n	cm^2/(V · s)	1353	721
最大绝缘破坏电场强度	E_C	V/cm	0.27×10^6	4.3×10^6
介电常数	ε_s		11.7	9.7

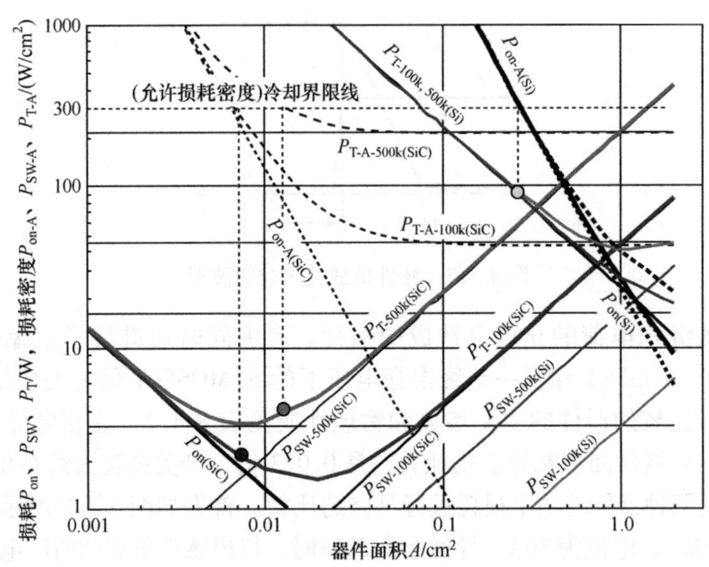

图 8.1.8　SiC 和 Si 器件的功率损耗的比较示例（600V MOSFET）

图 8.1.8 的横轴为器件面积 A，纵轴为导通损耗（P_{on}）、开关损耗（P_{SW}）和全损耗（P_T）以及相应的损耗密度（$P_{on\text{-}A}$，$P_{SW\text{-}A}$，$P_{T\text{-}A}=P_{on\text{-}A}+P_{SW\text{-}A}$）。为了更好区分，图 8.1.8 都添加了 SiC 和 Si 的后缀。损耗密度的最大可接受值受到冷却极限温度的影响，均为 $300W/cm^2$。SiC MOSFET 中，100kHz 以及 500kHz 的器件面积的最小值分别为 $0.7mm^2$ 和 $1.3mm^2$。此时的全损耗分别为 1W 和 2.5W。而 Si MOSFET 上的损耗基本都是导通损耗，不受工作频率的影响，所以器件面积的最小值为 $30mm^2$，此时的全损耗约为 80W。

以上，通过假定了器件的导通损耗只有漂移层的导通电阻，开关损耗只有由于形成空间电荷层而产生电荷量充放电现象引起的损耗这种理想的模型，对器件的功率损耗进行了比较研究，发现 SiC 器件比 Si 器件的各类数值要小很多。但实际上，器件还存在除漂移层电阻之外的衬底电阻、沟道电阻、电极接触电阻等其他电阻，同时也必须要考虑到电阻与温度之间的关系。另外，在开关损耗中还有栅极驱动造成的损失，这样一来，SiC 与 Si 之间的性能差别将会进一步减小。需要根据实际的器件特性进行精确的损耗估测，从而可以设计出最微小的器件。

参 考 文 献

1）B. Jayant Baliga, *Silicon Carbide Power Devices* (World Scientific Publishing, 2005) p. 42.

8.2 模拟实验

8.2.1 功率器件的等比例缩小和巴利加优值

在所有的功率器件中都含有支持耐压的漂移层。漂移层的电阻和耐压的权衡指数是通过巴利加优值（Baliga优值）来体现的[1]。巴利加优值实际上和半导体器件的等比例缩小有密切的关系。半导体器件的等比例缩小在集成电路MOSFET的高密度化中起指导原理的作用，同时在功率器件的设计上也有作用。下面通过巴利加优值以及其归一化后的相关内容导入功率器件的等比例缩小概念[2]。

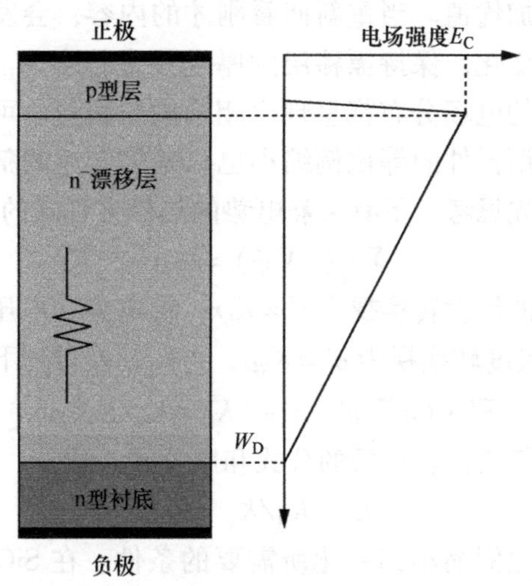

图8.2.1 最佳漂移层结构与电场强度分布

巴利加优值的导出是通过将功率器件在一维的漂移层结构下理想化后实现的。漂移层是高电阻层，如图8.2.1所示，当向其施加反向电压时，耗尽层不断扩展，直到到达衬底，此时会给pn结带来最大电场强度，这一状态最为理想。漂移层单位面积的特征导通电阻R_{onS}可以用下式表示。

$$R_{onS}=\frac{W_D}{e\mu N_D} \tag{8.2.1}$$

式中，W_D和N_D分别代表漂移层的厚度和掺杂浓度。根据图8.2.1可知，当形成绝缘击穿状态时，耗尽层的长度可以用下式表示。

$$W_D=\frac{2V_{BD}}{E_C} \tag{8.2.2}$$

式中，V_{BD}和E_C分别表示绝缘击穿电压和电介质击穿电场强度。漂移层的杂质浓度从泊松方程式可得到最大耗尽层的宽度变成与漂移层的厚度相同，可以用下式表示。

$$N_D = \frac{\varepsilon E_C^2}{2eV_{BD}} \tag{8.2.3}$$

根据以上信息，可以用下式表示特征导通电阻R_{onS}和绝缘击穿电压V_{BD}的关系。

$$R_{onS} = \frac{4V_{BD}^2}{\varepsilon\mu E_C^3} \tag{8.2.4}$$

式中，分母$\varepsilon\mu E_C^3$是决定功率器件的绝缘击穿电压和特征导通电阻的这种关系的常数，由半导体的物理性质常数决定。因此这一数值可以反映半导体材料的潜在性能，被称为巴利加优值。当重新回看刚才的内容，会发现不论哪一类的耐压设计，根据电压的变化，保持漂移层的厚度一直符合$W_D = 2V_{BD}/E_C$，当施加最大反向电压时得到的电场分布都呈现出相同的三角形。可以说本质上都是同一种的器件设计。所谓器件的等比例缩小也只是将上述的猜想用正确的数学思维进行表述而已。首先思考一下有关静电势的泊松方程式的等比例缩小现象。

$$\nabla\cdot(\varepsilon\nabla\phi) = -\rho \tag{8.2.5}$$

在上式中将长度的尺度转换视为$r' = K_L r$，将电势（电压）的尺度转换视为$\phi' = K_V\phi$，将电荷的尺度转换视为$\rho' = K_N\rho$，可以转换得到下式。

$$\nabla'\cdot(\varepsilon\nabla'\phi') = -(K_L^2\cdot K_N/K_V)\rho' \tag{8.2.6}$$

在满足下面的条件后，转换后的公式和原公式一致。

$$K_L^2\cdot K_N/K_V = 1 \tag{8.2.7}$$

这个公式就是等比例缩小归一化所需要的条件。在SiC器件的设计中，为了保持一定的电介质击穿场强进行等比例缩小，需要恒定电场条件下的等比例缩小。利用坐标将势分割后可以得到电场的不同空间，此时的恒定电场需要保持$K_V = K_L$。因此根据等比例缩小归一化可以推导出下式。

$$K_N = \frac{1}{K_L} \tag{8.2.8}$$

即杂质浓度与长度成反比例关系并会受等比例缩小影响。绝缘击穿电压V_{BD}具有势空间，所以会被K_L等比例缩小。另外，特征导通电阻R_{onS}具有被杂质浓度分割为不同长度的空间，所以会被K_L^2等比例缩小。因此拥有巴利加优值空间的功率器件的性能指数V_{BD}^2/R_{onS}和等比例缩小保持不变的关系。以上的讨论，都没有在一个假设的特别结构中进行，所以不变量与器件的结构无关。换种说法就是，巴利加优值是对一维的均一漂移层这种特殊结构进行等比例缩小时的不变量。根据等比例缩小，基于在某耐压下的器件设计，可以推定出具有相同性能指数的不同耐压的器件结构。也就是说，在某耐压范围内，对器件进行器件模拟或者实验，将其结构最佳化，可以通过尺度转换来预测不同耐压下的功率器件的最佳结构。例如，之后会提到的 JTE（Junction Termination Extension，结终端扩展）等终端结构[3]，对于那些高耐压的未知器件终端构造的尺寸，可以通过对更小的已知的最佳化后功率器件终端构造的尺寸进行转换，便可预测到较为准确的最佳值。

下面就等比例缩小和功率器件性能之间的关系进行简单的说明。在集成电路中，通过等比例缩小，可以提高单位面积晶圆的栅极密度，从而提高运行速度。这一原理促进了半导体产业的蓬勃发展。那么，等比例缩小能否提高功率器件的性能呢？这里，使用单位面积可以进行开关的电压和电流的乘积（功率面积密度）来思考功率器件的性能，并就功率面积密度和等比例缩小的关系进行研究。将功率面积密度 P 定义为导通电流密度 I_{on} 和绝缘击穿电压 V_{BD} 的乘积。

接下来求出导通电流和电阻之间的关系。导通电流密度会受到通电放热的影响，所以导致电阻和导通电流密度的 2 次方的乘积存在上限。因此，导通电流密度和特征导通电阻的平方根呈现反比例关系。

$$I_{on} \sim \frac{1}{\sqrt{R_{onS}}} \tag{8.2.9}$$

$$P \sim \frac{V_{BD}}{\sqrt{R_{onS}}} \tag{8.2.10}$$

刚才提到特征导通电阻与绝缘击穿电压的 2 次方之间存在关系，所以也可以判断出功率面积密度不会随着等比例缩小发生变化。因此，在同一设计下，即使通过等比例缩小来改变耐压也不会直接影响功率器件的性能。所以，想要提高功率器件的性能，或者重新设计器件结构（如第三代高压超结），或者使用更适合功率器件的材料，除此之外别无他法。

8.2.2 SiC 功率器件模拟的收敛问题

当对 SiC 器件进行器件模拟时立即就会碰到收敛问题。尤其是在绝缘击穿电压的模拟中，收敛问题非常严峻。造成这一问题的原因是 SiC 器件耗尽层中的漏电流过小，从而引起了精度的损失。下面就针对 SiC 耗尽层内的漏电流进行测算。SiC 在室温下的本征载流子浓度大约为 $3\times10^{-8}\text{cm}^{-3}$。这个数值与 Si 的本征载流子浓度 $1\times10^{10}\text{cm}^{-3}$ 相比相差了 15 个数量级以上。功率器件漂移层的漏电流和本征载流子浓度呈比例关系，如果寿命相同，SiC 与 Si 的漏电流会相差 17 个数量级。图 8.2.2 表示的是耐超高压 SiC PiN 二极管（绝缘击穿电压为 18kV，漂移层浓度为 $6\times10^{14}\text{cm}^{-3}$，膜厚度为 160μm）的反向特性和具有相同结构的 Si PiN 二极管的反向特性。从图中可知，与之前推测的一致，两者的漏电流相差了17个数量级。在一般的双精度计算中，微小的漏电流由于达不到进行计算的精度，会造成精度损失，从而方程式无法收敛。对此，过去通常采用假想提高温度增加漏电流的方法来使方程式收敛。但是这种为了收敛而提出的临时方法过于繁杂，而且极有可能造成误差，所以器件模拟的供应商正在开发新的模拟程序，确保程序内部的变量保持高精度。图8.2.2是该程序的一个计算结果的展示。

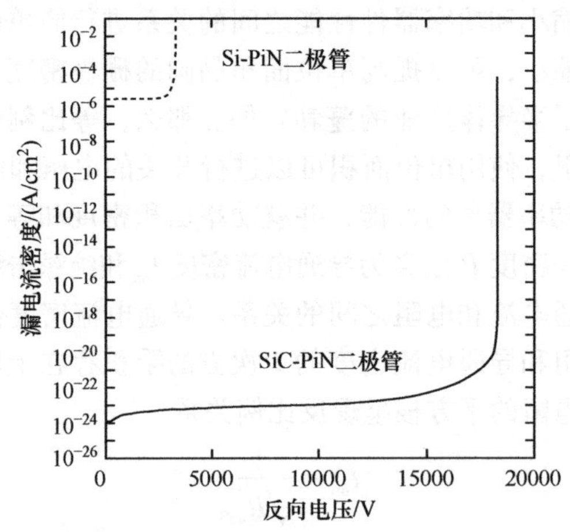

图8.2.2　Si与SiC的PiN二极管的反向特性比较

8.2.3　SiC的碰撞电离系数的各向异性[2]

众所周知，SiC的六方晶在物理性质上具有各向异性。对于功率器件来说，迁移率和碰撞电离的各向异性是两个非常重要的属性。4H-SiC在迁移率上的各向异性比较小，所以即使无视此各向异性也不会对模拟结果造成太大的影响，但碰撞电离的各向异性则无法忽视。图8.2.3显示了在c轴方向和与c轴垂直的方向上的电介质击穿场强与漂移层浓度之间的关系。从图中可以得知，在电介质击穿场强上存在80%左右的各向异性。转换到绝缘击穿电压上相当于具有60%左右的各向异性。因此对于SiC垂直型功率器件，电介质击穿场强不是形成在a面上而是形成在与c轴垂直的Si面上或者C面上，可以有效提高绝缘击穿电压，对器件有一定的好处。对于碰撞电离系数，也可以从碰撞电离系数就是载流子动能的函数的角度进行说明。也就是说，碰撞电离系数的各向异性意味着根据电场的不同载流子从电场中获得的能量随着电场方向的不同而不同。这就是载流子的漂移速度存在各向异性的原因。通过研究载流子能量与电场的关联关系，可以将具有各向异性的碰撞电离系数模型化，从而实现在器件模拟器上进行模拟。

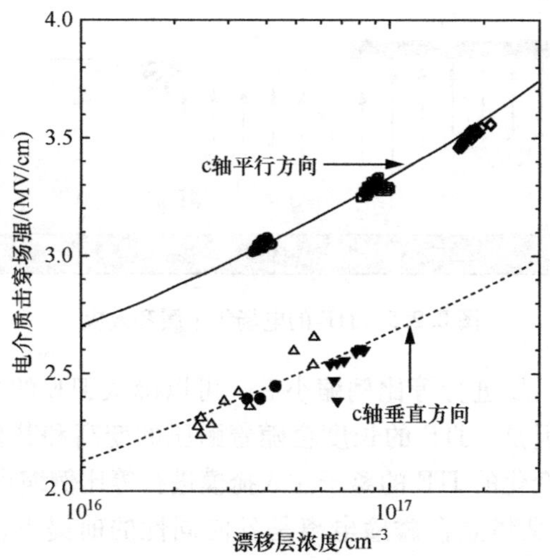

图 8.2.3 电介质击穿场强与漂移层浓度的关系

8.2.4 SiC 器件的终端结构[3]

在功率器件中一定会存在边缘区域，保证边缘区域不出现电场集中的结构十分必要。图 8.2.4 表示的是没有终端结构的功率器件（SBD）在施加反向偏置状态时边缘区域的耗尽层分布的示意图。从图中可以看到，扇形区域内电荷释放出的电力线在电极的边缘处聚集，产生绝缘击穿，导致耐压劣化。而 JTE 就是有效减少这一现象的结构。

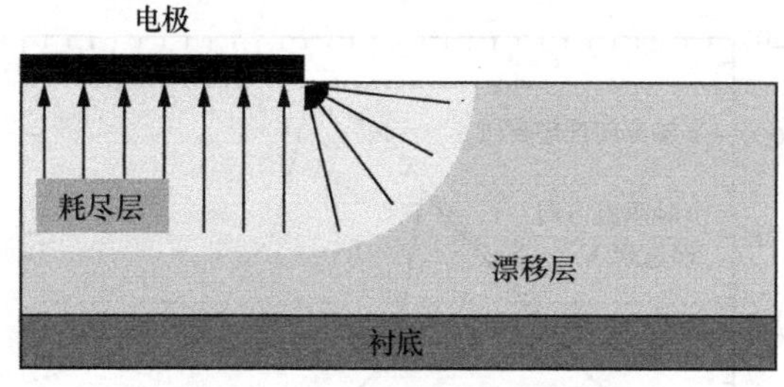

图 8.2.4 电极端的电场集中效应

图 8.2.5 是加入 JTE 的功率器件的边缘处的示意图。可以看到，从耗尽层扇形区域释放出的电力线都分散到耗尽的 JTE 上。JTE 通常由注入离子形成，离子注入剂量 D 在最大电场强度下被设计成可以完全耗尽的状态。

$$D=\varepsilon E_{\mathrm{C}} \tag{8.2.11}$$

上述关系不受耐压的影响，所以即便设计耐压出现变化，离子注入剂量也

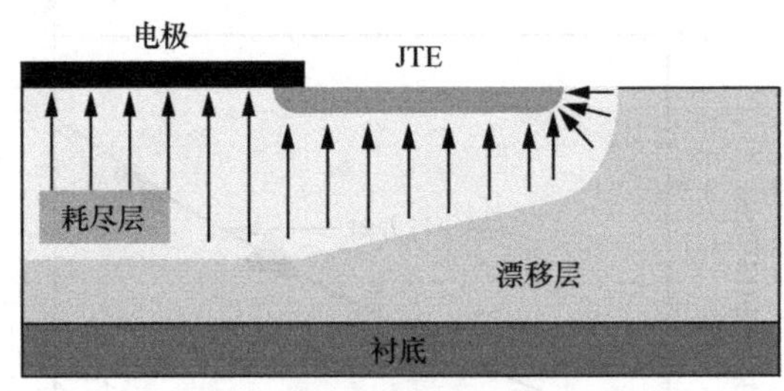

图 8.2.5　JTE 的电场集中缓和效应

要基本相同。当对耐压进行等比例缩小后，可以确认 JTE 的浓度变化和离子注入剂量深度变化。但是，JTE 的长度会随着耐压的变高和其耗尽层的宽度变宽而会变长，需要对变化的 JTE 的离子注入掩模进行等比例缩小设计。

以上的讨论都是建立在碰撞电离是各向同性的前提下，在 SiC 中碰撞电离系数都是各向异性的，想要得到理想的耐压就需要进行更大的努力[2]。图 8.2.6 展示的是对在与 c 轴垂直的面上形成的肖特基势垒二极管进行耐压模拟的结果。假定碰撞电离系数是各向同性的，就可以得到将 JTE 浓度最佳化后的理想耐压。但实际上，碰撞电离系数是各向异性的，所以即便将 JTE 浓度最佳化也无法得到理想耐压。根据与 c 轴垂直的最大电场强度将 JTE 浓度设定为最佳浓度，在 JTE 的边缘处与表面平行的电场会达到与 c 轴垂直的最大电场强度。本来从 JTE 形成开始，就必须向 JTE 的边缘处施加与表面平行的电场。因此为了缓和 JTE 边缘处的电场，需要从外侧新增加一个 JTE。此时 JTE 的注入剂量需要根据与 c 轴垂直的最大电场强度来设计。结果如图 8.2.7 所示。横向

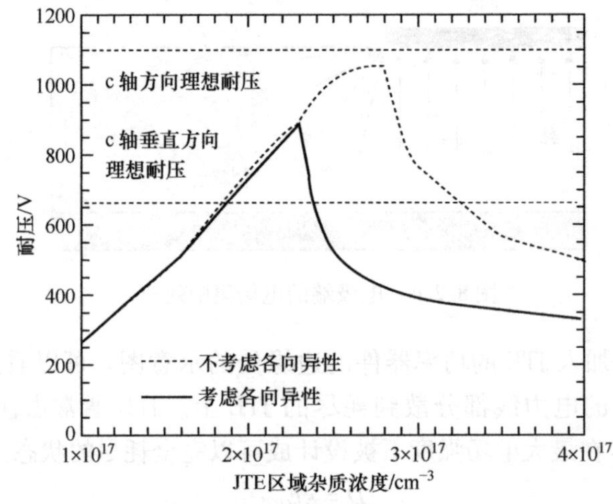

图 8.2.6　对在与 c 轴垂直的面上形成的 SBD 耐压进行模拟的结果

的电场在达到最大电场强度之前就被完成耗尽的JTE缓和，从而呈现出与纵向的最大电场强度一致的耐压。一般来说，通过在内侧设置应对纵向最大电场强度的终端结构，在外侧JTE设置应对横向最大电场强度的终端结构，当纵向上的电场强度接近最大电场强度时，设计一个能够引起分担电压的耐压结构。

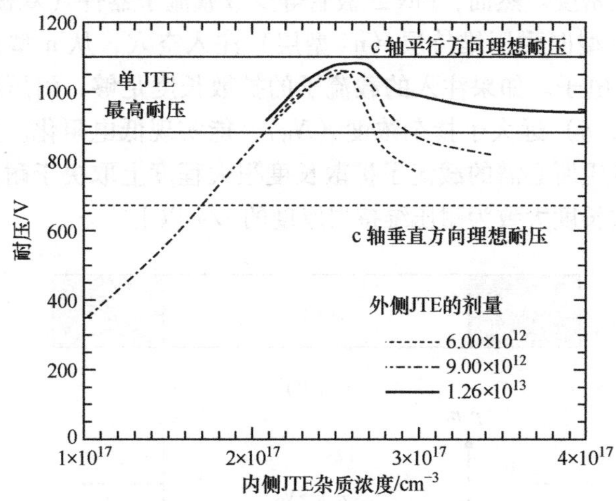

图8.2.7 具有双JTE终端结构的SBD的耐压计算结果

参考文献

1) B. Jayant Baliga, *Power Semiconductor Devices* (PWS, 1995) p. 153.

2) P. Friedrichs, T. Kimoto, and L. Ley, G. Pensl, *Silicon Carbide Volume I: Growth, Defects, and Novel Applications* (WILEY-VCH, 2010) p. 341.

3) B. Jayant Baliga, *Power Semiconductor Devices* (PWS, 1995) p. 81.

8.3 二极管

8.3.1 pn结二极管

SiC的pn结二极管在20世纪60年代被发明出来，直到20世纪80年代都被研究开发于高温工作及蓝色发光二极管的应用中。20世纪90年代以后，以功率二极管为目标的pn结二极管的研究开发不断推进[1,2]。从SiC功率二极管的角度来看，在耐压数kV以下适合应用多数载流子器件的SBD，如果有在此之上的高耐压要求，发挥注入少数载流子带来的电导调制效应的pn结二极管（PiN二极管）则更加适用。并且，功率MOSFET等开关器件的关断状态是由pn结维持的，所以具有1kV及以下耐压的pn结二极管的特性评估也十分重要。

高电场中的碰撞电离系数等基础物理性质的评估中也会使用pn结二极管[3]。

图8.3.1解释说明了注入少数载流子导致的电导调制。为得到高耐压，必须降低耐压维持层（n^-型层）的掺杂浓度（N_D），增大其厚度（W）。因此，多数载流子器件（单极型器件）中，随着耐压增加，耐压维持层的电阻激增，难以得到高电流密度。然而，PiN二极管等少数载流子器件（双极型器件）中，正向偏置时从p型向耐压维持层（n^-型层）注入空穴，从n型向耐压维持层（n^-型层）注入电子。如果注入的载流子的扩散长度足够，耐压维持层整体的载流子浓度（p，n）远大于掺杂浓度（N_D），能实现低电阻化。实现足够低的电阻与低导通电压所必需的载流子扩散长度很大程度上取决于耐压维持层的厚度，理想的扩散长度大致为耐压维持层厚度的1/4以上[4]。

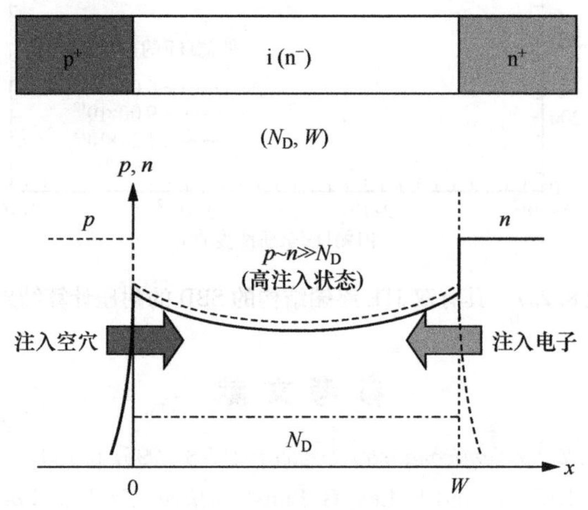

图8.3.1　PiN二极管中的电导调制

主要的SiC PiN二极管的截面结构的示意图如图8.3.2所示。图a为台面型，主要用于外延生长形成pn结的情况；图b为平面型，主要用于离子注入生成pn结的情况。无论哪种情况，在结的部分（周围部分）设置较低浓度的Al离子注入层，将形成防止电流拥挤为目标的JTE结构及多重保护环。JTE结构中，由于RESURF（Reduced Surface Field，降低表面电场）原理，反向偏置时JTE区域（Al离子注入p型）耗尽，会发生横向电压平缓下降，抑制主pn结的电流拥挤。电流拥挤弛豫效应很大程度上取决于JTE区域的结构及掺杂浓度。JTE区域的掺杂浓度过低时，电流拥挤发生在主pn结，掺杂浓度过高时，发生在JTE的外周端，所以JTE区域的掺杂存在最优值[4,5]。并且，必要的JTE区域长度取决于器件的耐压，理想长度为耐压层厚度的2~3倍左右[4]。

Mitlehner等人报告了离子注入后形成的4H-SiC PiN二极管具有耐压3.1kV、特征导通电阻为3.0mΩ·cm^{2}的特性[6]。该小组对pn结二极管的耐压、

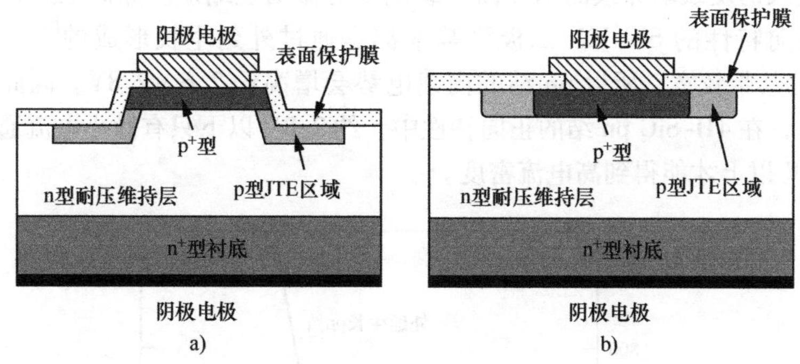

图 8.3.2　主要的 SiC PiN 二极管的截面结构

a）台面型　b）平面型

温度关联关系进行详细测定，可以得知，随着温度上升，耐压增大（见图 8.3.3）。这意味着 pn 结的临界击穿结构为雪崩击穿。这一特性（耐压的正向温度关联关系）是在工作时温度上升、能够得到重叠尖峰电压的功率器件稳定工作的必要条件。并且，该小组研究了 SiC PiN 二极管的开关特性，报告了 20～30ns 的与多数载流子器件相同的高开关速度。这是由于离子注入后结界面附近生成的高密度深能级及扩张缺陷促进了载流子的复合。

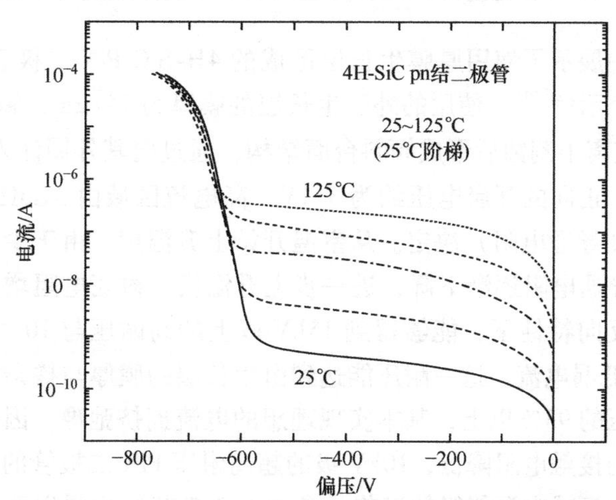

图 8.3.3　4H-SiC pn 结二极管的反向特性与温度的关联关系

Lendenmann 等人通过分析 4.5kV 级的 4H-SiC PiN 二极管的正向特性，得出图 8.3.4 所示结果[7]。外延生长下生成 pn 结二极管，基本能够得到理想的特性，3.3V 的开启电压下能够实现 300A/cm² 的电流密度。但是，离子注入后形成结的二极管中，电流密度为 300A/cm² 时的开启电压高达 4.7V。其原因是上述离子注入诱发缺陷导致的结界面上载流子寿命明显缩短。除此之外，能够得到良好正向特性的 SiC PiN 二极管基本都是通过外延生长形成的[8,9]。并且，4H-SiC 的禁带较宽，所以 pn 结的内建电势会增高约 2.6～2.8V。因此，需要注意的是，在 4H-SiC pn 结的正向特性中，约 2.8V 以下只有微小电流通过，只有约 3.0V 以上才能得到高电流密度。

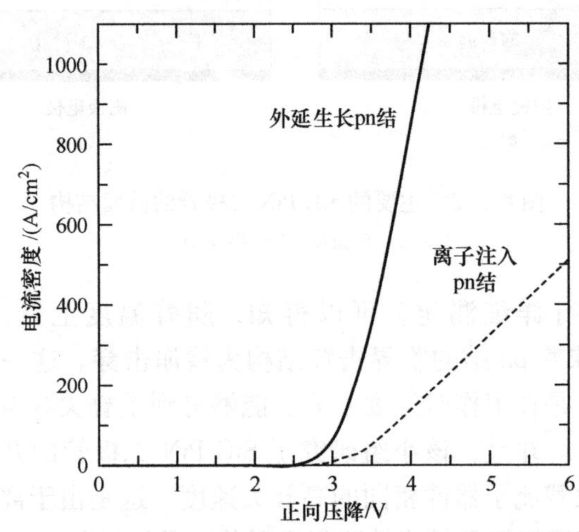

图 8.3.4　外延生长 PiN 及离子注入 PiN 二极管的正向特性对比

图 8.3.5 中展示了使用厚膜生长层形成的 4H-SiC PiN 二极管的电流密度-电压特性的一个示例[10]。使用的外延生长层的膜厚为 147μm，施主浓度为 $7\times10^{14}cm^{-3}$。反应离子刻蚀后形成倾斜台面结构，通过向其外周注入 Al 离子可以制作 JTE 结构。正向的开启电压约为 3.1V，高电流区域由 $34m\Omega\cdot cm^2$ 的串联电阻（微分特征导通电阻）决定。从室温开始上升温度，由于少数载流子寿命增大的效应，导通电阻逐渐下降，进一步上升温度，衬底电阻增加，导通电阻也逐渐增加。反向特性下，能够得到 15kV 以上的高耐压与 $10^{-5}A/cm^2$（施加 -10kV时）的低漏电流。这一耐压能达到由生长层的膜厚与掺杂浓度计算得出的一维理想耐压的 93% 以上，基本实现理想的电流拥挤弛豫。因载流子寿命增大及 p 型阳极的接触电阻降低，10kV 级的超高耐压 PiN 二极管的正向特性得以改善。最近，大幅减少深能级的工艺（参考 6.2.2 节）也得以开发，载流子寿命显著提升。应用这一工艺，能够降低超高耐压 SiC PiN 二极管的导通电压，因此备受关注[11]。并且，台面型 pn 结二极管上，台面侧面上的载流子生成、复合也会对漏电流及开关特性造成影响[12]。Sugawara 等人使用 200μm 的厚膜生长层实现了 19.5kV 的超高耐压器件[13]，在 $100A/cm^2$ 时的开启电压为 6.5V。将 5 个二极管安装到压接型扁平封装上，也能得到 3kV、600A 的特性[14]。

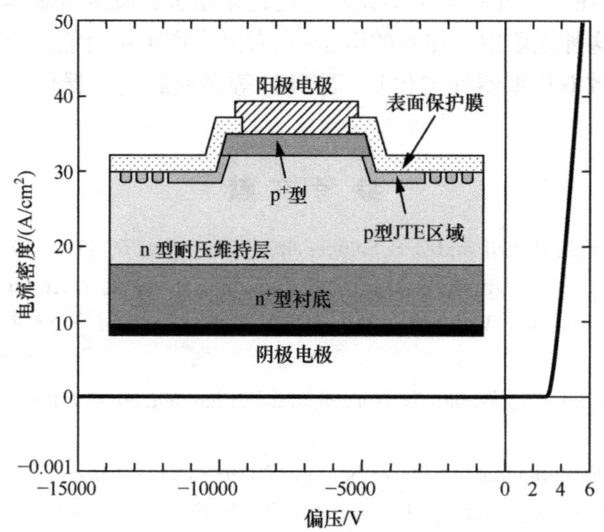

图 8.3.5　高耐压 4H-SiC PiN 二极管的电流密度-电压特性

SiC PiN 二极管与相同耐压的 Si PiN 二极管相比，漂移区域较薄，因此导通时积累的载流子量少一个数量级也无妨。并且，其充足的电导调制需要的扩散长度是 Si 的 1/10，得到该扩散长度所需要的载流子寿命可以是它的约 1/100。因此，pn 结二极管关断时，SiC 的积累时间更短，并且积累的载流子浓度更小，反向恢复电流显著减小。开启时短时间内进入大注入状态，所以电压过冲较小。如此，SiC 少数载流子器件也能实现高速开关。图 8.3.6 是使用 Si IGBT 与 SiC PiN 二极管组合压接模块（每 4 片安装一组）的 1250V/400A 器件的关断特性（125℃）[7]。相同标准及开关条件下进行比较，使用 Si PiN 二极管的模块的开关损耗为 130mJ，而使用 SiC PiN 二极管的模块为 4mJ，非常小。

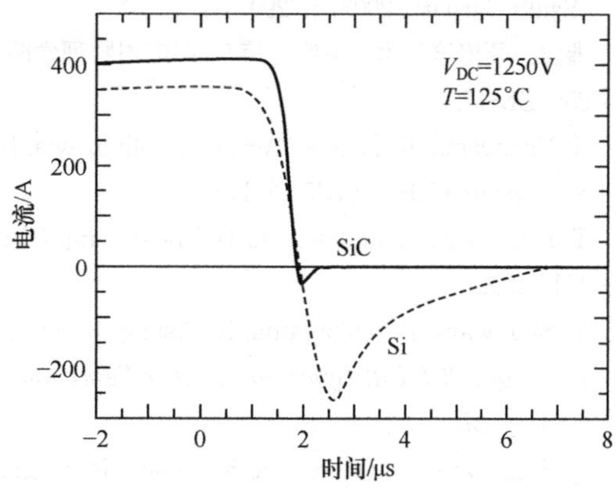

图 8.3.6　Si IGBT-4H-SiC PiN 结特性二极管模块的关断特性（125℃）

SiC pn 结二极管可以应用于能够耐受比上述功率二极管及其他器件更高功率密度的齐纳二极管[15]、紫外线检测器[16]、射线检测器等。但是，包含 pn 结二极管在内的少数载流子器件（双极型器件）中，正向偏置时晶体内的衬底基平面位错移动，形成肖克利型堆垛缺陷，使得器件性能劣化（导通电阻增大与漏电流增加）[7,17]。现在，其抑制方法相关研究也越来越多，减少衬底基平面位错的进程稳步推进。这种现象中，注入的电子-空穴复合产生结合能，会给予位错一个切应力（会导致双极型器件劣化），而SBD等多数载流子器件内无法观测到这一现象。

参 考 文 献

1） L. G. Matus, J. A. Powell, and C. S. Salupo, *Appl. Phys. Lett.* 59, 1770 (1991).

2） O. Kordina, J. P. Bergman, A. Henry, E. Janzén, S. Savage, J. Andre, L. P. Ramberg, U. Lindefelt, W. Hermansson, and K. Bergman, *Appl. Phys. Lett.* 67, 1561 (1995).

3） A. O. Konstantinov, Q. Wahab, N. Nordell, and U. Lindefelt, *Appl. Phys. Lett.* 71, 90 (1997).

4） B. J. Baliga, *Fundamentals of Power Semiconductor Devices* (Springer, 2008).

5） T. Hiyoshi, T. Hori, J. Suda, and T. Kimoto, *IEEE Trans. Electron Devices* 55, 1841 (2008).

6） H. Mitlehner, P. Friedrichs, D. Peters, R. Schörner, U. Weinert, B. Weis, and D. Stephani, *Proc. of 1998 Int. Symp. on Power Semiconductor Devices & ICs* (Kyoto, 1998) p. 127.

7） H. Lendenmann, A. Mukhitdinov, F. Dahlquist, H. Bleichner, M. Irwin, R. Söderholm, and P. Skytt, *Proc. of 2001 Int. Symp. on Power Semiconductor Devices & ICs* (Osaka, 2001) p. 31.

8） R. Singh, K. G. Irvine, J. T. Richmond, and J. W. Palmour, *Mater. Sci. Forum* 389-393, 1265 (2002).

9） M. K. Das, B. A. Hull, J. T. Richmond, B. Heath, J. J. Sumakeris, and A. D. Powell, *Proc. of 2005 Int. Symp. on Power Semiconductor Devices & ICs* (Santa Barbara, 2005) p. 299.

10） 馮淦，須田淳，木本恒暢：第58回応用物理学関係連合講演会 予稿集（2011）25p-BL-17.

11） K. Nakayama, R. Ishii, K. Asano, T. Miyazawa, M. Ito, and H. Tsuchida, *Mater. Sci. Forum* 679-680, 535 (2011).

12） T. Kimoto, N. Miyamoto, and H. Matsunami, *IEEE Trans. Electron Devices* 46, 471 (1999).

13） Y. Sugawara, D. Takayama, K. Asano, R. Singh, J. Palmour, and T. Hayashi, *Proc. of 2001 Int. Symp. on Power Semiconductor Devices & ICs* (Osaka, 2001) p. 27.

14） Y. Sugawara, D. Takayama, K. Asano, R. Singh, H. Kodama, S. Ogata, and T. Hayashi, *Proc. of 2002 Int. Symp. on Power Semiconductor Devices & ICs* (Santa Fe, 2002) p. 245.

15) R. Ishii, H. Tsuchida, K. Nakayama, and Y. Sugawara, *Proc. of 2007 Int. Symp. on Power Semiconductor Devices & ICs* (Cheju, 2007) p. 277.

16) J. Edmond, H. Kong, A. Suvorov, D. Waltz, and C. Carter, *Jr., phys. stat. sol.* (a) 162, 481 (1997).

17) M. Skowronski and S. Ha, *J. Appl. Phys.* 99, 011101 (2006).

8.3.2 肖特基势垒二极管

关于肖特基势垒二极管（SBD）[1]的研究成果大量出现于 SiC 功率器件研究初期，并且在初期就被证明具有用作 SiC 的功率器件材料的可能性[2]。2001 年得以实用化的耐压 300～600V、额定电流数 A 的 SiC SBD 由于其高速性，被用于服务器开关电源的功率因数校正（Power Factor Correction，PFC）电路，高频化及低损耗化使得受动部件及冷却部件小型化，小型电源也得以实现。之后，SiC 外延晶片的缺陷降低与制造工艺的改良使得大电流化成为可能，主要是与中耐压（600～1700V）Si IGBT 组合而成的 Hybrid-Pair 逆变器（相比一般的 Si IGBT 与 Si PiN 二极管的组合，它是用 SiC SBD 代替二极管，Si 开关器件与 SiC 二极管的混合逆变器）更加小型化、低损耗化。现在，耐压 600～1700V、额定电流 1～25A 的 SiC SBD 产品化，耐压 1200V 的 SiC SBD 360A、Si IGBT 600A（均内含多个芯片）的 Hybrid-Pair 模块也在 2008 年上市。

图 8.3.7 展示了 SBD 的基本结构与正向电流-电压特性的比较。图 8.3.7a 是单一的 SBD 结构，表面为阳极电极（肖特基电极），背面为阴极电极（欧姆电极），是适用于电流自上而下流动的大电流通电的垂直型器件。为了维持高耐压，例如在耐压 1200V 的情况下，使用能形成浓度 $1\times10^{16}\mathrm{cm}^{-3}$、厚度 10μm 左右的漂移层（$\mathrm{n}^-$ 型外延层）的衬底。由于衬底电阻与阴极电极的欧姆电阻降低，最理想的衬底是高浓度（$1\times10^{19}\mathrm{cm}^{-3}$ 以上）的衬底。在 Ni 成膜后，在 1000℃左右高温下进行热处理，之后使适合软钎焊的金属成膜后形成了内面的欧姆电极。表面的肖特基电极使用 Ti、Mo、Ni 等，在较低温度下进行热处理以期使得界面稳定，之后在用于 Al 引线键合的金属上形成 3～5μm 左右的厚度。

图 8.3.7b 是有选择地交替设置 p 型层的被称为 JBS（Junction Barrier Controlled Schottky diode，结势垒控制肖特基二极管），或者 MPS（Merged p-i-n Schottky diode，混合 PiN 肖特基二极管）的二极管。无论哪个都可以通过夹断邻近的 p 型层扩展出来的耗尽层来使得肖特基电极界面场强弛豫，降低反向偏置的漏电流。阳极电极在 p 型层属于欧姆接触时为 MPS，阳极电压升高，空穴由 p 型层注入，漂移层发生电导调制，所以与 PiN 二极管同样具有高浪涌电流耐量[3]。

SBD 的情况下，正向开启电压（V_{T}）随肖特基电极材料、表面处理、热处

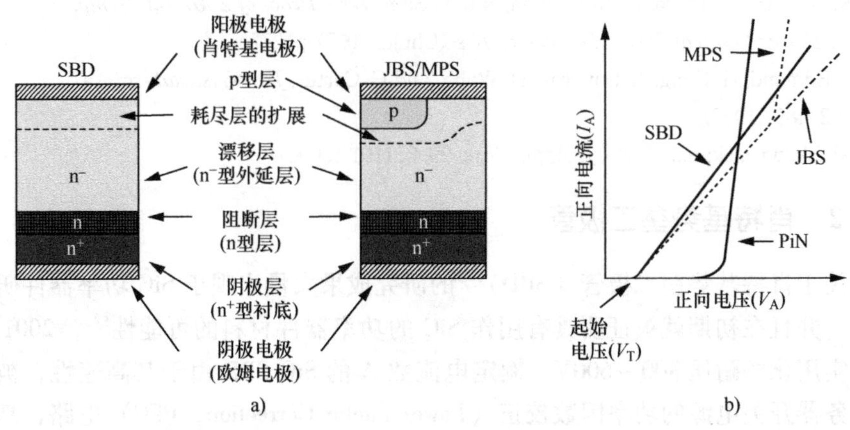

图 8.3.7　SBD 的基本结构与正向电流-电压特性的比较

理条件变化而变化，但一般的 Ti 电极的情况下为 0.9V 左右，比 Si PiN 二极管略高。因此，也有人尝试使用 JBS 或者 MPS 结构抑制漏电流，同时降低上升电压。结温上升时，由于迁移率下降，导通电阻变大（正向电流-电压特性趋势变缓和），高温（150℃）下导通电阻是室温时的 2 倍左右，因此在高温下置换导通电压低下的 Si PiN 二极管时要十分注意。一方面，这一温度关联关系有利于多数芯片的统一并联工作。与有记载的 SiC PiN 二极管特性进行比较，可以得知阳极电流较小的区域中 SBD 的导通电压更低，损耗更少。但是，对于漂移层厚度增加的高耐压器件，SBD 的导通电阻激增，在更加重视导通电压的数 kHz 的通信应用中，会在低于 4kV 左右的耐压下使用。为进一步降低漂移层电阻，有人提出了形成网状嵌入 p 型层的 FJ-SBD（Floating Junction SBD，浮动结 SBD）（见图 8.3.8）[4]。2 层的情况下，与一半的耐压器件串联的情况相同，能使得漂移层浓度变为 2 倍，漂移层电阻变为 1/2（n 层为 $1/n$）。由于没有必要精密控制嵌入 p 型层的浓度，所以能够比较简单地制造出来。其特点是，能够通过低耐压区域轻松实现漂移层电阻降低的效果，耐压 1 ~ 5kV 左右的 SBD 上，导通电阻降低的效果值得期待。

耐压结构也使用与 Si 垂直型功率器件相同的结构。图 8.3.9 展示了 SBD 结终端结构的一个典型示例。商用 SBD 的 JTE 或者 RESURF 结构利用低浓度 p 型层，形成耗尽区域，实现场强的缓和。图 8.3.9 中展示了 2 段的示例，该示例中会形成向外侧迁移电场的低浓度 p 型层。其能够得到比较稳定的耐压，但缺点是离子注入次数会增多。另一方面，FLR（Field Limited Ring，场限制环）或者 MGR（Multi Guard Ring，多防护环）只要进行一次离子注入就能形成，但缺点是容易受到表面电荷的影响，p 型层的间隔变得细微，高耐压的情况下 p 型层数变多，需要较大的结终端区域等。GRA-RESURF（Guard Ring Assisted RE-

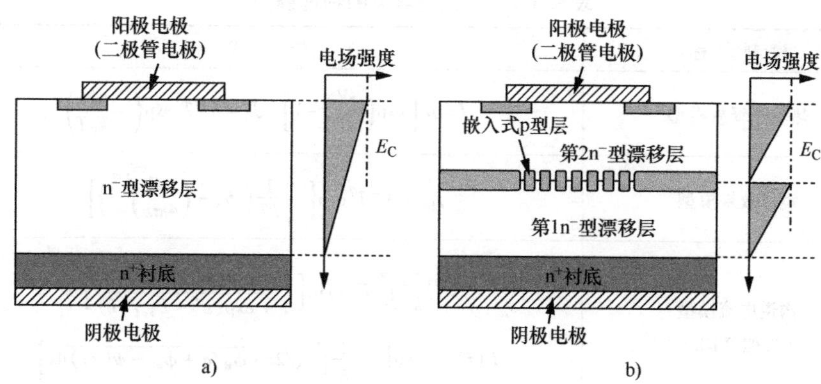

图 8.3.8　通常的 SBD 结构与 FJ-SBD 结构的截面图

a）一般的 SBD 结构　b）FJ-SBD 结构

SURF，防护环辅助 RESURF）[5]是在 1 段 RESURF（p_1 层）外侧与 p_1 层同等低浓度的 p 型层（p_2，p_3 层）上形成 MGR 的结构，能防止 p_1 层的浓度偏向高浓度层的情况下耐压急剧下降，稳定获得耐压。

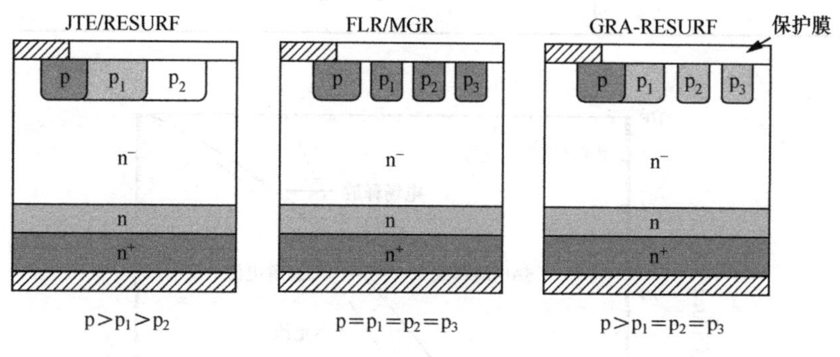

图 8.3.9　SBD 结终端结构

SiC SBD 的肖特基界面上的场强能达到 Si 的 10 倍，反向漏电流的发生机制与 Si 不同。SBD 的反向漏电流物理模型见表 8.3.1[6]。将越过肖特基势垒，电子向半导体侧飞跃的热电子发射中，镜像力导致肖特基势垒低下的情况考虑在内的镜像效果模型用来表达 Si SBD 的反向漏电流。另一方面，由于对 SiC SBD 施加高电场，电子在量子力学的沟道效应下穿过肖特基势垒到达半导体侧，从而产生了漏电流。图 8.3.10 展示了肖特基势垒 0.8eV 的 SiC SBD 的反向漏电流的各个物理模型比较[6]。由该图可知，1.5MV/cm 以下的实际应用场强范围中，SiC SBD 的漏电流能通过电场热发射模型表述。电场热发射模型的解析式能在大温度范围内再现实验值。

表 8.3.1　反向漏电流的物理模型

模型名称	公　式
热电子释放模型	$J=J_0\left[\exp\left(\frac{eV}{kT}\right)-1\right]\quad J_0=A^*T^2\exp\left(-\frac{e\phi_B}{k_BT}\right)$
镜像效果模型	$J_{BL}=A^*T^2\exp\left[-\frac{1}{kT}\left(\phi_B-\left(\frac{eF}{4\pi\varepsilon}\right)^{1/2}\right)\right]$
沟道电流模型（近似 WKB）	$J=\frac{A^*T}{k}\int_{\varepsilon}^{\infty}\Gamma(r)\ln\left[\frac{1+\exp(\varepsilon'-E_{Fm}/kT)}{1+\exp(\varepsilon'-E_{Fn}/kT)}\right]d\varepsilon'$ $\Gamma(r)=\exp\left[-\frac{2}{\hbar}\int_0^r\sqrt{2m(\phi_B/q+\phi_m-\psi(x))}dx\right]$
热电场释放模型	$J_{TFE}=\frac{A^*Te\hbar F}{k}\sqrt{\frac{\pi}{2mkT}}\exp\left[-\frac{1}{kT}\left(\phi_B-\frac{(e\hbar F)^2}{24m(kT)}\right)\right]$
电场释放模型	$J_{FE}=\frac{A^*T\pi\exp\left[-\frac{4\sqrt{2m}}{3e\hbar F}\phi_B^{3/2}\right]}{\left[\frac{2\sqrt{2mk}\phi_B^{1/2}}{e\hbar F}\right]\sin\left[\frac{2\sqrt{2m}\pi k\phi_B^{1/2}}{e\hbar F}\right]}$

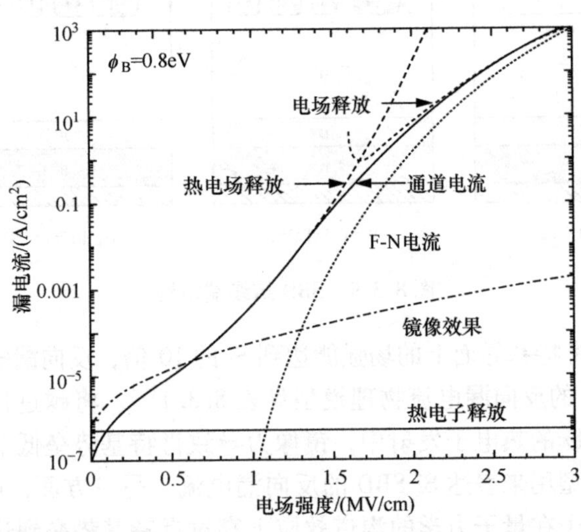

图 8.3.10　反向漏电流与肖特基界面场强的关联关系

图 8.3.11 展示了与反向恢复波形的 Si PiN 二极管的比较。与由于电导调制漂移层内积累大量载流子的 Si PiN 二极管相比，单极型器件 SiC SBD 的反向恢复损耗（开关损耗）可以降低约一个数量级，有利于高频化。应用逆变器的情

况下，如图8.3.12所示，二极管的反向恢复电流与开关器件的导通电流重合，通过将Si PiN二极管替换为SiC SBD，可以将开关器件的导通损耗降低约70%。由于SiC SBD是单极型器件，反向恢复电荷量是不取决于结温或正向电流的很小的值。图8.3.13展示了应用Si IGBT和SiC SBD的Hybrid-Pair逆变器损耗与开关频率的关联关系。由于使用了有利于高频化的SiC SBD，20kHz下普通驱动能降低33.5%损耗，高速驱动能降低45%的损耗[7]。

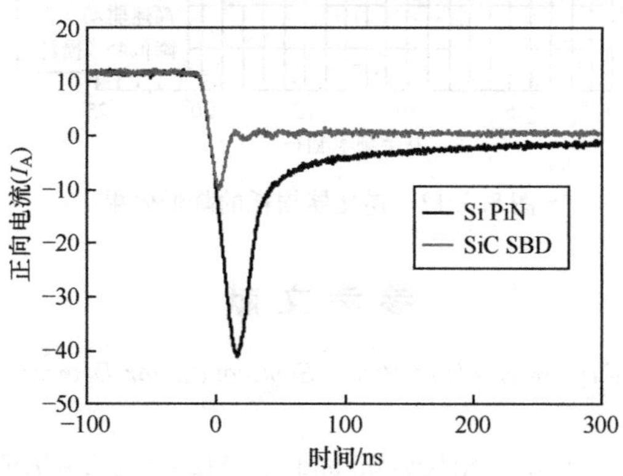

图8.3.11 反向恢复波形的比较（电压为600V，正向电流为11A）

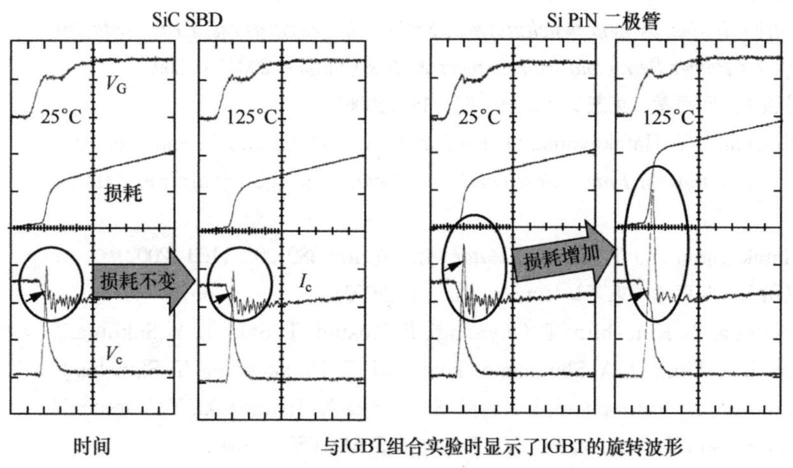

图8.3.12 开关器件导通损耗的降低效果（电压为300V，电流为10A）

降低SiC外延晶片的缺陷，以碳膜溅射为代表的制造工艺的改良促使100A级SiC SBD问世。根据5mm×5mm SiC SBD的缺陷与电学特性之间的相关性调查[8]，若存在掉落物缺陷与三角形缺陷，一定会发生耐压不良，但其他的缺陷即使有$10000cm^{-2}$左右也没问题。应用50~100A级SiC SBD的输出10kW以上的逆变器已被研发出来，并有望加速推进在各领域的实际应用。

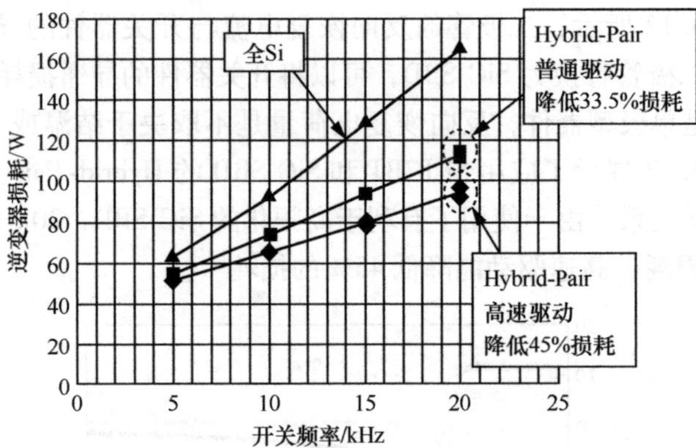

图 8.3.13　逆变器损耗的降低效果

参 考 文 献

1) B. Jayant Baliga, *Fundamentals of Power Semiconductor Devices* (Springer, 2008) p. 167.

2) T. Kimoto, T. Urushidani, S. Kobayashi and H. Matsunami, *IEEE Electron Device Lett.* 14 (12), 548 (1993).

3) R. Rupp, M. Treu, S. Voss, F. Björk and T. Reimann, *2nd Generation SiC Schottky diodes, A new benchmark in SiC device ruggedness, Proc. 18th Int. symp. on Power Semiconductor Devices & ICs* (Naples, 2006) p. 269.

4) 西尾譲司，四戸孝：東芝レビュー　61，48（2006).

5) K. Kinoshita, T. Hatakeyama, O. Takikawa, A. Yahata, and T. Shinohe, *Proc. 14th Int. symp. on Power Semiconductor Devices & ICs* (Santa Fe, 2002), p. 253.

6) T. Hatakeyama and T. Shinohe, *Mater. Sci. Forum* 389-393, 1169 (2002).

7) 高尾和人，四戸孝：東芝レビュー　64，44（2009).

8) K. Fukuda, A. Kinoshita, T. Ohyanagi, R. Kosugi, T. Sakata, Y. Sakuma, J. Senzaki, A. Minami, A. Shimozato, T. Suzuki, T. Hatakeyama, T. Shinohe, H. Matsuhata, H. Yamaguchi, I. Nagai, S. Harada K. Ichinoseki, T. Yatsuo, H. Okumura, and K. Arai, *Mater. Sci. Forum* 645-648, 655 (2010).

8.4　单极型晶体管

8.4.1　DMOSFET

SiC DMOSFET 的基本结构与 Si DMOSFET（Double-Diffused MOSFET，双扩散型 MOSFET）相同（见图 8.4.1），只是其制造方法有所不同。Si 是通过掺杂

物的热扩散形成DMOS结构，而SiC的掺杂物扩散系数较小，难以控制，所以有选择地进行离子注入。因此，通常明确表示为DiMOSFET（Double-Implanted MOSFET，双重离子注入MOSFET）。DMOSFET的制作工艺由离子注入、激活退火、栅极氧化膜形成、电极形成等构成。有选择地进行离子注入，形成p基区、n^+（源极）、p^+（p基区接触）等离子注入区域后，在1700℃以上高温进行退火来修复注入缺陷及激活掺杂物。极高温条件下的激活退火是SiC器件制作中的标志性工艺，同时要求高激活率及抑制表面粗糙。例如DMOS结构中，p基区的激活不充分时，关断状态下耗尽层从漂移区域向p基区内侧大幅扩张至n^+区域，引发耐压失效现象。另一方面，激活退火带来的表面粗糙会在形成栅极氧化膜的p基区及JFET区域的氧化膜上引起局部电流拥堵，成为氧化膜可靠性降低的重要原因。

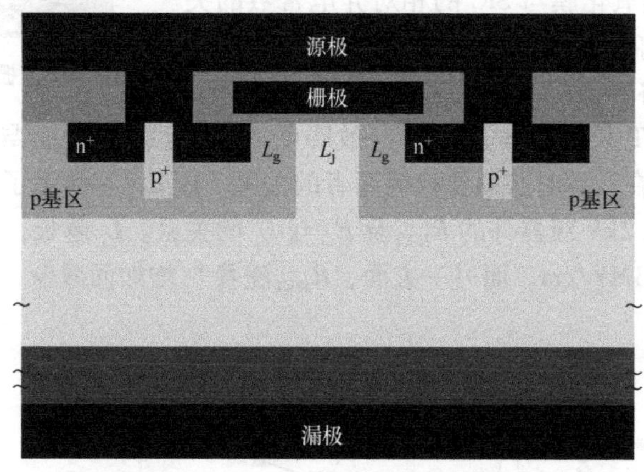

图8.4.1 DMOSFET的截面结构

p基区的激活率引起的耐压失效，可以通过提高p基区的掺杂物浓度来控制，但MOS沟道形成区域的浓度也随之增高，所以沟道迁移率下降及阈值（V_{th}）增加成为问题。因此有了倒置（降低表面浓度，提高内部浓度）p基区的浓度分布，进一步使用与形成n^+区域相同的光刻版向n^+区域下部注入高浓度p型掺杂物的方法[1]。抑制表面粗糙除了需要高温、短时间处理，SiH_4气体中处理等退火条件，还要在SiC上堆积以C等高熔点膜作为退火中的表面保护膜（见图8.4.2）[2]。

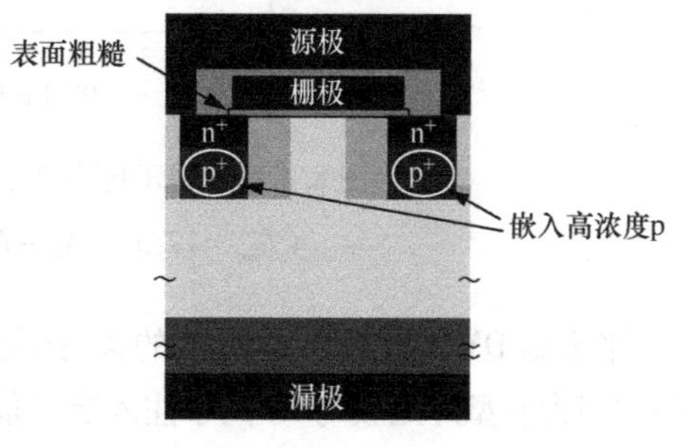

图8.4.2 表面粗糙与耐压失效的控制

由于SiC的沟道迁移率较低，有时也会进行缩小栅极长度来降低沟道电阻的器件设计。但是，无法进行上述利用 SiC 的 DMOSFET 中 p 型、n 型掺杂物的扩散长的差别进行自对准过程，所以沟道区域由 p 基区与 n^+ 区域的离子注入决定。因此，曝光装置的对准误差会带来沟道长的偏差，特别是对于亚微米级的沟道长度，对准的偏差会显著表现为晶胞内的电流不均匀。改善方法之一是在 p 基区的离子注入后，不去除离子注入掩模来堆积形成氧化膜，通过其氧化膜的厚度来控制沟道长（不通过光刻工艺向 n^+ 区域离子注入）（见图 8.4.3）[3]。

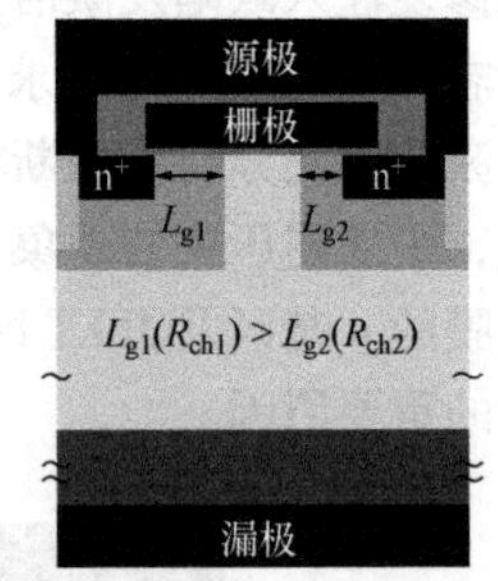

图 8.4.3　栅极长的偏差

SiC 的临界击穿场强比 Si 高出一个数量级，所以器件设计必须要充分考虑 MOS 型器件的关断状态下的氧化膜电场。平面型 DMOS 的情况下，JEFT 区域（图 8.4.1 的 L_j 区域）中心部位的氧化膜场强最高。考虑到氧化膜与 SiC 的相对介电常数的关系，例如为了将氧化膜场强（E_{ox}）降至 3MV/cm 以下，必须要将界面的 SiC 场强设置在 1.2MV/cm 以下。缩短 JFET 长度（$=L_j$）能有效降低 E_{ox}，但缩短 L_j 会导致 JFET 电阻（R_{JFET}）增加，在设计时必须要权衡两者的关系。图 8.4.4展示了由器件模拟计算得到的耐压 1.2kV 级器件的 R_{JFET} 及 E_{ox} 与 L_j 的关系。L_j 越长，E_{ox} 越大，$L_j=4\mu m$ 时 E_{ox} 达到 3MV/cm。而另一方面，R_{JFET} 随着 L_j 增加而减少，在 $L_j=4\mu m$ 左右时达到饱和。

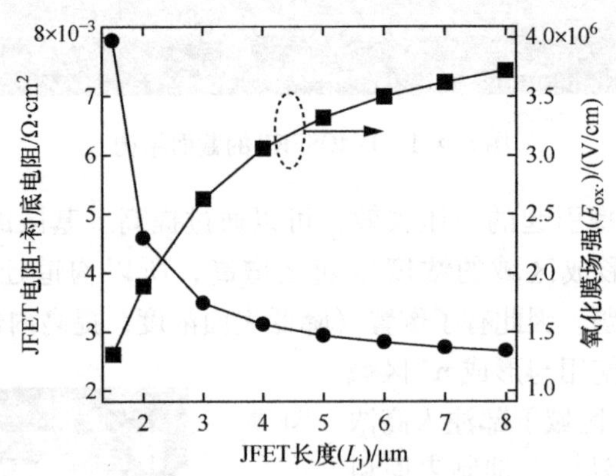

图 8.4.4　JFET 电阻及氧化膜场强与 L_j 的关系

（$T_{epi}=12\mu m$，$N_d-N_a=6\times10^{15}cm^{-3}$）

平面型 DMOSFET 中，上述的离子注入形成的 p 基区上会形成 MOS 沟道。图 8.4.5为 p 型外延膜与 Al 离子注入层（能级：400keV，剂量：$4\times10^{13}cm^{-2}$）上形成的横向 MOSFET 的场效应沟道迁移率（μ_{FE}）- 栅极电压（V_{gs}）特性。图 a、b 分

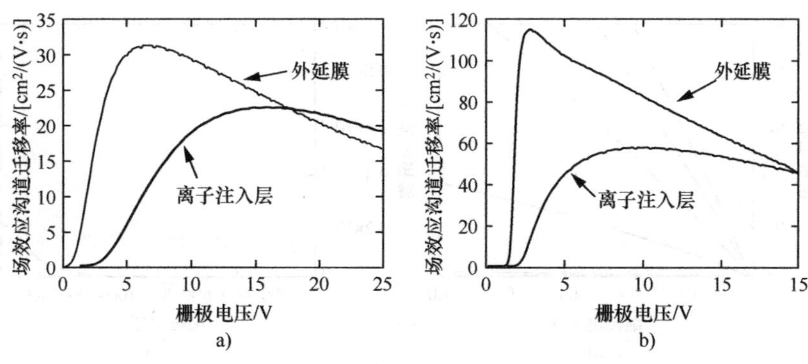

图 8.4.5 离子注入层/外延膜上的 MOS 沟道迁移率

a) Si 面 b) C 面

别对应 Si 面与 C 面。Si 面上通过干法氧化+氮化处理形成栅极氧化膜，C 面上通过湿法氧化来形成氧化膜。Si 面的 MOSFET 中，能够得到外延膜上 $30\mathrm{cm}^2/(\mathrm{V}\cdot\mathrm{s})$ 左右的沟道迁移率，但离子注入层上却低至 $20\mathrm{cm}^2/(\mathrm{V}\cdot\mathrm{s})$ 左右。图 b 展示的 C 面的 MOSFET 也存在这一趋势（$\mu_{\mathrm{FE}}=120\mathrm{cm}^2/(\mathrm{V}\cdot\mathrm{s})\to60\mathrm{cm}^2/(\mathrm{V}\cdot\mathrm{s})$），各个面取向都存在沟道迁移率的下降。离子注入引发的晶体缺陷是无法通过激活退火完全修复的，可以看作是沟道迁移率降低的主要原因。出于这一原因，有人提出使外延膜在 p 基区上生长，外延膜上形成 MOS 沟道的结构[4]。

图 8.4.6 展示了 4H-SiC Si 面上形成的 DMOSFET 的一个示例。漂移层中为 $N_\mathrm{d}-N_\mathrm{a}=1.0\times10^{16}\mathrm{cm}^{-3}$，使用膜厚 10μm 的外延膜。掺杂物的激活退火不使用碳膜，通过 1700℃、1min 高温短时间处理同时实现更高激活率及抑制表面粗糙。栅极氧化膜形成过程中使用能够高温、短时间处理的冷壁型氧化炉。本实验中氧化温度 1400℃下的干法氧化与相同温度的 3min 氮化处理组合后，形成了栅极氧化膜（$T_{\mathrm{ox}}=60\mathrm{nm}$）[5]。电极材料使用 Ni，在 Ar 气体中进行 1000℃的热处理，形成欧姆电阻。设计器件的活性区域面积为 $A=1.58\times10^{-2}\mathrm{cm}^2$，晶胞尺寸为 11μm，沟道长度为 0.6μm。图 8.4.6a 为在 5V 台阶上 V_{gs}从 0V 到 25V 变化时漏极电流对漏极电压（V_{ds}）的关联关系。$V_{\mathrm{gs}}=20\mathrm{V}$（$E_{\mathrm{ox}}=3.3\mathrm{MV/cm}$）时的特征导通电阻值（$R_{\mathrm{onS}}$）为 $7.8\mathrm{m}\Omega\cdot\mathrm{cm}^2$。图 8.4.6b 为 $V_{\mathrm{gs}}=0\mathrm{V}$ 的关断特性。$V_{\mathrm{ds}}=1.4\mathrm{kV}$ 时显示出稳定的雪崩击穿。得到的 R_{onS}与 1.2kV 级 Si 器件的物理性质上限相比，是只相当于其 1/30 以下的低电阻。并且，与 Si 的 IGBT 相比，由于少数载流子复合电流不流通，开关损耗有望降低。单极型器件的导通电阻主要反映出漂移电阻与温度的关联关系，与温度变化成正比，但实际上 SiC DMOSFET 随着温度上升，沟道迁移率增加，所以漂移电阻的增加与沟道电阻的减少相加可以得到温度系数[6]。

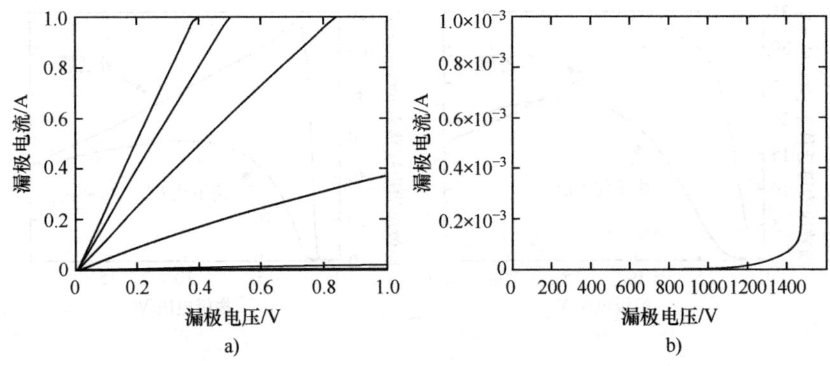

图 8.4.6　DMOSFET 的静态特性

a）在 5V 下将 V_{gs} 由 0V 提升至 25V 时的漏极电流与漏极电压（V_{ds}）之间的相互关系

b）$V_{gs}=0$V 时的关断特性

为抑制大电流，需要大尺寸器件，提高大尺寸器件的成品率对于 SiC 功率器件的实用化来说是一项重要的研究课题。决定成品率的重要因素中，以前最为重要的衬底上微管的问题，现在也得以大大改善，取而代之的是贯通位错及表面缺陷的影响引发人们的关注。另一方面，DMOS 结构与 PiN 二极管相同，pn 结是得到耐压的基础，但难以得到与 PiN 二极管一样的高成品率。这说明了 DMOSFET 的结构是造成成品率下降的重要原因。图 8.4.7 分别是模拟标准 PiN 和 DMOS 结构的耐压成品率评估 TEG（Test Elemental Group，测试元件组）的

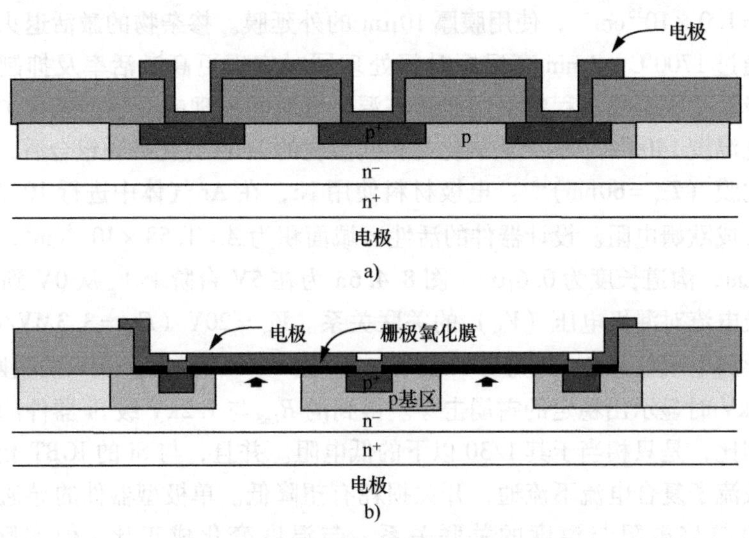

图 8.4.7　评估耐压用的 TEG 断面结构

a）无 p 基区结构（标准的 PiN 结构）　b）有 p 基区结构（DMOS 结构）

截面结构。图 8.4.7b 的结构中是 p 基区间由相当于栅极氧化膜的氧化膜进行连接的结构，向 n^+ 衬底施加正向电压，再现 DMOSFET 上的关断状态。图 8.4.8 分别展示了相同激活区域面积（约 1mm×1mm）的上述 TEG 的典型 I-V 特性。150μm×150μm 的小器件中，图 8.4.7a、b 的结构的耐压成品率未见差别，但器件面积变大后，图 8.4.7b 的结构的成品率大幅减少。两者都是在同一晶片上制作的，位错密度、外延表面缺陷密度差别较小，所以可以认为造成成品率下降的原因是结构的不同。图 8.4.7b 的结构的失效器件中，具有代表性的现象是，V_{ds} 的施加过程中电流急剧增大，有些器件引发了不可逆的电击穿（图中箭头）。为调查失效原因，使用微光显微镜进行发光观测（施加 V_{ds} = 250V、I_{ds} = 20nA 的通电状态）的结果是，发光点对应为 JFET 区域的中心部位（见图 8.4.7b的↑）[7]。这一结果表明了 JFET 区域氧化膜的电击穿是随着器件尺寸

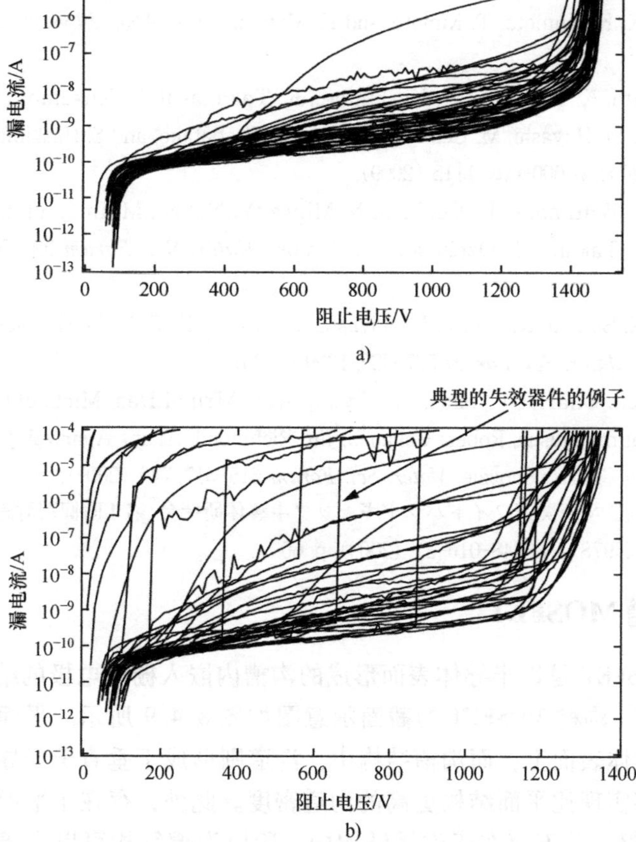

图 8.4.8 评估耐压用的 TEG 的 I-V 特性

a）无 p 基区的结构 b）有 p 基区的结构

增大DMOS结构的耐压成品率降低的主要原因。如上所述，激活退火造成的表面粗糙（或者表面构成变化）可能会引起局部的氧化膜绝缘失效，若要改善DMOSFET的耐压成品率，栅极氧化膜形成及退火工序的影响都应该考虑在内。

关于SiC热氧化膜的长期可靠性，小尺寸的MOS电容器的击穿电荷量（$=Q_{bd}$）数值与Si大致相同，本质上并没有较大的劣化。另一方面，达到电击穿的前一阶段的特性变化（V_{th}变化）成为亟待解决的问题。近几年SiC MOSFET的进步明显，作为第一代MOS器件的实用化近在眼前，但与SiC的物理性质极限相比，特征导通电阻仍有很大的改善余地，大尺寸器件可靠性等MOS界面特性的提高十分重要。

参考文献

1） D. Peters, R. Schorner, P. Friedrichs, J. Volkl, H. Mitlehner, and D. Stephani, *IEEE Trans. Electron Devices* 46, 542 (1999).

2） Y. Negoro, K. Katsumoto, T. Kimoto, and H. Matsunami, *J. Appl. Phys.* 96, 224 (2004).

3） K. Yamashita, K. Egashira, K. Hashimoto, K. Takahashi, O. Kusumoto, K. Utsunomiya, M. Hayashi, M. Uchida, C. Kudo, M. Kitabatake, and S. Hashimoto, *Mater. Sci. Forum* 600-603, 1115 (2009).

4） Y. Tarui, T. Watanabe, K. Fujihira, N. Miura, Y. Nakao, M. Imaizumi, H. Sumitani, T. Takami, T. Ozeki, and T. Oomori, *Mater. Sci. Forum* 527-529, 1285 (2006).

5） R. Kosugi, K. Suzuki, K. Takao, Y. Hayashi, T. Yatsuo, K. Fukuda, H. Ohashi, and K. Arai, *Mater. Sci. Forum* 527-529, 1309 (2006).

6） Brett A. Hull, Charlotte Jonas, Sei-Hyung Ryu, Mrinal Das, Michael O' Loughlin, Fatima Husna, Robert Callanan, Jim Richmond, Anant Agarwal, John Palmour, and Charles Scozzie, *Mater. Sci. Forum* 615-617, 749 (2009).

7） 小杉亮治：SiC及び関連ワイドバンドギャップ半導体研究会 第4回個別討論会予稿集（ISBN978-4-86348-016-2）(2009) p. 60.

8.4.2 沟槽MOSFET

沟槽MOSFET是以半导体表面形成的沟槽内嵌入栅极电极的结构为主要特征的MOSFET。沟槽MOSFET的截面示意图如图8.4.9所示。平面结构中，沟道形成于半导体表面上，而沟槽结构中，沟道则形成于垂直于半导体表面的方向，因此能够实现比平面结构更高的沟道密度。此外，存在于平面结构的p阱间的JFET电阻，并不存在于沟槽结构中，所以沟槽结构可以大幅降低导通电阻。因此，沟槽结构成为Si功率器件，特别是低耐压器件的主流结构，但考虑到SiC结构形成及高耐压化的困难，在这些方面较为容易的平面结构MOSFET

的开发是目前为止的主流。近些年，高耐压且导通电阻较低的各种 SiC 平面结构 MOSFET 被开发出来，但并未得到 SiC 材料的理想导通电阻。进一步降低导通电阻对于沟槽结构的开发来说必不可少。在这里，对沟槽刻蚀工艺、沟槽 MOSFET 的电学特性进行说明。

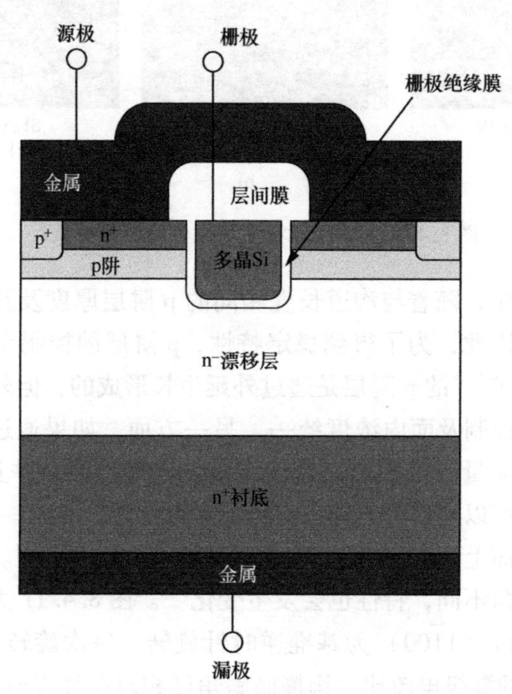

图 8.4.9 通常的沟槽截面结构

SiC 是一种化学性质极稳定的材料，所以在刻蚀中使用干法刻蚀。C 原子化学性质不活泼，所以通常使用伴随着溅射的 RIE（Reactive Ion Etching，反应离子刻蚀）法。SiC 的刻蚀气体中常用的有 CF_4/O_2 及 SF_6/O_2 的混合气体。F 类会与 Si 原子反应生成 SiF_4 等挥发性分子，O_2 会抑制聚合物等堆积物的形成，可以提高刻蚀速度。从微观角度来看，理想的沟槽形状是，沟槽侧面垂直，避免电流拥堵，沟槽底部弯曲。图 8.4.10a、b、c 为使用 RIE 形成的沟槽形状截面 SEM 图。刻蚀掩模使用 SiO_2，压力、刻蚀时间、偏置等条件相同。图 8.4.10 a 的流量比为 $SF_6:O_2=1:1$。该图刻蚀速率最快，沟槽底部边缘能观测到亚沟槽。这一亚沟槽是由于沟槽侧面溅射的 C 原子二次刻蚀底部边缘形成的。因此，若要抑制亚沟槽，必须充分进行侧面保护，在混合气体中加入能形成比 SiF_4 不容易挥发的 Si_xBr_y 侧面保护膜的 HBr 气体。如图 8.4.10b、c 所示，随着 HBr 流量比增加，亚沟槽得以抑制。倾斜角接近垂直，流量比 $SF_6:O_2:HBr=1:1:6$ 时能够得到理想形状。

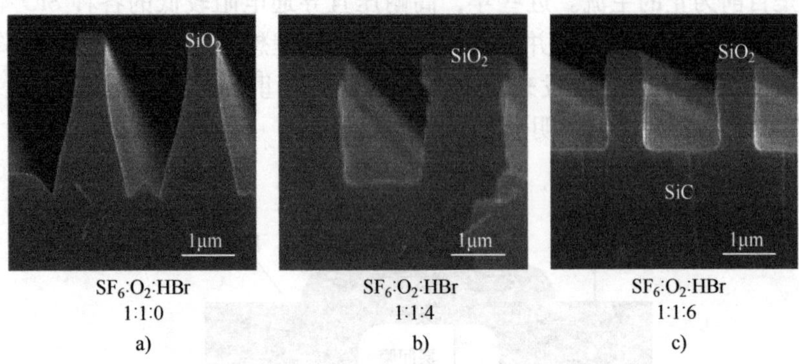

$SF_6:O_2:HBr$ 1:1:0 a)　$SF_6:O_2:HBr$ 1:1:4 b)　$SF_6:O_2:HBr$ 1:1:6 c)

图 8.4.10　沟槽形状的 HBr 气体流量关系

沟槽 MOSFET 中，随着与沟道长度相同的 p 阱层厚度及其浓度变化，导通特性也随之变化。因此，为了得到稳定特性，p 阱层的控制十分重要。目前有报告的沟槽 MOSFET[1,2] 的 p 阱层是通过外延生长形成的，但外延生长中，难以实现亚微米的膜厚控制及面内浓度统一。另一方面，如果通过离子注入形成 p 阱，只能实现注入能量与剂量的高精度深度、浓度控制。并且，SiC 的掺杂物扩散系数非常小，所以之后的热处理中也能保持外观。

同时，沟槽侧面上形成的 MOS 特性随面取向不同而不同。因此，衬底的偏轴角及沟槽的倾斜角不同，特性也会发生变化[3]。图 8.4.11 为在 4°偏轴角、1°偏轴角衬底上具有以（$1\bar{1}00$）为基准逆时针旋转，每次旋转 15°的沟道的 4H-SiC 沟槽 MOSFET 的漏极电流比。沟槽倾斜角度相对晶片表面为 90°。4°偏轴衬底上最大漏极电流比约为 1.7，而 1°偏轴衬底上约为 1.3，阈值电压比基本相同。据此，为得到更加稳定的特性，使用低偏轴角衬底更为理想。器件是由并联的单位晶胞结构构成的，所以必须考虑哪一面的组合效率最高。图 8.4.12 展示了每次旋转 15°的四边形单位晶胞结构中的漏极电流比。不论衬底偏轴角多大，漏极电流比的最大值约为 1.03，能够得到比较稳定的特性。但是，4°偏轴衬底中，各面漏极电流值及阈值电压失衡，所以必须推进衬底的低偏轴角化。今后，1°以下的低偏轴角外延技术的进步值得期待。

图 8.4.13 展示了试制的 4H-SiC 沟槽 MOSFET 的器件特性。Si 面上 p 阱层、源极 n^+ 层分别注入 Al、P 离子后，进行上述的沟槽刻蚀，在 1700℃下进行激活退火。形成 500Å 栅极氧化膜，栅极电极使用多晶硅。单位晶胞为四边形，晶胞尺寸为 6μm。漂移层为 $1.3\times10^{16}cm^{-3}$/5μm。芯片尺寸为 $0.5\times0.5mm^2$，特征导通电阻在栅极电压为 20V 时为 $1.7m\Omega\cdot cm^2$，临界击穿场强为 790V。SiC MOSFET 的特征导通电阻在相同耐压等级下是最小的，沟槽结构的低导通电阻化得以证实。虽能够得到较高的耐压值，但击穿后会发生数十 μA 的不可逆破

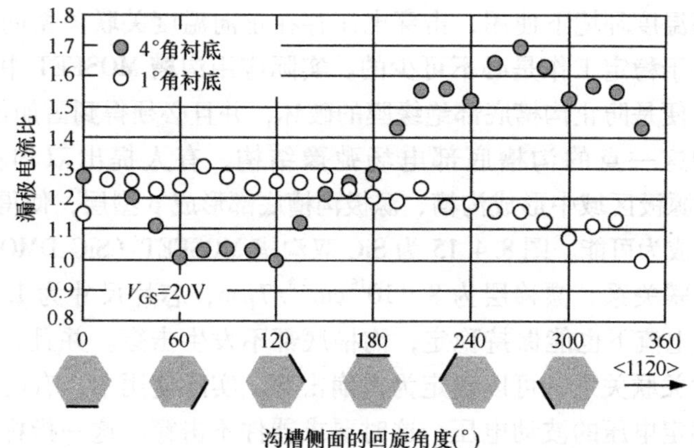

图 8.4.11　沟槽 MOSFET 的漏极电流比的面取向关联关系

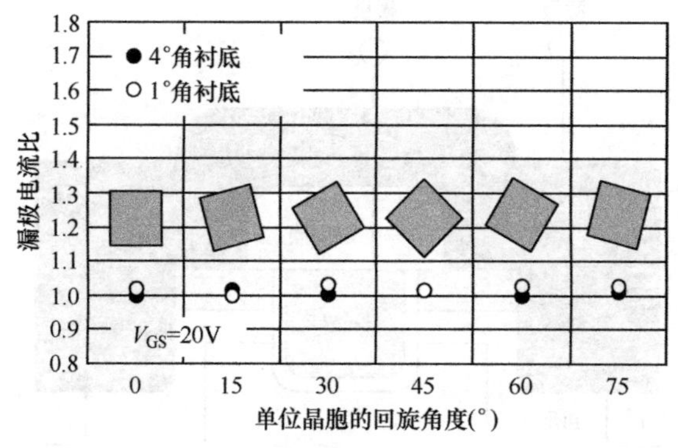

图 8.4.12　四边形单位晶胞的漏极电流比的面取向关联关系

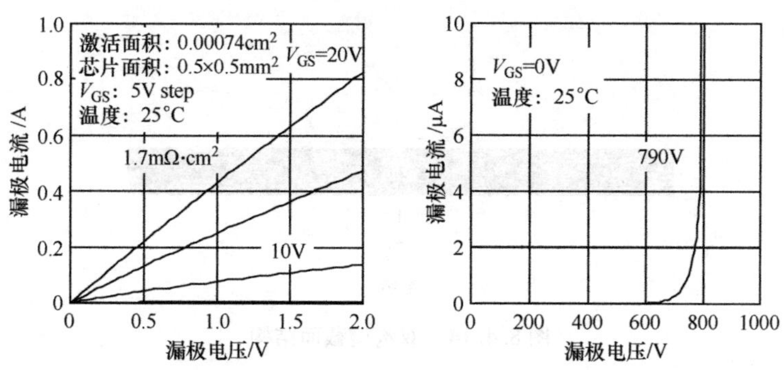

图 8.4.13　沟槽 MOSFET 特性

坏。这是由于在沟槽底部发生电场拥堵，引起栅极绝缘膜破坏的缘故。设想功率器件在较高温度环境下使用，击穿电压存在正向温度关联关系的雪崩击穿的电击穿机制对于稳定工作是必不可少的。实际应用沟槽 MOSFET 中，最重要的研究课题之一便是防止沟槽底部绝缘膜的破坏，并且必须得到雪崩击穿。

作为实现这一点的沟槽底部电场弛豫结构，有人提出双沟槽结构（见图 8.4.14）。源极区域中形成沟槽，源极沟槽底部形成 p 型层，使得栅极沟槽底部的电场弛豫成为可能。图 8.4.15 为 SiC 双沟槽 MOSFET（SiC DMOSFET）关断特性的温度关联关系。漂移层为 $8\times10^{15}cm^{-3}/7\mu m$，芯片尺寸为 $1.2\times2.4mm^2$。数 mA 的雪崩电流下也能保持稳定，沟槽底部不发生击穿。并且，表现出了耐压的正向温度关联关系，可以确定为雪崩击穿。实际使用中，有时会向器件施加超过器件额定电压的波动电压，这时要求器件不击穿。这一指标的雪崩耐量实验结果如图 8.4.16 所示。雪崩能量为 205mJ（$10800mJ/cm^2$），与相同电流等级的 Si 器件近似，已经接近实际应用水平。

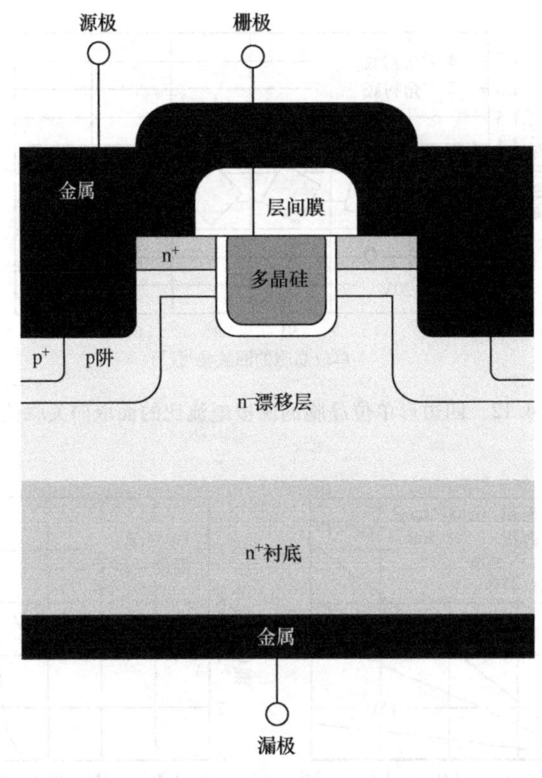

图 8.4.14　双沟槽截面结构

车载逆变器等需要大电流器件。图 8.4.17 为 $4.8\times4.8mm^2$ 的较大器件的特性。单芯片能够得到超过 300A 的漏极电流，导通电阻为 $13m\Omega$（$2.6m\Omega\cdot cm^2$），是 SiC MOSFET 中最小的数值。图 8.4.18 为单芯片感应负载开关波形。在 300V/300A 的开关上得以成功应用。

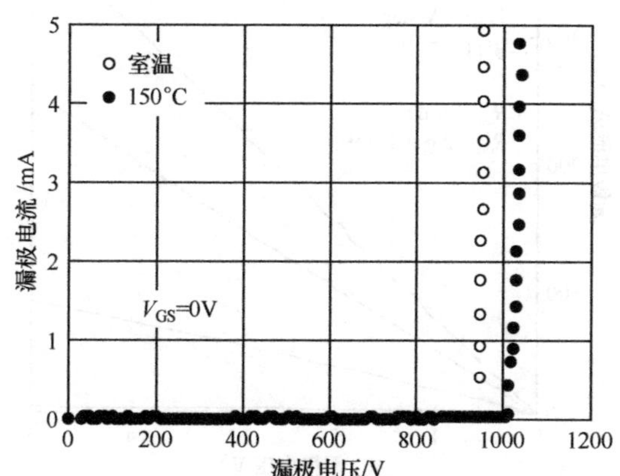

图 8.4.15　电场弛豫结构的 4H-SiC 沟槽 MOSFET 关断特性与温度的关联关系

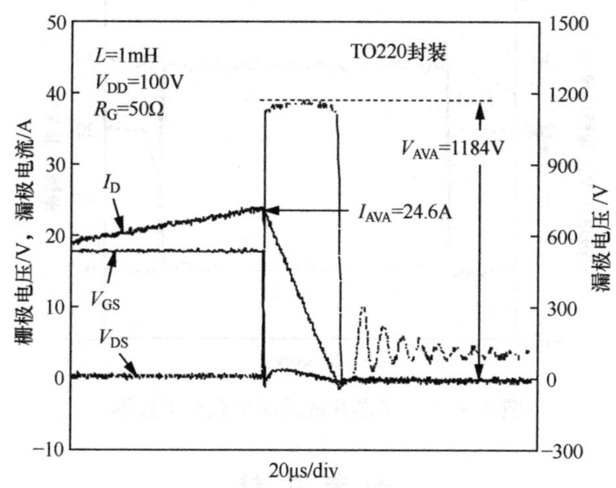

图 8.4.16　雪崩耐量实验特性

沟槽形状的控制、离子注入后的高精度沟道外观控制、独立电场弛豫结构（双沟槽结构），使得低导通电阻且稳定的雪崩击穿的沟槽 MOSFET 被成功开发出来，大大推进实际应用进程。沟道迁移率如何进一步提高及解决栅极绝缘膜的可靠性问题将成为今后研究的课题。也必须推进衬底的高浓度化及轻薄化带来的低电阻化。如果能将临界击穿场强在 1kV 左右，$1m\Omega \cdot cm^2$ 级 SiC 沟槽 MOSFET 升级到实际应用水平，Si 器件的替换、普及将得到迅速发展。

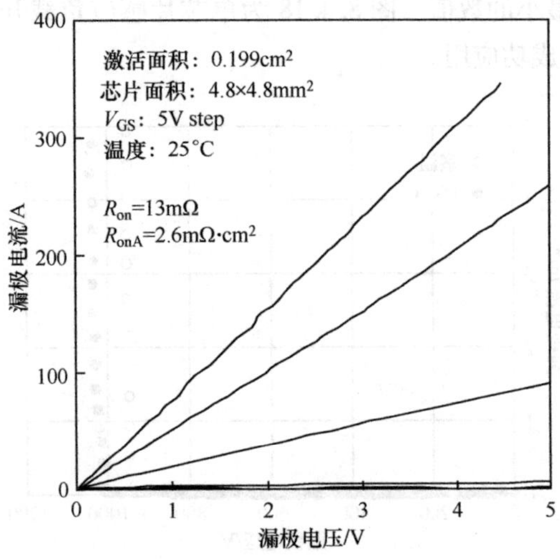

图 8.4.17　大电流 4H-SiC 沟槽 MOSFET 的特性与开关特性

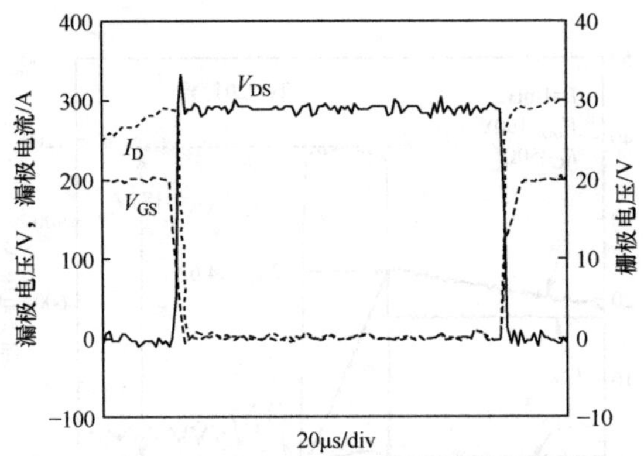

图 8.4.18　单芯片的感应负载开关波形

参 考 文 献

1） J. Tan, J. A. Cooper, Jr., and M. R. Melloch, *IEEE Electron Device Lett.* 19, 487 (1998).

2） K. Hara, *Mater. Sci. Forum* 264-268, 901 (1998).

3） H. Yano, H. Nakao, T. Hatayama, Y. Uraoka, and T. Funaki, *Mater. Sci. Forum* 556-557, 807 (2007).

8.4.3 DACFET

在日常生活中使用的很多电器中，都装有电力电子功率变换电路。它可以将有电源线输入进的 AC 变换为 DC，将变换获得的 DC 和电池提供的 DC 再次变换为AC（为了让电动机正常工作需要这样的交流变换），还可以进行DC电压升降压的电压变换。近来，保护地球环境的倡议需要社会节约能源，也导致要选用功率变换电路中效率最高的SMPC（Switched Mode Power Conversion，开关模式功率变换）电路。SMPC电路是由开关器件+二极管+LCR元件组成的，通过开关器件控制电流/电压，同时利用LC元件的微积分功能，可以实现负载端输出期望的电流/电压。

业界一直在寻找关闭状态下耐压（耐压：V_{BD}）高，开启状态下的电阻（导通电阻：R_{on}）小，开关速度快（开关时间短）的开关器件。以Si半导体技术为基础的功率晶体管的进步，提高了SMPC电路的性能，并且提高变换效率的同时实现了小型化和轻便化。Si半导体功率晶体管主要被用在通过简单的驱动电器实现稳定工作的绝缘栅型场效应晶体管（低耐压领域为MOSFET、高耐压领域为IGBT）中，使得SMPC电路可以实现90%以上的高效率工作。

而使用了SiC等宽禁带半导体的开关器件，根据报告显示，可以实现更高的V_{BD}、更低的R_{on}，以及更短的开关时间。图8.4.19是对绝缘栅型的Si和SiC半导体功率晶体管规范化后的R_{on}和V_{BD}进行比较后的结果。从图中可知，SiC在超过Si的物理性质极限后，出现了高V_{BD}、低R_{on}的SiC MOSFET器件。

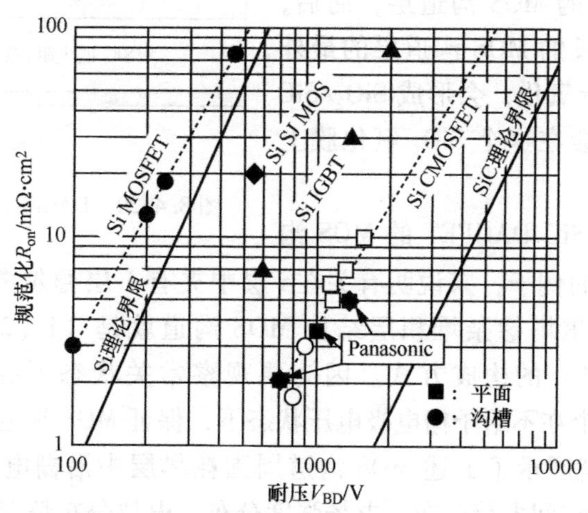

图8.4.19　绝缘栅型的Si和SiC半导体功率晶体管规范化后的R_{on}和V_{BD}

1. SiC DACFET

SiC MOSFET是一种单极型器件，由于SiC的物理性质比较优异，所以其漂移层电阻比Si MOSFET要小1个数量级以上。比如，1000V的V_{BD}的情况下，与Si IGBT（双极型器件）相比，其R_{on}可以减小到一半以下，同时开关时间可以缩短到100ns，尤其是在1000V以上的高耐压领域中具有更加突出的性能。

通过将 SiC 表面氧化可以形成 SiO_2 绝缘栅氧化膜，但也不能断言一定会形成最完美的 SiO_2/SiC 界面。SiO_2/SiC 界面的生成决定着 R_{on} 等 SiC MOSFET 的器件特性。我们提出通过控制阈值电压（V_{th}）保持常关的状态，并可以降低对 R_{on} 产生主要影响的 MOS 沟道电阻的特殊结构。利用外延生长出德尔塔掺杂层用作 MOS 沟道层，从而有效提高了器件特性，我们称之为垂直型的 DACFET（Delta-doped Accumulation Channel FET，德尔塔掺杂积累沟道场效应晶体管）[1]。图 8.4.20 展示了上面提到的 DACFET 结构的示意图。此处的垂直型 DACFET 试制器件的晶胞为 $10.4\times10.4\mu m^2$，被阵列式结构包裹着，最外部以保护环结束，激活区域为 $0.157cm^2$，试制芯片总体的大小为 $5.0\times4.2mm^2$。

这个独特结构 SiC DACFET 的 MOS 沟道部分，是在通过离子注入形成的 p 阱区的表面上堆积轻薄的外延生长膜形成的。在外延生长的过程中，使氮（N）在 SiC 中的掺杂浓度急剧变化，在几乎没有掺杂的 i 层和比如现在掺杂浓度在 $10^{18}cm^3$ 以上的 n 层进行堆积，便会形成德尔塔掺杂结构的 MOS 沟道层，而后，对经历过外延生长的 MOS 沟道层的最外层 i 层的表面进行氧化，会形成 SiO_2/SiC 界面，栅电极也会在这个 SiO_2 氧化膜上形成。[2]

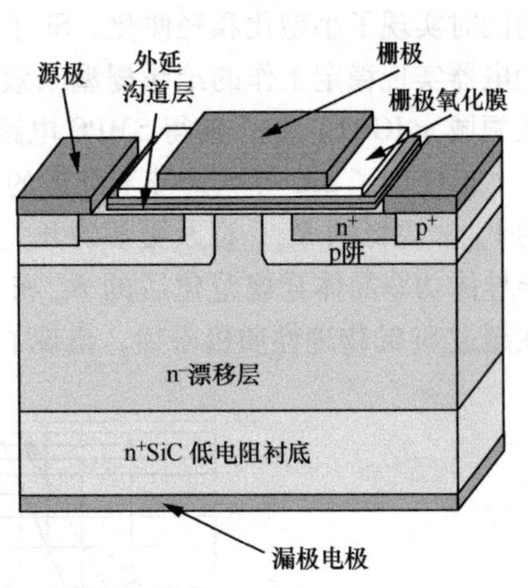

图 8.4.20　DACFET 的结构示意图

下面会利用 SiC DACFET 的 MOS 沟道部分中最简单的例子，来说明有关在 i 层中夹有 1 层德尔塔掺杂层的情况。这个最简单的德尔塔掺杂堆积层结构 MOS 沟道就是（i（2）层/德尔塔掺杂 n 层/i（1）层）的构成方式。因为要观察常关状态下的 MOS 沟道，所以单独设计出一个在不给予栅电极电压状态下，保证 MOS 沟道层基本耗尽的结构。图 8.4.21a 就展示了上述 MOS 沟道周围耗尽层中沿栅电极/SiO_2 氧化膜/MOS 沟道/p 阱的空间电荷分布、电场强度分布、电位分布情况。其中横轴对应从 p 阱表面向上的距离。图 8.4.21b 为了方便比较，表示的是在同一掺杂浓度下的外延沟道的相关数据。为了使图 8.4.21a、b 在 SiO_2/SiC 氧化膜界面的电位相同，对其做了规范。另外，图中的 i 层为理想状态下的 i 层，不考虑由氧化膜界面的陷阱或者功函数差引起的电荷、电场强度、电位。如图 8.4.21a 所示，p 阱的耗尽层的空间电荷和受到被耗尽的德尔塔掺杂层 n 层的空间电荷的影响而被夹在中间的 i（1）层中，呈现出相同的电场分布（梯形），将该电场与同一掺杂浓度下的图 8.4.21b 的情况（三角形）进行比较，会发现前者在 MOS 沟道/p阱的 pn 结界面的最大电场强度的数值比较小，从而也可以推断出在较大的 SiO_2/SiC 界面上的电位变化情况。受夹着 i（1）层的杂质浓度较低的高品质 pn 结和较低的电场强度的影响，MOS 沟道可以实现更加稳定的状态。值得一提的是，i（1）层的厚度变化会对电位产生明显的影响，所以可以通过控制 i（1）层的膜厚度来实现对 V_{th} 的控制。另外，MOS 沟道最上层的 i（2）层的掺杂浓度比较低，可以在上面形成更加纯净的 SiO_2/SiC 氧化膜界面。像这样，利用德尔塔掺杂堆垛结构的 MOS 沟道层，通过控制 i（2）层/德尔塔掺杂 n 层/i（1）层的厚度或者浓度，可以更精准地控制 SiC MOSFET 的工作稳定性。

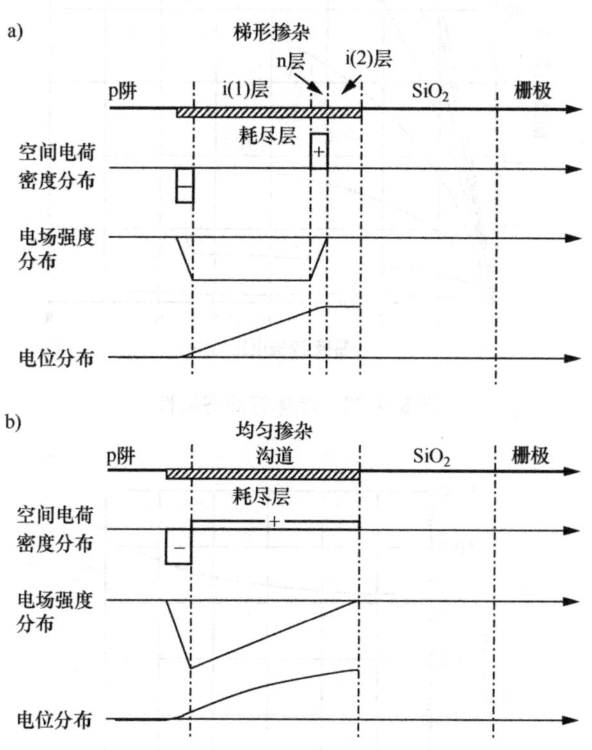

图 8.4.21 MOS 沟道周围的空间电荷密度、电场强度、电位分布

a）DACFET b）均匀掺杂的外延沟道

2. SiC DACFET 的电学特性

图 8.4.22 显示了试制的 DACFET 的晶体管特性。栅极电压 $V_g = 0V \Leftrightarrow 20V$，在此范围内可控制的漏电流 I_d 为 40A（漏极-源极电压 $V_{ds} < 1V$）以上。V_g = 20V 时的特征导通电阻为 $3.5\Omega \cdot cm^2$。有这些数据可以判断作为一种平面 SiC MOSFET，其具有良好的静态特性。

器件的模拟如图 8.4.23 所示。图中表示了 −50 ~ 150℃ 范围内 1000V 以上的耐压情况。在V_{BD}以上的V_{ds}中，有雪崩电流流经，对该电流进行限制不会导致器件被破坏。V_{th}（I_d在1mA以上的栅极电压）随温度变化如图8.4.24所示。伴随着温度上升，V_{th}会减小，在上述温度范围内可以观察到具有1.8V以上的常关特性且可以保证安全工作。

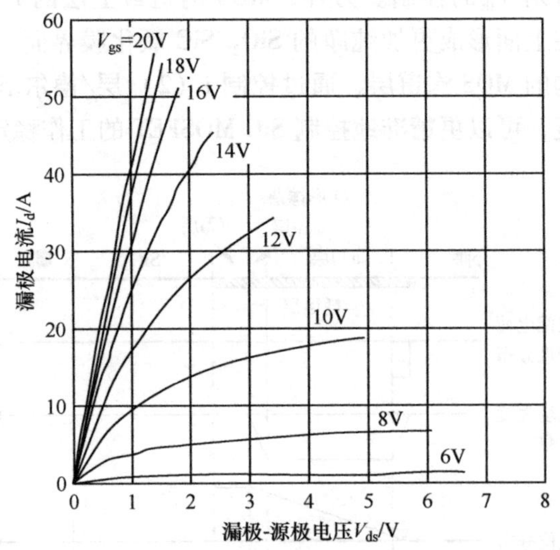

图8.4.22　晶体管静态特性

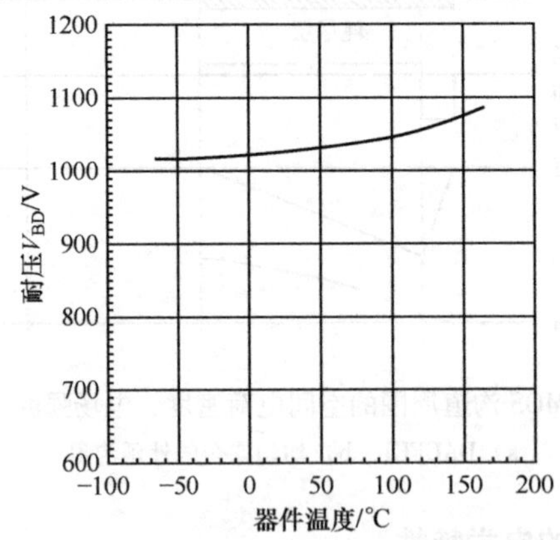

图8.4.23　耐压（V_{BD}）的温度依存关系

在SiC MOSFET中，能激活SiC的高绝缘击穿电场的结构，其漂移层电阻比较小，较大的沟道电阻非常令人注目。本书介绍的低R_{on}的（约1000V耐压）SiC MOSFET中，R_{on}的一半以上都是上述的沟道电阻。另一方面，针对温度上升对SiC MOSFET的电阻变化影响，随着沟道电阻的减小，漂移层电阻会增大。

试制的SiC MOSFET的全体R_{on}是相互抵消的，如图8.4.25所示，在室温下显示出了取最小值的变化（R_{on}（150℃）/R_{on}（室温）约为1.3），与Si MOSFET（比如R_{on}（150℃）/R_{on}（室温）约为3）相比，具有R_{on}的温度变化比较小的特征。尤其是在并联多个器件的大电流开关进行工作时，由于损耗的存在会使器件发热温度上升，此时如果R_{on}的温度系数为负，会导致电流集中，有击穿的风险。另一方面，如果温度系数为一个比较大的正数值，在工作中的损耗会增加。SiC DACFET具有比较小的正数值，可以实现稳定工作，保持低损耗，作为功率器件的特性十分优异。

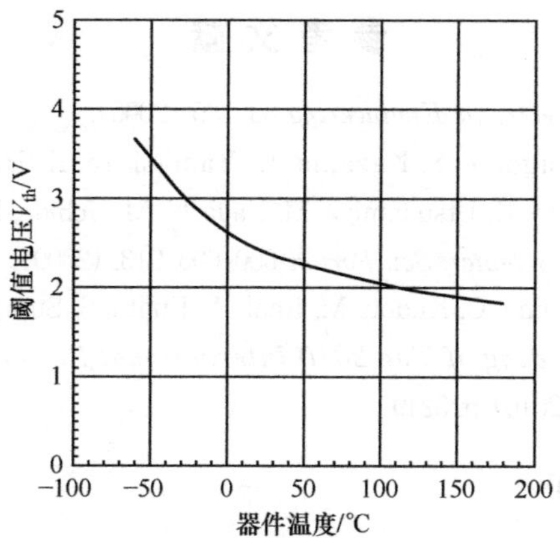

图8.4.24 阈值电压（V_{th}）的温度依存度

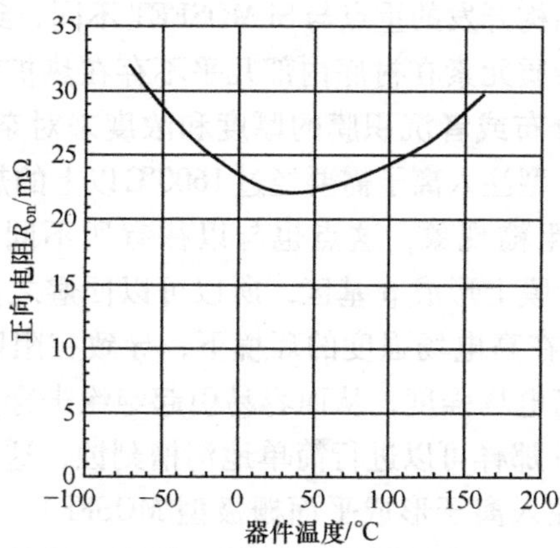

图8.4.25 导通电阻（R_{on}）的温度依存度

与栅极驱动直连，保持栅极电阻为0Ω的状态下进行的300V/20A的开关实验中，可以发现开关时间在10ns以下，非常短。Si IGBT等Si开关器件设定的开关时间一般在100ns以上，所以使用了SiC MOSFET的SMPC电路可以实现开关损耗的大幅降低。在实际的330V/2560W的逆变器电路中，可以确认与使用Si IGBT相比能有效降低60%以上的开关损耗[3]。另外，在PFC电路中确认的损耗降低，将会在第10章10.5节中与Si MOSFET进行比较。

作为垂直型SiC MOSFET，SiC DACFET拥有独特结构，本节就其结构、特性、工作有关的信息进行了介绍。通过实验也可以确认，使用SiC功率器件后，可以实现SMPC电路稳定工作，减少损耗。今后，要进一步研究清楚SiC功率器件的优势，促进SiC电子电力技术的快速发展，为节约能源、保护地球环境做出贡献。电力电子技术必将普及到全世界。

参考文献

1） M. Kitabatake, *Microelectronic Engineering* 83, 135 (2006).

2） M. Kitabatake, M. Tagome, S. Kazama, K. Yamashita, K. Hashimoto, K. Takahashi, O. Kusumoto, K. Utsunomiya, M. Hayashi, M. Uchida, R. Ikegami, C. Kudo, and S. Hashimoto, *Mater. Sci. Forum* 600-603, 913, (2009).

3） M. Kitabatake, S. Kazama, C. Kudou, M. Imai, A. Fujita, S. Sumiyoshi, and H. Omori, *IEEE Proceeding of The 2010 International Power Electronics Conference* (Sapporo, 2010) p. 3249.

8.4.4 IEMOSFET

虽然SiC MOSFET的漂移层电阻很低，与Si器件相比具备实现低导通电阻的可能性，但开发的现状是MOS界面的沟道迁移率较低，导通电阻被沟道迁移率支配。所以，此次结构开发的重点与Si MOSFET不同，致力于降低沟道电阻。在制造方法上，由于杂质元素在衬底内部几乎不存在热扩散现象，所以需要通过控制注入后的离子分布或者沉积膜的厚度和浓度来对杂质区进行形状规范。在注入离子时，由于p型注入离子需要经过1600℃以上的热处理来使受主激活，所以要注意控制表面粗糙现象，这点也与以往有所不同。由于沟槽MOSFET（UMOSFET）会在沉积膜上形成p基区，所以可以回避之前提到的处理过程中的问题[1]。但是，SiC在高电场强度的环境下，导致在阻断状态下会向沟槽底部的栅极氧化膜施加高电场强度，从而容易引起绝缘击穿。在处理过程中，由于SiC比较硬，不像Si那样可以进行简单地沟槽刻蚀，这也是个问题。针对以上问题，通过向p阱注入离子形成平面栅极型MOSFET（DMOSFET），可在阻断状态下的高电场强度中，通过耗尽p阱区，保护栅极氧化膜，但这也导致了耐压特性和沟道迁移率之间会产生折中关系[2]。即在p阱区通过离子注入形成的分布需要增高其浓度从而抑制源极n^+和漂移层间的穿通现象。而且还会导致表面浓度升高，沟道迁移率下降。尤其是在SiC中，SiO_2/SiC界面能级受其影响比较大[3,4]，表面的受主浓度会导致沟道迁移率加剧劣化[5]。所以，通过注入高浓度的离子，抑制穿通现象，会导致沟道迁移率降低，但是 SiO_2/SiC 界面存在于离子注入层之上，这一结构可能会影响激活退火后的表面粗糙和注入离子引起的栅极氧化膜可靠性下降等问题，需要引起重视。为了克服以上问题，同时满足沟道迁移率、氧化膜电场强度、绝缘击穿电压这 3 个特性，相关人员研究制作出了一个 SiC MOSFET 的新型结构，即 IEMOSFET（Implantation & Epitaxial MOSFET，注入和外延 MOSFET）[6]。

1. IEMOSFET 的特征

IEMOSFET 的名字来源于它的制作方法。图 8.4.26 展示了制作的大致过程。①首先在漂移层 n 型外延生长晶圆表面，注入离子，随机形成以 p 阱为底部的高浓度 p 型区。②接下来，在表面生长出低浓度的 p 型外延膜，在末端部分通过台面刻蚀去除掉。③注入离子，形成终端结构、源极区、p^+ 接触区，p 阱底部残缺部分则从 p 型外延膜注入 n 型。④对注入的离子进行高温热处理使其激活，之后，按与 DMOSFET 相同的方法对栅极、源极、漏极接触等进行精细加工。这样一来 IEMOSFET 会将 p 阱的表面和底部独立出来分别形成，底部

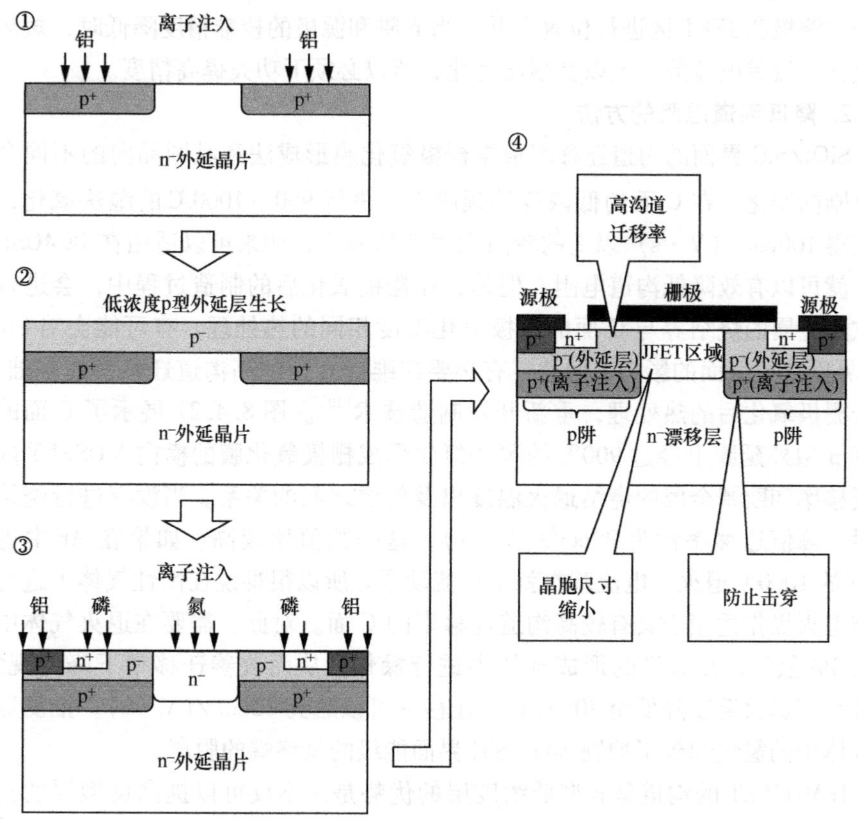

图 8.4.26 IEMOSFET 的制造过程

在经过高浓度化后可以通过沟道穿通来抑制耐压劣化，同时作为表面结晶品质优良的外延生长膜低浓度层，可以获得高可靠性的氧化膜以及高沟道迁移率。另外，由于p阱间的JFET区被注入离子进行n型化，与在相同的n型外延膜内对JFET区和漂移层进行精细加工的DMOSFET不同，浓度各不相同，可以独立进行调整，因此增加了最优化的自由度，缩小了边缘区域，从而能够降低导通电阻。

Epi-channel MOSFET与IEMOSFET相同，通过注入离子，在p阱表面通过外延生长膜形成沟道[7,8]。它与IEMOSFET不同的是，因为沉积沟道是n型化后的沟道外延膜，在JFET区形成时不需要注入额外的离子，操作比较简单。但是，由p阱和n型外延膜的结合处向外扩展的耗尽层会夹断沟道，当栅极开启时阈值电压会受到n型外延膜浓度和厚度的影响，导致外延膜品质的均一与否与阈值电压的分布情况有直接关联。对此，IEMOSFET由于是p型外延膜的反向沟道，所以阈值电压的分布与p型外延膜的浓度关系不大。

另一方面，IEMOSFET存在的问题是，p阱底部和源极的形成工序的过程中，由于夹杂着p型外延膜的生长，此时如果没有光刻加工，p阱无法通过自对准与源极和JFET区进行位置合并。当p阱和源极的校准精度降低时，短沟道效应会导致漏电流的增大以及耐压劣化，所以必须下功夫提高精度。

2. 降低沟道电阻的方法

SiO_2/SiC界面的沟道迁移率根据栅极氧化膜形成法和晶圆晶向的不同会产生急剧的变化。在C面的低浓度外延膜上，进行900～1000℃的湿法氧化，可以获得100cm^2/(V·s)以上的较高沟道迁移率[9]，如果可以适用在IEMOSFET上，就可以有效降低沟道电阻。但是，在栅极氧化后的制造过程中，会进行诸如欧姆金属的烧结等与C面的栅极氧化温度相同的热处理，有可能会对SiO_2/SiC界面造成负面的影响。因此，有必要在维持C面的高沟道迁移率的基础上，配合栅极氧化后的热处理，重新开发制造技术[10]。图8.4.27展示了C面的低浓度p型外延膜上经过900℃的湿法氧化形成栅极氧化膜的横向MOSFET的沟道迁移率和欧姆金属的烧结退火温度以及气氛之间的关系。当没有进行烧结退火时，峰值迁移率约为90cm^2/(V·s)，这一数值比较高。如果在Ar中进行2min的1000℃退火，电流基本就不再流动了。所以很难说在惰性气体下进行的烧结退火操作适用于具有较高沟道迁移率的C面。对此，需要在退火气体中增添3.4%氢气，在这样的形成气体中进行操作，从而改善迁移率下降的现象。尤其是当退火温度降低至800℃时，迁移率可以达到80cm^2/(V·s)。推测原因是气体中的氢气起到了抑制SiO_2/SiC界面能级的氢终端的脱离。

IEMOSFET的沟道是p型低浓度层的优势是，不仅可以提高反型层的沟道迁移率，而且还可以向板槽式嵌入结构内注入离子，从而形成期望的结构。板槽式嵌入结构是指在氧化膜的正下方插入了轻薄n型层的积累沟道。与反型层

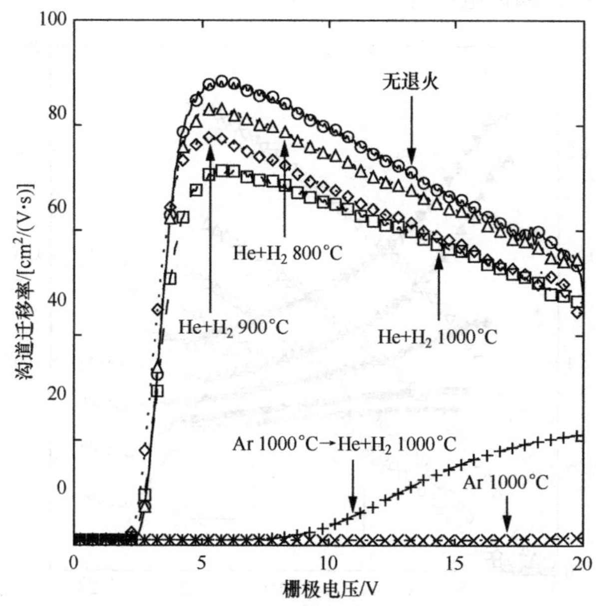

图 8.4.27 C 面沟道迁移率的退火效应

相比，沟槽可以从 SiO_2/SiC 界面向衬底方向扩张，降低界面能级对沟道电子的影响。在受界面能级影响较大的 SiC 中，也可以大幅提高沟道迁移率，同时降低阈值电压。阈值电压对板槽式嵌入结构的浓度和深度十分敏感，为了使高沟道迁移率与常闭状态互相平衡，需要将其浓度控制在 $10^{16}cm^{-3}$左右。作为板槽式嵌入结构下层的 p 型层，其浓度如果不能保证低于上面这个标准，控制起来会很困难。注入离子后形成了 p 阱的 DMOSFET，其表面的受主浓度比较高，与之相对，在 IEMOSFET 中可以将在外延生长中生成的物质的浓度控制在 $10^{15}cm^{-3}$左右，所以也可以将板槽式嵌入结构的浓度控制在 $10^{16}cm^{-3}$左右。另外，因为阈值电压只受板槽式嵌入结构的离子注入条件的影响，所以可以排除 p 型外延膜的密度不均一造成的影响。图 8.4.28 显示的是改变板槽式嵌入结构的浓度时，C 面横向 MOSFET 的漏极电流和有效沟道迁移率与栅极电压之间的关系。在 p 型外延膜浓度为 $5\times10^{15}cm^{-3}$的反型层中，沟道迁移率的峰值为 $72cm^2/(V\cdot s)$，板槽式嵌入结构的浓度为 $10^{16}cm^{-3}$左右。如果继续增加，尤其是低电场强度的沟道迁移率会明显上升。同时，表示漏极电流发生位置的阈值电压会降低，当板槽式嵌入结构的浓度达到 $9\times10^{16}cm^{-3}$时，会转变为常闭状态。在常闭状态下，为了提高沟道迁移率，有必要将板槽式嵌入结构的浓度控制在 $10^{16}cm^{-3}$左右。板槽式嵌入结构的浓度为 $4\times10^{16}cm^{-3}$时，沟道迁移率此时达到峰值 $118cm^2/(V\cdot s)$，栅极电压为 15V（氧化膜电场强度为 3MV/cm）时为 90cm²/(V·s)，阈值电压此时为 2.5V。

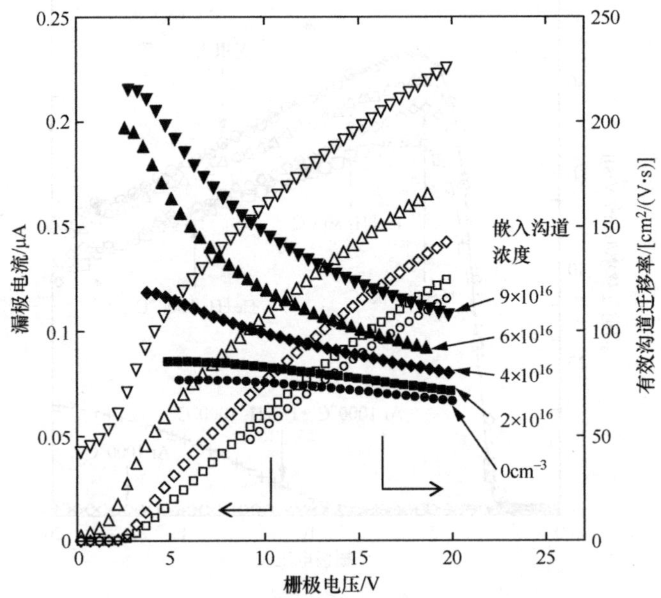

图 8.4.28　板槽式嵌入结构 MOSFET 的沟道迁移率

3. IEMOSFET 的特性

基于上述技术制造出的 IEMOSFET 的特性如图 8.4.29 所示。主要的制造条件为，表面 p 型外延膜浓度 $5\times10^{15}cm^{-3}$、厚度 0.5μm，漂移层浓度 $2.1\times10^{16}cm^{-3}$、厚度 6μm，衬底电阻率 0.01Ω·cm、厚度 150μm，在 900℃下湿法氧化形成栅极氧化膜，在混合气体中进行 900℃、2min 的欧姆接触退火，沟槽式嵌入结构浓度为 $4\times10^{16}cm^{-3}$，沟槽长度为 1.2μm，JFET 区长为 2.5μm，边缘长度为

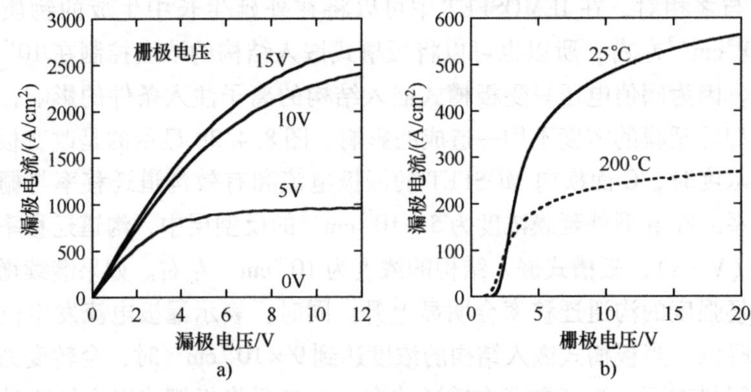

图 8.4.29　IEMOSFET 的特性

a）室温下的静态特性　b）漏极电压为 1V 时在室温与 200℃下的比较

11.9μm。当漏极电压为1V、栅极电压为15V时，特征导通电阻R_{onS}比较低，仅为1.8mΩ·cm²，此时的阈值电压仅为2.7V，显示为常闭状态。从器件的栅极电压为0V、绝缘击穿电压为660V可得知，IEMOSFET可以称得上是600V级中导通电阻最低的常闭MOSFET。另外，在200℃下的特征沟道电阻会增大到之前的约2倍，达到3.9mΩ·cm²。此时的温度依存性呈现出1.7倍的比例关系，与Si MOSFET的温度依存性（2.3倍）相比较小。这是因为伴随着温度上升，从界面能级中释放出可移动电子数量有所增加。

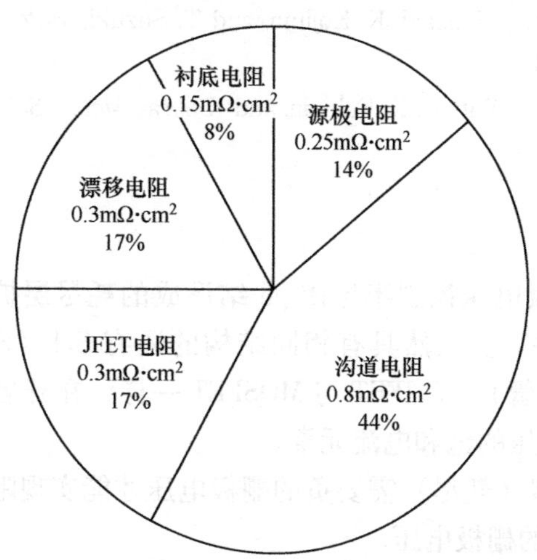

图8.4.30 导通电阻1.8mΩ·cm²的内部构成

特征导通电阻1.8mΩ·cm²的内部构成如图8.4.30所示。通过IEMOSFET的相关数据以及同一晶圆上的器件监控图形，可计算出源极电阻、沟道电阻，以及JFET电阻。漂移电阻和衬底电阻则可由浓度与厚度推算出。其结果为，沟道电阻从1mΩ·cm²降低到0.8mΩ·cm²，漂移电阻也有所降低，从而我们可以得知实现了低导通电阻化。但是，沟道电阻依然最大，占全体的44%，有必要通过进一步提高沟道迁移率和缩短沟道，实现更低的导通电阻。

参考文献

1) J. W. Palmour, J. A. Edmond, H. S. Kong, and C. H. Carter, Jr., *Silicon Carbide and Related Materials, Inst. Phys. Conf. Ser. no. 137* (1993) p. 499.

2) J. N. Shenoy, J. A. Cooper, Jr., and M. R. Melloch, *IEEE Electron Device Lett.* 18, 93 (1997).

3) R. Schorner, P. Friedrichs, D. Peters, and D. Stephani, *IEEE Electron Device Lett.* 20, 241 (1999).

4) N. S. Saks, S. S. Mani, and A. K. Agarwal, *Appl. Phys. Lett.* 76, 2250, (2000).

5) K. Fujihira, N. Miura, T. Watanabe, Y. Nakao, N. Yutani, K. Ohtsuka, M.

Imaizumi, T. Takami, and T. Oomori, *Mater. Sci. Forum* 556-557, 827, (2007).

6) S. Harada, M. Kato, K. Suzuki, M. Okamoto, T. Yatsuo, K. Fukuda, and K. Arai, *Technical Digest of International Electron Devices Meeting* (2006) p. 903.

7) E. Okuno, T. Endo, H. Matsuki, T. Sakakibara, and H. Tanaka, *Mater. Sci. Forum* 483-4856, 817 (2005).

8) N. Miura, K. Fujihira, Y. Nakao, T. Watanabe, Y. Tarui, S. Kinouchi, M. Imaizumi, and T. Oomori, *Proc. of 18th Int. Symp. on Power Semiconductor Devices & IC' s* (2006) p. 261.

9) K. Fukuda, M. Kato, J. Senzaki, K. Kojima, and T. Suzuki, *Mater. Sci. Forum* 457-460, 1417, (2004).

10) S. Harada, M. Kato, T. Yatsuo, K. Fukuda, and K. Arai, *Mater. Sci. Forum* 600-603, 675, (2009).

8.4.5 JFET

JFET是通过栅极电压控制半导体pn结形成的耗尽层扩大，来进行电流导通、关断的开关器件[1]。虽然具有相同结构的还有SIT（Static Induction Transistor，静态感应晶体管），但JFET与MOSFET一样，在开启状态下的漏极电流中存在对应的栅极电压的饱和电流元素。

JFET中，常开型（耗尽）需要负的栅极电压才能实现阻塞状态，而常闭型（增强）并不需要负的栅极电压。

若要实现常闭状态，即使在不向栅极电极施加电压的状态，或者使栅极电极与源极电极短路，栅极区电位与源极区电位相同的状态下，也必须防止沟道内出现高电位。沟槽JFET结构能够实现这一条件[2]。图8.4.31展示了其截面结构。通过在其沟槽侧壁利用Al等p型掺杂物进行离子注入，就可以轻松在纵向形成具有一定沟道宽W_{ch}的沟道。若要在该情况下得到高临界击穿场强，必须缩小沟道宽W_{ch}，常闭状态饱和电流小。根据Shimizu等人关于侧壁p栅极轮廓与电学特性的研讨结果[3]，通过使用突变结与较宽W_{ch}的结构，能够得到与往常的平缓结分布同等的阻塞性能，同时可以将导通电流从几倍提高到10倍左右。阶跃结是最为理想的。

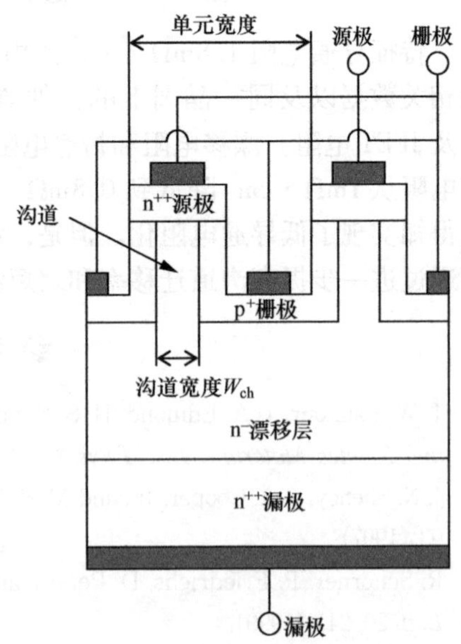

图8.4.31 沟槽JFET的截面结构示意图

2.5kA/cm^2 的饱和电流也有可能实现，同时可以降低导通电阻。作为提高性能的方法，人们也在探讨沟道的高浓度[4]。Ritenour 等人进一步使用高浓度、非均一沟道掺杂结构，与在 150℃、$V_{th}=1.25V$ 的条件下饱和电流相同的掺杂进行比较，得出了性能提高 48% 的结果[5]。器件特性可以达到临界击穿电压 1.2kV，室温中特征导通电阻 2.5mΩ · cm^2，饱和电流密度 1275A/cm^2 的状态。只是，常闭 JFET 的特性对于沟道宽很敏感，因此若要提高性能，不使用细微加工技术，而必须使用能够抑制偏差的工艺。

W_{ch}宽幅化以及沟道高浓度化，都能有效降低沟道电位。其结果示意图如图 8.4.32 所示，栅极电压 V_g-漏极电流 I_D 之间的关系向较深的 V_g 侧偏移。在相同 V_g 下进行比较，I_D 增加，而阈值电压 V_{th}下降。

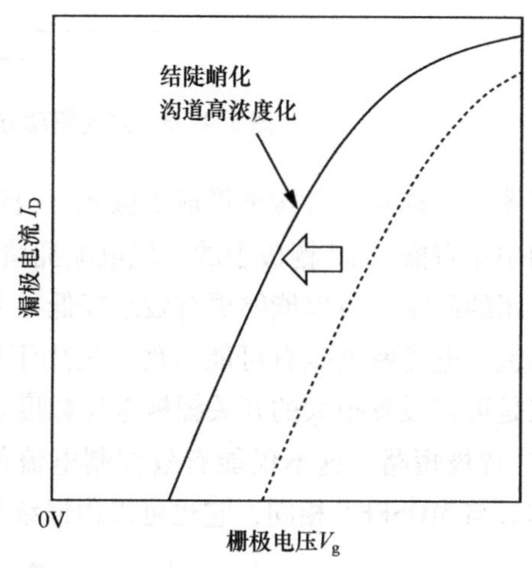

图 8.4.32　栅极电压与漏极电流的关系

V_{th}较低的器件中难以控制开关特性。常闭型要求关断状态的栅极电压以 0V 为前提进行驱动。由于噪声等问题，有时栅极会产生电压。较为典型的是，逆变器的开关存在自动开启现象[6]。逆变器一端的开关导通后，电压 ΔV_D 发生变化时，其他开关器件中，在栅极上，由输入电容 C_{iss} 与反型转移电容 C_{rss}决定的电压 $\Delta V=\Delta V_D \cdot C_{rss}/(C_{iss}+C_{rss})$ 产生，当 $\Delta V>V_{th}$时，发生误触发，即 V_{th}较低的器件中容易发生误开启。常闭型 JFET 的 V_{th}为 1 ~2V，因此今后器件设计中需要降低 $C_{rss}/(C_{iss}+C_{rss})$。

JFET 的栅极-源极间形成 pn 结二极管，因此如果栅极电压 V_g 超过 pn 结的内建电压（约 2.5V），二极管会进入通电状态，有大量栅极电流流通，造成驱动栅极的电路的损耗。因此，为实现、保持导通状态，栅极电压最好控制在 2.5V 以下。这种情况下，将 JFET 从关断状态导通，栅极电压幅度在 2.5V 以下，开关变迟缓，导通损耗也增大。应对这种情况，有人提出加速导通的简单驱动电路、驱动方法[7]。具体方法为：设置高速化的加速电容器 C_{sp}，仅在导通时施加过电压。图 8.4.33 展示了在这一方法下，漏极电压加速变化，能够降低导通损耗。关断过程中也同样如此，电路使得栅极电位暂时低于源极电位，加速关断，有望降低关断损耗[8]。

接下来是关于常开型 JFET 的说明。相比常闭型，常开型 JFET 对沟道宽的限制更少，并已经投入市场。图 8.4.34 展示了商用常开型 JFET 的截面结构示

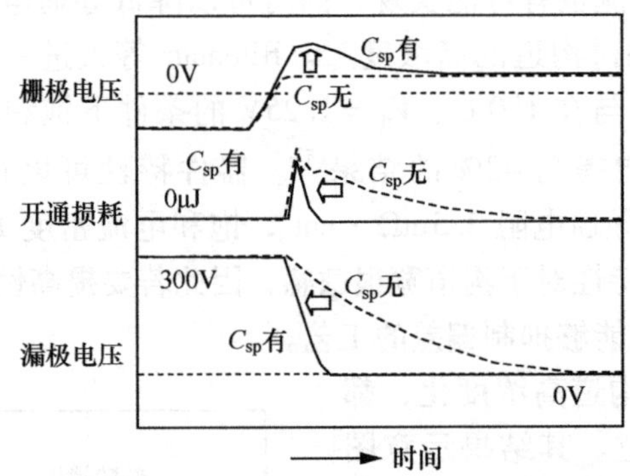

图 8.4.33　高速驱动方式下 JFET 的导通加速

意图[9]。这是一种沟道形成于嵌入 p^+ 栅极与表面 p^+ 栅极之间的结构。这一结构中左右嵌入 p^+ 栅极中的区域电流拥堵，不利于降低导通电阻，但其可以摆脱常闭的限制，所以能够更有效地降低导通电阻，提高饱和电流。超过 $10kA/cm^2$ 的饱和电流密度也有可能实现，适用于低电阻、高电流密度器件。并且，其特点是可以设置很大的开关栅极电压幅度。更为标志性的特点是，嵌入 p^+ 栅极与 n^{++} 源极短路，这不仅能有效控制电流的导通、关断，还能作为续流二极管工作。与 MOSFET 相同，它也可以内嵌续流二极管。

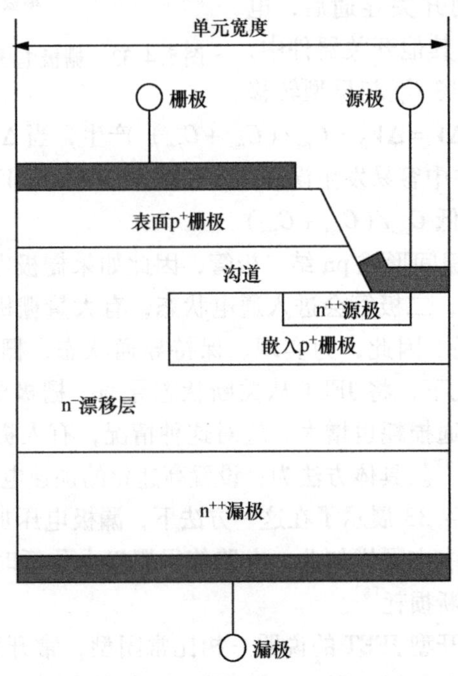

图 8.4.34　横向沟道 JFET 的截面结构示意图

另一方面，常开器件中研究的问题是，必须要求负电源，以及专用的控制电路及失效保护电路。图8.4.35中展示的对常开JFET中低耐压的Si MOSFET进行级联的方法便是其中一种解决策略，它的优点有：使得阈值电压V_{th}及导通状态的栅极电压等与MOSFET相同，并且能够实现常闭，能够直接使用以往的栅极驱动电路等。这是一种充分发挥SiC JFET的低损耗特性的方法。

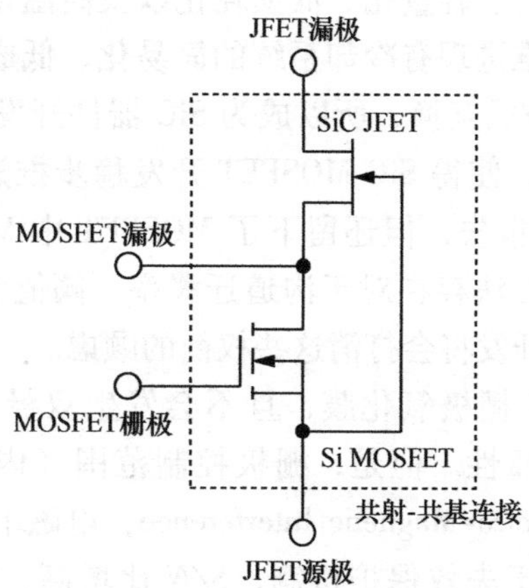

图8.4.35 SiC JFET与低耐压Si MOSFET的级联

参考文献

1) J. Nishizawa, T. Terasaki, and J. Shibata, *IEEE Trans. Electron Devices* ED-22, 185 (1975).

2) 新エネルギー・産業技術総合開発機構：平成15～17年度成果報告書「次世代クリーン自動車対応省エネルギーパワーモジュールの研究開発」.

3) H. Shimizu, Y. Onose, T. Someya, H. Onose, and N. Yokoyama, *Mater. Sci. Forum* 600-603, 1059 (2009).

4) X. Li and J. H. Zhao, *Mater. Sci. Forum* 457-460, 1197 (2004).

5) A. Ritenour, D. C. Sheridan, V. Bondarenko, and J. B. Casady, *Proc. ISPSD 2010* (2010) p. 361.

6) ルネサスエレクトロニクス："パワー MOSFET アプリケーションノート rev.10" p. 38 (2009).

7) K. Ishikawa, H. Onose, Y. Onose, T. Ooyanagi, T. Someya, N. Yokoyama, and H. Hozouji, *Proc. ISPSD 2007* (2007) p. 217.

8) K. Sheng, Y. Zhang, M. Su, L. Yu, and J. H. Zhao, *Proc. ISPSD 2008* (2008) p. 229.

9) S. Round, M. Heldwein, J. Kolar, I. Hofsajer, and P. Friedrichs, *Proc. IAS 2005* (2005) p. 410.

8.4.6 嵌入沟槽型 SiC JFET

在全球变暖背景下，出于环境保护的目的，应用于可再生能源（应用于太阳能发电系统的功率调节器）、生产（逆变器、电源系统）及混合动力汽车（DC-DC 电容器、逆变器）的 SiC 器件的研究开发正在火热进行中。SiC 功率器件可以实现器件的小型化、轻量化、低损耗化以及高温化，相比 Si 器件能实现更高的电流密度，有望推进现有冷却系统的简易化、低成本化[1]。SiC MOSFET 可以与 Si IGBT 的驱动方式互换，所以成为 SiC 器件开发的主流。可再生能源、生产及汽车应用的需求，使得 SiC MOSFET 开发稳步推进[2]。目前，已经有关于 MOSFET 的系统级的报告，但还留下了 MOSFET 中 MOS 界面的问题。MOS 界面上，氧化膜的形成方法存在对于沟道迁移率、阈值电压、氧化膜可靠性等的权衡[3]。MOSFET 的开发将会打消这些权衡的顾虑。

JFET 中不存在 MOS 栅极氧化膜，且不会发生双极工作的导通电压劣化，所以可以确保较高的可靠性。但是，栅极控制范围（内建电压为 2.9V 以下）变小，为抑制 EMI（Electro-Magnetic Interference，电磁干扰），需要特殊的驱动电路。这一电路中，由于失效保护机制，*S/N* 比增高，需要负栅极偏置驱动。Infineon 公司（德国）提出常开 JFET 的级联结构的驱动电路，SemiSouth 公司（美国）提出了常闭 JFET 的驱动电路。现在，两家公司的面向太阳能发电与电源应用的 1200V、20AJFET 芯片都已上市。在本节中，将介绍其他公司 JFET 的性能比较及 DENSO Original 嵌入沟槽型常开及常闭 JFET 的开发现状。

1. SiC JFET 开发课题

（1）常开及常闭的工艺、设计、工作模型

可以同时实现常闭与较低导通电阻的嵌入沟槽型 DGTJFET[4,5]（Double Gate Trench Junction Field Effect Transistor，双栅沟道结型场效应晶体管）的结构图如图 8.4.36 所示。这一结构中，在不牺牲导通电阻的情况下实现常闭特性，需要在制作较高浓度 n 型沟道薄膜的同时，必须形成能够确保关断时 n 型沟道部分全部耗尽的理想内建电压的 p 型栅极区域。因此，在形成掺杂物区域时，不使用通常的离子注入法，而是通过外延生长，从电流通路的沟道区域到栅极区域全部形成。其原因是，目前的 SiC 离子注入技术中，无法恢复注入损伤，所以难以确保理想的内建电压，并且较难形成陡峭的结界面。在 LCJFET[6]（Lateral Channel Junction Field Effect Transistor，横向沟道结型场效应晶体管）中，能够通过外延生长实现更高浓度下的窄沟道宽度，但由于 JFET 电阻，导通电阻增大。另一方面，在 BGJFET[7]（Buried Gate Junction Field Effect Transistor，埋栅结型场效应晶体管）中，可以通过离子注入形成纵向沟道，但难以形成亚微米级的高浓度沟道。在嵌入沟槽型 JFET 中，通过沟槽侧壁的嵌入外延生长，能够形成与横向沟道 JFET 同样的高浓度且较窄的沟道，以及与有效栅极 JFET 同样的纵向沟道。我们开发了如图 8.4.37 所示的新型嵌入外延 ME^3（Migration Enhanced Embedded Epitaxy，迁移增强型嵌入式外延）生长技术[8,9]。通过这一技术，可以实现在直径 3in 4H-SiC 晶片内膜厚波动为 ±5% 的沟槽嵌入外延生长。

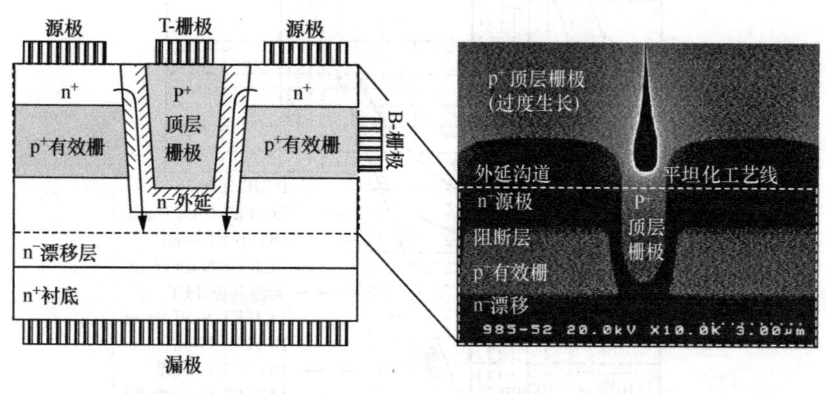

图 8.4.36 DENSO Original 嵌入沟槽型 DGTJFET 结构图

图 8.4.37 嵌入沟槽型 DGTJFETT 制作中的外延生长截面 FESEM

嵌入沟槽型 DGTJFET 与其他公司 SiC JFET 功率器件的导通电压及耐压模拟结果如图 8.4.38 所示。图中的实验值引自参考文献［5-7，10］。该图展示了常开及常闭的 DGTJFET[5]、LCJFET[6]、BGJFET[7]、单芯片级联 JFET[10] 在室温下可能的导通电压上限。从导通电压来看，BGJFET 的能力最强，但其栅极电阻大，因此不适用于高速开关[5]。LCJFET 的导通电压由于 JFET 电阻而升高，雪崩耐量较大，其首次作为 SiC 二极管由 Infineon 公司量产。

在高温下，常闭 JFET 的导通电阻关联关系比常开 JFET 小。这是由于常闭 JFET 的导通电阻中，沟道电阻比例比漂移电阻比例大，高温下沟道电阻减小使得漂移电阻缓慢增大引起的。JFET 的栅极电压上限由内建电压决定，与室温相比，250℃下的内建电压减小 0.4V。常闭 JFET 的驱动电压低至 0～2.5V 以下，为保证失效保护，负栅极偏置驱动是必要条件。Infineon 公司的常开 JFET 中，为实现常闭必须采用级联结构。级联结构需要专用的驱动 IC 及常闭 Si MOS-FET，因此难以在高温（200℃以上）工作。

（2）SiC JFET 新型电路技术开发的必要性

现在，SiC 二极管中，JFET 的实际效果评价最好。到目前为止，已经有多项报告表明了 JFET 的低导通电阻、高耐压、高可靠性[5-10]。但是，能够确保系统失效保护的 JFET 控制电路的相关研究尚不充分，这无疑增大了系统设计者使用 MOSFET 以外的器件代替 Si IGBT 的难度。进一步在常闭设计上下功夫，实

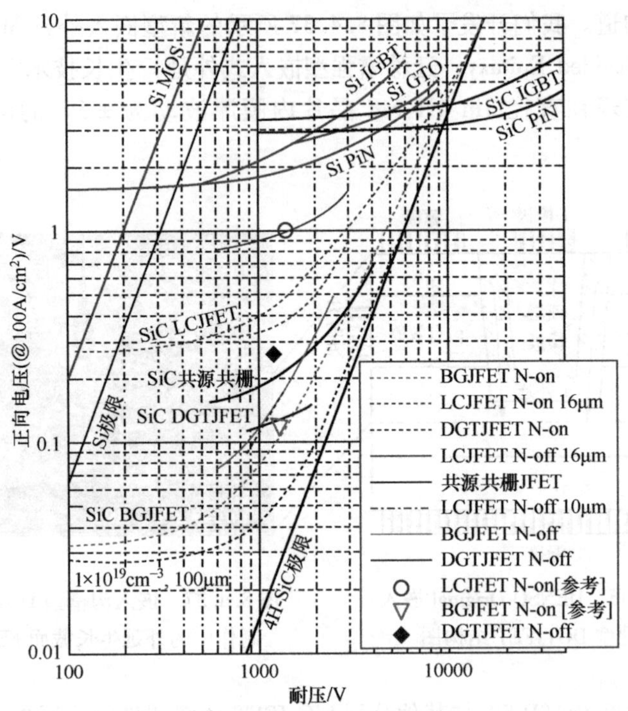

图 8.4.38　各种 SiC JFET 导通电阻的温度关联关系模拟结果

现临界击穿电压 1200V、特征导通电阻 1.0 ~ 2.0m$\Omega \cdot cm^2$ 的常开或常闭型 JFET，有望应用于可再生能源、生产、汽车领域。

2. 嵌入沟槽型 DGTJFET 的开发情况

（1）4H-SiC 嵌入沟槽型 JFET

为确认 4H-SiC 嵌入沟槽型 JFET 的性能，我们制作了晶胞尺寸为 5.5μm 的常闭型 JFET。嵌入沟槽型 JFET 结构中，嵌入外延使得形成两个沟道，所以与一般的离子注入制作的纵向 JFET 相比，有效的晶胞尺寸变为其 1/2（2.75μm）。图 8.4.39 展示了试制的常闭嵌入沟槽型 DGTJFET 的漏极电流密度与漏极电压的特性。具有代表性的特性为：特征导通电阻为 2.6m$\Omega \cdot cm^2$（栅极电压为 2.5V），漏极电流密度为 400A/cm^2（漏极电压为 1.0V）。饱和电流密度大于 1000A/cm^2（栅极电压为 2.5V，漏极电压为 3.0V），这一数值与计算值基本一致。试制的晶胞尺寸（5.5 ~ 18μm）与导通电阻的关系如图 8.4.40 所示。实验中的导通电阻值与晶胞尺寸呈直线相关，未见饱和。这说明进一步缩小晶胞尺寸可以降低导通电阻。由此，通过改善晶胞尺寸与工艺，可以实现 2.0m$\Omega \cdot cm^2$ 以下的特征导通电阻。

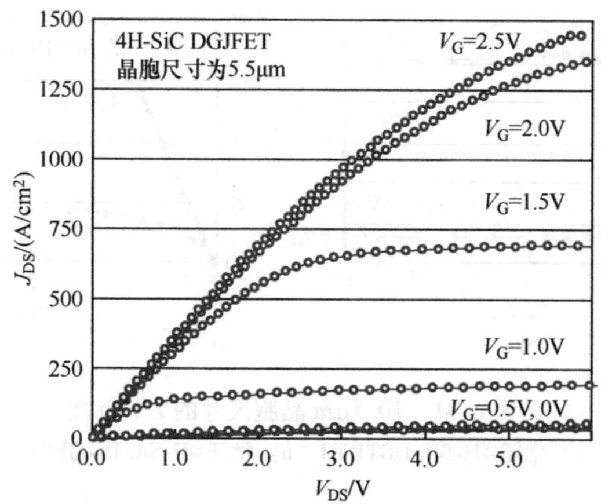

图 8.4.39 试制的常闭嵌入沟槽型 DGTJFET 的漏极电压与电流密度特性

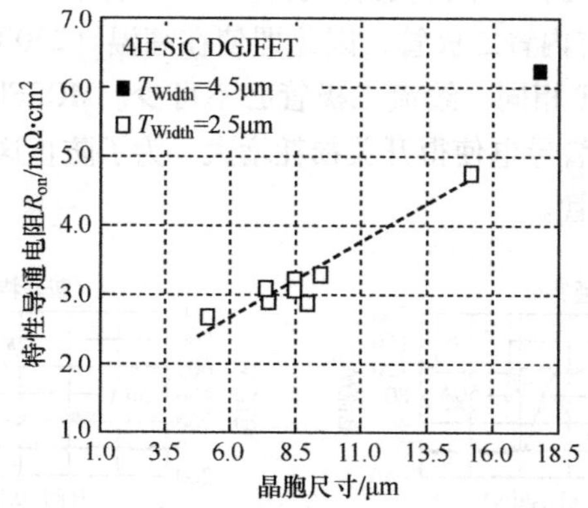

图 8.4.40 DGTJFET 导通电阻与晶胞尺寸的关系

4.5mm×4.5mm 芯片的常闭及常开 4H-SiC 嵌入沟槽型 JFET 的漏极电流与漏极电压特性如图 8.4.41 所示。晶胞尺寸为 10.5μm，有效面积为 10.6mm^2。常闭结构的沟道浓度为 $4.0\times10^{16}cm^{-3}$，常开结构的沟道浓度为 $8.0\times10^{16}cm^{-3}$。沟槽嵌入外延生长工序中，沟道宽度为 0.4μm，常闭及常开的最大电流分别为 49.0A 及 82.0A（漏极电压为 3.0V）。

试制的常闭嵌入沟槽型 JFET 的阈值电压为 1.0V 以上，高于设计值（1.0V）。为了实现 250℃的高温工作，必须使阈值电压为 1.0V。常开及常闭的特征导通电阻分别为 4.2mΩ · cm^2、5.4mΩ · cm^2（漏极电压为 2.0V）。根据这一结果可以确定，只要增加嵌入沟槽型 JFET 的常开型导通电阻值的约 1/4，便可以实现常闭。

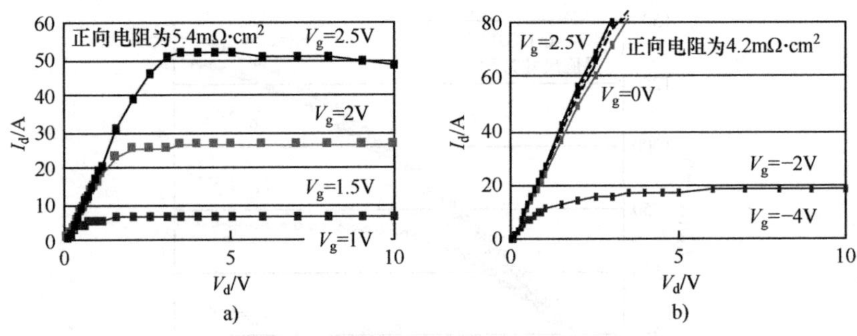

图 8.4.41　10.5μm 晶胞尺寸的 *I-V* 特性

a）常闭 4H-SiC DGTJFET　b）常开 4H-SiC DGTJFET

试制器件的开关特性如图 8.4.42 所示。由这一评估得到的导通及关断特性总结在表 8.4.1。作为比较，对商用的其他公司的 JFET（级联结构）的开关特性进行了评估。结果可知，试制器件的开关特性与其他公司产品在同等水平。嵌入沟槽型 JFET 没有内置二极管，因此即使在高温（250℃）下也可以实现高速开关，但与 Si IGBT 相同，续流二极管必不可少。MOSFET 存在内置二极管，因此高温下由于二极管导电使得开关损耗增大。为了防止这一内置二极管导电，有时需要再追加二极管。

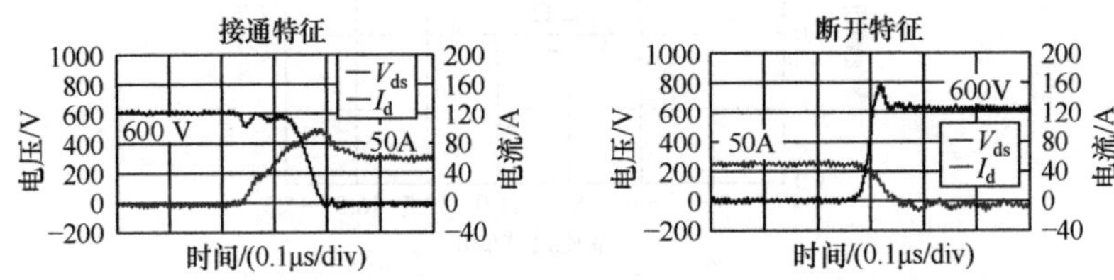

图 8.4.42　50A、1200V 4H-SiC DGTJFET 的典型开关特性

表 8.4.1　导通、关断特性及其参数

	导通				关断			
	d*I*/d*t*	d*V*/d*t*	*t* 上升 (I_{ds})	*t* 下降 (V_{ds})	d*I*/d*t*	d*V*/d*t*	*t* 下降 (I_{ds})	*t* 上升 (V_{ds})
	A/μs	kV/μs	ns	ns	A/ms	kV/μs	ns	ns
DGTJFET	600	11	56	155	780	20	56	37
REF-JFET	790	7.7	62	110	2100	23	26	46

（2）带有肖特基势垒二极管（SBD）的单芯片 JFET

目前，SiC 二极管的性能、可靠性并不能得到完全保证，但还是可从现有

的 SiC JFET 入手，进行系统的可靠性评估。同时，未来的 Si 功率器件 RC IGBT（IGBT 与续流二极管组合而成的单芯片器件）也在进步。嵌入沟槽型 JFET 没有内置二极管，因此带有肖特基势垒二极管的单芯片 JFET 的开发十分有必要。于是我们试制了在 5mm×5mm 芯片的 JFET 周边设置 JBS（Junction Barrier Schottky，结势垒肖特基）二极管的 8mm×8mm 单芯片 JFET。图 8.4.43 展示了这一单芯片 JFET 的示意图及试制的 3in 4H-SiC 衬底的外观图。

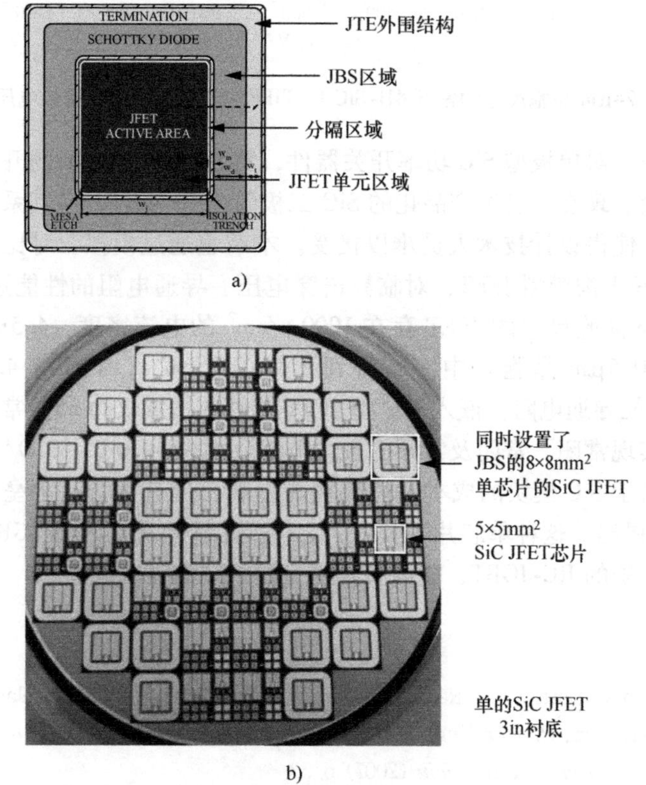

图 8.4.43　单芯片 JFET 的示意图及试制的 3in 4H-SiC 衬底的外观图
a）单芯片 JFET 示意图　b）试制的 3in 4H-SiC 衬底

试制 24μm 晶胞尺寸的 8mm×8mm 单芯片 JFET 的电流能力在常闭型上为 38A，在常开型上为 63A（栅极电压为 2.5V，漏极电压为 5V）。常开型单芯片 JFET 的栅极电压为 -6V，临界击穿电压大于 1100V（见图 8.4.44）。通过在 JFET 中同时设置肖特基势垒二极管，可以实现与 MOSFET 同样的雪崩耐量。并且，与 MOSFET 或级联 JFET（2 芯片）相比，其在高温下的开关损耗更低，这是由于在高温下 MOSFET 的内置二极管导电。由此，同时设置试制肖特基势垒二极管的单芯片 JFET 得到系统设计者很高的评价。

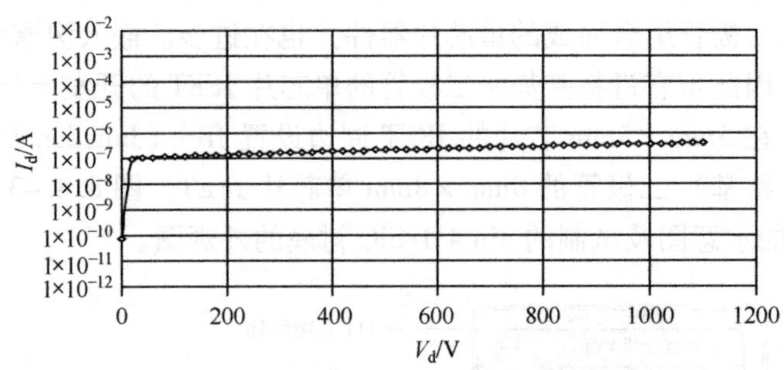

图8.4.44　24μm晶胞尺寸的常开4H-SiC DGTJFET的耐压特性（栅极电压为-6V）

在本节中，对单极型SiC功率开关器件，特别是SiC JFET的开发与应用课题进行了讨论。现在，已经产品化的SiC二极管便是JFET，但其系统驱动电路与以往不同，使得设计技术人员难以接受。本节也通过模拟，对比其他公司的JFET结构与嵌入沟槽型JFET，对临界击穿电压、导通电阻的性能进行了讨论。试制的5.5μm晶胞尺寸的JFET存在1000A/cm^{2}的电流密度。4.5mm×4.5mm芯片尺寸（10.5μm晶胞）中能够得到5.4mΩ·cm^2（常闭），4.2mΩ·cm^2（常开）的特征导通电阻。嵌入沟槽型JFET能够在增加仅约25%常开型导通电阻的条件下实现常闭。常闭及常开的最大电流分别为49.0A、82.0A（漏极电压为3.0V）。出于SiC模块的成本及可靠性的提高，带有肖特基势垒二极管的单芯片JFET被提出。这种单芯片JFET的技术远远超过现在的Si IGBT与续流二极管，以及未来的RC-IGBT，能够满足逆变器系统的需求。

参考文献

1）C. M. Johnson, C. Buttay, S. J. Rashid, F. Udrea, G. A. J. Amaratunga, P. Ireland, and R. K. Malhan, *Proceedings 19th International Symposium on Power Semiconductor Devices & ICs, Jeju* (2007) p. 53.

2）D. Kranzer, F. Reiners, C. Wilhelm, and B. Burger, *Mater. Sci. Forum* 645-648, 1171 (2010).

3）S. Ryu, B. Hull, S. Dhar, L. Cheng, Q. Zhang, M. Das, A. Agarwal, J. Palmour, A. Leis, B. Geil, and C. Scozzie, *Mater. Sci. Forum* 645-648, 969 (2010).

4）R. K. Malhan, Y. Takeuchi, M. Kataoka, A. -P. Mihaila, S. J. Rashid, F. Udrea, and G. A. J. Amaratunga, *Microelectron. Eng.* 83, 107 (2006).

5）R. K. Malhan, M. Bakowski, Y. Takeuchi, N. Sugiyama, and A. Schöner, *Silicon Carbide, 2: Power Devices and Sensors, WILEY-VCH* p. 77 (2010).

6）P. Friedrichs, H. Mitlehner, K. O. Dohnke, D. Peters, R. Schörner, U. Weinert, E. Baudelot, and D. Stephani, *Proceedings 12th International Symposium on Power Semiconductor Devices & ICs, Toulouse, France* (2000) p. 213.

7) Y. Tanaka, K. Yano, M. Okamoto, A. Takatsuka, K. Arai, and T. Yatsuo, *Mater. Sci. Forum* 600-603, 1071 (2009).
8) Y. Takeuchi, M. Kataoka, T. Kimoto, H. Matsunami, and R. K. Malhan, *Mater. Sci. Forum* 527-529, 251 (2006).
9) N. Sugiyama, Y. Takeuchi, M. Kataoka, A. Schoner, and R. K. Malhan, *Mater. Sci. Forum* 600-603, 171 (2009).
10) M. Bakowski, *IEEJ Transactions on Industry Applications* 126, 391 (2006).

8.4.7 SIT

静电感应晶体管（Static Induction Transistor，SIT）[1]是向栅极-源极间的pn结施加反向偏置，通过由此延伸出来的耗尽层改变沟道宽度来控制电流的开关器件。其工作原理与结型晶体管JFET基本相同，但①电流-电压特性并没有如JFET一样的饱和特性；②沟道长度较短，沟道电阻较低，所以器件导通电阻低。除了上述特征，SiC SIT还存在①SiC中的掺杂物扩散系数极低，所以容易实现细微的器件结构，可以实现逼近极限的低导通电阻；②pn结的内建电场较高，约为2.5V，所以可以实现在Si中不可能的单极模式下的常闭等。特别是后者，是应用于现在通用的主流逆变器——电压逆变器所强烈需要的特性，但常闭特性与低导通电阻在器件设计上属于必须权衡取舍的关系，因此人们迫切期望在不牺牲导通电阻的范围内实现常闭特性。另一方面，关于常开特性下充分发挥极限低电阻特点的应用也在人们的研讨范围中，有望应用于新的领域。

在本节中，将对细微沟槽制造技术与沟槽外延生长技术制造的具有极为接近SiC物理界限的特性的嵌入栅极型SiC静电感应型晶体管（SiC Buried Gate SIT，SiC BGSIT）[2,3]的详细内容及其应用实例进行介绍。

1. SiC BGSIT的器件结构

SiC BGSIT的器件结构如图8.4.45所示。SiC的内嵌栅极结构中，SiC晶体中的掺杂物扩散系数极低，因此无法使用在Si中常用的扩散法。所以在SiC BGSIT中使用细微沟槽结构形成与沟槽内嵌外延生长相结合的方法实现内嵌栅极结构。这一方法中，最初形成的沟槽宽度相当于沟道宽度W_{ch}，沟槽深度（为p层厚度）相当于沟道长度L_{ch}，这些参数在很大程度上影响器件特性，所以形成与器件设计一致的细微沟槽结构的技术，及在维持其结构的状态下内嵌沟槽的外延生长技术的开发极为重要。

而掺杂物难以扩散这一特征，对于实现极细微的内嵌栅极结构十分重要，并与器件的超低导通电阻化相关。在Si SIT中，由于制造工艺中的热过程，掺杂物易扩散，亚微米级区域的沟道设计极为困难，而SiC BGSIT中掺杂物几乎不扩散，所以基本能够再现设计结构。

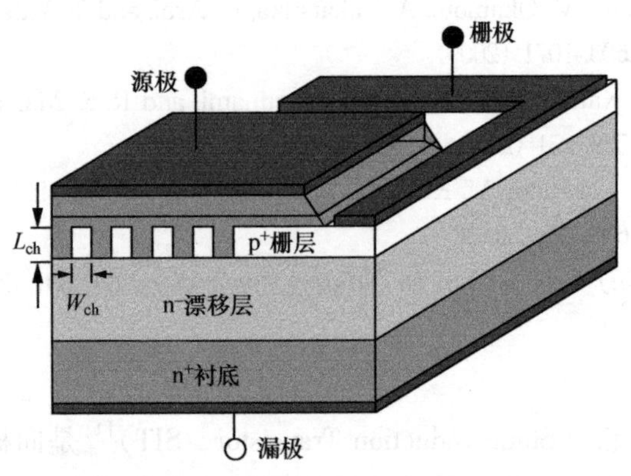

图 8.4.45　SiC BGSIT 的器件结构

2. SiC BGSIT 的电学特性

（1）常开型 SiC BGSIT

图 8.4.46 展示了试制 SiC BGSIT 的导通特性。将栅极电压从 0V 到 +2.5V 的范围内每次改变 0.5V，并进行测定。Si SIT 的内建电场为 0.7V 左右，如果向栅极施加更高的电压，栅极-源极间的 pn 结被正向偏置，少数载流子注入，所以会对开关特性造成不好的影响。而 SiC 的内建电场较高，为 2.5V，因此在单极工作的范围内，能够将栅极电压增加到 +2.5V。单极工作界限的栅极电压为 +2.5V 时，可以由图 8.4.46 计算出特征导通电阻的值为 $1.8\text{m}\Omega\cdot\text{cm}^2$。同时，该器件中能够观测到超过 100A 的漏极电流，可以得到极优良的导通特性。该器件的阻断特性如图 8.4.47 所示。将栅极电压从 0V 到 −2.5V 的范围内每次改变 0.5V，并进行测定。如果只看导通特性（见图 8.4.46），栅极电压为 0V 时，表现为电流不流通的常闭特性，但实际上施加 −2.5V 的栅极电压后可以观测到雪崩击穿这一常开特性。同时这时的临界击穿电压可以得到 1200V 的数值。这里得到的耐压 1200V、特征导通电阻 $1.8\text{m}\Omega\cdot\text{cm}^2$ 的特性，为目前有报告的 1200V 级 SiC 功率开关器件中最为优良的特性，也是极为接近 SiC 的物理极限的性能。

图 8.4.48 展示了特征导通电阻与温度的关联关系。室温下为 $1.8\text{m}\Omega\cdot\text{cm}^2$ 的特征导通电阻，在 200℃下变为 $5.0\text{m}\Omega\cdot\text{cm}^2$，增加了约 2.7 倍。由这一结果进行计算，特征导通电阻与 $T^{2.3}$ 成比例增加，该数值与漂移层的电子迁移率的温度关联关系一致。一方面，施加 −2.5V 的栅极电压时的漏极电流与温度的关联关系如图 8.4.49 所示。栅极电压为 1000V 时的漏极电流在室温下为 50nA 左右，而 200℃下为 700nA，漏极电流增加了一个数量级。在 200℃的高温下，Si 的漏极电流的增加导致器件难以稳定工作，相比之下 SiC BGSIT 拥有极优良的高温特性。

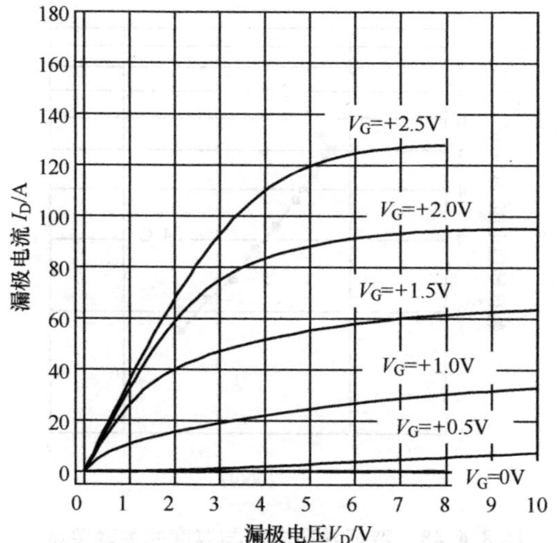

图 8.4.46 常开型 SiC BGSIT 的导通特性

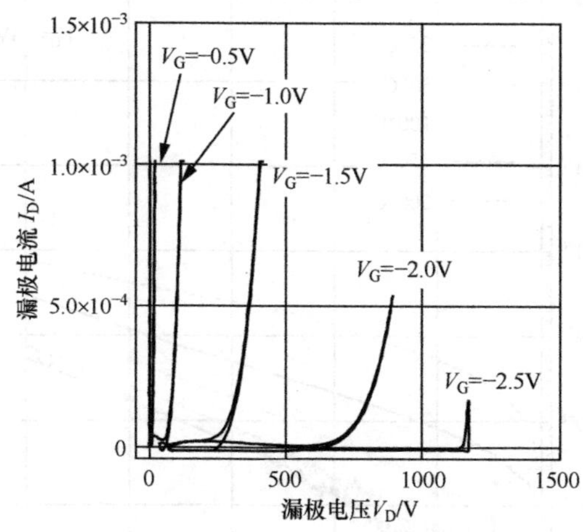

图 8.4.47 常开型 SiC BGSIT 的阻断特性

（2）常闭型 SiC BGSIT

如上所述，SiC 的 pn 结的内建电场较高，约为 2.5V，因此施加正向电压时栅极电压余量较大，能同时实现单极模式的常闭特性与低导通电阻。SIT 结构下实现常闭特性的前提条件为缩短沟道宽度 W_{ch}，增长沟道长度 L_{ch}。在 SiC BGSIT 的器件结构中，要想实现上述参数，需要开发长宽比较大的细微沟槽形成技术，以及在不发生晶体缺陷的情况下将其回填的外延生长技术。Takatsuka 等人[4,5]通过改善回填外延生长前的表面处理及生长温度、压力、原料气体流量等生长条件，成功实现了长宽比较大的细微沟槽外延回填。

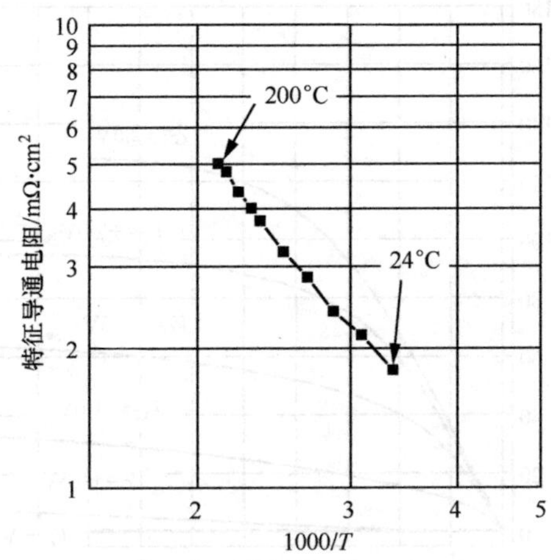

图 8.4.48　特征导通电阻与温度的关联关系

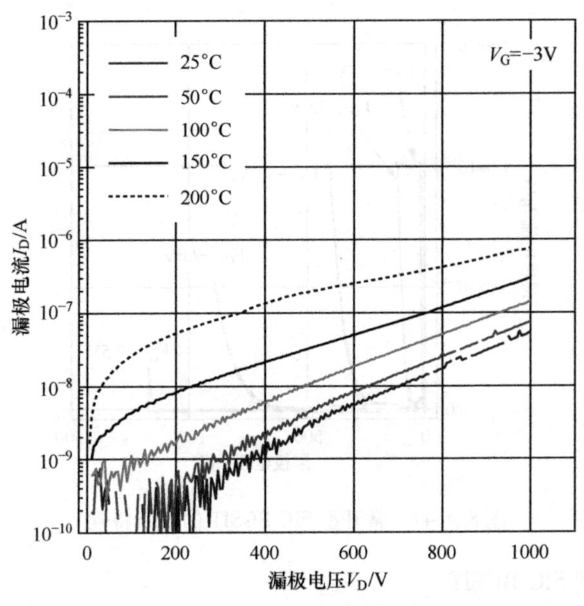

图 8.4.49　漏极电流与温度的关联关系

使用上述外延回填技术制作的 SiC BGSIT 的阻断特性如图 8.4.50 所示。栅极电压为 0V 时，能够得到 1000V 的临界击穿电压，确认了其常闭特性。该器件的导通特性如图 8.4.51 所示。+2.5V 的栅极电压下，计算得出的特征导通电阻为 1.8mΩ · cm²，与相同器件面积的常开器件的特征导通电阻基本相同，能够同时实现常闭特性与低导通电阻。而常闭器件在漏极电流为 70A 左右时可以得到清晰的饱和特性，而非一般 SIT 的三极管特性。这种饱和特性利于负载短路时的失效保护。图 8.4.52 展示了漏极电压为 +1.0V 时的漏极电流-栅极电压特性。相同特性的切线与 $I_D=0$ 的交点求得的阈值电压为 1.45V。

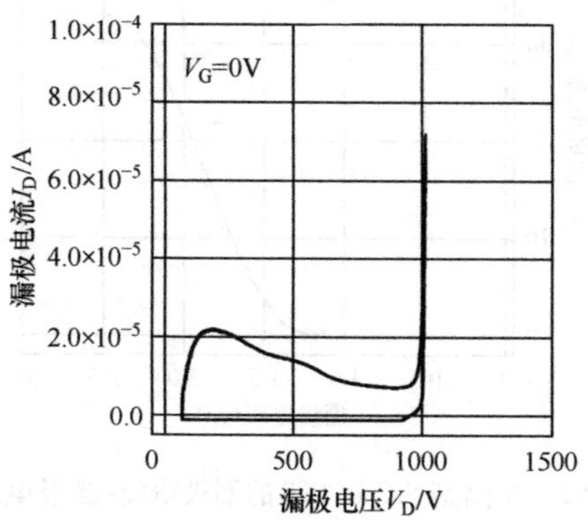

图 8.4.50 常闭型 SiC BGSIT 的阻断特性

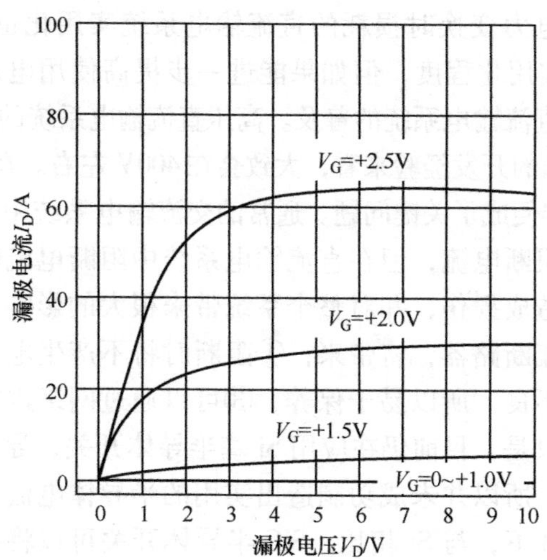

图 8.4.51 常闭型 SiC BGSIT 的导通特性

如此，常闭型 SiC BGSIT 是同时存在常闭特性与 SiC 的低导通电阻的优良开关器件，今后有望应用于通用逆变器。

3. 高压直流输电系统（HVDC）直流断路器中的应用

从一般的电压逆变器中使用的开关器件的失效保护视角来看，常开特性并不受欢迎，但也有一些应用中充分发挥了其低至极限的导通电阻这一最大的特点，其中之一便是在直流断路器中的应用。现在的供电系统基本都是交流输电，

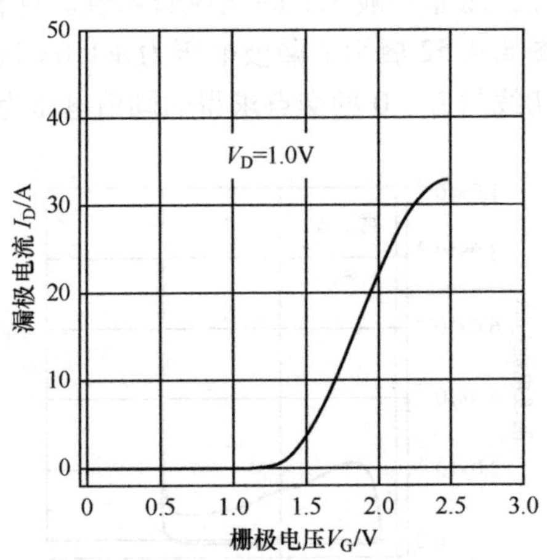

图 8.4.52 常闭型 SiC BGSIT 的漏极电流-栅极电压特性

北海道、本州间及纪伊水道的部分轨道交通线路已经应用了大规模的直流输电系统。数据中心等以直流装置为主要负载的小规模系统中，负载的电力变换越少越好，能够降低电力变换时损耗的直流输电系统实用化也进入人们的视野。48V 系统已经达到实用化程度，但如果能进一步提高使用电压并使配线电缆变细，便能大大推进直流输电系统的普及。高压直流输电系统的电压规格还未得到确认，但从世界各国的开发经验来看，大致会在400V 左右。在这种高压直流输电系统下，电流断路器便成了关键问题。通常的交流输电系统中存在过零点，可以使用机械式断路器阻断电流，但在直流输电系统中阻断电流时会产生电弧，最终会给断路器本体造成损伤，并对整个系统带来很大的影响。如果能研制出应用半导体开关的电流断路器，将带来：①阻断时将不产生电弧，②不会发生机械磨损带来的接触不良，所以易于保养，③可以通过网络进行远程操作，实现智能功能等优点。只是，目前仍在应用 Si 基半导体开关，导通电阻较高，断路器本体电压降增大，所以并未成功制造出实用的半导体电流断路器。而在相同耐压、相同芯片尺寸下，与 Si 相比，SiC 半导体开关可以将导通电阻降至1/10以下，能够实现大范围的小型化，并有望实现实用型半导体电流断路器。半导体电流断路器通常为导通状态，阻断时关断，因此反而能容易使用常开特性。

图 8.4.53 展示了 SiC BGSIT 作为直流断路器时，直流输电系统的模拟电路图[6]。直流输电系统设置了双系统，第 1 系统为正常工作的健全系统，第 2 系统为发生短路事故时的事故系统，事故系统中模拟了 IGBT 导通引发的短路事故。负载短路时，作为直流断路器最理想的工作为：①检测出短路电流并阻断事故系统，②健全系统保持通电。图 8.4.54 为实际组装完成模拟电路后观测到的工作。图 8.4.54a 所示为为了抑制电流阻断时的过电压而利用 SiC BGSIT 的导

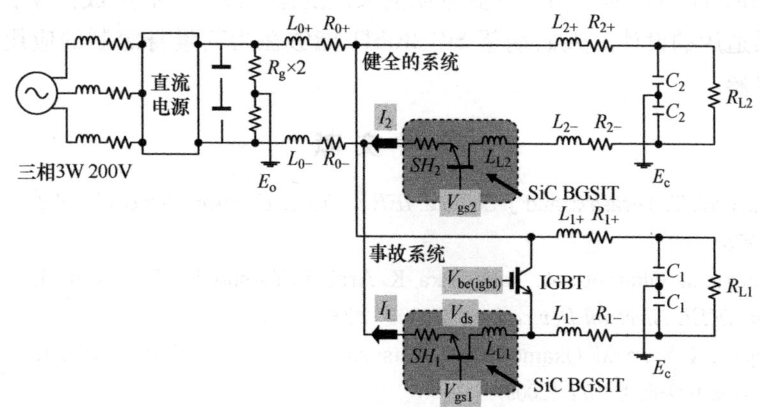

图 8.4.53 应用 SiC BGSIT 的直流输电系统模拟电路图

通效应，使用栅极信号轮廓进行阻断时，事故系统及健全系统中各个部分的电流-电压波形。通过改善电流断路时向栅极施加的信号波形，能够将器件中发生的过电压抑制在 540V，并且不发生共振。健全系统的过电流检测电路中的比较器输出 V_{cmp} 也没有较大变动，健全系统能在不发生误动作的同时持续输电。不用借助上述栅极轮廓从而阻断事故系统的情况下（见图 8.4.54b），在栅极-源极之间产生接近 1.2kV 的过电压的同时，V_{ds}、I_1 同时共振。在其影响下，V_{cmp} 产生较大的电压变动，健全系统的 SiC BGSIT 输入栅极关断信号，导致健全系统也被阻断（误开关）。

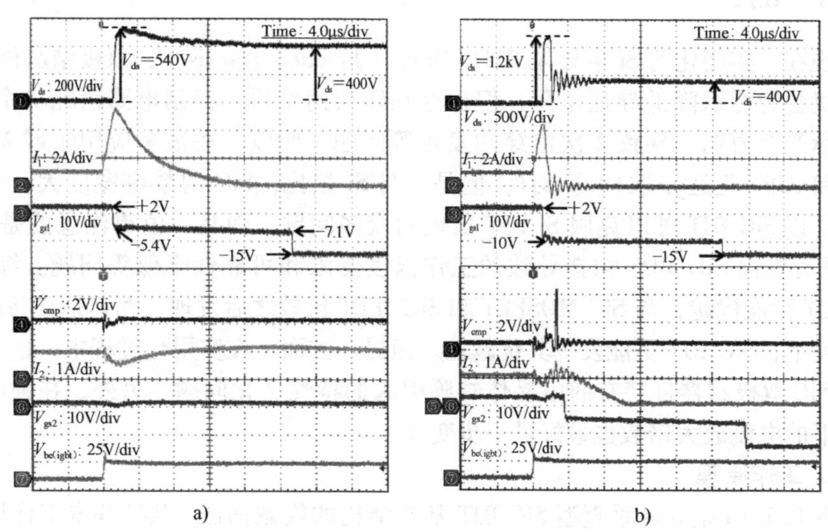

图 8.4.54 直流输电系统模拟电路中各个电流-电压波形
（摘录自参考文献［6］，@2010 IEEE）

SiC BGSIT 可以实现由常开到常闭的大范围器件设计，有望成为今后的应用领域中最适用的设计。人们期望 SiC BGSIT 能够在为其量身定制的应用领域早日大放异彩。

参考文献

1) J. Nishizawa, T. Terasaki, and J. Shibata, *IEEE Trans. Electron Devices* ED-22, 185 (1975).

2) Y. Tanaka, M. Okamoto, A. Takatsuka, K. Arai, T. Yatsuo, K. Yano, and M. Kasuga, *IEEE Electron Device Lett.* 27, 908 (2006).

3) Y. Tanaka, K. Yano, M. Okamoto, A. Takatsuka, K. Arai, and T. Yatsuo, *Mater. Sci. Forum* 600-603, 1071 (2009).

4) A. Takatsuka, Y. Tanaka, K. Yano, T. Yatsuo, Y. Ishida, and K. Arai, *Jpn. J. Appl. Phys.* 48, 041105 (2009).

5) A. Takatsuka, Y. Tanaka, K. Yano, T. Yatsuo, and K. Arai, *Jpn. J. Appl. Phys.* 49, 034202 (2010).

6) Y. Sato, S. Tobayashi, Y. Tanaka, A. Fukui, M. Yamasaki, and H. Ohashi, *Proceedings of IEEE Energy Conversion Congress & Expo 2010* (2010), p. 3290.

8.5 双极型晶体管

8.5.1 BJT

现在，实用化的 Si 半导体 BJT（Bipolar Junction Transistor，双极结晶体管）主要优势为可以降低导通电阻，但也存在转换速度慢、控制电路消耗功率大、短路承受能力弱、导致 2 次击穿的发生等问题。所以，在很多应用领域 MOSFET 和 IGBT 正逐步取代 Si BJT。但是，与 Si 相比，SiC 的禁带宽度大、寿命短，所以 SiC BJT 可以克服 Si BJT 出现的众多问题。而且，值得注意的是 SiC BJT 不存在由 SiC MOS 构造导致的工作温度受限和可靠性降低等问题。综上，SiC BJT 性能优越，与 SiC MOSFET 和 SiC JFET 比较之后发现，尤其是在高压高温环境下，SiC BJT 更能发挥其优越性。但另一方面，在实用化过程中，也必须解决 SiC 双极型器件特有的由晶体缺陷引起的特性劣化问题。另外，在强电流环境下的电流放大倍数也最好进一步变大。

1. 工作原理

图 8.5.1a 是 npn 垂直型 SiC BJT 基本结构的横截面图。BJT 基本工作原理是，从基区向发射区流入控制电流，通过改变基区-发射区的 pn 结势垒的高度，控制通过基区流入集电区的电子流（电流由集电区流向发射区）。跨过发射区-

基区间势垒的绝大多数电子都会流入 n^- 高耐压层，如果将基区电流增大使由发射区流入的电子增加，n^- 高耐压（集电区）层的电子浓度比热平衡状态下会变高，电阻会降低（电导调制）。由此，可得知，与 FET 相比，BJT 可以进一步降低导通电阻。另一方面，在开启状态下，空穴从基区流向发射区，在 BJT 内部会出现高浓度的电子和空穴混杂的现象，当将处在开启状态下的 BJT 快速关闭时，通过基极会产生空穴，必须消除 BJT 内的多余空穴。由于这一步操作需要耗费时间，所以与 MOSFET 等相比，BJT 的切换速度会变慢。但是，由于 SiC 的载流子寿命比 Si 短，BJT 内部电子与空穴结合更为活跃，也就减少了空穴的产生，因此与 Si BJT 相比，切换速度会加快，但是，电子的寿命短也导致了电导率调制效果不明显。

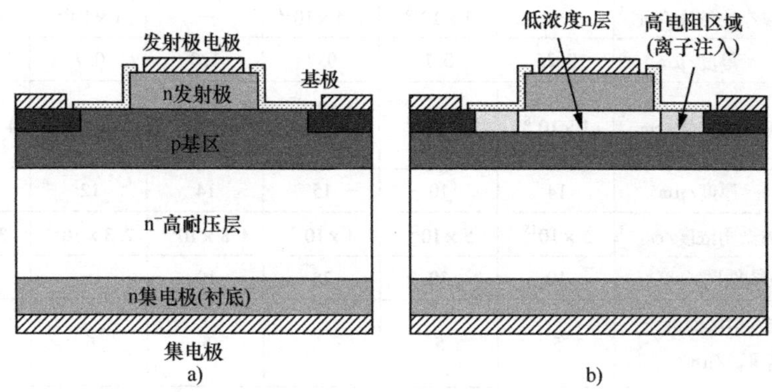

图 8.5.1 BJT 的断面结构

a）BJT b）SSR-BJT

2. 制造过程

集电区由 n 型低电阻大尺寸衬底制成，n^- 高耐压层、p 基区、n 发射区的大多数都是通过外延生长形成的。在外延生长过程中，由大尺寸衬底传导到外延层上的基平面位错（Basal Plane Dislocation，BPD），通过器件工作时电子与空穴的复合能量，会发展成堆积缺陷，从而导致 SiC BJT 的导通电阻的大幅增加，这也是实际应用时的一大难题。可以通过提高大尺寸衬底的品质或者改进外延生长法等逐步改善 BPD 的密度。外延生长后，在进行干法刻蚀时，伴随着发射区的形成，基区也会显露出来。之后，由于需要使基区接触电阻降低，使器件周围形成耐高压结构（图 8.5.1a 并未示出），需要进行离子注入以及激活退火。另外，还要一边降低暴露出的基区表面的复合能级，一边形成氧化膜等保护膜。此类表面钝化过程是提高 SiC BJT 的电流放大倍数的重要工序。之后，为了形成欧姆电极还要进行金属沉积和退火。

3. 典型结构以及设计上的注意点

表8.5.1记录了之前提到的典型SiC BJT结构的参数。n^-集电区的厚度与杂质浓度主要取决于耐压能力。在p基区向SiC BJT施加最大电压保证基区不能完全耗尽的厚度和杂质是底线。很多报告指出，为了提高SiC BJT的实用性就要提高电流放大倍数。下面将详细介绍会对电流放大倍数产生影响的结构参数。

表8.5.1 典型SiC BJT的结构参数与特性

<table>
<tr><th colspan="2">[参考文献编号]/发表年份</th><th>[8]/2008</th><th colspan="2">[7]/2009</th><th>[4]/2007</th><th>[9]/2008</th><th>[10]/2009</th><th>[11]/2010</th></tr>
<tr><td rowspan="2">发射区1</td><td>厚度/μm</td><td>2</td><td colspan="2">1</td><td>0.1</td><td>2</td><td>0.5</td><td>0.2</td></tr>
<tr><td>掺杂物浓度/cm^{-3}</td><td></td><td colspan="2">2×10^{19}</td><td>5×10^{19}</td><td>3×10^{19}</td><td>2×10^{19}</td><td>2×10^{19}</td></tr>
<tr><td rowspan="2">发射区2</td><td>厚度/μm</td><td>—</td><td colspan="2">0.2</td><td>0.9</td><td>—</td><td>0.5</td><td>1.35</td></tr>
<tr><td>掺杂物浓度/cm^{-3}</td><td>—</td><td colspan="2">1×10^{16}</td><td>1.5×10^{19}</td><td>—</td><td>1×10^{19}</td><td>8×10^{18}</td></tr>
<tr><td rowspan="2">基区</td><td>厚度/μm</td><td>0.25</td><td colspan="2">0.1</td><td>0.7</td><td>1.0</td><td>0.7</td><td>0.65</td></tr>
<tr><td>掺杂物浓度/cm^{-3}</td><td>1×10^{18}</td><td colspan="2">1×10^{18}</td><td>4×10^{17}
（倾斜）</td><td>4×10^{17}</td><td>3×10^{17}</td><td>4.3×10^{17}</td></tr>
<tr><td rowspan="2">集电区</td><td>厚度/μm</td><td>14</td><td colspan="2">10</td><td>15</td><td>14</td><td>12</td><td>25</td></tr>
<tr><td>掺杂物浓度/cm^{-3}</td><td>5×10^{15}</td><td colspan="2">5×10^{15}</td><td>4×10^{15}</td><td>4.8×10^{15}</td><td>7.3×10^{15}</td><td>3×10^{15}</td></tr>
<tr><td colspan="2">发射区宽度 W_E/μm</td><td>10</td><td colspan="2">30</td><td>25</td><td>10</td><td></td><td></td></tr>
<tr><td colspan="2">基区与发射区间的距离 W_{BE}/μm</td><td>5</td><td colspan="2">5</td><td></td><td>5</td><td>6</td><td></td></tr>
<tr><td colspan="2">器件有源区域/mm^2</td><td>0.86</td><td colspan="2">0.015</td><td>0.04</td><td>16</td><td>1.7</td><td>3.0</td></tr>
<tr><td colspan="2">电流放大倍数 h_{FE}</td><td>108</td><td>134</td><td>114</td><td>60</td><td>70</td><td>70</td><td>52</td></tr>
<tr><td colspan="2">耐压 V_{CEO}/V</td><td>250</td><td>950</td><td>1150</td><td>1200</td><td>1200</td><td>1600</td><td>2800</td></tr>
<tr><td colspan="2">特征导通电阻 $R_{onS}/\Omega\cdot cm^2$</td><td>3.6</td><td>3.2</td><td>2.8</td><td>5.2</td><td>6.3</td><td>5.1</td><td>6.8</td></tr>
</table>

发射区宽度（W_E）：基区-发射区间表面发生的电子与空穴复合会降低电流放大倍数，所以如果想增大电流放大倍数就要拓宽发射区宽度，扩大发射区面积对周长的比例。一般采用10μm以上的发射区宽度[1]。

发射区厚度（t_E）：理想的发射区厚度t_E要超过发射区中的空穴扩散长度。如果低于空穴的扩散长度，会导致由基区流入发射区的空穴增加，电流放大倍数变小。根据之前的报告，t_E通常在1μm以上[2]。

基区与发射区间的距离（W_{BE}）：大多数情况下会向基区接触注入高浓度的离子，在注入区发生的复合现象会导致电流放大倍数变小，保持发射区与基区接触之间存在几μm的间距可以有效改善这一现象[1]。同时有报告指出，如果不注入离子，直接在基区形成接触，即便W_{BE}为1μm，也不会产生电流放大倍数变小的现象[3]。

连续外延生长：使 n^- 高耐压层、p 基区、n 发射区连续生长，以及提高界面晶体性质，对于增大电流放大倍数十分重要[2]。

表面钝化过程：为了抑制基区-发射区间表面电子与空穴复合过程，减少禁带中央附近的深能级密度十分重要。下面将尝试多种的钝化方法[4]。

图 8.5.2 表示了 BJT 的电流放大倍数与表面复合电流数值（$s_p \cdot L_s$ 值）之间的关系。从结果来看，SiC BJT 的电流放大倍数受基区-发射区间表面复合过程的影响较大，可以通过表面钝化抑制复合过程改善电流放大倍数[5]。另外，在沉积氧化膜进行 NO 处理时发现可以获得超过 100 的电流放大倍数[6]。

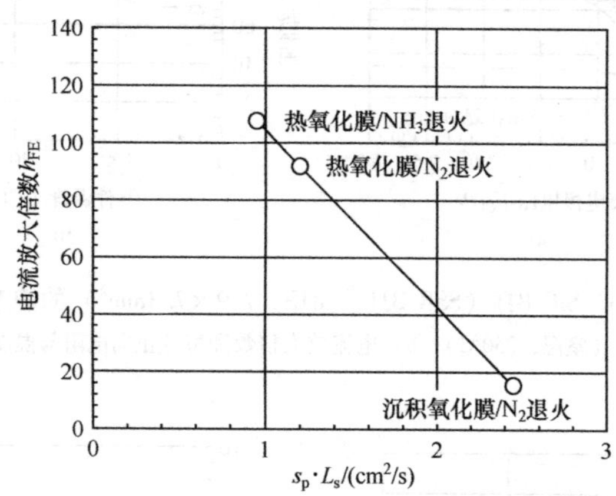

图 8.5.2 表面复合电流数值（$s_p \cdot L_s$ 值）与电流放大倍数之间的关系

SSR-BJT[7]：所谓的 SSR（Suppressed Surface Recombination，抑制表面复合）结构就是通过提高基区-发射区间表面电阻减少载流子数量，从而抑制复合过程（见图 8.5.1b）。SSR 结构是通过在发射区外延层和基区外延层间插入低杂质浓度轻薄的外延层，之后向基区-发射区间 SiC 表面上注入生成补偿外延层杂质的反向导电型载流子的杂质离子形成的。在此构造下，即便基区-发射区间表面存在一定的复合能级，与原来结构的 SiC BJT 相比，电流放大倍数明显变大了。

4. 电学特性

图 8.5.3a、b 显示了 1200V 耐压，芯片大小为 $7.9 \times 7.3\text{mm}^2$ 的 SiC BJT（SSR-BJT）的电流-电压特性以及温度关联关系。在室温和 200A/cm^2 的电流密度下，特征导通电阻为 $3.5\text{m}\Omega \cdot \text{cm}^2$，电流放大倍数的最大值为 135。高温下的导通电阻的增大主要是由 n^- 集电区的电阻增大导致的。另外，电流放大倍数的减小是由高温下基区杂质 Al 的受主能级释放的激发载流子增加导致的。也就是说，随着温度的上升，电流放大倍数会降低，这与 Si 刚好相反。为了防止热失控，需要进行并联工作设计。图 8.5.4a、b 汇总了上述典型的 SiC BJT 的试制例

子中电流放大因子和导通电阻以及耐压之间的关系。随着耐压的增大，电流放大倍数会减小，导通电阻会增加。此时则需要提高基区厚度以及浓度。对于 n⁻ 高耐压层来说则要提高厚度，降低浓度。综上，SiC BJT 可以获得与 SiC MOSFET 同等水平的导通电阻，尤其是在高耐压区，其特性更加出色。

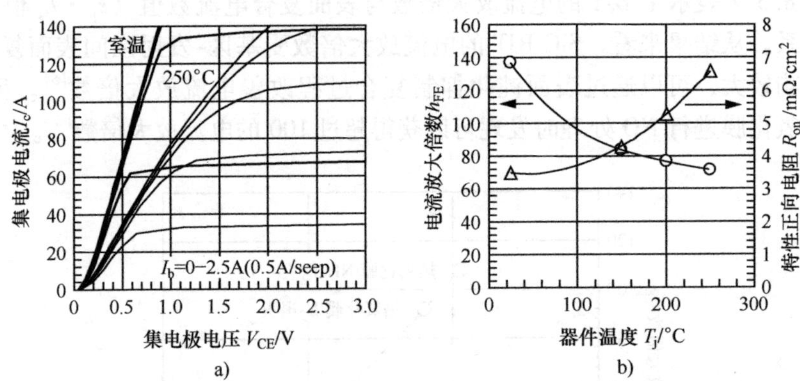

图 8.5.3　SiC BJT（SSR BJT，面积：7.9×7.3mm²）的静态特性

a）I_C-V_{CE}特性（室温，250℃）　b）电流放大倍数和特性正向电阻与温度的关联关系

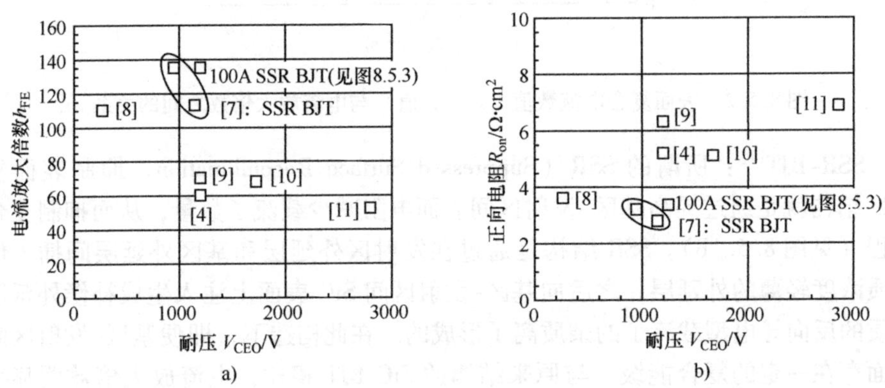

图 8.5.4　SiC BJT 的特性示例

a）h_{FE}-V_{CEO}　b）R_{on}-V_{CEO}

参 考 文 献

1） M. Domeij, H.-S. Lee, E. Danielsson, C.-M. Zetterling, M. Östling, and A. Schöner, *IEEE Electron Device Lett.* 26, 743 (2005).

2） A. Agarwal, *Mater. Sci. Forum* 556-557, 687 (2007).

3) H.-S. Lee, M. Domeij, C.-M. Zetterling, and M. Östling, *IEEE Trans. Electron Devices* 55, 1907 (2008).
4) H.-S. Lee, M. Domeij, C.-M. Zetterling, M. Östling, F. Allerstam, and E. Ö. Sveinbjörnsson, *IEEE Electron Device Lett.* 28, 1007 (2007).
5) Y. Negoro, A. Horiuchi, K. Iwanaga, S. Yokoyama, H. Hashimoto, K. Nonaka, Y. Maeyama, M. Sato, M. Shimizu, and H. Iwakuro, *Mater. Sci. Forum* 615-617, 837 (2007).
6) H. Miyake, T. Kimoto, and J. Duda, *Mater. Sci. Forum* 679-680, 698 (2011).
7) K. Nonaka, A. Horiuchi, Y. Negoro, K. Iwanaga, S. Yokoyama, H. Hashimoto, M. Sato, Y. Maeyama, M. Shimizu, and H. Iwakuro, *Mater. Sci. Forum* 615-617, 821 (2009).
8) Q. J. Zhang, A. Agarwal, A. Burk, B. Geil, and C. Scozzie, *Solid-State Electron.* 52, 1008 (2008).
9) C. Jonas, C. Capell, A. Burk, Q. Zhang, R. Callanan, A. Agarwal, B. Geil, and C. Scozzie, *J. Electron. Mater.* 37, 662 (2008).
10) J. Zhang, P. Alexandrov, and J. H. Zhao, *Mater. Sci. Forum* 600-603, 1155 (2009).
11) R. Ghandi, B. Buono, M. Domeij, C.-M. Zetterling, and M. Östling, *Mater. Sci. Forum* 679-680, 706 (2011).

8.5.2 晶闸管，GCT

1. 基本结构和工作原理以及基本特性

晶闸管组是代表性的开关器件，与晶体管组相比更适合控制大功率。图 8.5.5 展示了 SiC 晶闸管的基本结构。它是由 p^+npn^+ 构成的 4 层结构。通过向栅极控制端子发送控制信号实现工作。根据栅极控制信号的不同，有只能执行开启动作的晶闸管、有开启/关闭都可以执行的 GTO（Gate Turn-Off thyristor，门极关断晶闸管）和 GCT（Gate Commutated Turn-Off thyristor，门极换流晶闸管）。使用 SiC 可以制作出以上所有的器件。一般来讲，与 Si 相比，SiC 更难用于被制作低电阻的 p^+ 衬底，所以只用 n^+ 衬底来制作 SiC 晶闸，这也导致栅极控制端子会形成 n 基极层。

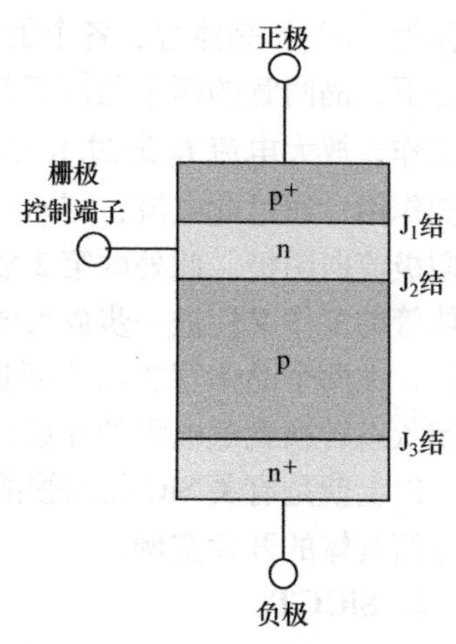

图 8.5.5 SiC 晶闸管的基本结构

图 8.5.6 展示了 SiC 晶闸管的特性。阴极电势为 0V，向阳极施加正电压称为正向状态。向阴极施加负电压称为反向状态。在正向状态下，给定一个栅极

控制电流 I_G，由关闭状态转为开启状态，会出现大电流由阳极流向阴极。如果不给予栅极控制端子 I_G，就会一直保持只存在漏电流的关闭状态，此时再提高电压会发生雪崩击穿。此时的电压被称为正向耐压。另一方面，反向状态下不管给予栅极控制端子多少 I_G，都不会发生转换。此时升高电压也会产生雪崩击穿。此时的电压被称为反向耐压。

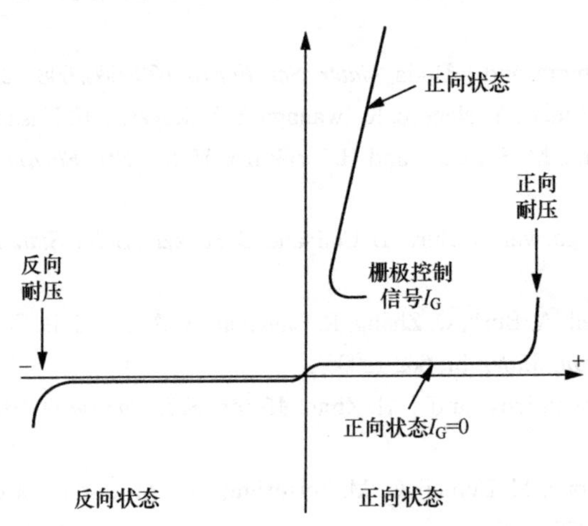

图 8.5.6　SiC 晶闸管的特性

正向状态下给予 I_G 后会产生开启转换的机制如下。晶闸管是一种由 p^+np 晶体管、n^+pn 晶体管、各个集电极、其他晶体管基极层组成的复合结构。正向状态下，晶闸管的两个晶体管都处在正偏状态下，施加 I_G 后首先 p^+np 晶体管会工作，放大电流 I_G 通过 J_3 结流向阴极。此电流作为 n^+pn 晶体管的基极电流发挥作用，通过此电流，n^+pn 正常工作。另外放大后的第 2 电流则通过晶体管由阳极流向阴极。此处的第 2 放大电流作为 p^+np 的基极电流发挥作用，p^+np 晶体管的工作又使进一步放大的第 3 电流流入 n^+pn 晶体管。以上的过程会重复进行，在两个晶体管之间不断进行电流的正反馈，SiC 晶闸管也会由高电阻的关闭状态转换到低电阻的开启状态。

以上就是有关 SiC 晶闸管的基本结构以及工作原理和基本特性的介绍，下面介绍具体的开发实例。

2. SiCGT

有两种晶闸管，一种是 5kV、100A 级的 $10 \times 10mm^2$ SiC 晶闸管[1]，还有一种是 9kV、100A 级的 $10 \times 10mm^2$ SiC GTO[2]。受篇幅限制，此处只介绍正推进应用于 SiC 逆变器的 SiC GTO。

(1) 结构与工作机制

图 8.5.7 是一种由关西电力公司开发的 5kV/100A 级的 SiCGT（SiC Commutated Gate Turn-off thyristor，SiC 门极换流关断晶闸管）[3] 的微观横截面图。SiCGT 与 SiC 晶闸管和 SiC GTO 相同，都是通过栅极控制电流 I_G 在阳极-栅极间的流通，使其转变为开启状态，形成在阳极-阴极之间流动的大电流。但是，如果在关闭状态下向栅极-阴极间施加反偏电压，在阳极-阴极间流动的电流全部会转流到栅极-阴极之间，从而导致关闭点发生变化。据此，在关闭状态下，器件内部的大部分载流子都可以强制产生，从而可以缩短关闭时间，有效降低关闭时造成的功率损耗。为了提高载流子产生的效率，需要在 n 基区插入高浓度的 n^+ 部分，来降低基区电阻。n^+ 插入部分若过于接近 p^+ 发射区，虽然可以进一步降低基区电阻，但也会导致阳极-栅极之间的耐压下降，施加在栅极-阴极之间的反偏电压不能过高，从而在大电流下难以切断。因此要选择合适长度的 n^+ 插入部分[3]。这里需要注意，如果由 n^+ 衬底组成的 n^+ 发射区向 p^- 基区注入过量的载流子，在关闭时会耗费大量时间，从而增大关闭时的功率损耗。因此，要在 n^+ 发射区和 p^- 基区之间设计 p 缓冲层，抑制过量离子的注入。但是，如果抑制过度，导通电压会增大，导通稳态功率损耗也会变大，所以要选择合适的浓度和厚度的 p 缓冲层。

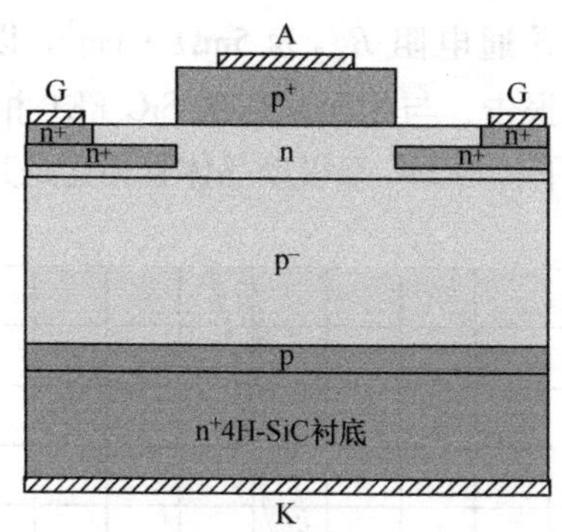

图 8.5.7　5kV、100A 级 SiCGT 的微观横截面图

SiCGT 中，除了 n^+ 发射区，其余全部都是通过外延生长技术实现的，这是其特征。相比离子注入，使用外延生长技术可以有效减少结晶缺陷的产生，减少漏电流的产生，形成良好的结。主要的结构数值如下：标准宽度约为 25μm，p^- 衬底厚度约为 75μm，p 缓冲层厚度约为 5μm，p^- 衬底浓度约为 $2\times10^{14}cm^{-3}$。

图 8.5.8 是 SiCGT 的芯片表面照片。芯片尺寸为 $8\times8mm^2$。芯片中央设置有栅极控制电极，两侧设置有阳极电极。各阳极都有图 8.5.7 所示的横截面上的条纹状区域，每个阳极都有 135 个这样的区域，总共 270 个，这些区域都与中央的栅极控制电极成直角反向内置在里面。各部分的栅极控制电极都与所有

的中央栅极控制电极相连。芯片外围（黑色部分）设置了台面 JTE 结构的电场弛豫区。台面 JTE 结构是由关西电力公司独自开发的一种融合了台面电场弛豫区和 JTE 电场弛豫区的结构，这样的融合可以实现超乎想象的电场弛豫效果[4,5]。

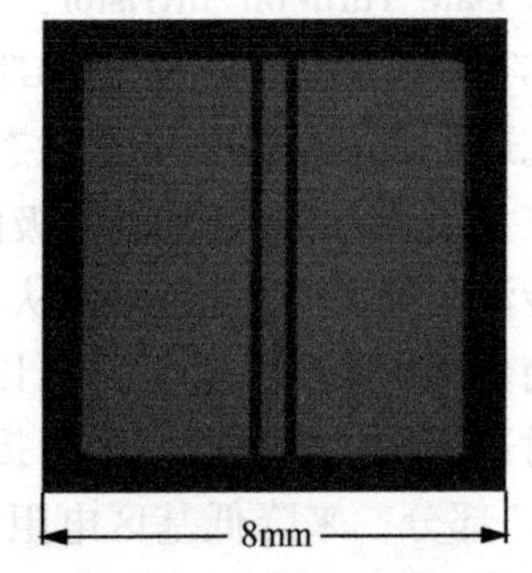

图 8.5.8　SiCGT 芯片的表面照片

（2）正向特性

对上述的 SiCGT 芯片进行金属管封装，之后使用关西电力公司和 ADEKA 公司共同开发的耐高温纳米树脂进行覆盖，这样一来便可以保证在 300℃的高温下实现 5kV 以上的正向耐压[3]。另外，反向偏置时需要施加电压的 p^+发射极-n 基极结和 n^+发射极-p 基极结处不会特别形成电场弛豫结构，所以反向耐压通常要保证在 200V 以下。

图 8.5.9 显示的是 SiCGT 的正向 I-V 特性[3]。由图可知，电导调制的变化非常显著，与 SiC 的 FET 和双极型晶体管相比，2.7V 内建电压之后的电流升高十分显著。室温和 5V 电压下的正向电流约为 140A。活动区的面积约为 0.5cm^2，电流密度为 280A/cm^2，特征导通电阻 R_{onS} 为 5mΩ · cm^2。以原点为基准的 R_{onS} 为 17.8mΩ · cm^2。根据各项报告，与相同耐压的 SiC FET 相比，SiCGT 的特征导通电阻 R_{onS}是其的约 1/7 以下，与 SiC 双极型晶体管相比是其的约 1/2 以下。

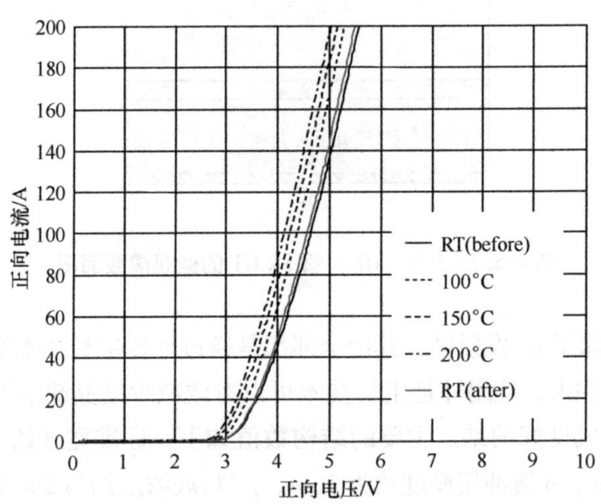

图 8.5.9　SiCGT 的正向 I-V 特性

SiCGT 的正向 I-V 特性是，随着温度的上升内建电压会略有下降，上升速率也会随着载流子寿命的增加变快。比如，在 200℃下，5V 电压对应的正向电流约为200A，特征导通电阻 R_{onS} 为 $4.5\text{m}\Omega\cdot\text{cm}^2$。以原点为基准的 R_{onS} 减小到 $12.5\text{m}\Omega\cdot\text{cm}^2$。另一方面，SiC FET 和 SiC 双极型晶体管的 R_{onS} 都会随着温度升高而增大。所以 SiCGT 的 R_{onS} 较小这一特点，使其在器件工作的高温状态下优势更为显著。

图 8.5.10 展示的是 SiCGT 关闭时的波形[3]。在电源电压为 200V 的状态下对 200A 的正向电流 I_A 进行关闭时，发现延迟时间（I_G 流出 10% 后 I_A 减少到 90% 所需要的时间）约为 1μs，下降时间（I_A 由 90% 减少到 10% 所需要的时间）约为 0.5μs，因此整体的关闭时间约为 1.5μs。

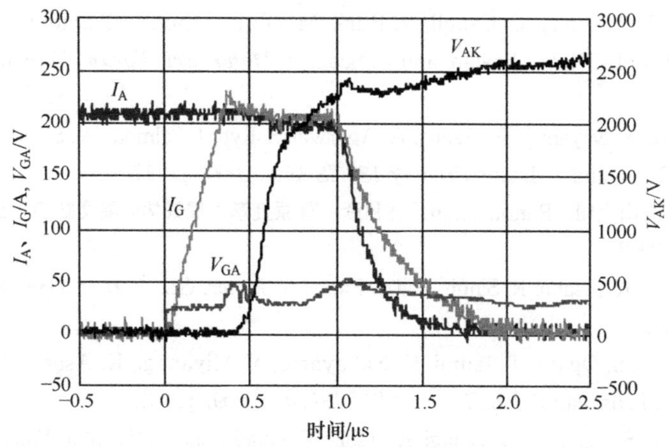

图 8.5.10 SiCGT 的关闭波形

I_G 在开始流动后的 0.35μs 会达到 200A，由此可得知在较短的时间内 I_G 完成了换流。另一方面，I_A 的下降时间少于 I_G，两者差值最大可以达到 50A 左右。当向栅极-阴极间施加逆向偏置电压使其关闭时，由于 p^+ 发射极-n 基极结的反向耐压能力比较低，容易发生击穿现象。为了防止这一现象，在这个结上并联连接保护用的稳压二极管。在发生雪崩击穿产生 50A 的电流时，有稳压二极管的存在可以补足缺失的电流起到保护作用。开启时间大概为 0.3μs[3]。

（3）与 Si 器件的比较以及开发出的 SiCGT 的应用状况

现在市面上售卖的 Si GTO 中最小的器件为 4.5kV/1000A 级的器件，额定电流为 1000A，电流密度为 60A/cm^2，每一项数值都很小。一般来说，电流密度低虽然会导致转换时间缩短，但考虑到 Si GTO 的开启和关闭时间分别为 10μs 和 15μs，都很长，因此，转换时的功率损耗比较大。上述的 5kV/100A 级 SiCGT 充分发挥了 SiC 的耐高温特性，如图 8.5.10 所示，不仅可以在 400A/cm^2 的高电流密度下工作，而且还耐高压，导通电压较低，并且开启时间只需 0.3μs，关闭时间只需 1.5μs，转换速度也很快，因此转换时的功率损耗也很小。

5kV/100A 级 SiCGT 的其他芯片尺寸还有已开发出的 $10\times10mm^2$5kV/200A 级 SiCGT[6]，还有正在开发中的使用了上述 SiCGT 的 100kVA 和 200kVA 的三相全 SiC 逆变器[3,7]。另外业界还在不停地挑战以 1MW 级全 SiC 逆变器为目标的尺寸为 $15\times15mm^2$5kV/850A 级 SiCGT，不需要变压器便可以与 6.6kV 配电系统相连的三相全 SiC 变压器的 13kV 级 SiCGT 也在开发中[8]。

参 考 文 献

1） A. Agarwal, S. Krishnaswami, B. Damsky, J. Richmond, C. Capell, S. Ryu, and J. Palmour, *Mater. Sci. Forum* 527-529, 1397（2006）.

2） A. Agarwal, Q. Zhang, C. Capell, A. Burk, M. O' Loughlin, J. Palmour, V. Temple, A. Lelis, H. O' Braian, and C. Scozzie, *Mater. Sci. Forum* 645-648, 1017（2010）.

3） Y. Sugawara, Y. Miyanagi, K. Asano, A. Agarwal, S. Ryu, J. Palmour, Y. Shoji, S. Okada, S. Ogata and T. Izumi, *Proc. of 18th ISPSD*（2006）p. 117.

4） 浅野勝則，高山大輔，RanbirSingh，林利彦，菅原良孝：電気学会論文誌 D 123（5），623（2003）.

5） Y. Sugawara, K. Asano, R. Singh, and J. Palmour, *Mater. Sci. Forum* 338-342, 1371（2000）.

6） Y. Sugawara, S. Ogata, T. Izumi, K. Nakayama, Y. Miyanagi, K. Asano, A. Tanaka, S. Okada, and R. Ishi, *Proc. of 21th ISPSD*（2009）p. 331.

7） Y. Sugawara, S. Ogata, Y. Miyanagi, K. Asano, S. Okada, and A. Tanaka, *Mater. Sci. Forum* 600-603, 1179（2009）.

8） Y. Sugawara, D. Takayama, K. Asano, A. Agarwal, S. Ryu, J. Palmour, and S. Ogata, *Proc. of 16th ISPSD*（2004）p. 365.

8.6 高输出功率、高频率器件

8.6.1 晶体管

SiC 的电子迁移率和饱和速度与 Si 基本一致，在相同尺寸的器件上两者均可以实现相同的电流。另外，SiC 的耐压能力约是 Si 的 10 倍，作为高频率器件，SiC 可以进行约是 Si 的 10 倍的功率输出。再者，比较两者同一输出功率下的器件大小，发现 SiC 器件可以做到仅有 Si 器件面积的约 1/10。所以，SiC 作为一种小型高功率的高频率器件，其应用备受业界期待。还有，对于使用了 SiC 高频率器件的发射机来说，其工作电压可以进一步提高，从而输入输出阻抗比较大，更容易设计制作匹配电路。

在高频率 SiC 器件中最广为人知的便是 MESFET（Metal-Semiconductor Field

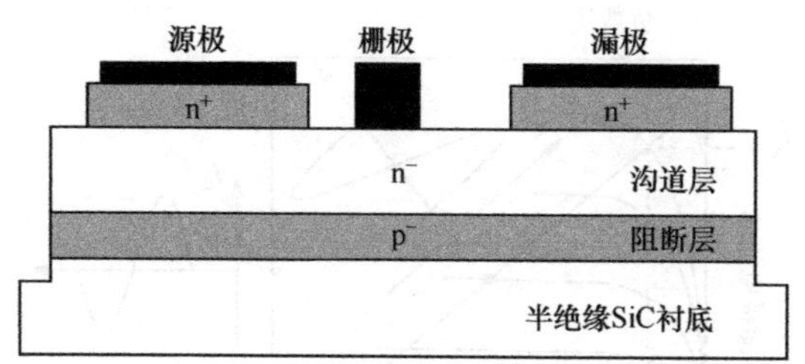

图 8.6.1 SiC MESFET 的横截面结构

Effect Transistor，金属-半导体场效应晶体管）。图 8.6.1 便是其横截面结构。为了降低衬底上的寄生电阻，通常会选用高电阻半绝缘性 SiC 衬底。此外还有外延层的杂质浓度为 $5\times10^{15}\mathrm{cm}^{-3}$，p 型缓冲层的厚度为 1μm，$3\times10^{17}\mathrm{cm}^{-3}$ 的 n^- 沟道层的厚度为 0.25μm，$1\times10^{19}\mathrm{cm}^{-3}$ 的 n^+ 载流子层的厚度为 0.3μm。电流由漏极开始流向源极。两电极之间会形成栅极，根据电压不同在栅极正下方生成的耗尽层会产生变化，由此来控制电流流动的顺畅性。图 8.6.2 表示的是该器件的静态特性以及负载线。下面我们会用图 8.6.2 就有关 MESFET 放大高频率信号的结构进行说明。栅极电压和漏极电压会被偏置到饱和漏极电压减少为自身一半的电压（工作点）上。此时，向栅极输入信号，工作点就会移动到负载线的上方，信号也会被加强作为漏极电流和漏极电压输出。此时，漏极电压的相位比漏极电流的相位要滞后 180°，能量也会被供给到外部电路。另外，此时从 MESFET 释放到外部的功率 P 可以用式（8.6.1）表示。

$$P=\frac{(I_{\mathrm{max}}-I_{\mathrm{min}})(V_{\mathrm{BD}}-V_{\mathrm{knee}})}{8} \tag{8.6.1}$$

从公式中我们可以得出饱和漏极电流（I_{max}）和绝缘击穿电压（V_{BD}）都大的 MESFET 就可以实现更大的输出功率。

电流跃迁截止频率 f_{T}（Transition Frequency）是用来评估高频率器件速度性能的一个重要指标。输入电流的可增加频率的最大值用式（8.6.2）来表示。

$$f_{\mathrm{T}}=\frac{g_{\mathrm{m}}}{2\pi C_{\mathrm{gs}}} \tag{8.6.2}$$

式中，g_{m} 是跨导，C_{gs}是栅极和源极之间的输入电容。

图 8.6.3 展示的是栅极长为 0.5μm，栅极宽为 100μm，漏极电压为 40V，栅极电压 5V 偏置的 MESFET 的小信号特性。根据所对应的电流增益 $|h_{21}|^2$ 为 0dB（增益为 1）的频率可以求出 f_{T}，此器件的频率为 9.2GHz。图中也一并显示了电流增益的频率特性。对应电流增益为 0dB 的频率表示最高振荡频率 f_{max}，此时器件的频率可求得为 34.2GHz。

从式（8.6.2）可知，为了提高性能指数 f_{T}，栅极尺寸越小，g_{m} 越大，降

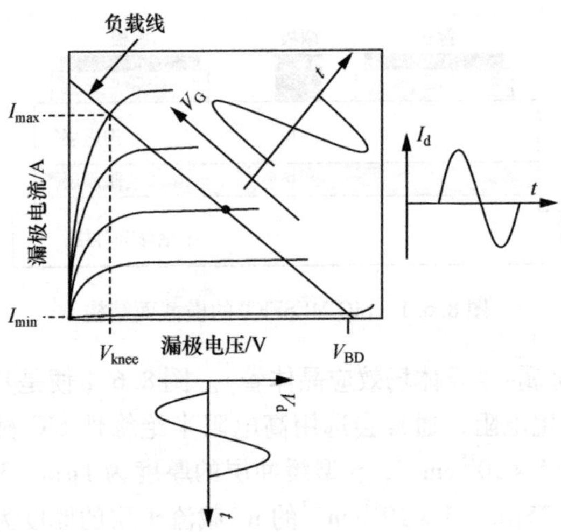

图 8.6.2　二极管的小信号放大结构

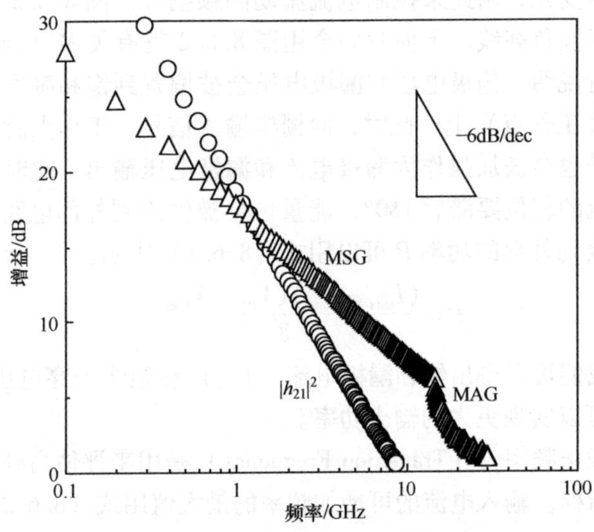

图 8.6.3　SiC MESFET 的小信号特性

低 C_{gs} 十分必要。图 8.6.4 显示的是栅极长度与 f_T 的关系。栅极长度控制在 0.5μm 以内，通过对栅极长度进行等比例缩小，可以增大 f_T，但也发现即便对栅极长度进行缩小，f_T 仍旧会饱和。造成这一现象的原因通常被视为短沟道效应[1]以及 DIBL（Drain Induced Barrier Lowering，漏极导致势垒降低）[2]。为了抑制上述现象的产生，需要降低沟道层厚度，保持与栅极长度的纵横比在 5 以上[3]。Katakami 等人正尝试通过将注入离子的沟道层变薄，改善纵横比，提高高频特性[4]。另外，为了抑制上述现象的发生，还可以局部提高栅极正下方的

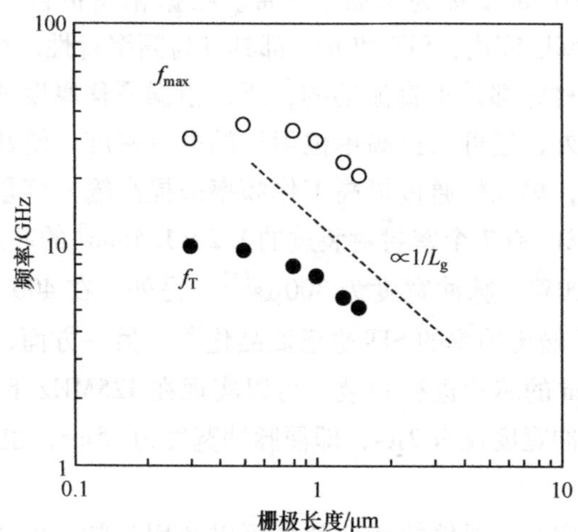

图 8.6.4 SiC MESFET 的f_T、f_{max}的栅极长度依存性

p 型缓冲层的杂质浓度，进一步来说，为了减少寄生电阻，研究人员正在开发利用外延层再生长在源极和栅极之间形成 n^+ 层的 LEMES（Later Epitaxial MES，横向外延 MES）。根据迄今为止的报告，MESFET 的最大 f_T 为 22GHz，f_{max} 为 50GHz。现在针对应用了 SiC MESFET 的 MMIC（Monolithic Microwave Integrated Circuit，单片微波集成电路）的开发也非常火热。

图 8.6.5 是高频 SiC 器件的频率与输出功率之间关系的实例。根据相关报告可得知，MESFET 中 3GHz 的 CW 工作功率为 80W，脉冲工作功率为 120W；当频率为 9.7GHz 时，脉冲工作功率为 30.5W。

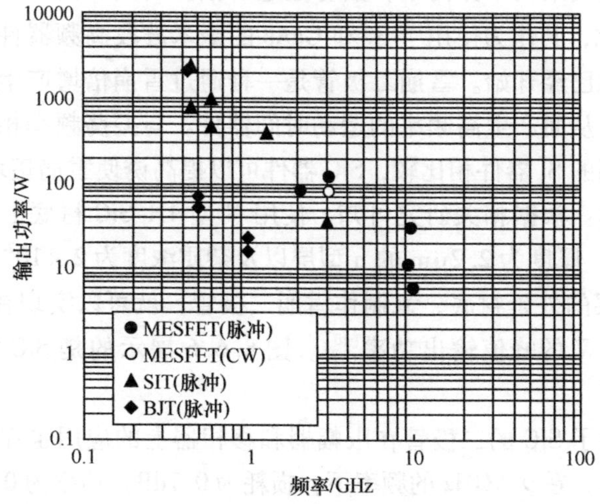

图 8.6.5 高输出功率、高频率 SiC 器件的输出功率

近年来，对UHF带多称为L带、S带。根据相关报告，可以发现在几百MHz到3GHz的频率区间内，SIT和BJT都具有高频率特性。由于SIT和BJT的结构中电流相对于衬底都是垂直流动的，所以根据漂移厚度的不同，可以轻松保证耐压能力。另外，还可以提高单位面积的电流密度，使其更适用于大电流的工作环境。但是，单纯想通过提高工作频率来提高输入容量是困难的。根据相关实验可得知，SIT有7个密封封装过的$1.2\times1.4mm^2$的芯片，在450MHz下的输出功率可达800W，脉冲宽度为300μs[5]。另外，在400~450MHz频率下1500W以及2200W输出功率的SIT也已商品化[6]。另一方面，在BJT中对2个基区宽度约为24mm的芯片进行封装，可以实现在425MHz下的2100W峰值输出功率。此时的脉冲宽度仅有2μs，即便脉冲宽度为15ms，也可以实现71W的功率输出[7]。

上述这些高频率SiC器件的特征就是可以利用长脉冲实现大功率输出。Si器件由于存在自我发热的情况，所以长脉冲工作存在界限。所以高频率SiC器件在提高航空监视雷达探测距离上的应用备受期待。另外在使用等离子体的半导体装置上，经常会出现由于负荷变动而产生的烧损现象，作为小型大功率的微波源，高频率SiC器件的应用也备受期待。

另外，根据有关报道指出，在栅极长为0.5μm的MOSFET上，小信号特性为$f_T=11.2GHz$，$f_{max}=11.4GHz$。3GHz下的大信号特性为输出功率密度为$1.9W/mm^2$，以上的数据即便与MESFET相比也毫不逊色[8]。

8.6.2 二极管

雪崩二极管的结构十分简单，具有通过自激振动实现高频率、高输出功率的特性[9]。因此，其作为使用了Si和GaAs的毫米波段高频器件，针对它的研究从很早之前就已经开始。雪崩二极管是一种通过雪崩倍增产生的载流子在活动区域内运动，从而产生高频率的运动时间器件。与振荡频率相同，也就是活动区域厚度相同的Si器件相比较，SiC器件可以提高诱使雪崩倍增发生的电压，从而输出大功率。根据相关研究可知，使用N型4H-SiC衬底上具备杂质浓度为$1\times10^{17}cm^{-3}$，厚度为2.2μm的n型层以及杂质浓度为$2\times10^{20}cm^{-3}$，厚度为0.3μm的p型层的外延衬底，来制作雪崩二极管，就可以实现在11.93GHz振荡频率下的1.8W的峰值输出功率[10]。图8.6.6展示的是SiC雪崩二极管的振荡频谱。

另外，使用了SiC的二极管在限幅器和移相器上的应用也在研究中。根据相关实验可得知，在9.5GHz的频率下，损耗为0.7dB，功率为0.4kW。在绝缘模式下，功率可以达到1.6kW[11]。

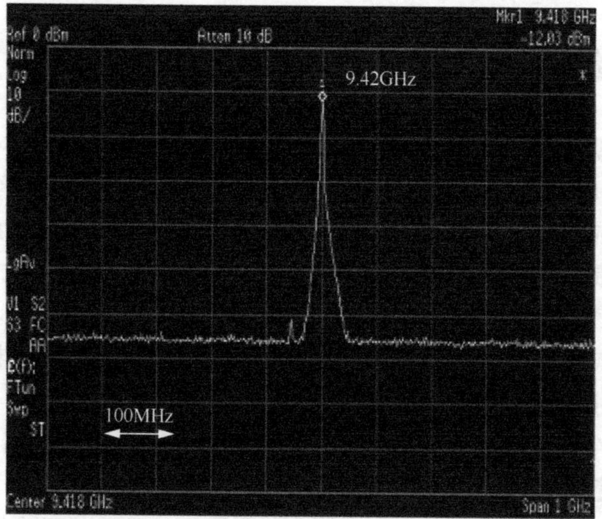

图 8.6.6 SiC 雪崩二极管的振荡频谱

参 考 文 献

1) H. Honda, M. Ogata, H. Sawazaki, S. Ono, and M. Arai, *Mater. Sci. Forum* 433-436, 745 (2003).

2) C. L. Zhu, Rusli, J. Almira, C. C. Tin, S. F. Toon, and J. Ahn, *Mater. Sci. Forum* 483-485, 849 (2005).

3) 粟野 祐二：電子情報通信学会技術研究報告，ED90-109 (1990).

4) S. Katakami, S. Ono, and M. Arai, *Mater. Sci. Forum* 600-603, 1107 (2009).

5) T. Shi, M. Mallinger, L. Leverich, J. Chang, C. Leader, and M. Caballero, *IEEE Int. Microwave Symp. Digest* (Atlanta, 2008) p. 69.

6) http://www.microsemi.com.

7) F. Zhao and T. Sudarshan, *Iternational Conference on Microwave and Millimeter Wave Technology* (Chengdu, 2010) p. 2055.

8) G. I. Gudjónsson, F. Allesrstam, E. Ö. Sveinbjörnsson, H. Hjelmgren, P. Nilsson, K. Andersson, H. Zirath, T. Rödle, and R. Jos, *IEEE Trans. Electron Devices* 54 (12), 3138 (2007).

9) S. M. Sze and K. K. Ng, *Physics of Semiconductor Devices, 3rd edition* (John Wiley & Sons, 2007) p. 466.

10) S. Ono, M. Arai, and C. Kimura, *Mater. Sci. Forum* 483-485, 981 (2005).

11) N. Kamara, K. Zelentes, L. P. Romanov, A. V. Kirillov, M. S. Boltovets, K. V. Vassilevski, and G. Haddad, *IEEE, Elect. Dev. Lett.* 27, 108 (2006).

专栏：绝缘栅双极型晶体管

将垂直型功率 MOSFET 的电压驱动和大电流双极型晶体管（Bipolar Transistor，BPT）的低导通电压结合起来形成耐高压、大电流器件就是绝缘栅双极型晶体管（Insulated Gate Bipolar Transistor，IGBT）。此器件可以克服电压控制型的 MOSFET 伴随高耐压和高导通电阻产生的发热问题以及 BPT 的转换速度慢的问题。构成上，输入端为 MOSFET 器件，输出端为 BPT 器件。典型结构如图 1 所示[1]。在 MOSFET 上，图中的集电极上的 p^+ 层会变成 n^+ 层，下方还存在漏极。图中的发射极即为 MOSFET 的源极。多数载流子器件 MOSFET 都会随着耐压的升高，导通电阻也会随之变大，所以使用少数载流子器件的双极型，并且导入有耐压的漂移层和电导调制（conductivity modulation），从而获得低导通电阻。同时还要确保 $p^+n^-pn^+$ 的晶闸管不工作（pnp 型晶体管和 npn 型晶体管的电流放大倍数合计不要超过 1）。

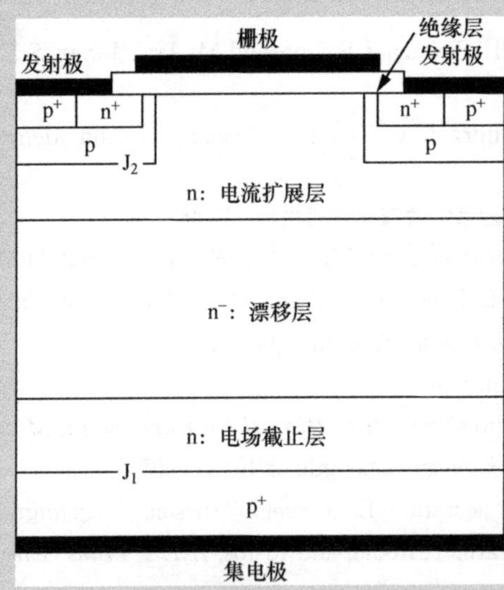

图 1　SiC IGBT 的典型结构[1]

分别向集电极施加负电压，向发射极施加正电压，下部的 p^+n^-（J_1）结就会反向偏置，器件此时也就处在反向阻断状态。分别向集电极施加正电压，向发射极施加负电压，上部的 pn^-（J_2）结就会变成正向偏置，器件此时也就处在正向阻断状态。在这种状态下，向 MOS 栅极施加比阈值电压 V_T 更大的栅极电压 V_G，通过绝缘层就会在 p 层形成沟道。此时，电子会从 n^+ 发射极流向 n^- 漂移层，此时就会产生纵向结构 pn^-p^+ 双极型晶体管的基极驱动电流。由于下方的 p^+n^- （J_1）结处于正向偏置状态，空穴将由 p^+ 层注入到 n^- 层。如果增加集电极-发射极间的电压，注入的空穴也会增加。当超过 n^- 漂移层的掺杂量后，注入的少数载流子（空穴）的数量就超过原来的多数载流子（空穴）的数量，形成大注入状态。此时，从发射极会流入大量的电子，n^- 漂移层受到电导调制影响，一部分的电阻会迅速变得极小，这一特性，我们将它视为正向偏置后的 PiN 二极管。结果就是，我们能够获得较大的电流密度，器件也具备了与双极型晶体管相同的低导通电压。图 2 展示了 IGBT 的基本特性。如果栅极电压达到了 MOSFET 的阈值电压左右，反型层的电导率就会降低，与通常的 MOSFET 的数值近似，还会发生夹断现象，显示出其饱和特性。

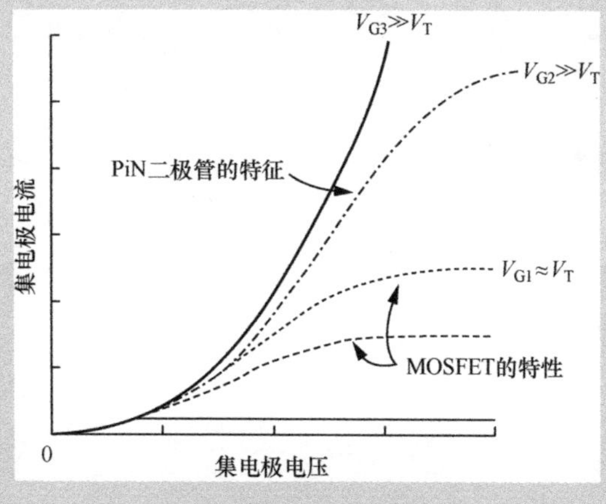

图 2 IGBT 的基本特性

MOSFET 作为 SiC 的多数载流子器件，实现数 kV 以上的耐压时，导通电阻也会变大。业界也是希望可以同样在 IGBT 上实现。具体来说有 2 个类型：由 p 沟道和宽基极的 npn 晶体管构成的 p-IGBT；由 n 沟道和宽基极的 pnp 晶体管构成的 n-IGBT。

根据相关实验，4H-SiC 的 n-IGBT 和 p-IGBT 均已实现了 10kV 级的应用[1]。为了具备耐高压的特性，最好降低 n^- 漂移层的杂质浓度。但发射极下部的 p 和 n^- 漂移层构成的结型场效应晶体管（Junction Field Effect Transistor，JFET）的电阻很大。为了减小此电阻，我们采取用外延生长方式来形成电流扩展层（Current Spreading Layer，CSL）。图中的电场截止层（field stopper）是为了降低漂移层的导通电阻，更好发挥转换特性，在耗尽层与集电极衔接处的穿通结构上使用的。保证漂移层、电流扩展层、电场截止层的最佳设计结构十分重要。

n-IGBT具有pnp型的BPT结构，所以它的电流放大倍数小，复合更加容易，关闭时间短。p-IGBT则具有npn型的BPT结构，它的电流放大倍数大，少数载流子复合时需要时间，所以关闭时间就比较长。

如果在超高压输电线上采用Si器件，需要重叠多个器件。而对于SiC，可以实现20kV以内只需一个器件，业界对于SiC在今后输电有关的固态变压器（Solid State Transformer，SST）上的应用十分期待。

[1] Qingchun (Jon) Zhang and A. K. Agarwal, *Silicon Carbide Vol.2, P. Friedrichs, T. Kimoto, L. Ley and G. Pensl eds.* (Wiley-VCH, 2010) p. 389.

第 9 章

SiC 应用系统

随着 SiC 器件实用化的普及，应用了 SiC 器件的相关设备也在不断增加。现如今节能颇受各国重视，预测作为低损耗器件的 SiC 器件今后的需求量会进一步增大。本章将介绍 SiC 器件的应用以及其优势。

9.1 SiC 器件在电路工艺上的应用

对于电力电子设备来说，为了使设备在可适用负载的高效率工作点上运行以及提高设备的可控制操作化程度，电力的变换和控制是必不可少的。电力变换电路是通过功率器件对交流、直流的电流性质，以及对电压、电流的大小进行变换、控制的一种回路。通过功率器件的开关实现的电力变换，通常会伴有高谐波等干扰，但因其出色的电力变换效率以及多样化的运用方式，现在已经成为节能领域以及可再生能力利用领域的基础技术。本节主要介绍 SiC 功率器件在电力的变换、控制领域的电路工艺上的应用。

9.1.1 SiC 功率器件的应用领域以及电路设计

SiC 功率器件相较于 Si 功率器件来说，本身就是以高电压环境下的应用为目标，来进行开发的[1]。下面将从电路电压的角度引导大家思考 SiC 功率器件的适用范围以及电路设计。

对于以信息通信设备为代表的低电压电路来说，传统的 Si SBD 和 Si MOSFET 已经相当适配。对于这些低电压电路来说，Si 功率器件足够保证实现出色的电路性能。所以除去在高温等极端环境下的工作，没有必要更换成 SiC 器件。

对于 100～1000V 左右的中电压电路来说，现在大多是使用 Si PiN 二极管或者 Si IGBT 等功率器件，另外最近也出现了使用超结结构的 Si MOSFET。对于中电压电路来说，SiC SBD 作为一种可以取代 Si PiN 二极管的高速开关器件备受期待。图 9.1.1a 表示的是功率器件在导通时由电阻和接触电势差共同引起的正

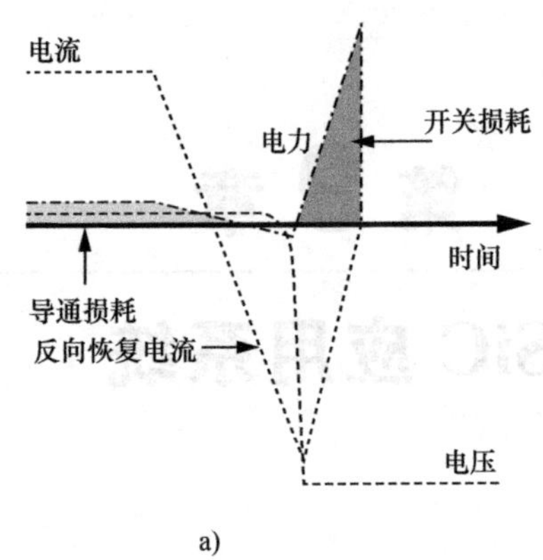

a)

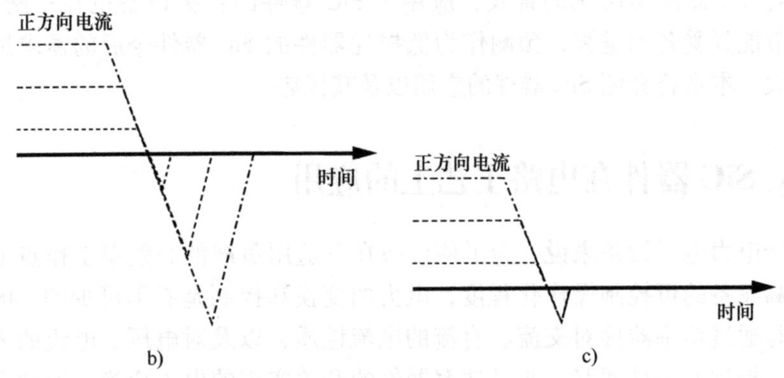

b) c)

图 9.1.1 二极管关闭时的变化以及反向恢复电流

a）二极管关闭时（电压、电流、电力） b）Si PiN 二极管反向恢复电流

c）SiC SBD 的反向恢复电流

向压降，我们可以发现在开关转换时开启/关闭状态并没有发生瞬时位移，这与理想的开关转换性质完全不同。也因此，在导通状态下，随着向功率器件上施加的电压、电流数值的变化，会产生导通损耗。在开关转换的开启/关闭状态的位移过程中会产生开关损耗。由于 SiC 是一种宽禁带半导体，虽然 pn 结上的接触电势差比 Si 的要大，但通过将 SiC SBD 上的肖特基势垒高度设定为合适的数值，就可以获得与 Si PiN 二极管相近的正向压降。因此，可以说 SiC SBD 可以实现 Si PiN 二极管导通损耗及其以下的设计。同时，在开关转换的过程中，Si PiN 二极管和 SiC SBD 之间会产生较大的差值。这是因为作为双极型器件的 Si PiN 二极管在关闭时由于其漂移区内积累了少数载流子导致产生反向恢复电流。此时反方向电流的最大值以及其电荷量如图 9.1.1b 所示，不仅会随着导通时正向电流的变化而变大，在关闭时，随着电流变化率 d*i*/d*t* 的提高导致的转换速度的加快和结温的上升，其数值也会变大。反向恢复电流是造成开关损耗的

主要原因，也是在Si PiN二极管中限制开关转换效率的主要因素。作为单极型器件的SiC SBD，漂移区内不会出现少数载流子的积累，因此不会产生反向恢复电流。同时在关闭时，会形成耗尽层，产生大量的载流子，这些载流子只会以电流的形式流动。产生的电荷量也仅仅受施加在SiC SBD上的反向偏置电压的影响，不受正向电流、电流转换率和结温影响。由图9.1.1c可得知这一现象。因此，通过应用SiC SBD，可以大幅降低在高速开关转换中造成的损耗。另外，有源器件Si IGBT也经常被使用。它与Si PiN二极管一样，需要解决关闭时少数载流子积累的问题[2]。也就是说，虽然IGBT可以通过对少数载流子进行电导调制从而降低导通损耗，但在关闭时，即便完全屏蔽掉通道内的电流，残留在漂移层内的少数载流子在产生时还是会产生过冲电流，直到其消失为止，关闭过程都不会结束。因此，可以说在IGBT中需要权衡导通损耗和开关速度之间的关系。

应用于中电压电路的大部分SiC MOSFET都是载流子器件。这样一来，在关闭时就不会出现因少数载流子残留产生的拖尾电流问题，从而可以轻松实现高速开关过程。另外，IGBT由于存在pn结，即便在小电流的环境下运行，也不可避免地会产生接触电势差造成的压降。此时，由于MOSFET不会在导通电流的路径上产生接触电势差，只会出现由于导通电阻和电流引起的压降，所以可以有效降低小电流环境下的压降。因此，与Si IGBT相比，应用了SiC MOSFET的电源变换电路，在低负荷工作下可以有效降低导通损耗，而且可以解决一直以来的难题，即从低负荷到高负荷的输出范围内的高效率电力变换。

在数千伏以上的高电压电路中，现在通常采用GTO等的晶闸管系列的Si功率器件以及将这些Si功率器件多个串联起来作为耐高压的设备来使用。SiC是一种宽禁带半导体，其介质击穿电场强度大，在高电压电路上更能发挥它的特性。当把晶闸管系列的Si功率器件更换为SiC IGBT后，会发现不仅栅极的驱动电路转换为更容易操控的电压驱动电路，在高频下也可以进行开关转换，从而整个电路的可控性有了较大的提高。另外采用上文提到的多个功率器件串联这种方式，会使器件之间的电压分布不均衡，造成电压集中于某一处，引起介电击穿。所以如果采用这种方法，必须要有缓冲电路或者电压器件来进行反馈控制，我们称其为有源闸控制[3]。但此时还会不可避免地导致转换速度的降低，同时，随着构成器件数量的增加，整个设备的可靠性会降低。现在业界正在开发的高耐压性SiC IGBT可以完全抛弃上述的构造。此举不仅可以提高设备的可控性，还可以降低高速转换过程中造成的转换损耗以及提高设备整体的可靠性。

9.1.2 电路小型化的SiC功率器件应用

在DC-DC变换器等利用功率器件变换的功率变换设备上，通常会有在开关开启/关闭状态下用来暂时存储能量的电感器和电容器。也就是说，功率器件在开关转换时的输出波形虽然呈现出脉冲状，但可以通过电感器和电容器的充放电从而使其平滑，而且还可以得到开关转换周期平均值的输出状况。但提高开关频率后，脉冲的减少会使需要存储的能量减少，此时可以应用较小的电感器或者电容器。也就是说，通过提高开关转换的频率可以使电路上的无源器件如电感器和电容器等变小，从而实现设备整体体积的缩小。原本使用了 Si 功率器件的电路也在提高开关频率。导通损耗与开关导通期间开关频率无关，但开关损耗则受开关频率的影响，还会随着开关频率的提高而增加。功率器件中产生的损耗会导致半导体结温的上升。Si 功率器件的极限工作温度为 150℃左右，所以如果要想提高它的频率，就必须配备散热片使结温降低。所以，即便通过一系列操作使电感器和电容器等的无源器件的体积变小，散热装置的体积却需要变大，最后两者相互抵消。而 SiC 功率器件可以忍耐较高的结温，假设其开关损耗和 Si 器件一致，虽然此时 SiC 功率器件也需要释放相同的热量，但此时由于器件与周围空气的温度差值较高可以吸收掉一部分的热能，散热片的体积也就不需要那么大了。因此，可以说 SiC 功率器件可以通过提高开关频率，实现无源器件的小型化和冷却装置的小型化。

9.1.3 SiC 功率器件在电路上的应用实例

功率因数校正（Power Factor Corrector，PFC）电路是一种运用了 SiC SBD 特长的功率变换电路[4]。大部分电力电子设备都需要直流电，一般都会配备以 AC 适配器为代表的商用 AC-DC 变换电路。在直流电路中，如图 9.1.2a 所示，为了保持一定的直流电压，通常使用大容量的滤波电容器，一般被称为输入型电容器整流电路。在输入型电容器整流电路中，与滤波电容器电压状态下不同，只有在交流电压变大的期间才允许电流流经。这样一来，如图 9.1.2b 所示，由商用交流流入到直流一侧的电流流经时间会变短，这样就会导致包括谐波在内的综合功率会降低。那么，PFC 电路就是一种可以有效改进流经交流电源电流波形，并且可以使综合功率更加接近基准数值的附加电路。与二极管电桥电路不同，该电路是通过 DC-DC 升压变换器对整流得到的纹波直流电压进行升压，以此来延长电流流经二极管电桥的时间，从而改进综合功率。DC-DC 升压变换器需要与在 60Hz 或者 50Hz 频率下呈正弦波状变化的商用交流电压同步，改变升压比，从而使设备工作，所以需要保证足够高的频率。原有的 Si PiN 二极管被运用在 PFC 电路上，但为了获得偏离尽量小的电流波形，通常要在高频率下进行开关转换，此时伴随着 Si PiN 二极管的反向恢复现象，开关损耗会增大，虽然可以改进综合功率，但也会出现电源电路效率低下等显著问题。而在 SiC SBD 上不会产生反向恢复电流，因此在不增大开关损失的前提下就可以改进综合功率。

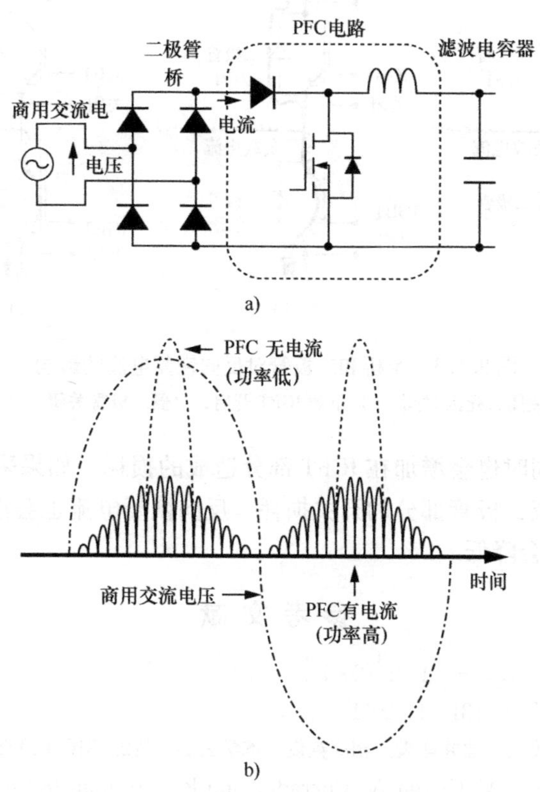

图 9.1.2 PFC 电路以及工作原理

a) PFC 电路 b) 电压、电流波形

另外在广泛应用于电动机驱动等的电压型逆变电路上，作为与 Si IGBT 反平行连接的续流二极管，SiC SBD 通常会取代 Si PiN，来减少损耗[5]。这里一起来思考一下图 9.1.3 下侧的 IGBT 的开启情况。半桥作为逆变电路的基本构成要素，为了防止桥臂之间发生短路的现象，通常会在开关转换前后设置一个上下桥臂同时为关闭状态的死区时间。如图 9.1.3a 所示，在这个死区时间内，也有存在电流流入与逆变电路相连的电动机等感性负载电路中，证明续流二极管此时是导通的。如图 9.1.3b 所示，在保持上侧桥臂的环路导通的状态下将下侧桥臂的 IGBT 开启后，伴随着上侧续流二极管的关闭，电流都会转流至下侧的 IGBT。

在 Si PiN 二极管中，如果高速开启下侧 IGBT，二极管内会产生巨大的反向恢复电流。此时流经上侧桥臂的续流二极管的反向恢复电流会与负载电流重叠，保持顺时针方向导通的状态流向下侧桥臂 IGBT。因此，会增加在续流二极管部

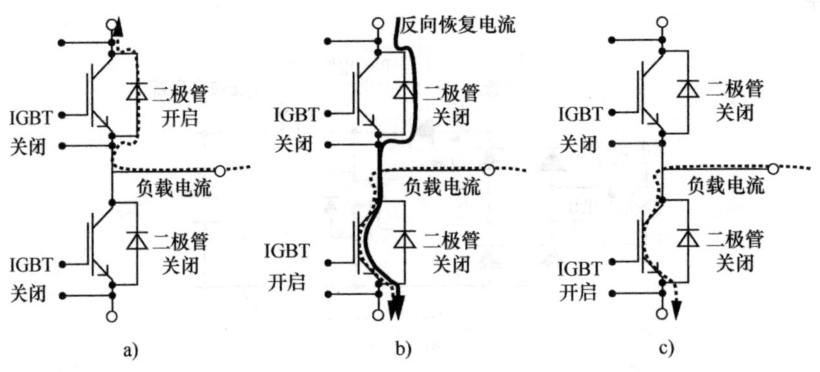

图9.1.3　半桥和二极管对反向恢复电流的影响

a）上下侧IGBT关闭，死区时间　b）下侧IGBT开启，上侧二极管关闭　c）下侧IGBT开启

分造成的损耗，同时也会增加在IGBT部分造成的损耗。如果采用SiC SBD，不仅也可以降低续流二极管部分的开关损耗，反向恢复电流也会消失不见，在IGBT部分的损耗也会降低。

参考文献

1）松波弘之：FED レビュー　1，1（2001）.

2）戸倉規仁：電学論D　131，1（2011）.

3）加藤修治，上田茂太，酒井洋満，相澤英俊：電学論D　122，816（2002）.

4）G. Spiazzi, S. Buso, M. Citron, M. Corradin, and R. Pierobon, *IEEE Trans. PELS* 18, 1249（2003）.

5）B. Ozpineci, M. S. Chinthavali, L. M. Tolbert, A. S. Kashyap, and H. Alan Mantooth, *IEEE Trnas. IA* 45, 278（2009）.

9.2　在逆变电路上的应用（1）：通用逆变器

通用逆变器主要用在驱动电动机的可变速设备上，通常用于控制频率与电压。近年来，随着节能需求的扩大，对于通用逆变器的需求也随之扩大。除了常见的风扇、泵、输送设备外，也可以广泛应用于空调系统和土木建筑行业。

业界普遍期待通过在逆变电路上使用SiC功率器件，降低逆变电路工作时的损耗，从而实现逆变器的小型化、高功率密度。这里的功率密度是指逆变器容量与体积的比值。逆变器的小型化是业界关注的方向，如能利用SiC器件实现小型化会对逆变器的进一步普及产生积极影响。但是，在价格方面，业界普遍认为应维持甚至低于传统的Si器件价格水平。

9.2.1 通用逆变器主要结构

通用逆变器的构成主要分为以下几个部分：①包含整流电路、制动电路以及逆变电路在内的半导体模块；②用于冷却半导体模块的冷却器；③连接整流电路与逆变电路之间的滤波电容器；④逆变控制电路，同时起保护作用的控制板；⑤保护逆变设备整体的外壳。

1）半导体模块需要搭载 SiC 器件。在逆变电路以及制动电路上，如果可以实现对流向 SiC 器件的电流的密度进行高密度化处理，就可以缩小芯片安装面积。对模块内的整流电路，如果工作温度符合之前的 Si PiN 二极管可以承受的温度范围，则没有必要更换为 SiC 二极管。另外，器件模块内部的配置还需要考虑 SiC 器件的最高结温 T_{jmax}，根据 T_{jmax} 设计值的不同，模块的大小也会有变化。现在来说，设置值主要是受封装技术的影响。虽然业界正在开发当 $T_{jmax}>175$℃时依旧可以进行正常封装的技术，但还没有实现实用化。另外，为了抑制逆变设备工作时产生的浪涌电流，需要尽可能缩小电路内的寄生电容，这也成为制约器件配置的一个因素。

2）冷却半导体模块的冷却器，在强制风冷模式时，由冷却用的风扇和散热片组成。自然风冷即不使用风扇的风冷受限于冷却能力，只适用于容量较小的逆变器。通用逆变器通常不使用水冷装置。冷却器的体积受到模块的发热量，从半导体器件到冷却器的散热构造，冷却方法和结构，材料等的影响。市面上的冷却风扇的规格大多相同，根据其形状的不同，散热片的形状也会有所变化。

3）连接整流电路和逆变电路的滤波电容器，一般受逆变器额定容量和额定纹波电流的影响，与 SiC 器件之间没有直接关系，为了压缩设备整体体积，需要进行缜密的选择。其中常采用并联多个小容量的电容器这种方式。但是，需要注意不要超过逆变器工作的电容器驱动条件温度上限。

4）负责控制、保护逆变设备的控制板，也被称为通用逆变器的神经/大脑。在 Si 无法工作而 SiC 器件可以工作的高温环境下，需要开发耐高温的控制板，从而保证逆变器的正常工作。在与 Si 同温度下，仅仅使用常闭型 SiC 器件并不能改变逆变器的控制和保护功能。今后的研发工作不仅仅针对高温环境下可以正常工作的模块，还需要聚焦模块周边结构的耐高温化开发。

5）有关外壳，因与本书讲述的技术无关，在此不做陈述。

9.2.2 逆变器单元设计、试制示例

下面介绍逆变器单元设计以及试制示例。其主要构成部分为半导体模块、冷却器、滤波电容器（也包括电容板）。

图 9.2.1 和图 9.2.2 分别是木之内团队[1,2]研制的 400V/3.7kW 级 SiC 逆变器

单元和搭载在逆变器组上的SiC模块示意图。逆变器组的功率密度为9W/cm³。除去外壳和控制衬底，与同规格同额定值的Si逆变器组相比，大约是其功率密度的4倍。

图9.2.1　400V/3.7kW级SiC逆变器单元，功率密度为9W/cm³

图9.2.2　400V/3.7kW级SiC逆变器组搭载的SiC模块

除去控制板，制作出来的SiC逆变器组的功能与之前的Si通用逆变器组的功能基本一致。而且还安装了控制浪涌电流的器件和吸收冲击电流的电容器。图9.2.2的SiC模块包含三相整流电路、三相逆变电路以及制动电路。其中用SiC MOSFET作为逆变电路的开关晶体管，用SiC SBD作为续流二极管。另外，还安装了分流电阻可以对电流进行检测。连接整流电路和逆变电路的滤波电容器也都在容量、耐电压以及使用温度方面，参考了传统的Si逆变器，并保持与其基本一致的设计。有关冷却系统，从封装技术的可靠性考虑，参照原先的Si逆变器，将器件的最高结温定为150℃。

400V/3.7kW级SiC逆变器组的冷却系统的设计步骤如下：

1）为了可以估测逆变器工作时SiC模块的电力损耗，对整流电路以及逆变电路的正反向*I*-*V*特性和逆变电路的开关特性进行评估。

2）为了计算半导体器件的最高结温T_{jmax}，在通用逆变器上提高芯片温度至最高，根据高负荷运行模式下的逆变损耗以及基础评估的数据（步骤1）进行计算。

3）通过3D热解析模拟器计算SiC模块的多层结构的热电阻。计算出从器件接合部到冷却用散热片表面的热电阻$R_{j\text{-}f}$，以及散热片和冷却媒介（空气）之间的热电阻$R_{f\text{-}a}$。

4）在超负荷工作模式下保证T_{jmax}不超过150℃，设计冷却用散热片。同时选定强制风冷风扇和散热片风扇。

图9.2.3显示的是400V/3.7kW级SiC逆变器组和同规格的Si逆变器组的风冷系统（散热片和风扇）之间的体积比较。比较前需要假设两者均为同一构造，都使用的是纯铝制造的。由此图我们可以得知，SiC逆变器组在保证相同的冷却效果下可以将风冷系统的体积缩小65%。

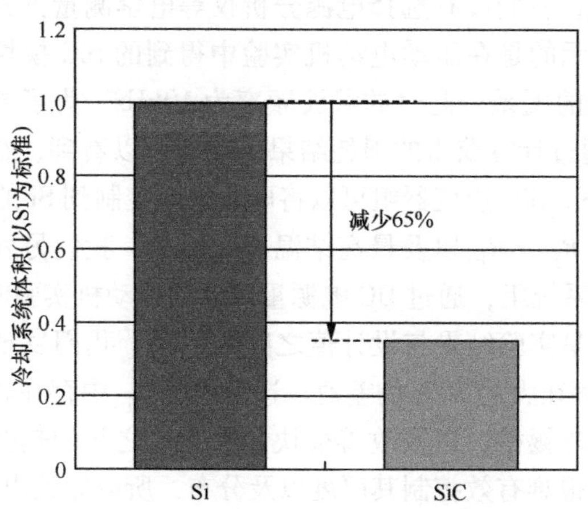

图9.2.3　400V/3.7kW级SiC逆变器组和同规格的Si逆变器组的风冷系统（散热片和风扇）之间的体积比较

为了对研制的400V/3.7kW级SiC逆变器组的性能进行评价，我们采用了驱动电动机实验。使用的电动机是3.7kW/400V的感应电动机。主要的评价项目有以下的3个：①SiC模块的电力损耗；②冷却系统的热电阻$R_{j\text{-}f}$、$R_{f\text{-}a}$以及最高结温T_{jmax}；③滤波电容器的上升温度。为了对上述3点做出准确的评估，我

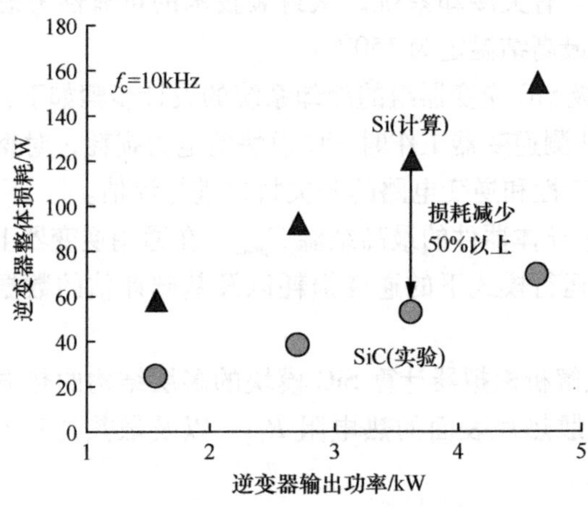

图 9.2.4 SiC 模块的电力损耗与逆变器输出功率之间的关系。与 Si（计算）比较在 3.7kW 输出时可以减少 50% 以上的损耗

们在 SiC 逆变器组的多个部位安装了多个热电偶，用以测量电动机在各种工作条件下的温度分布。

由于 SiC 模块的电力损耗比较小，仅仅通过电气的方式测量，无法获得高精度的数据。所以，我们没有选择电源分析仪等电学测量方式，而是进行了热测量。图 9.2.4 展示的是在驱动电动机实验中得到的 SiC 模块的电力损耗与逆变器输出功率之间的关系。此时的载波频率为 10kHz。为了方便比较，图中还标识了 Si 逆变器通过计算获得的损耗结果。我们可以看到，在逆变器输出功率为 3.7kW 的情况下，SiC 逆变器组可以将电力损耗控制到 Si 的 50% 以下。

有关对热电阻 $R_{j\text{-}f}$、$R_{f\text{-}a}$ 以及最高结温 T_{jmax} 评估，我们另外制作了相同结构的 SiC 模块和冷却系统组，通过 DC 电源重现驱动电动机实验时的热分布，来进行评估。表 9.2.1 是实验结果与设计值之间的比较。我们发现实验值与设计值基本一致。但 $R_{j\text{-}f}$ 存在大约 20% 的差值。这是因为 $R_{j\text{-}f}$ 中存在将半导体器件和绝缘衬底接合起来的焊锡槽，以及改善模块和散热片之间的热接触的润滑层。对于这两个层来说，很难有效控制其厚度以及分布，所以导致出现了差值。

表 9.2.1 热电阻 $R_{j\text{-}f}$ 和 $R_{f\text{-}a}$ 以及最高结温 T_{jmax} 的实验值和设计值的比较

项　目	实验值	设计值
$R_{j\text{-}f}$/(K · W^{-1} · chip^{-1})	1.56	1.29
$R_{f\text{-}a}$/(K · W^{-1} · chip^{-1})	0.53	0.59
$T_{jmax.}$ @3.7kW/℃	89	88

图 9.2.5 构建的是在驱动电动机时，滤波电容器温度的上升与逆变器输出

功率之间的关系。滤波电容器的温度通过设备内部的热电偶来表示。实验中使用的电解电容器所允许的最高上升温度为25 K。从图中可以看到设备确实在允许的温度范围内工作。

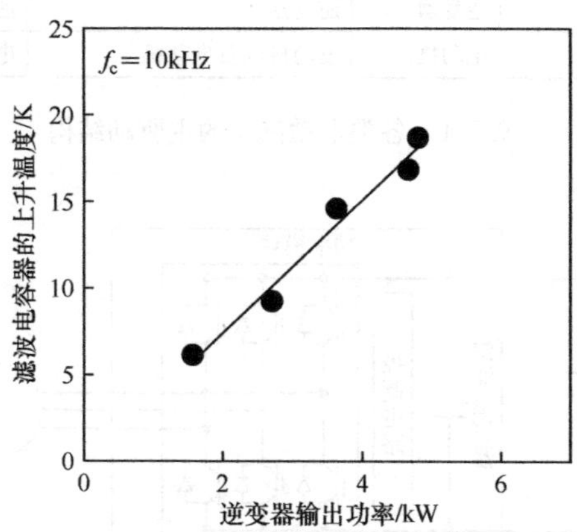

图9.2.5　驱动电动机时滤波电容器温度的上升情况，载波频率为10kHz

以上，我们一起研究了400V/3.7kW级SiC逆变器组除去控制衬底和外壳的各个部分。这里我们没有提到成本问题，与其他应用设备一样，对于搭载了SiC器件的通用逆变器的普及来说，成本和可靠性十分关键。今后要始终把握好市场的动向，持续推进SiC器件应用系统开发的实用性。

参考文献

1) S. Kinouchi, H. Nakatake, T. Kitamura, S. Azuma, S. Tominaga, S. Nakata, Y. Nakao, T. Oi, and T. Oomori, *Mater. Sci. Forum* 600-603, 1223 (2009).

2) 木ノ内伸一・中田修平：三菱電機技報 83, 27 (2009).

9.3　在逆变电路上的应用（2）：车载逆变器

9.3.1　车载逆变器的构成

逆变器可以将电流由直流变换为交流，并且可以高效率地控制电动机的运行。图9.3.1介绍了各类电动汽车的主驱动结构。例如，纯电动汽车、混合能源汽车、插电式混合动力汽车、燃料电池汽车等的电动汽车，在将电力转换为驱动设备的能量源时必须要借助逆变器。因此，蓄电池、燃料电池等电力能源、电动机和逆变器被称为电动汽车开发行业的三大支柱性技术。

图9.3.2是车载逆变器的结构图。由图可知，车载逆变器主要由控制电路、

	纯电动汽车	混合能源汽车 插电式混合动力汽车	燃料电池汽车
能源来源	2次电池	汽油及2次电池	燃料电池
电能变换	逆变器	逆变器	逆变器
主传动	电动机	发动机以及电动机	电动机

图 9.3.1 各类电动汽车的主驱动结构

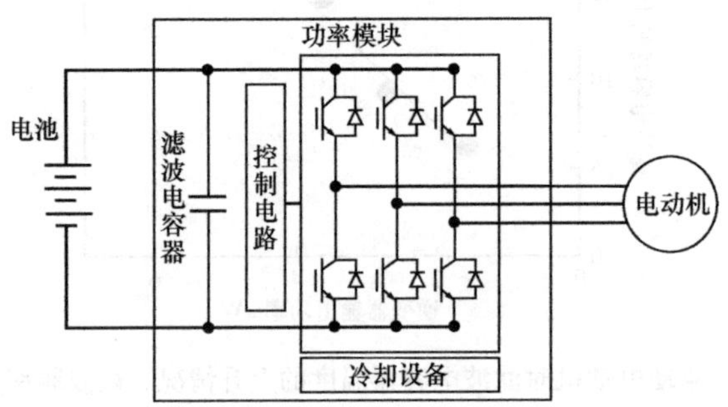

图 9.3.2 车载逆变器的结构图

滤波电容器、冷却设备，以及功率模块构成。功率模块上采用功率半导体，由控制电流闭合的开关器件以及使电流呈环状流动的续流二极管构成了模块的一端。上下各一端一起构成了电动机三相交流控制结构的一相，3 个这样的结构一起构成了整个交流控制结构。现在的功率半导体多采用 Si 基，开关器件则多采用 IGBT。根据电动汽车的种类和车种的不同，电力来源也不同。一般情况下采用 300 ~ 400V 的电源电压，开关频率为几 kHz，功率半导体的耐电压值保持在 600V 以上，保证其可以控制几百 A 的电流闭合。由于车载逆变器的体积受限，所以必须尽可能地缩小它的体积。业界也正在开发研究降低损耗、减少发热、高效制冷、体积较小的新型逆变器。与家电逆变器不同的是，几十 kW 级以上的电动汽车主传动装置用的车载逆变器会采用水冷装置。

9.3.2 车载逆变器对功率半导体性能的要求以及对 SiC 的期待

功率半导体的损耗包括电流流经时的导通损耗和电流接通/断开时的开关损耗两种。降低总损耗就必须要降低这两种损耗。耐电压 600V 以上，几百 A 级的 Si 功率半导体中的 IGBT 和续流二极管都是双极型器件。此类双极型器件通常通过注入少数载流子进行电导调制，从而抑制导通损耗，另一方面，这会导致开关损耗的增加，所以必须权衡两者的关系，而且还需要考虑到车辆的实际情况来进行最小化的设计。

以Si为代表的传统功率半导体，针对降低其损耗的研究，已经渐渐接近材料的物理性质界限。近年SiC功率半导体在逆变器效率提升和小型化领域的研究与应用备受瞩目。与Si相比，SiC的电介质击穿电场强度是其的约10倍，物理性质优异，耐电压可达600V以上，即便在几百A级的设备上也可以保证较高的半导体衬底浓度。作为单极型器件，不需要注入载流子，便可以降低导通损耗，也不会引起开关损耗的增加。

其实，早在2000~2010年期间，以SiC SBD为代表的SiC功率半导体已经应用于几A级的小电力领域。但是，车载的几百A级的器件仍在研究中。其中一个难题就是，SiC晶片的缺陷密度比较大，常出现微管等，而且芯片的尺寸也受到各方面原因的限制。但随着近年来SiC晶片品质的提高，半导体制作过程的改进，以及SiC器件性能的进化，相关的芯片制作已在加速，业界也就搭载SiC功率半导体进行车辆试运行实验展开讨论。

9.3.3 SiC逆变器的车载实例

图9.3.3是实际车载的单相分功率模块。开关器件用的是Si基IGBT，而续流二极管使用的是SiC二极管。这里使用的SiC二极管与SiC SBD不同，是一种新型的SiC HJD（Hetero Junction Diode，异质结二极管）。3个IGBT芯片和6个SiC HJD芯片在各自的区域内并行排列着。

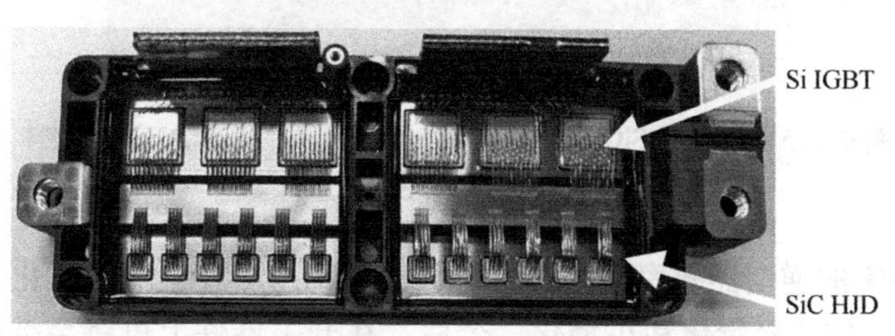

图9.3.3 搭载了SiC HJD的单相分功率模块

图9.3.4是HJD的横截面构造以及与Si二极管的各种性能比较。HJD是多晶硅和SiC半导体通过异质结组成的二极管。多晶硅一般用于诸如IGBT等Si功率半导体的栅极，在制作Si的生产线上很容易获得。

HJD与SBD一样都是不需要少数载流子注入的单极型器件，可以实现高速开关转换。另外，通过控制多晶硅中的杂质浓度，也可以改变电流正向流动时二极管的压降，从而减少实际情况下的导通损耗。最后可以达到业界所期待的总损耗的降低。

图9.3.5是搭载了HJD车用SiC逆变器的燃料电池汽车在进行运行实验时的照片。与原来的Si二极管相比，HJD可以将面积缩小至原来的30%，而且还

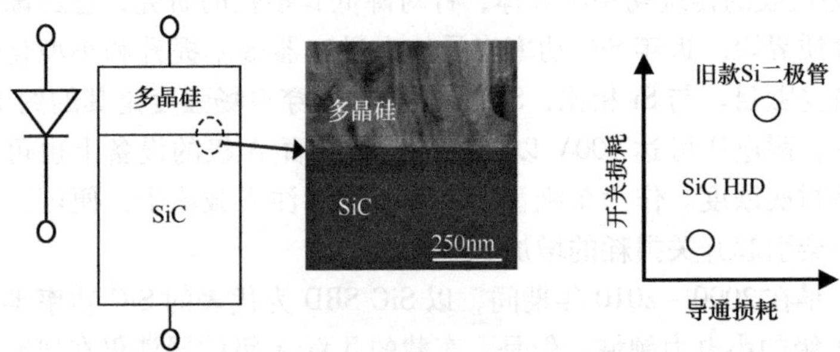

图9.3.4　SiC HJD的横截面构造以及与Si二极管的性能比较

图9.3.5　搭载了SiC HJD的车用SiC逆变器的日产汽车——燃料电池汽车X-TRAILFCV试运行实验

可以提高20%的逆变器效率。另外，还可以实现冷却装置的小型化，最终实现逆变器设备总体的轻量化和小型化。今后，在开关器件上也将会推广SiC晶体管，业界也期待凭借此举实现车载逆变器进一步的小型化和效率的优化。

9.3.4　车载SiC逆变器今后的研究课题

车载逆变器工作功率较大，电流的开通、关断控制时会产生剧烈的电流及电压变化。在伴随电路内表现为寄生电感的电流的剧烈变化产生的浪涌噪声，及寄生电感与寄生电容共振导致的电磁噪声等问题亟待解决。从二极管的正向续流状态到施加反向偏置的反向恢复时，双极型Si续流二极管中，有时会使用通过控制少数载流子寿命来抑制反向恢复时剧烈的电流变化的软恢复方法来降低噪声。但是SiC器件为单极型器件，本来就没有少数载流子注入，难以通过相同的方法实现反向恢复时的软恢复。SiC二极管反向恢复时，有时会发生剧烈的电流及电压变化导致的噪声。开发寄生电感更小的封装形式，开发开关控制方法，开发产生噪声后也能抵抗误开关的控制电路等应对噪声的方法是 SiC 车载逆变器所迫切需要的。

并且，随着半导体器件小型化，半导体器件的单位面积电流密度增加，单位面积的发热密度增加。半导体器件与功率模块相连的电力布线的研究及提高冷却性能等的研究开发必不可少。

SiC 车载逆变器并非只是单纯将半导体材料从 Si 换为 SiC，人们还期待包含适用于车载用途的器件开发、电路技术及安装技术的开发等综合性基础技术的进步。

9.4 在逆变电路上的应用（3）：铁路用逆变器

9.4.1 铁路用逆变器与功率器件

蒸汽机车于 1814 年在英国发明出来，带来了全球陆地运输的变革。200 多年后的今天，铁路仍然承担着世界运输的主要任务。在 20 世纪初的日本及欧洲，在与刚刚被发明出来的飞机的竞争中，高速铁路的开发也在逐步推进。高速铁路方面，1965 年日本新干线在全球首次实现时速 210km，此后欧洲在 20 世纪 90 年代以后也快速普及了高速铁路列车，法国的 TGV 及德国的 ICE 都颇负盛名。

铁路将 1 个人运送 1km 所需的能量约为飞机的 1/3，约为家用车的 1/5（见图 9.4.1）[1]，远小于其他运输方式。并且，将 1 名旅客运送 1km 排放的 CO_2 量约为飞机的 1/6，家用车的 1/10（见图 9.4.2）[2]。因此，全球各国都提出了高速铁路基础设施完善项目，时速 300km 级的高速铁路线路有望一举推广至世界范围。

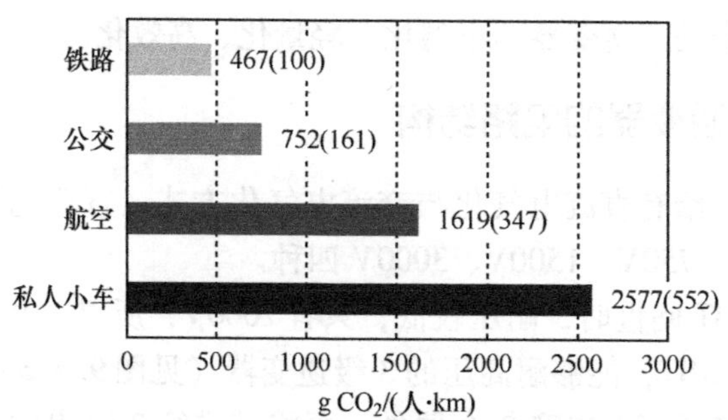

能源消耗量[kJ/(人·km)]：运送旅客每人每千米所需能源
(　)内是以铁路=100时做比较的情况

图 9.4.1　各客运交通工具的能量消耗效率（2006 年度）

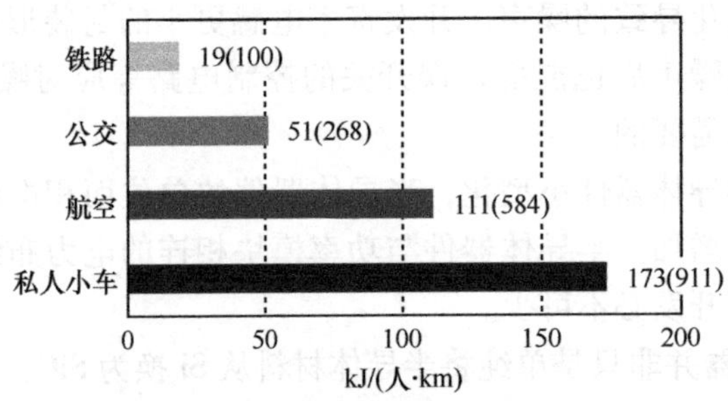

图 9.4.2　各客运交通工具的 CO_2 排放量（2005 年度）

考虑到今后将不断扩大的铁路产业，必须采取降低环境负荷的措施。为推进铁路节能化，直到今天，人们一直致力于车体材料及结构轻量化、有效利用再生能源、构建高效驱动系统等技术的开发。

高效驱动系统的实现离不开功率半导体器件的技术开发、控制技术的提高。起初并没有自消弧功能的耐高压功率半导体器件，所以一般使用直流电动机。使用直流电动机的列车必须搭载电阻器来控制电压。但是，使用电阻器会产生热能，导致能量损耗增大。电阻器体积大，并且有机械部件，维护工作也必不可少。

到了 20 世纪 80 年代，能用于铁路用途的耐压 2500V、4500V 的 GTO 得以实际应用，可变电压可变频率控制（VVVF 控制）成为可能，感应电动机成为主电动机。到了 20 世纪 90 年代，拥有电流饱和特性的电压控制型耐高压 IGBT 得以实际应用。1992 年日本帝都高速度交通营团的 06 系电车、07 系电车是首次搭载使用 IGBT 的逆变器的列车，此后搭载 IGBT 的逆变器成为主流。

由于 IGBT 的安全工作区范围大，所以可以通过器件的自我损坏保护电路，而不需要用于保护器件不受开关时击穿的阳极电抗器及缓冲电路等附属电路。由于搭载 IGBT 的逆变器的出现，驱动系统的小型轻量化、节能化进一步提升。功率器件的升级带动了逆变器的小型化、轻量化、高效化。

9.4.2　铁路用逆变器的电路结构

列车的电力供给有直流电气化与交流电气化方式。直流电气化方式中，国际惯用的有 600V、750V、1500V、3000V 四种。

铁路用的 IGBT 问世时，耐压较低，只有 2000V，所以一开始采用的是在各桥臂中串联 2 个 IGBT，能够耐高压的 3 级逆变器（见图 9.4.3）。3 级逆变器的主电路结构为：各桥臂上串联 2 个器件，再将其进行 2 组串联，再将 3 组上述组件并联，是用二极管从各桥臂中点连接电压电源的中间点的结构。由于利用了中间电压，可以得到全电压-中间电压-0V 的 3 段电压，能够减小波形偏差，得到更接近于正弦波的波形。问题是，与2级逆变器相比，它使用了2倍以上的器件，电路结构变复杂，成本也随之提高，装置体积变大。

20世纪90年代后期开始，IGBT的耐高压化进步，2级逆变器成为可能（见图9.4.4）。2级逆变器能够控制使用IGBT的数量，可以实现装置小型化并降低成本。在欧洲，已经有了直流架空线3000V的线路，现在6500V规格的耐高压IGBT也已产品化。

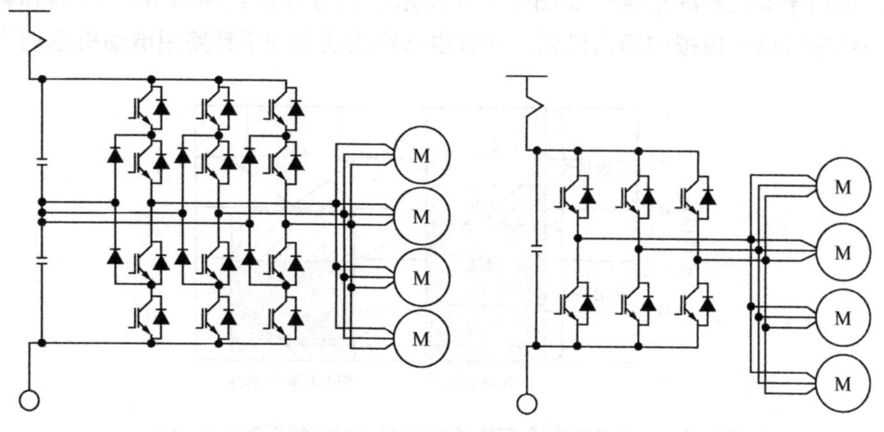

图9.4.3　3级逆变器（直流电气化区间运行列车）

图9.4.4　2级逆变器（直流电气化区间运行列车）

而交流电气化区间内，使用了约直流电气化区间10倍的高电压，输电损耗小，可以增大变电站之间的间隔，并有望降低地面设备的成本。在交流电气化区间内运行的列车的驱动系统电路结构，在逆变器的基础上还搭载了变压器及变流器（见图9.4.5）。

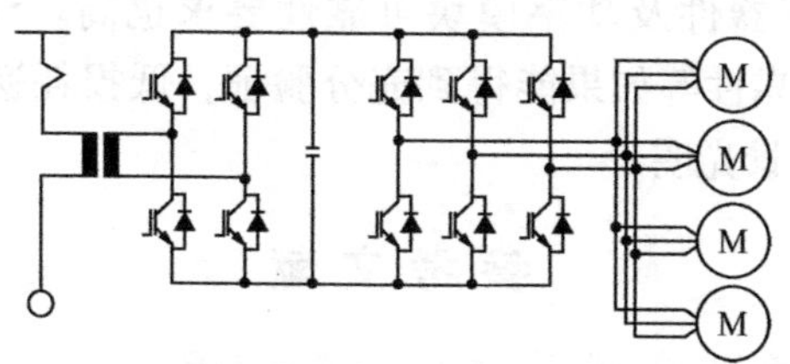

图9.4.5　2级逆变器（交流电气化区间运行列车）

9.4.3　铁路用逆变器上的SiC器件应用

近年来，采用SiC器件替代传统的Si基IGBT，以尝试降低逆变器损耗。SiC的临界击穿场强约为Si的10倍，能将相同耐压器件的厚度降低至其1/10，将漂移区的掺杂浓度提高至它的100倍，能够将漂移区电阻减少3个数量级。基于这种特性，有文献报告了将逆变器中使用的IGBT及二极管替换为SiC器件的效果。

耐高压的IGBT中并联的二极管使用的是传统的Si pn结二极管，但SiC SBD也越来越受到关注。SiC SBD是仅在电子电流下工作的单极型器件，因此没有恢复电流，在能大幅减少恢复损失的同时，也有望降低开通损耗。

例如，图9.4.5的1500V主电路电压的主电路系统中，使用了3.3kV级的IGBT模块。将这一IGBT模块中使用的二极管替换为SiC基SBD，形成Si/SiC混合模块，适用于变流器的情况，如图9.4.6所示，能够降低约40%的变流器损耗，这一结果可以在模拟中确认得到，并且也已经成功实现于铁路用电动机驱动[3]。

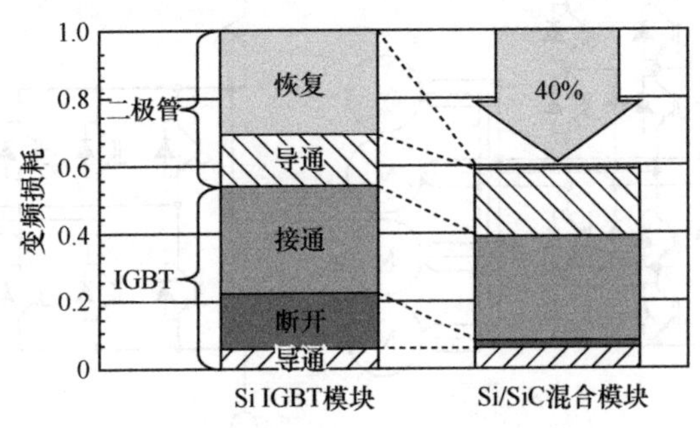

图9.4.6　Si/SiC混合模块适用于变流器时的损耗降低效果

而有望替代IGBT的SiC MOSFET的导通电阻拥有超过Si上限的特性，但目前尚未达到物理特性推测出的数值，这是由于SiC MOSFET的沟道迁移率比Si MOSFET小的缘故。但是，近年来，关于提高沟道迁移率的研究[4]及超过1700V耐压的SiC MOSFET的开发[5]得以推进。今后，人们将开发出耐高压、低损耗的SiC MOSFET。降低铁路列车故障率很有必要，其运行时间比其他应用场景的要长，对功率器件及功率模块可靠性要求也高。SiC器件内的缺陷及MOSFET氧化膜的可靠性等如果能得到充分验证，低损耗逆变器的实现、逆变器装置的小型化也前景光明。

参考文献

1）国土交通省　総合政策局「交通関係エネルギー要覧2007」.

2）交通エコロジー・モビリティー財団「運輸・交通と環境2007」.

3）Katsumi Ishikawa, Kazutoshi Ogawa, Hidekatsu Onose, Norifumi Kameshiro, and Masahiro Nagasu, *The 2010 International Power Electronics Conference* (2010) p. 3266.

4）K. McDonald, L. C. Feldman, and R. A. Weller, *J. Appl. Phys.* 93, 2257 (2003),

5）J. W. Palmour, J. Q. Zhang, M. K. Das, R. Callanan, A. K. Agarwal, and D. E. Grider, *The 2010 International Power Electronics Conference* (2010) p. 1006.

9.5 在逆变电路上的应用（4）：电力用逆变器

SiC 拥有比 Si 高约 10 倍的临界击穿场强，因此非常适用于耐高压器件；其熔点比 Si 高约 2 倍，带隙比 Si 高约 3 倍，因此耐热性好，适用于大电流器件。SiC 的热导率比 Si 高约 3 倍，散热性良好，也适用于大电流器件。因此，SiC 是要求耐高压、大电流的电力用途半导体的理想材料，从较早时期开始人们就在推进电力用途 SiC 器件的开发[1,5]，适用 SiC 器件的电力用逆变器的开发虽然非常少，但也在逐步推进。电力用逆变器开发的实例有：①使用 SiC 二极管与 Si IGBT 并联的混合结构电力稳定装置用 50kVA 级三相逆变器[1,2]；②仅由 SiC MOSFET 构成的太阳能电池用 7kV 量级全 SiC 三相逆变器[3]；③SiC 二极管与 SiCGT 构成的应对瞬时电压降的 100kVA 量级全 SiC 高过载三相逆变器[4]等。接下来分别进行介绍。

9.5.1 使用 SiC 二极管的混合结构逆变器与电力稳定装置

Si IGBT 拥有优良的性能，在当今半导体开关器件中占主角的地位。但是，在组成电力用途等高电压逆变器时，与器件并联的必不可少的续流二极管的性能（反向恢复时间及反向恢复电荷等）不足，成为阻碍逆变器高性能化的重要原因。

SiC pn 结二极管与 Si pn 结二极管相比，不只是适用于耐高压大电流化，而且反向恢复时间短，反向恢复电荷小，因此还能大幅减少开关时的损耗，但目前只在最高 20kV 的耐压范围内进行了实验证明[5]。这一效果在耐高压 SiC 器件上尤为显著，4kV 以上开关时的损耗能够降低至 Si pn 结二极管的 1/10 以下，是理想的高电压逆变器的续流二极管。

利用这一优势开发出的 4.3kV Si IGBT 与 3.0kV SiC pn 结二极管相结合的电力用混合逆变器及其适用的电力稳定装置[1,2]将在下文进行介绍。

系统中发生雷击故障或接地故障时会产生较大的电压变动，有时会造成连接系统的各种电力装置的损伤或停电。因此，为抑制事故发生时的这些变动，就需要电力稳定装置。图 9.5.1 展示了日本关西电力公司开发的电力稳定装置的主电路结构[1,2]。供给有功功率与无功功率的 BTB（Back to Back，背靠背）及仅供给无功功率的 SVG（Static Var Generator，静止无功发生器）双管齐下确保电力系统的稳定。图 9.5.2 为设备图片，装置宽 4.2m，输出为 200kVA。

设备的主电路逆变器部分，为 4.3kV、1200A 级的商用平面型 Si IGBT 模块与 3kV、350A 级的平面型 SiC pn 结二极管模块[6]各 6 个构成的三相 PWM 逆变器。图 9.5.3 展示了平面型 SiC pn 结二极管模块。Si IGBT 模块中内置 16 个

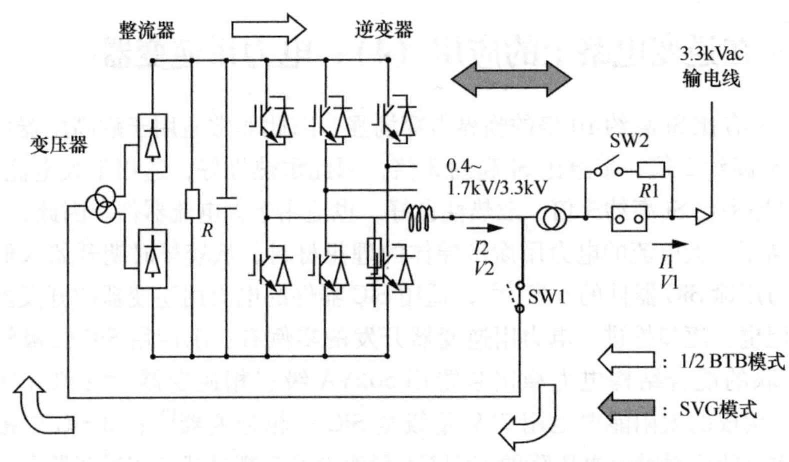

图9.5.1　日本关西电力公司开发的电力稳定装置的主电路结构

4.5kV、75A级的Si IGBT芯片，平面型SiC二极管模块中内置3个3kV、120A级的SiC二极管芯片。为确保250℃左右的高温下也能保障平面型SiC二极管模块的高耐电压性能，在封入特殊惰性气体的同时，构成各模块的材料也使用了高耐热性的材料[6]。

图9.5.2　电力稳定装置

图9.5.4为将主电路结构图中的SW1开启、SW2关闭后进行SVG同时保护时的波形图[1,2]。逆变器的直流电压为1kV，系统交流电压$V1$为3.3kV，逆变器的载波频率为1.62kHz。系统电压$V1$为3.3kV_{rms}的基准电压时，逆变器不流通电流，图中波形早期由于$V1$向3.55kV_{rms}变动，为把$V1$拉回基准电压，输出电流$I1$具有相对$V1$相位滞后的延迟性，为8.5A_{rms}。由于这一电流供给，$V1$回

图9.5.3 3kV、350A级平面型SiC pn结二极管模块

到3.3kV$_{rms}$的基准电压，输出电流$I1$也变为0（图中波形中央附近）。接下来，$V1$变为3.02kV$_{rms}$，所以为使$V1$回到基准电压，输出电流$I1$具有相对$V1$相位超前的超前性，为8.7A$_{rms}$（图中波形后方部位）。提供比图中更具延迟性的输出电流时，逆变器的输出电流$I2$为138A$_{rms}$，提供超前性的输出电流$I1$时，逆变器的输出电流$I2$为93A$_{rms}$，两者间的变动较为高速且平稳。也就是说，系统交流电压$V1$变动到大于3.3kV$_{rms}$时，无功功率从系统流入逆变器，小于3.3kV$_{rms}$时，无功功率从逆变器平稳流出到系统中，可以确认SVG的补偿动作。

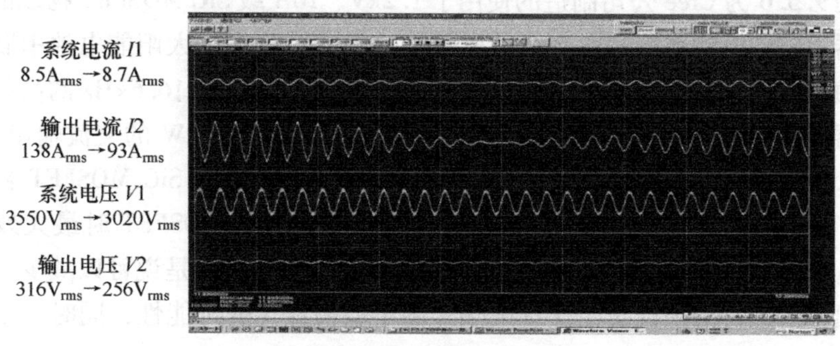

图9.5.4 SVG动作时的波形

图9.5.5展示了关闭SW1、开启SW2后进行BTB动作时的波形。原本的BTB可参考本书第10章图10.6.2所示，而图9.5.5（变压器+整流器+逆变器）构成的2台功率变换器通过电容器左右对称连接，各变压器与不同的系统A、B相连，系统A、B间通电。本系统将其简化，只由1台构成，仅验证有功功率的供给能力。电压$V1$为3.2kV$_{rms}$，电流$I1$为2.4A$_{rms}$以保证系统的稳定，此时逆变器的输出电压$V2$为425V$_{rms}$，输出电流$I2$为67A$_{rms}$，因此，输出的有功功率为49.3kVA。

今后的实用化需要更大容量的SiC pn结二极管，日本关西电力公司已经开

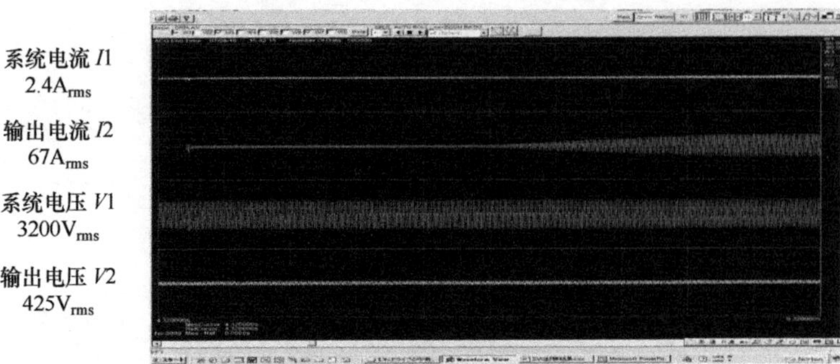

图 9.5.5　BTB 动作时的波形

发出了 4.5kV、1000A 级的大电流容量 SiC 二极管，今后如何使用这些大容量器件实现 1MVA 以上电力稳定装置的大容量化将是人们研究的课题。

9.5.2　SiC MOSFET 构成的太阳能电池并网用三相逆变器

为应对全球变暖，人们一直在积极利用太阳能等可再生能源进行发电。使用太阳能电池进行发电时，发电电流是直流电，所以通过逆变器变换为交流电再供给到系统，为了有效利用发电电力，便需要高效的逆变器。

图 9.5.6 为 Cree 公司制造的使用了 1.2kV、10A 级 SiC MOSFET 构成的三相逆变器太阳能电池系统互联系统的电路结构图[3]。将多个太阳能电池串联形成 750V 的直流电压，作为三相逆变器的电源，在载波频率为 16.6kHz 的高频下对逆变器进行 PWM 控制，经由连接用电抗器向系统供给 7kW 的交流输出功率。图 9.5.7 为这一 SiC MOSFET 逆变器的效率与仅将器件从 SiC MOSFET 替换为 Si IGBT 的逆变器的效率进行对比的结果[3]。使用 SiC MOSFET 时最大效率为 97.8%，比使用 Si IGBT 时的最大效率提高了约 2%，也就是说可以减少一半左右的损耗。这一结果证实了实现散热片的小型轻量化的可能性，同时，由于提高了频率，连接用电抗器的小型轻量化也有可能实现。

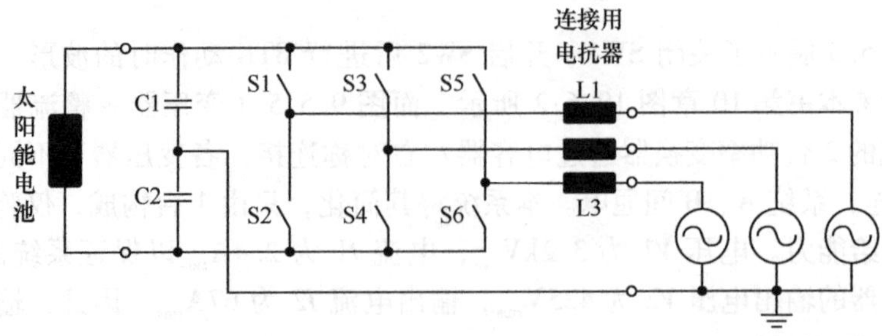

图 9.5.6　采用了 SiC MOSFET 的太阳能电池并网用三相逆变器电路

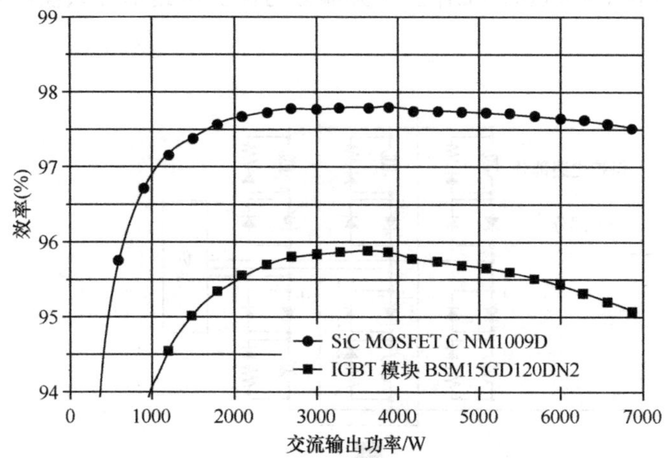

图9.5.7　SiC MOSFET逆变器与Si IGBT逆变器的效率对比

9.5.3　带有应对瞬时电压下降功能的负荷平衡装置用高过载三相全SiC逆变器

当今，日本夜间的电力使用量远低于白天，因此为促进夜间电力使用，夜间电费更便宜。由此一来，将便宜的夜间电力存储到大型蓄电池，白天使用存储电力的负荷平衡装置，以及电力使用接近峰值时间段时，使用存储电来减少合约电量以减少电费的削峰填谷装置，在半导体工厂等大规模工厂，或是购物中心等大型设施内得到广泛使用。这种装置也不能免受上述系统输电线雷击故障及接地故障的影响，必须想办法应对发生故障时瞬时电压下降以及瞬时电力中断的瞬时停电。

SiC比Si的耐热性优良，短时间内同等冷却也可以抑制高电力。充分利用这一特性，SiC逆变器在与Si逆变器相同额定功率下也能实现高过载耐受量(承受超过额定输出的工作能力。Si逆变器通常在130%以下)。使用额定功率小的SiC逆变器进行高过载驱动，可以应对瞬时电压下降及瞬时停电，可以预见到带有应对瞬时电压下降（瞬时停电）功能设备的大范围小型轻量化、低价化。出于此种目的，人们开发出了高过载SiC逆变器，下面将进行介绍[4]。

1. 高过载SiC逆变器的结构与特性

图9.5.8为日本关西电力公司开发的三相PWM高过载SiC逆变器[4]。开关部分是由本书8.5节介绍的SiC制备的SiCGT与SiC pn结续流二极管构成，保护电路部分是由阳极电抗器与SiC保护二极管及电阻器构成。阳极电抗器可以防止开通时SiCGT流过陡峭的电流导致器件损坏。SiC保护二极管与保护电阻器能够确保耐压，阳极电抗器中存储的能量在SiCGT关断期间被保护电阻器完

全使用掉，以备下一次保护工作。开关部分与保护电路部分共使用6组构成三相逆变器。

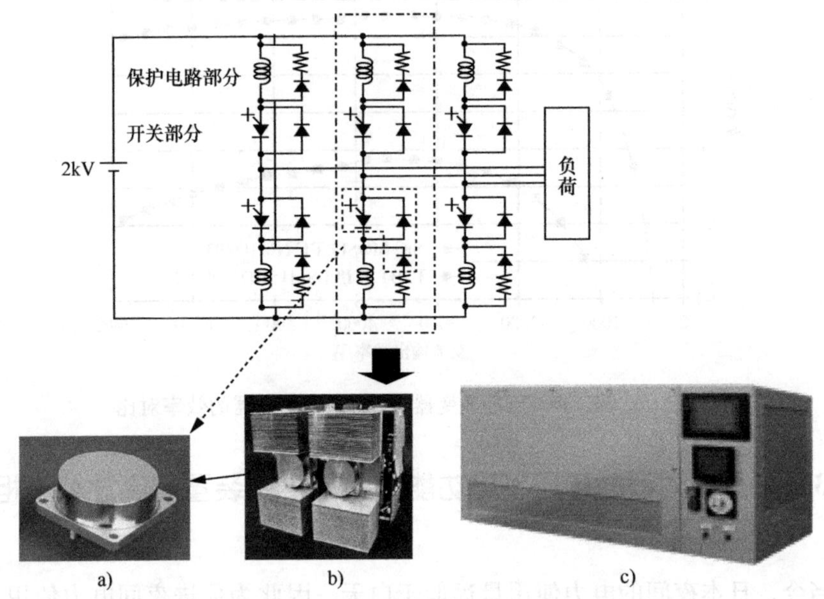

图9.5.8 三相PWM高过载SiC逆变器

a）SiCGT模块 b）堆栈 c）三相逆变器（110cm×48cm×55cm）

点画线框内的SiCGT与SiC pn结续流二极管及SiC保护二极管内置在图9.5.8a的模块中。点画线内的2个模块与它们的驱动电路、阳极电抗器和保护电阻器，以及模块冷却用的散热片和电源用电容器内置于图9.5.8b的堆栈中，构成逆变器的一相。使用3台这种结构的堆栈，搭载PWM控制装置及保护用保险丝、冷却风扇及测量仪表等，构成图9.5.8c的三相逆变器。构成三相逆变器时，冷却风扇的配置需要花费一些工夫，保护电阻器置于SiC保护二极管内可以实现小型化。

2. SiC逆变器的高过载工作

半导体工厂、医院等重要用电场所，系统的输电线发生雷击故障及接地故障时的瞬时电压降及停电，会带来严重的影响。因此，设置两条来自不同系统的输电线，如果一条线路发生故障，未发生故障的另一条线路将迅速启用断路器切换线路。但是，断路器的切换需要3s左右的时间，我们验证了上述高过载SiC逆变器是否可以应对这3s内发生的瞬时停电。

图9.5.9展示了高过载SiC逆变器的过载工作[4]。常规工作时输出基本为额定值左右的100kVA，接收到瞬时电压降发生的信号后迅速输出高过载功率，

接收到断路器完成系统切换的信号后，能够迅速恢复到常规工作。过载时 3s 内的平均输出功率超过 300kVA，为额定值 300% 的高过载功率。

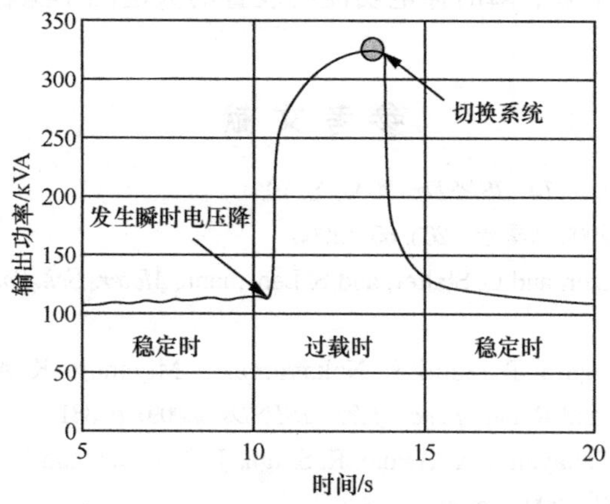

图 9.5.9　高过载 SiC 逆变器的过载工作

图 9.5.10 展示了过载时峰值输出的逆变器波形[4]。PWM 输出电压为 ±2000V，载波频率为 2kHz。峰值输出电流约为 350A，电压调制率为 0.72，峰值输出功率可达到约 380kVA。此时，各 SiCGT 的结温 T_j 的实测值为 270～350℃[4]，低于现有用以覆盖保护器件的高耐热纳米树脂的耐热温度（约 400℃）。

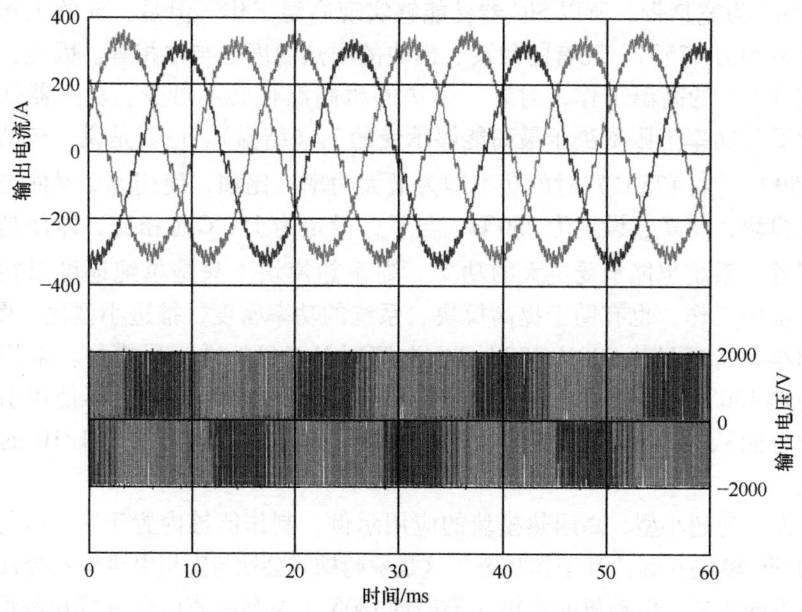

图 9.5.10　过载时的峰值输出逆变器波形

今后，为增强散热片、风扇的冷却性能以及降低SiCGT芯片、封装热阻，通过降低SiC器件的T_j，可以预见到高过载SiC逆变器过载功率的进一步增大。具有应对瞬时电压下降、瞬时停电功能的装置的大范围小型轻量化、低价化将值得期待。

参考文献

1） Y. Sugawara, *Proc. of 14th ISPSDs* (2003) p. 10.

2） 菅原良孝：動力（2005秋季号）265, 65（2005）.

3） B. Burger, D. Kranzer, and O. Stalter, and S. Lehrmann, *Mater. Sci. Forum* 600-603, 1231（2009）.

4） Y. Sugawara, S. Ogata, T. Izumi, K. Nakayama, Y. Miyanagi, K. Asano, A. Tanaka, S. Okada, and R. Ishi, *Proc. of 21th ISPSDs* (2009) p. 331.

5） Y. Sugawara, D. Takayama, K. Asano, R. Singh, J. Palmour, and T. Hayashi, *Proc. of 13th ISPSD* (2001) p. 27.

6） Y. Sugawara, D. Takayama, K. Asano, R. Singh, H. Kodama, S. Ogata, and T. Hayashi, *Proc. of 14th ISPSD* (2002) p. 245.

专栏：高耐热模块

SiC为宽禁带，所以SiC器件能够实现高温工作。但是，Si的工作温度上限约为175℃，现有的封装、模块的耐热温度也与之相等。因此，要想实现SiC的高温工作，封装、模块的耐高温化必不可少。功率器件能够承受的功率上限取决于最高能够承受的T_j（结温）。也就是说，Si的T_j为150℃（或175℃）时的功率即为最大功率。比如，使用SiC器件与高耐热模块，将T_{jmax}设定为250℃，与T_{jmax}设定为150℃时相比，即使是相同器件、系统也能承受更大的功率。高耐热模块不只是单纯地可以在高温环境中工作，也有助于提高模块、系统的功率密度，推进小型化。图1为超小型、高耐热600V/300A SiC沟槽型MOSFET逆变器模块。采用使用耐热450℃的金属接合技术、耐热250℃材料的封装技术，不使用引线键合也能从芯片两面放热的结构，实现了较Si IGBT模块约1/10的小型化。

图2为超小型、高耐热模块的应用示例，制作能够内置于EV用电动机的SiC模块并确认其工作状态。这是罗姆株式会社与安川电机株式会社共同研发的成果，电动机的发热（最高约180℃）导致一直以来Si模块都难以

内置，模块尺寸大，导致模块尺寸无法缩小并内部集成。如果使用能够高温工作的 SiC 模块，模块尺寸将会非常小，能够缩小并内部集成，并且导通损耗也比传统的 Si IGBT 模块少了一半。模块内置于电动机内后，也不需要连接电动机与电力控制系统的电缆，可以节约空间。

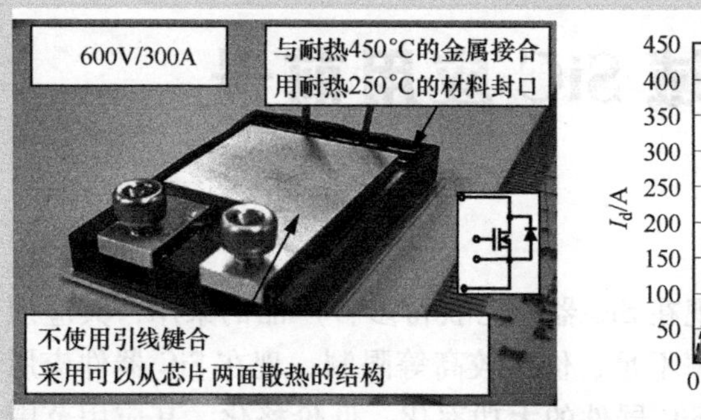

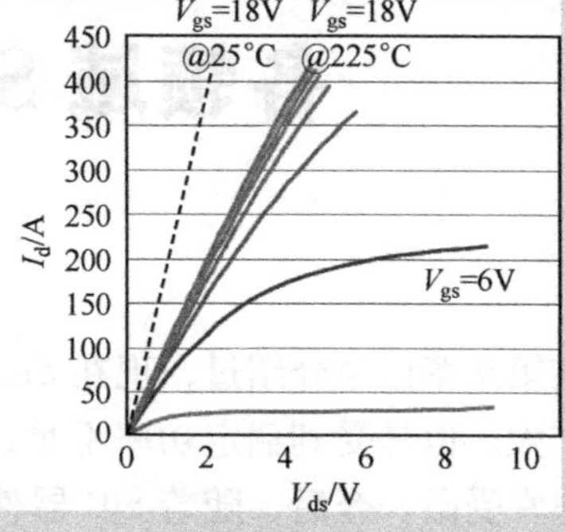

图1 超小型、高耐热 SiC 沟槽型 MOS 逆变器模块及其特性

(参照安川电机株式会社和罗姆株式会社的共同研发成果)

图2 能够内置于 EV 用电动机的高温工作大功率全 SiC 模块

第 10 章

各领域 SiC 应用前景

在第 9 章已经介绍过，现在 SiC 器件已获得多种产品的采用，其应用市场不断扩大。但是受到额定功率不足、价格较高等限制，现在 SiC 器件应用场景还是非常受限。今后，随着 SiC 器件的大功率化、低价格化，其应用范围也会逐步扩大。本章聚焦在未来迫切希望采用 SiC 器件的领域展开说明。

10.1 新能源汽车[1,2]

10.1.1 汽车行业的外部环境

人类在过去数千年的时间里取得了巨大的技术进步。但不可否认，这些科学技术对地球环境也造成了不可忽视的破坏。根据对数千年里大气中 CO_2 浓度的调查研究显示，在 19 世纪工业革命后大气中 CO_2 的浓度急速上升（见图 10.1.1)。随着人类对化石燃料消耗的不断扩大，地球的平均温度不断上升，这也是导致如今种种大规模气候异常的重要原因之一。

根据调查显示，现在包括汽车在内的运输相关产业所排放的 CO_2 占总体的约 1/4。展望未来，作为汽车制造商有责任让大家一边享受汽车的便利的同时，大幅缩减汽车排放的 CO_2。丰田汽车为了实现构建可持续的汽车社会不知疲倦地对环保汽车进行开发研究。其中的一个关键方案就是混合动力技术。通过混合动力技术可以将各种能源进行融合，从而实现终极环保汽车的设计制造。

10.1.2 丰田 HV 的过去、现在和将来

1997 年丰田汽车首款混合动力汽车（HV）普锐斯量产销售。之后丰田又陆续开发出了 minivan HV、SUV HV、sedan HV 等系列，逐步形成了丰田 HV 的全品类。截至 2010 年 7 月末，丰田 HV 在全球约 80 个国家和地区累计销售了 268 万辆，其中日本国内的销售台数达到了 100.7 万辆。根据丰田公司的测算，

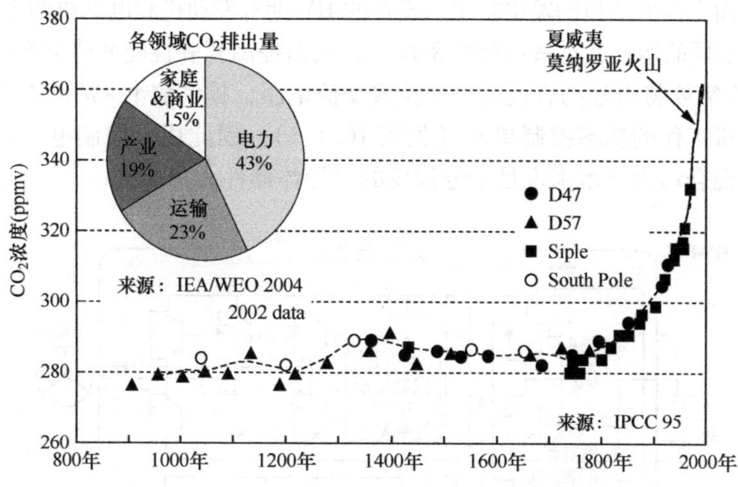

图 10.1.1　大气中 CO_2 浓度变化演变

通过销售这些 HV，丰田在全世界减少了约 1500 万 t CO_2 的排放，其中在日本国内就减少了约 400 万 t。丰田公司今后希望通过开发更多的 HV 车型，在 21 世纪第 2 个 10 年的前期达到一年销售 100 万辆 HV 的目标（见图 10.1.2）。

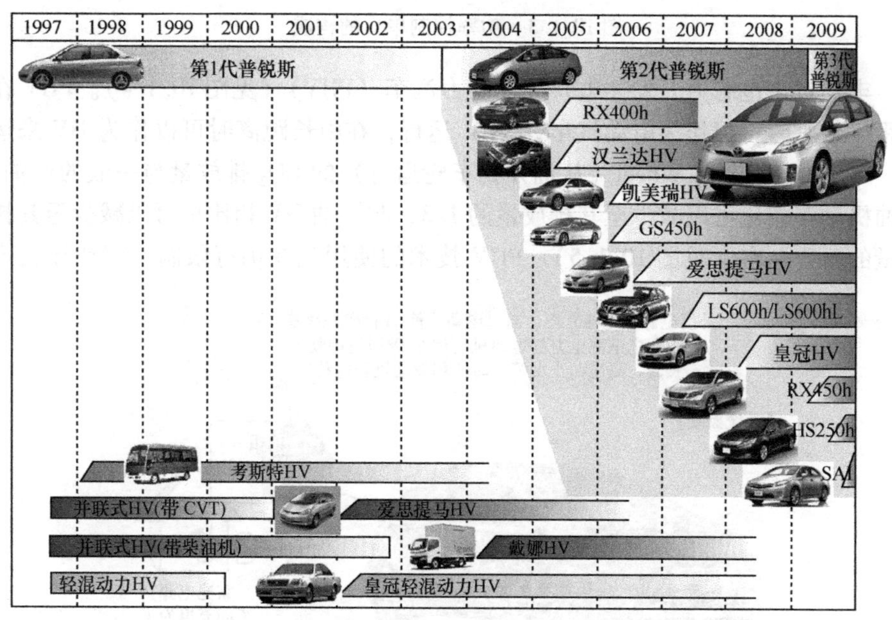

图 10.1.2　HV 开发史

第 1 代普锐斯采用 288V 电池，直接通过逆变器驱动电动机。在第 2 代普锐斯之后，为了进一步提高驾驶性能，通过升压逆变器将电池电压提升到 500V 和

650V，从而提高电动机的输出功率。现在的HV拥有发动机和电动机两个动力源，可以根据不同的运行状态来进行紧密控制，从而提高驾驶性能并降低燃油费。

HV中需要将电池的直流电压变换成交流电压，提供数十kW的电力，从而驱动电动机工作的功率控制单元（见图10.1.3）。因此用于控制电流的功率半导体对于混合动力技术来说是十分重要的半导体器件。

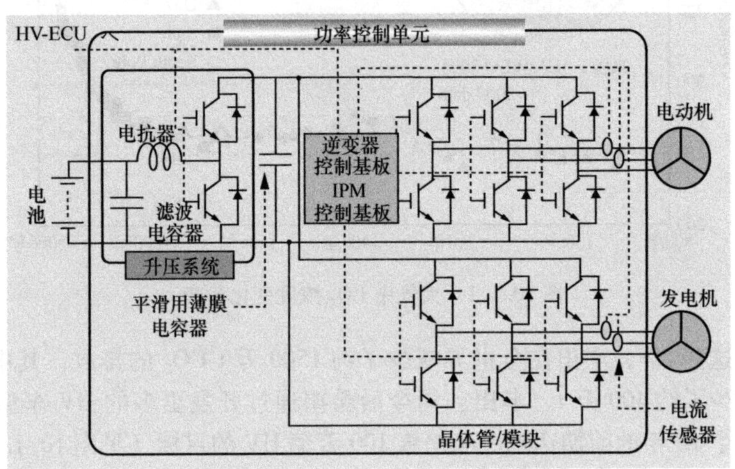

图10.1.3 功率控制单元的构成

丰田近来也着力开发插电式混合动力汽车（PHV）（见图10.1.4）。PHV在短距离行驶时可以作为电动汽车（EV）运行，在中长距离时可以作为HV来运行。PHV的Well-to-Wheel（从油井到车轮运行）的CO_2排放量与一般的汽油、柴油机动车相比可以减少至其排放量的1/3，与汽油HV相比也可以减少至其排放量的1/2左右（见图10.1.5）。PHV技术的使用现在仍有限制，期待该技术

图10.1.4 PHV的概念图

的早日推广。

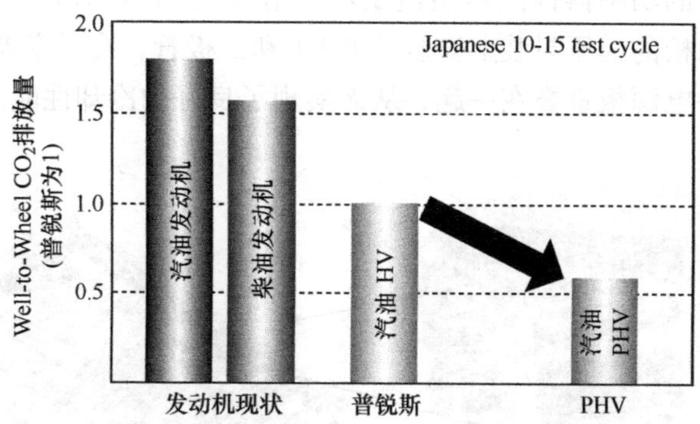

图 10.1.5　Well-to-Wheel CO_2 排放量比较

同时，丰田还在研制被称为终极环保汽车的、不产生任何 CO_2 的、以燃料电池作为能源的燃料电池 HV（FCHV）（见图 10.1.6）。现在 FCHV 仍处于在部分地区进行限制性的租赁销售阶段，为了推广 FCHV，需要提高 Well-to-Tank（从油井到氢气存储罐）的氢气精制法，同时还要推进氢气站的建设。

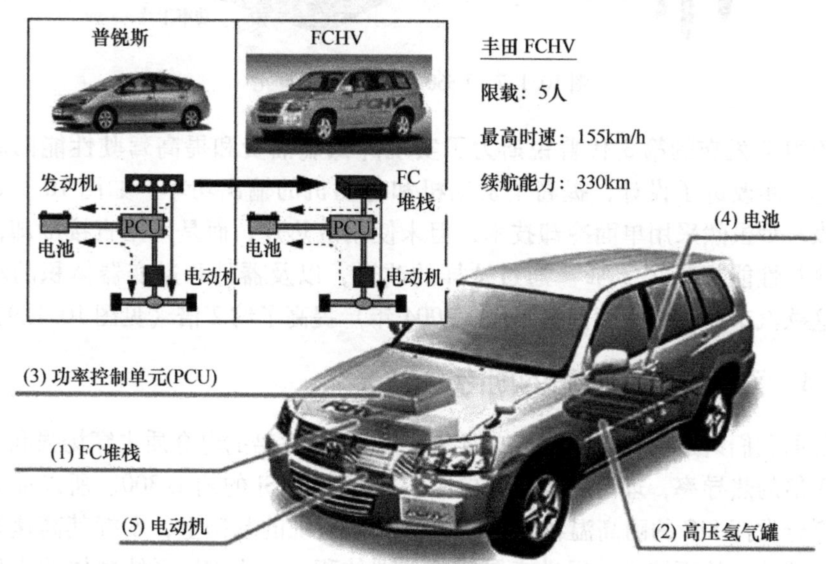

图 10.1.6　FCHV

10.1.3　最新 HV

2007 年丰田发售的 HV Lexus LS600h 基本没有改变逆变器的体积，只是提高了电动机的输出功率，从而提高了整个逆变器的输出功率[3]。这次采用的是从两面冷却发热的功率器件的新型逆变器构造（见图10.1.7）。被称为可以进行两面冷却电源板的模压封装上安装了IGBT和二极管，在逆变器的冷却组件中诸如此类的多块电源板重叠在一起，从而实现了良好的冷却性能。

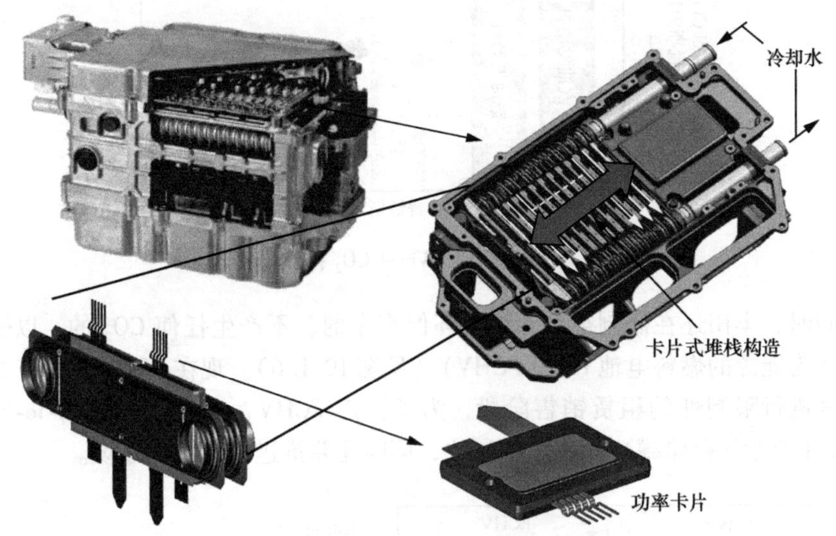

图10.1.7　LS600h 功率控制单元

2009年发布的第3代普锐斯为了实现降低燃油费和提高驾驶性能两者统一，进一步改进了设计，提高了发动机和电动机的输出功率。如图10.1.8所示，该车型虽然采用单面冷却技术，但未使用散热片，而是采用直接冷却，因此其冷却性能提高了30%。通过这样的改进，以及器件和逆变器体积的小型化，这款汽车的功率密度比第2代（2004年）提高了约2倍（见图10.1.9）。

10.1.4　对SiC产业今后的期待

前面我们讲过，SiC与Si相比拥有比Si约大10倍的电介质击穿场强和比Si约大3倍的热导率，理论上其导通电阻可以降低到Si的约1/300。所以业界期待，充分发挥SiC的耐高温特性，在精简冷却系统的基础上，发挥其高速开关转换的特性，从而缩小升压逆变器的电抗器体积，实现HV系统整体的小型化和低成本化。

现在，业界为了彻底研究清楚SiC的应用潜力，正推进着各项研发工作。业界期待通过这些研究可以证明使用SiC器件能够有效降低成本。或者即便采用SiC器件后某些单个器件成本虽增加，但伴随着整体体积的缩小，仍能够有效降低成本，至少要与现在Si器件的成本基本一致。在达到上述效果后，才可

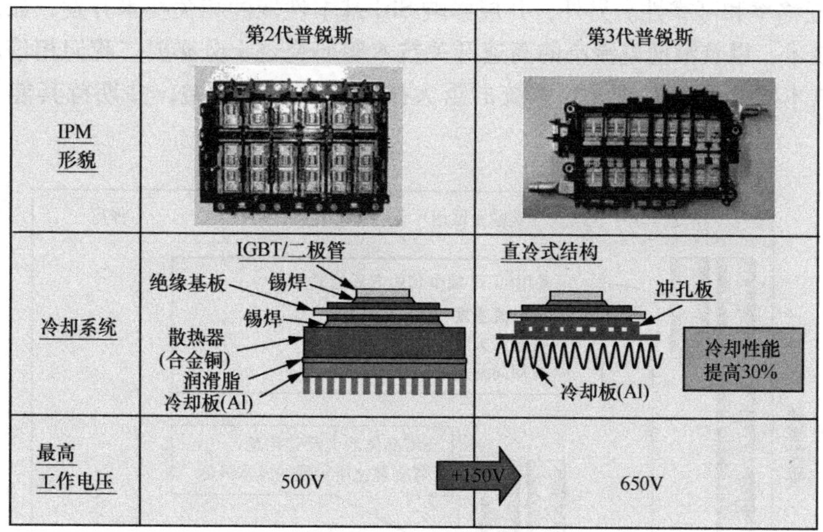

图 10.1.8　普锐斯的智能功率模块（IPM）

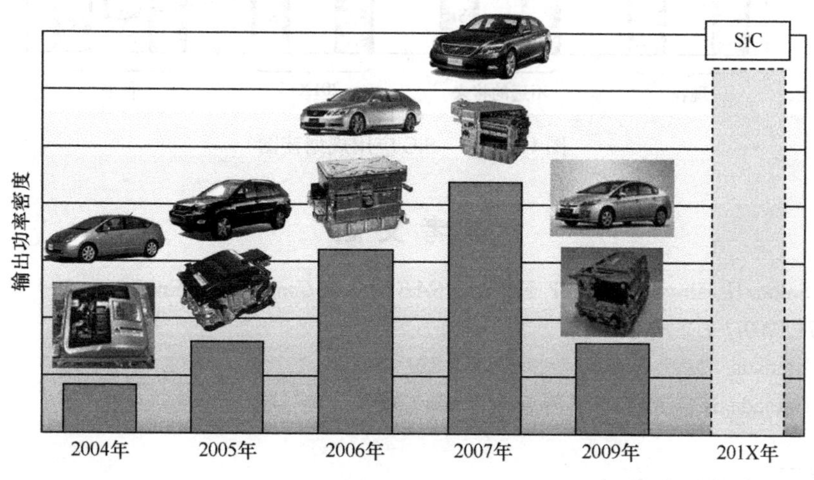

图 10.1.9　HV 动力控制单元的功率

以开始将 SiC 器件应用到车辆上。当使用 SiC 器件的成本实现比 Si 器件还要低时，在 HV 领域全面推广 SiC 的时机才算真正到来（见图 10.1.10）。以上是“SiC 应用之路”的蓝图，为了将蓝图转化为现实，需要在晶圆、制造工艺、器件、应用等所有领域完成技术突破。

首先在 SiC 晶片制造方面，在保证高成品率和可靠性的前提下，如能制造出致命缺陷少、6in 以上、高品质的大尺寸晶片，则可与 Si 一样，实现在各类设备以及生产线上的真正普及。对于器件制造工艺来说，最紧要的课题是提高

MOS 迁移率和可靠性。另外，开展影响 SiC 基本性能的相关技术开发，如高温封装技术，以及浪涌电流小的高速开关技术等研究也十分必要。我们相信以上这些技术的开发对实现 HV 系统的重大技术突破大有裨益，并期待其能早日实现。

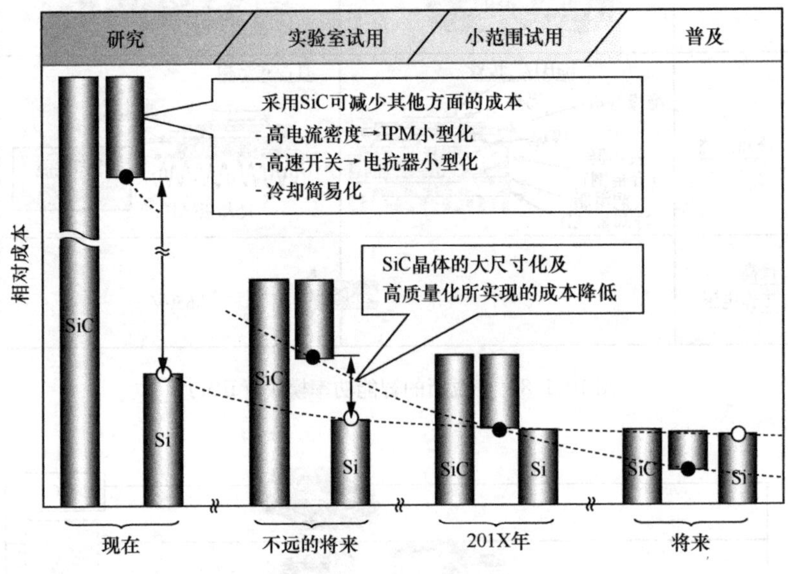

图 10.1.10　SiC 应用规划蓝图

参考文献

1) Y. Sakai, H. Ishiyama, and T. Kikuchi, *SAE World Congress & Exhibition* 1, 0271 (2007).
2) K. Hamada, *Mater. Sci. Forum* 600-603, 889 (2009).
3) K. Hamada, *ICSCRM 2007 Plenary Talks* (2007).

10.2 太阳能发电

进入21世纪，世界范围内能源问题和环境问题急速恶化，各国都将两者作为今后重要的课题，在国家层面上不断尝试解决上述两个问题。在此背景下，人们首先想到的是以太阳能为首的可再生能源。

长期以来世界各国不断推进可再生能源的开发研究，众多企业也纷纷投身进来，将研发的各类商品投入市场。

如今我们迎来了一个可再生能源的时代。不仅仅是太阳能发电，风能发电、燃料电池发电等可再生能源不断被普及，甚至出现了以这些可再生能源得到的电能为基础的大型充电电池。

田渊电机公司长期以来，专注研制将太阳能发电所获得的电能变换成交流电的拥有超高电网连接性能的光伏逆变器，并实现其商品化。在本节中将概要性介绍光伏逆变器及其电路连接方式，以及功率半导体在该领域的应用课题，并以此为基础展开说明 SiC 的应用前景。

10.2.1 光伏逆变器

1. 光伏逆变器概要

光伏逆变器是一种将太阳能电池板所发的直流电变换为交流电，有交流电时，通过逆变器使用交流电为负载供电；无交流电时，又可用蓄电池为交流负载供电的装置。

光伏逆变器具备的功能不仅包括可以选择性控制太阳能电池板发电电力峰值（最大功率点跟踪），也包括具备可以和一般的配电系统并网运行的功能，在日本需要遵循“社团法人日本电气协会及电网连接专门部门会议发行规定”的电网连接规则。

电网连接规则中规定，一般情况下与光伏逆变器连接的系统需要与其电气模式一致（见表 10.2.1）。

表 10.2.1 系统的电气模式

系统的电气模式	逆变器（输出）类别
单相两线	单相用（住宅用/工业用）
单相三线	
三相三线（Δ以及Y接线）	三相用（工业用）

2. 光伏逆变器的电路连接方式

大致可以分为图 10.2.1 所示的 3 种，且目前都普遍被广泛采用。

3. 高频率变压器式和无变压器式光伏逆变器

图 10.2.2 和图 10.2.3 主要介绍了现在 2 种主流的光伏逆变器。图 10.2.2 是高频率变压器式，图 10.2.3 是无变压器式。

在太阳能发电系统中，逆变器承担着将太阳能电池中的电能高效地变换出来的关键任务。当前市场中商品化的家用光伏逆变器的变换效率，高频率变压器式的为 94.5%，无变压器式的为 97%。这里还需要考虑与系统变换效率的平衡问题，根据产品的不同，无法明确指出哪个更优秀。下面介绍田渊电机公司采用的高频率变压器式光伏逆变器，为提高其变换性能，从功率半导体角度的改进措施。

如图 10.2.2 所示，为了提高 DC-DC 变换器的变换效率，图中 T_1 ~ T_4 的功

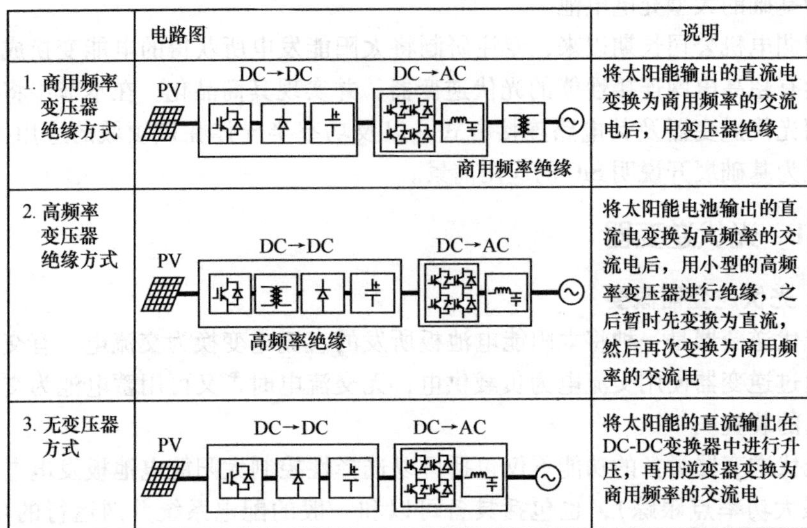

	电路图	说明
1. 商用频率变压器绝缘方式	PV　DC→DC　DC→AC　商用频率绝缘	将太阳能输出的直流电变换为商用频率的交流电后，用变压器绝缘
2. 高频率变压器绝缘方式	PV　DC→DC　DC→AC　高频率绝缘	将太阳能电池输出的直流电变换为高频率的交流电后，用小型的高频率变压器进行绝缘，之后暂时先变换为直流，然后再次变换为商用频率的交流电
3. 无变压器方式	PV　DC→DC　DC→AC	将太阳能的直流输出在DC-DC变换器中进行升压，再用逆变器变换为商用频率的交流电

图 10.2.1　电路连接方式

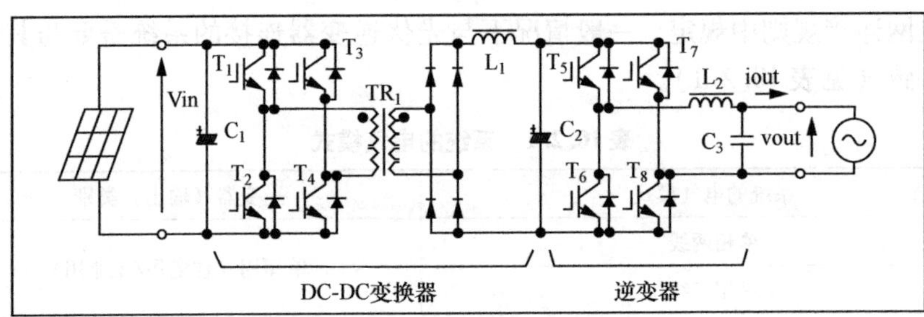

图 10.2.2　高频率变压器式

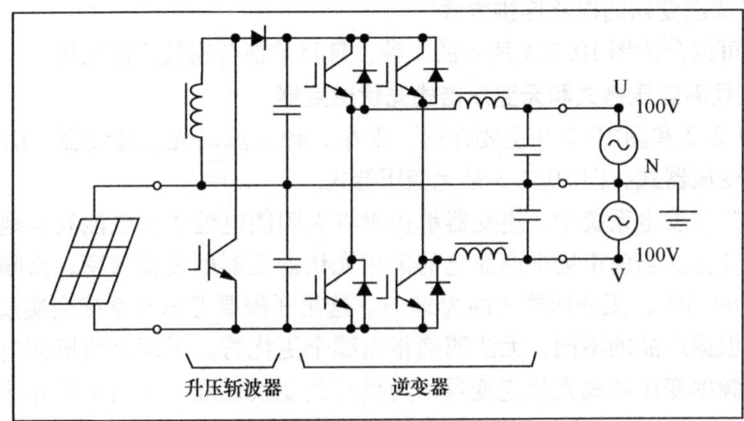

图 10.2.3　无变压器式

率半导体都采用MOSFET。在采用此种半导体后，导通电阻的降低对提高变换效率有很大的帮助，因此只需要专心在市面上销售的各厂商MOSFET中做选择即可。另一方面，逆变器的功率半导体市面上一般常采用IPM。现在也有一些厂商采用MOSFET，来进行效率改善的实例。

但是，各厂商的MOSFET能够减少的导通电阻逐渐受限，业界期待可以通过开发下一代功率半导体，在导通电阻的降低上取得飞跃性进步。

10.2.2　对下一代功率半导体的期待

前面也提到对功率半导体的开发成为当下之急，最近业界尤其关心针对SiC功率半导体的研发和商品化的进展情况。

日本方面剑指占据新一代半导体——SiC研发的领先地位，近年来也启动了多项国家级计划。比如，经济产业省主导的“低碳社会下的新材料半导体计划”以及内阁府主导的“最尖端研究支援项目”等。

对于太阳能发电来说，如何进一步提高光伏逆变器的变换效率是永远的课题。实现SiC的产业化，可加速DC-DC变换器以及逆变器相关基础技术的研发，从而实现高效率变换。

未来为实现低碳社会，可再生能源的需求势必持续增加。作为其中重要支柱的太阳能发电系统，自从1995年首次进入市场之后，已历经15年发展，而随着功率半导体技术的革新，其变换效率也已经突破90%。今后，业界期待可以尽早实现SiC商品化、低成本化以及电能变换的高效化。

10.3　电源，UPS

10.3.1　直流电源

使用了SiC的FET，在耐压为600V以上应用领域，理论上导通电阻的最低值可以达到比Si器件低2个数量级。如果耐压低于600V时，两者之间的差值会变小。因此，在一般直流电流中，输出功率在48V以下，此时SiC的应用领域在以输入100~400V的交流电源的输入电路。当然之后随着直流配电的普及，有极大的可能性在输出端和输入端都普及高电压直流电源。

在输入端交流/输出端直流电源中，作为要求高变换效率的代表，为大家介绍常用于服务器等的前端电源。随着近几年信息化社会的发展，信息、通信仪器电力消耗引起的CO_2排放也成为一个比较严重的社会问题。由此业界希望可以降低在电源部分电力变换过程中发生的损耗，也即是要求变换的高效率化。表10.3.1是服务器电源的相关效率标准规定。这些标准都是考虑到实际工作的条件，在重视轻负荷的指导思想下制定的。为配合这份标准，业界也进行了电路构成的打磨以及采用 SJ（Super Junction，超结）-MOSFET 等措施。这些措施的效果如图 10.3.1 所示，变换效率逐年上升。同时，我们还需要正视一个问题就是，对传统器件的改善已经逐渐趋近天花板，所以必须要采用全新的 SiC 器件。

表 10.3.1　服务器电源装置的功率标准（截至 2010 年）

规格		运营团体	20%负荷	50%负荷	100%负荷
CSCI		Climate Savers Computing Initiate（NPO）	88%	92%	88%
80PLUS	Bronze	Ecos Consulting（美国环境咨询公司）	81%	85%	81%
	Silver		85%	89%	85%
	Gold		88%	92%	88%
	Platinum		90%	94%	91%
Energy Star	500W 以下	EPA（美国环境保护局）DoE（美国能源部）	82% 10%负荷：70%	89%	85%
	500～1000W		85% 10%负荷：75%	89%	85%
	1000W 以上		88% 10%负荷：80%	92%	88%

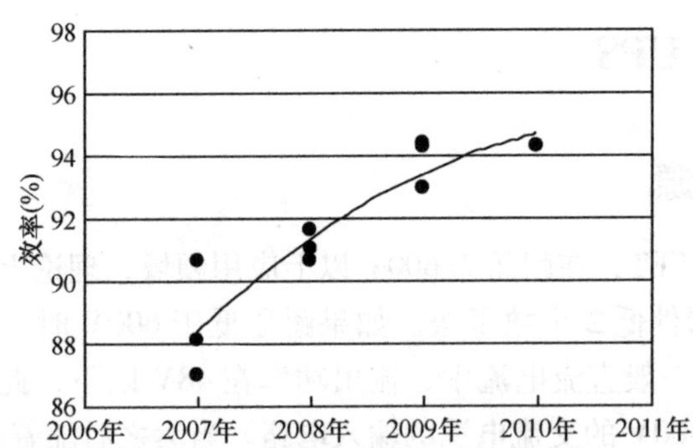

图 10.3.1　前端电源的变换效率（最高点或者 50%负荷时）

图 10.3.2 表示的是前端电源的代表性构成。主要是由在保持输入电流正弦波形的同时进行 AC-DC 变换的 PFC（Power Factor Correction，功率因数校正）电路和负责电压变换以及绝缘的 DC-DC 变换器这两部分组成。它的输出功率在几百 W 到几 kW 之间。得益于电抗器以及变压器的小型化，使用 50～100kHz

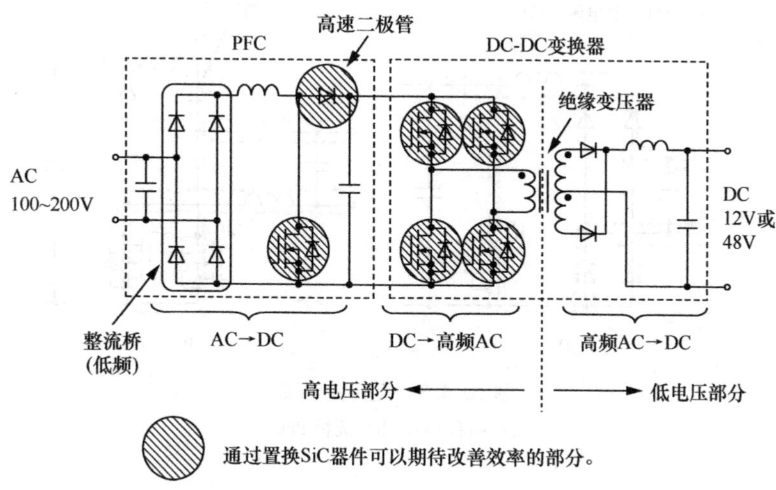

图 10.3.2　信息通信用前端电源的构成示例

的开关频率是一般的做法。SiC 器件主要应用于绝缘变压器前的高电压部分以及进行高频开关转换的部分。

PFC 内部的高速开关二极管中已经使用了 SiC SBD，而且已经商品化。SiC SBD 在原理上不会引起反向恢复电流，所以自然可以降低反向恢复造成的损耗。同时在使用了 SiC SBD 之后，与二极管直接串联的开关器件在开启时伴随着反向恢复所产生的电流也会消失，这样可以有效降低串联器件在开启时产生的损耗，有文献称可以降低 40%[1]。SiC MOSFET 可实现比 SJ MOSFET 更高效的开关转换效率，下一步将从它的特性出发思考如何利用它降低导通损耗。图 10.3.3 表示的是为了降低导通损耗的无桥式 PFC 的电路构成。之所以是无桥，是因为通过两个对应输入电压极性的 MOSFET 交互进行高频开关动作和整流操作，从而可以代替整流桥式二极管。图中所表示的电路是当输入电流为正电流的情况下，Q1 代表高频开关，Q2 代表整流器件。Q2 不论 Q1 的开关情况如何都会在反向存在导通状态。如果是这样的电路构成，电路上的半导体器件数量可以从 3 个减为 2 个，以此来减少导通损耗。另外，通过向负责整流的 MOSFET 的栅极施加电压，不仅并联二极管（器件内部的寄生二极管也是），同时 MOSFET 本体都可以实现在反向的导通。此种电路改造方式被称为同步整流。所谓的同步整流，在使用了导通电阻较小的低耐压 MOSFET 的电路上，可以通过激活半导体器件的特性实现正向压降显著下降，现已被广泛运用。近来，在一部分的高电压电路上也有被使用[2]，今后随着 SiC MOSFET 的普及，业界期待其可以在高电压电路上得到推广应用，以期降低损耗。

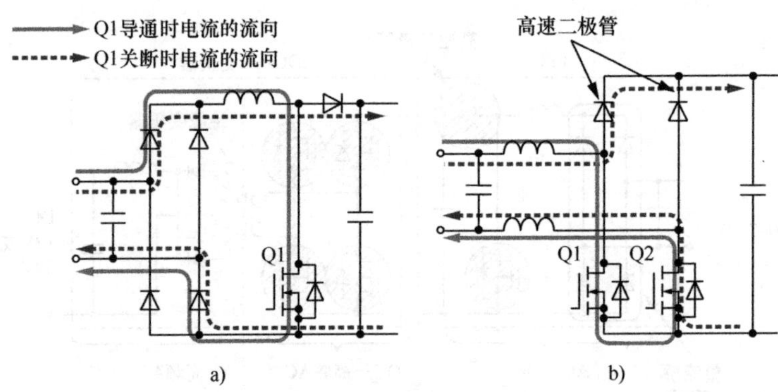

图 10.3.3　无桥式 PFC

a）固有 PFC　b）无桥 PFC

10.3.2　UPS

图 10.3.4 表示的是一般的 UPS（Uninterruptible Power Supply，不间断电源）的构成示意图。作为一种电力变换电路，其中包括将交流变为直流的整流器，将直流变为交流的逆变器，这些器件的电路构成大体一致，都是由三相桥结构和交流电抗器构成的。其中的开关器件常采用 IGBT（Insulated Gate Bipolar Transistor，绝缘栅双极型晶体管），如果将其置换成 SiC MOSFET，则有很大的可能可以降低导通损耗以及开关损耗。

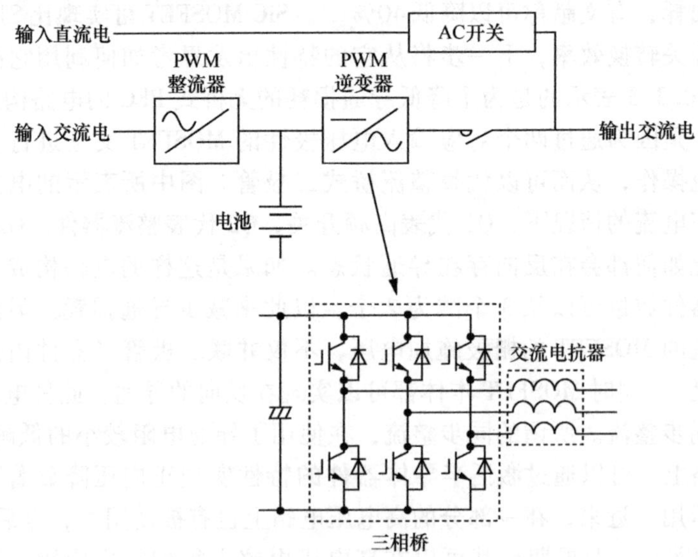

图 10.3.4　UPS 的构成示意图

图 10.3.5 表示的是 100kVA（80kW）输出设备的损耗示例。如果将其中的 IGBT 置换成同样大小的 SiC MOSFET，正向压降可以降低到之前的几分之一，开关损耗也可以大幅降低。同时电力变换部分的效率也会从 95.2% 提高到 97%。

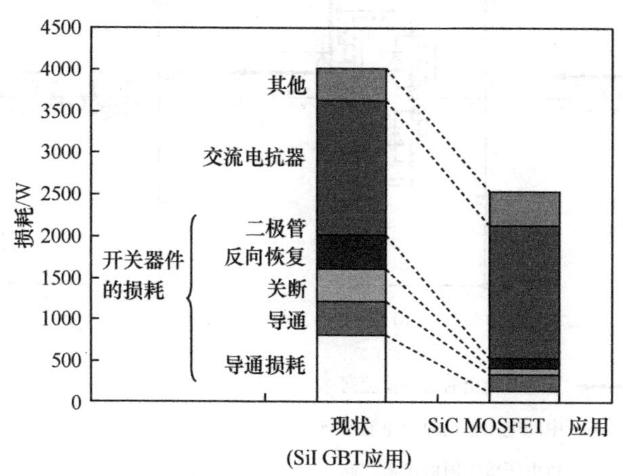

图 10.3.5　采用 SiC MOSFET 的损耗测算

如果可以有效降低半导体的损耗，此时剩下的交流电抗器处的损耗会处于整体损耗的支配性地位。另外，从整体设备小型化需求来看，交流电抗器应实现小型化。虽然可以通过提高开关频率来达到这一目的，但在 10kVA 级以上的 UPS 中，能够适应高频环境的核心材料屈指可数，所以很难做到像前端电源那样可以将频率提高到 100kHz 左右。因此，在这种大容量的设备上我们采取的方法是多级法。图 10.3.6 展示的是二级电路和多级电路法中的一种三级电路之间的比较。通过增加交流端（图中 U 点）电压的级数，可以使图 10.3.7 所示的此类脉冲状电流波形尽可能接近正弦波。例如，如果将二级电路增加到三级时，电压的变化幅度会缩小 1/2，那么用来平滑电压变化的交流电抗器的电感也会随之降低 1/2。虽然这么做会使电流流经的电路上的开关器件增多，从而导致导通损耗的增加，但由于开关器件的正向压降降低，通过降低导通损耗占总损耗的比例时，在实际应用上将不是问题。此时，之前我们提到的同步整流也可以给效率的改善做出贡献。在与 IGBT 并联连接的传统电路上，在反向导通时，二极管处会流经电流。二极管中存在恒压成分，因此拥有不受电流变化影响的正向电压特性。此时，即便增加并联器件的数量，所降低的正向压降也十分有限。另一方面，MOSFET 在导通时具有电阻特性，可以通过增加并联器件的数量来降低正向电压，同时采用 SiC 后也将进一步降低 MOSFET 器件的电阻值。近年来，如图 10.3.6c 所示那样精简了器件的电路也被业界广泛接受[3]，说明导通损耗这一问题正逐渐被解决。

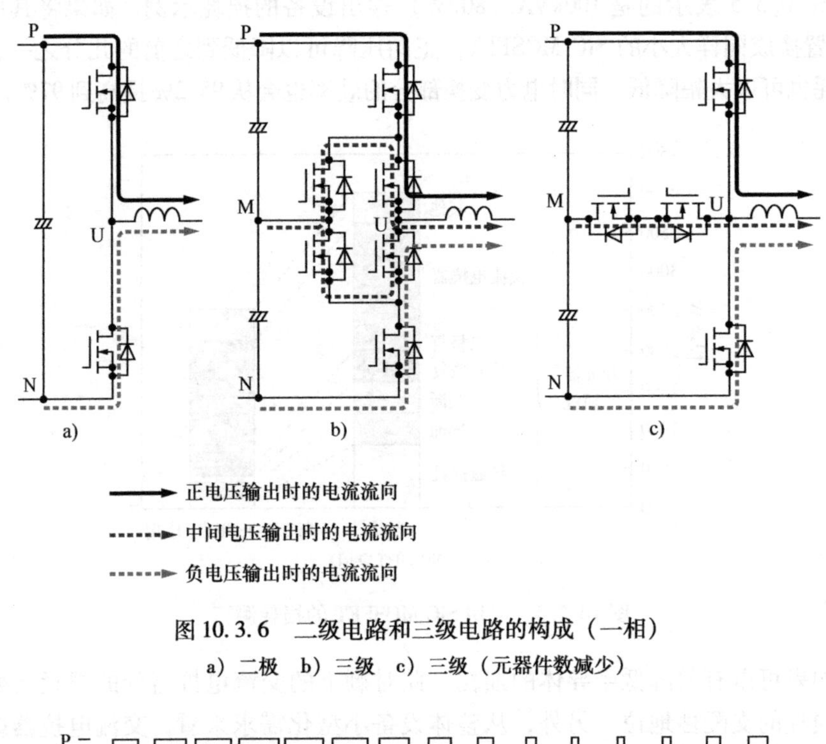

图 10.3.6　二级电路和三级电路的构成（一相）

a）二极　b）三级　c）三级（元器件数减少）

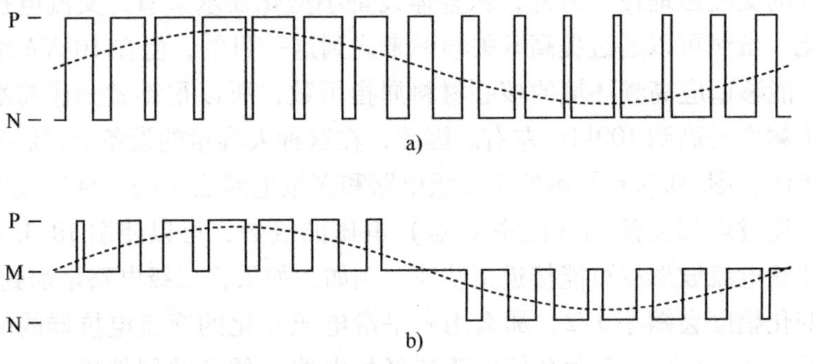

图 10.3.7　二级电路和三级电路的交流电压

a）二极电路　b）三级电路

除了上面提到的 SiC 器件在 UPS 领域应用外，还可以应用于 SPS（Stand-by-Power Supply，备用电源）领域。SPS 的结构如图 10.3.8 所示，其中不包括整流器，通常情况下是直接输送输入的交流电流，将逆变器作为整流器运作，为电池充电。停电时，通过 AC 开关，切开电源，由逆变器为负载提供电力。与一般的 UPS 相比，虽然可以降低通常情况下的损耗，但原先的 SPS 中的 AC 开关主要是采用图 10.3.9a 所示的反向并联晶闸管，完全关闭为止需要几 ms 的时间，所以无法避免一定情况的瞬间电压降低。图 10.3.9b 所示的将 IGBT 反向串联作为 AC 开关的这一结构虽然可以实现同样的性能，但由电压降低引起的损耗会变大。如图 10.3.9c 所示，如 SiC MOSFET 既可以降低正向和反向电流存在的电压下降问题，又可以抑制损耗，实现阻断高速输入，十分适合于不允许瞬间电压降低的负载应用场景。

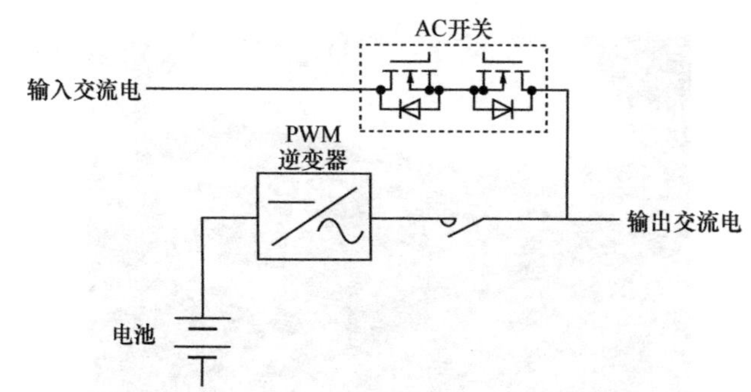

图 10.3.8 在 AC 开关上采用了 SiC MOSFET 的 SPS

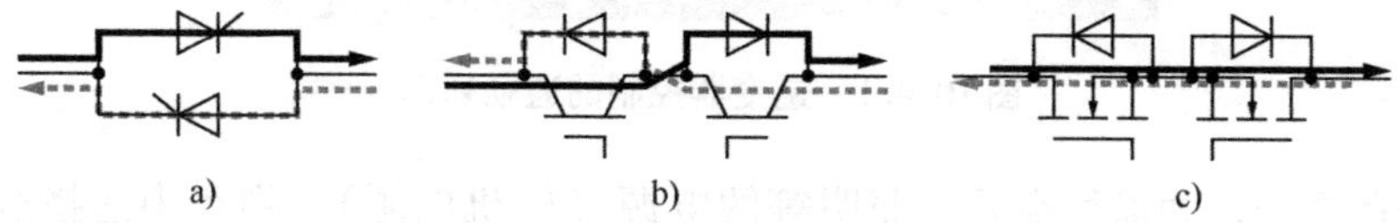

图 10.3.9 AC 开关的构成

a）晶闸管 b）IGBT c）SiC MOSFET

参 考 文 献

1） B. Lu, W. Dong, Q. Zhao, and F. C. Lee, *Proc. of the 26th IEEE Applied Power Electronics Conference and Exposition* 2 (Miami Beach, 2003) p. 651.

2） K. Mino, H. Matsumoto, S. Fujita, Y. Nemoto, Kaw D. asaki, R. Yamada, and N. Tawada, *The 2010 International Power Electronics Conference -ECCE ASIA-, IPEC-Sapporo 2010* (Sapporo, 2010) p. 1733.

3） M. Yatsu, K. Fujii, S. Takizawa, Y. Yamakata, K. Komatsu, H. Nakazawa, and Y. Okuma, *PCIM 2010* (Nuremberg, 2010) p. 550.

10.4 铁路

10.4.1 铁路列车半导体电力变换装置概要

近年来的列车（见图 10.4.1）都采用了逆变器驱动感应电动机的方式。通勤列车多采用 1500V 直流电，逆变器输入直流电，输出三相交流电。现在使用的是Si半导体器件，但替换为SiC后，可以实现降低损耗（节能）、精简冷却系统实现装置小型轻量化。后文介绍的新干线等均进行交流电气化，此时列车搭载了变压器与PWM（脉冲宽度调制）变换器，增加了需要的半导体器件数量。

图10.4.1　逆变器控制的通勤列车

除此之外，为保障空调、照明等的电源（辅机电源），列车中还搭载了被称为SIV（Static Inverter，静止逆变器）的电力变换设备，如能采用SiC将可以得到同样的优势。

10.4.2　铁路电气化方式

在日本，轨道交通大部分采用的是1500V直流电，而新干线全线及北海道、东北、北陆、九州的铁路大多是单相交流电。新干线为25kV，常规铁路为20kV，这起源于20世纪50年代法国使用的商用频率交流电方式。交流电的好处是高压输电可以降低输电电流，从而降低输电损耗，同时由于压降较低，从而增加变电站的间隔。用于交流输电的地面设备与直流电相比更加精简，因此在20世纪60年代以来上述地区采用交流电。但由于列车必须搭载变压器、整流器，费用会相应增加。如日本北陆地区，周围覆盖直流电，采用与直流区域直通运行的交直流列车，成本进一步增加。目前关于两种方式哪种更有利还不能一概而论。新干线需要输送大电力，必须进行交流电气化。在国际上，法国的TGV与德国的ICE等高速铁路采用的也是交流电。

10.4.3　主电路用逆变器

主电路用逆变器安装在列车地板下的示例如图10.4.2所示。逆变器的三相上下臂通过续流二极管分别与IGBT相连。每台逆变器使用6个IGBT及6个二极管。感应电动机装于车身底架中，通过减速齿轮向车轴、车轮传导转力。对逆变器的半导体器件容量有要求的列车性能不同，其要求也不同，但常用的IGBT为3.3kV、1.2kA。开关频率为1kHz左右。逆变器的输出与速度相对应，在电压0~1100V、频率0~200Hz的范围内连续变化。由此，很多铁路工作人员将其称之为VVVF（VariableVoltageVariable Frequency，变压变频）逆变器，但其实这是日式英语。约200Hz的频率上限数值是由驱动感应电动机的最高转数为6000r/min，且通常为4极而得出来的。应用PWM可以降低输出电流的谐波。冷却设备并用热管与强制风冷。设备的体积中冷却系统相关的占了很大比例，采用SiC可以实现设备的小型化。

图 10.4.2　主电路用逆变器的安装状态

逆变器控制的列车使用再生制动器，其在制动时会将感应电动机作为发电机，将得到的三相交流电通过逆变器变换为直流电（此时作为整流器工作），再通过架线将这一直流电供给到附近正在加速的列车。能够循环利用电力也成为与汽车相比能量效率高（将1个人运送1km消耗的能量约为私家车的1/4）的原因之一。逆变器器件SiC化以后的效果，在加速或制动时均可以体现出来。

一台逆变器上通常都会将多个发动机并联驱动。为了降低成本，一列车厢常常会驱动4台发动机。但是，编成车厢数较少的情况下，有时也会通过1个逆变器控制2台发动机用来应对故障。例如，由两节车厢编成的电力驱动列车中，一节车厢有1个逆变器控制4台发动机的情况下，逆变器发生故障后列车将无法运行。因此有时会采用1个逆变器控制2台发动机，乃至1个逆变器控制1台发动机的列车。与其说这是应对故障的对策，不如说是试图精细控制每一台发动机的设计理念。雨天等引发空转的场景下，1个逆变器控制4台发动机时即使只有一台发动机空转也会减少4台发动机整体的电流，降低转矩，但若是1个逆变器控制1台发动机，只有该发动机转矩降低，加速力损耗可减少。

列车的主电路用逆变器的特征之一便是负荷波动大。通勤列车发车后到速度30~40km/h之前都保持一定的加速度，逆变器输出电流也固定。之后随着速度加快，电流逐渐减小。发车后数十秒达到最大速度后，关闭电路，进入依靠惯性行驶的“滑行”状态，期间为无负荷状态。接近下一站时制动，逆变器进入负荷状态，伴随减速，变换电力减小。并且在制动过程中自然是无负荷的。这样的阶段在通勤列车进入每站之前都周而复始。

10.4.4 交流电气化区域的主电路

新干线采用25kV交流电，被导入导电弓的电在变压器中降低电压，经由电力变换装置连接至主电动机。电力变换设备由正向变换部分、直流中间电路及逆变器构成。正向变换部分为单相PWM方式，在原理上，虽然由开关器件、二极管各4个构成，但是因其电压高，所以设定为3级，使用数量上需要各8个。逆变器也同样为3级，需要各12个。在日本铁路公司常规铁路中，北海道、东北、北陆、九州为20kV交流电，在这些地区运行的列车也是最新研发的列车，主电路结构与新干线相同。只是由于比新干线电压低，因此没有必要设置为3级，器件使用量减半。

10.4.5 SIV

为得到列车驱动以外的空调等使用的电力，除了前面提到的列车驱动电源变换设备，还搭载了将1500V直流电变换为能够在车内使用的三相交流440V等各种电压的逆变器。铁路工作人员将Static Inverter简称为SIV。以往通过旋转型电动发电机进行变换，出于静态化的意义称之为SIV。SIV的电路构成与主电路用逆变器相同，都是从直流电变换为三相交流电。输出电流频率为60Hz等恒定数值，这是与主电路用逆变器最大的区别。并且，其电容比主电路用逆变器小。大概3~4节车厢安装1台SIV，编成10节车厢的电车中安装有约3台。

除了空调等，SIV还用于制造控制电器的电源，如果一台都不正常工作，列车便无法运行。在车厢编成中搭载多台SIV也是出于此原因。

从负荷波动的角度看，与主电路用的逆变器不同，瞬时负荷波动不会变大。夏季使用冷风时的SIV输出与秋冬无空调负荷时大不相同。

10.4.6 变电站

使用半导体器件的电力变换设备也包含地面变电站（见图10.4.3）。较为常见的铁路变电站接收三相66kV的交流电，输出1500V直流电。整流器如能采用SiC功率器件，将与车厢同等程度减少损耗，并实现设备小型化。

图 10.4.3　铁路变电站

10.4.7　市场规模

通勤列车中，带有逆变器、电动机的电力驱动车的比例占编成总体的 50% 左右。新干线要求的输出电力较大，因此编成电力驱动车的比例要高于通勤列车。东海道和山阳新干线最新的 N700 车系，16 列中就有 14 列为电力驱动车，东北新干线最新的 E5 车系（见图 10.4.4），10 列中就有 8 列为电力驱动车。在日本，包含日本铁路公司、民营铁路、地铁总共有 5 万辆列车，这一数字包含新干线列车在内，但通勤列车的数量占绝大多数。粗略计算，逆变器的数量大概有 2.5 万台。按 3 辆列车中就有 1 辆搭载 SIV 的比例计算，SIV 也有接近 2 万台。列车的更换周期为 15 ~ 40 年，使用寿命存在较大差异。

图 10.4.4　E5 车系新干线列车

据日本国土交通省网站上登载的铁道列车等生产动态统计调查年报[1] 显示，

2008年主电路用电力变换装置生产额为205亿日元，SIV为109亿日元，日本国内自用量以及出口量大概各占一半。

10.4.8 SiC化的动向

2009年11月，日立公司成功研制出SiC二极管的铁路用逆变器[1]，可以驱动180kW的电动机。同时，根据模拟结果显示，仅仅是将二极管替换为SiC材质便能减少16%的损耗。2010年1月，三菱电机公司发布新闻称，成功研制使用SiC二极管的逆变器并成功驱动电车电动机，该公司也在3月的学会上进行了发表[2]。不久的将来，应用IGBT开关器件的SiC逆变器也将被开发出来。

参考文献

1) 石川勝美，小川和俊，長洲正浩，亀代典史，小野瀬秀勝：第46回鉄道サイバネ・シンポジウム論文集，論文番号506（2009）.
2) 中山靖，小林知宏，中川良介，畠中啓太，長谷川滋：平成22年電気学会全国大会（2010）p.4.

10.5 家电

10.5.1 家电领域的电力使用

工业革命以来，人类活动使得温室气体排放量超过自然界吸收量，并年年增加，我们要在逐步推进能源节约的同时，也要大规模导入太阳能、风能等可再生能源。

随着MOSFET及IGBT等半导体开关器件性能提高、价格降低，应用高频开关技术的电力变换设备广泛应用于照明、电磁炉、空调等家用电器中，为节能减排做出了贡献。家用电器上电力电子的应用，为人们提供了安全、清洁的IH（Indirect Heating，间接加热式）电热炉，高效、放心的热泵热水器等，增加了消费者对于电力的使用选择。这些由化石燃料到电力的转型，将成为低碳能源社会的基石。

在家用电器中，如图10.5.1所示，负载端的加热器、电动机等将电源的商用频率电力转化为热能、动能等为使用者带来便利的能量。应用电力电子的机器中，通过逆变器可以将电源频率变换为能够最高效运转负载端的电力频率。

图10.5.2展示了电力电子应用家电所使用的电力频率。洗衣机的电动机，空调、冰箱的压缩机能够在数十Hz到数百Hz的电力频率内实现可变速驱动，可以实现高效运转，为提高洗衣机的清洗功能、空调的制热性能、冰箱的急速

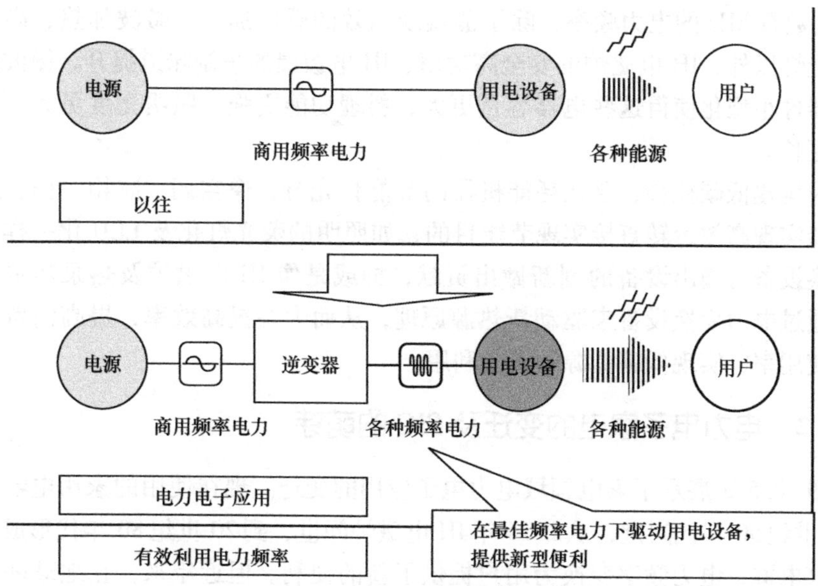

图 10.5.1　家用电器的电力使用

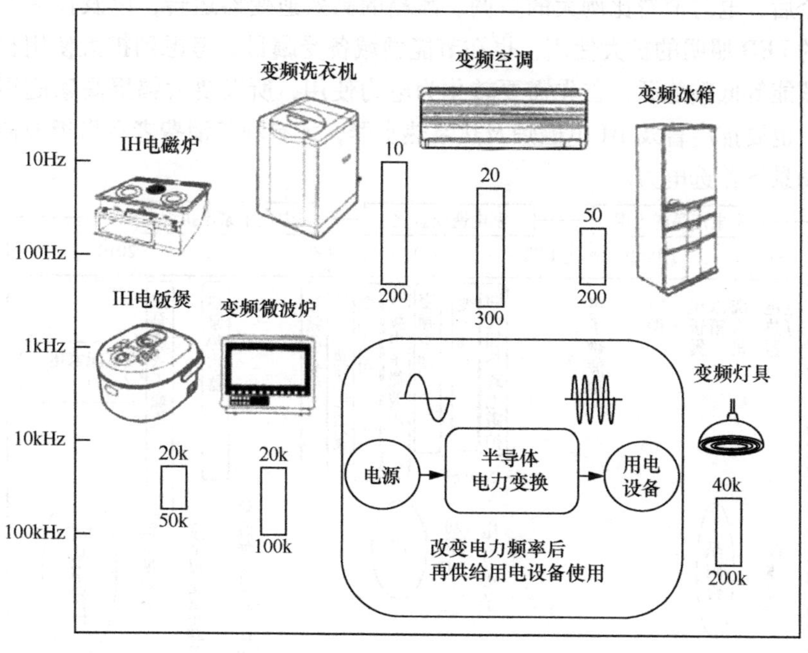

图 10.5.2　电力电子应用家电的电力频率

冷冻功能做出贡献。IH电磁炉、IH电饭煲、变频微波炉、变频灯具等使用数十kHz到数百kHz的电力频率，除了能实现高效的感应加热、微波加热、高频照明荧光灯以外，IH电磁炉的安全高功率、IH电饭煲的烹制味道提升、微波炉的加热器件小型化使得这些电器容量更大、料理功能更强、照明亮度更大、使用寿命更长。

为构建低碳社会，要让耗能机器的节能化先行，像空调、冰箱一样，通过逆变器实现高效运转直接实现节能目的，如照明的荧光灯化及LED化一样，电力变换设备对输出设备的创新做出贡献，抑或是像IH电磁炉及热泵热水器一样，通过电力变换设备来驱动新热源原理，从而大幅提高效率，提高消费者的电力使用率，实现低碳能源的充分利用。

10.5.2 电力电子家电的变迁及SiC的萌芽

图10.5.3展示了家电领域电力电子应用的变迁。现在使用的家用电器早在约20世纪50年代问世，从1974年IH电磁炉问世，到20世纪80年代形成了逆变器家电群，电力频率变换为用户提供了新的便利。但近年来，在地球环境问题背景下，节能家电逐渐兴起。2008年日本家庭排放量达17200万t，同比1990年上升了34%，占到日本CO_2总排放量的14%，其中的2/3都是电器排放的，今后，电力消费比例大的空调、冰箱的高效逆变器运转，以及作为照明新纪元的LED照明的扩大使用，也在节能领域备受瞩目。考虑到扩大使用自然能源、核能等低碳能源，首先需要转化为电力使用，所以要大幅提高家庭用电依赖性，也要推广普及IH电磁炉及热泵热水器，才有利于消费者在做饭或使用热水的场景下首选电力。

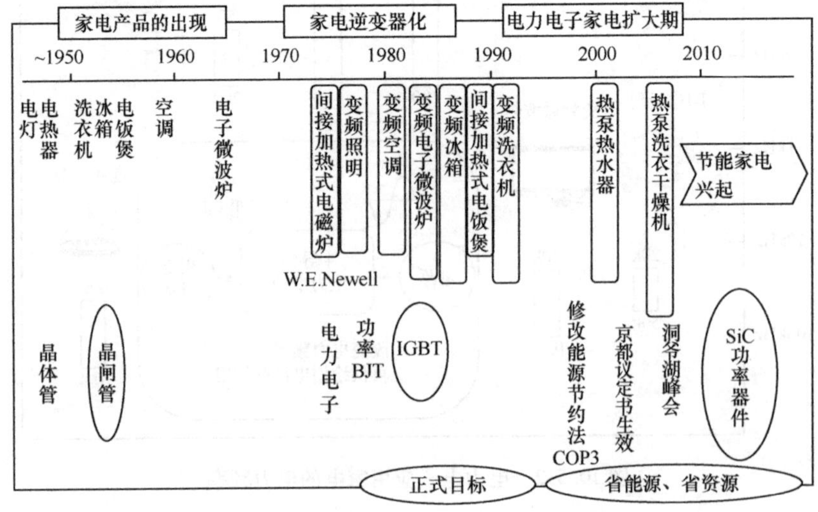

图10.5.3 家电领域电力电子应用的变迁

功率半导体作为电力电子应用的动力，其进步引人关注。自 1957 年 GE 公司的半导体开关器件实现产业应用起，到实现民用的应用花费了 17 年时间。而 1984 年问世的 IGBT，仅用了 4 年时间就实现了家电领域的应用，时间大幅度缩短。新一代功率半导体的 SiC 功率器件是同步开发，预测可同时期实现商用化。

10.5.3 家电的逆变器与功率半导体

图 10.5.4 为 IH 电热炉、IH 电磁炉、IH 电饭煲、微波炉、照明器具等使用的高频逆变器。图 10.5.4a 的单器件共振型逆变器适用于 100V 电源的电热炉及荧光灯泡等。1kW 级电热炉使用 900V、50～60A 的 IGBT。图 10.5.4b 的多器件共振型逆变器，除前段有 PFC 电路，还有无平滑电容的非平滑型电路。逆变器段除了有图中的全桥逆变器外，还有半桥、升压 PFC、有源钳位部分共振型等多种多样的结构。多器件共振型逆变器应用于 200V 电源的电热炉。3kW 级电热炉中使用 600V、30～50A 的 IGBT，前段 PFC 电路使用 600V、30A 左右的 MOSFET。

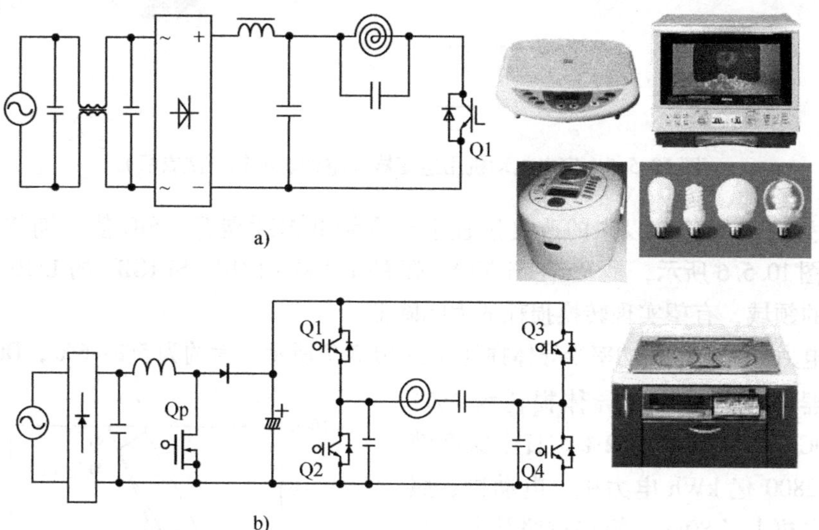

图 10.5.4 家电用高频逆变器（IH 电热炉、IH 电磁炉、IH 电饭煲、微波炉、照明器具）
a）单器件共振型逆变器 b）多器件共振型逆变器

图 10.5.5 为应用于空调、冰箱、洗衣机等的电动机使用的逆变器。Qf 为用以改善功率因数的电路，整流部位为倍压整流，这些前段部位有各种方式。逆变器部位的三相桥中，通过 PWM（脉冲宽度调制）后的准正弦波及矩形波驱动电动机。空调使用 600V、15A 左右的 IGBT。

10.5.4 SiC 器件的前景

目前，电力电子家电中使用的功率半导体，基本以 Si 的 MOSFET 及

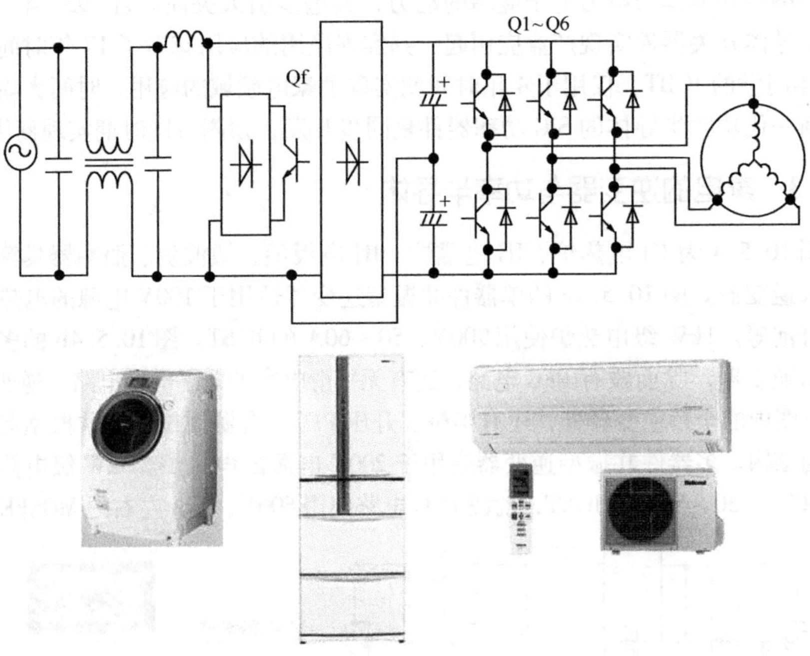

图 10.5.5　家电电动机用逆变器（空调、冰箱、洗衣机）

IGBT为主，其长期以来的改良进程主要围绕低损耗展开。SiC 值得期待的领域如图 10.5.6 所示，是 R_{on} 在 Si MOSFET 的 1/100 ~ 1/10、Si IGBT 的 1/10 ~ 1/4 左右的领域，有望实现转换损耗的大幅降低。

电力电子家电的功率半导体损耗如图 10.5.7 所示，大约为 5% ~ 6%，DC-AC 逆变器部位的功率半导体损耗为 4%，AC-DC 整流器部位为 2%。日本家庭消费的 2800 亿 kWh 电力中，电动机、照明、电热占了 80%，粗略按照其中一半进行计算，约有 1000 亿 kWh 的电被逆变器家电消耗。功率半导体损耗约 60 亿 kWh，换算成 CO_2 约有 200 万 t，直接影响并没有那么大，但设备的冷却器件精简化使得设备体积减小、安装更方便、成本降低、噪声降低等推动了逆变器的使用，这些都是功率半导体损耗大幅降低带来的效果。推广逆变器的节能效果平均达到 30% 左右，剩下的一半电器的

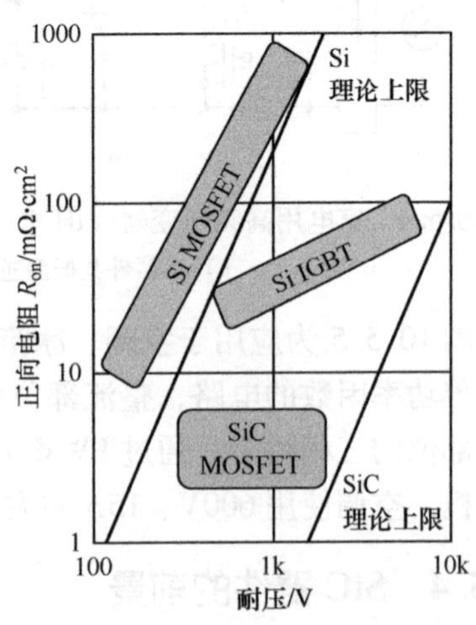

图 10.5.6　SiC 功率器件值得期待的领域

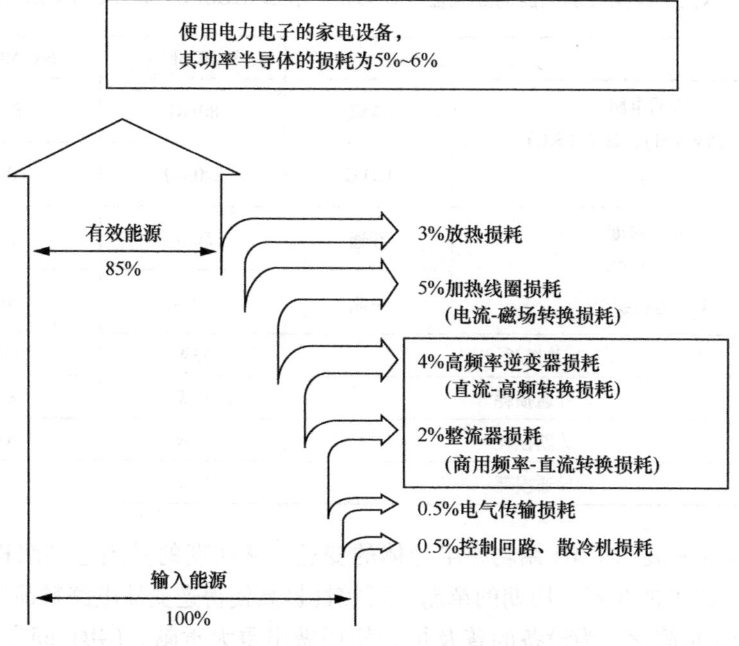

图 10.5.7　电力电子家电的损耗分析

约 1000 亿 kWh 电力经由逆变器转换时，将节省 300 亿 kWh 的电力，减少 1000 万 t CO_2 排放量。

以图 10.5.8 展示的 IH 电磁炉用的 Si IGBT 为例，从 1988 年问世的第 1 代 IGBT 到 1995 年第 4 代 IGBT，以精细化为基础的低损耗开发持续推进，成功将功率半导体损耗减半。但是，距离摆脱冷却风扇的强制风冷，性能还有 2 倍以上的差距。

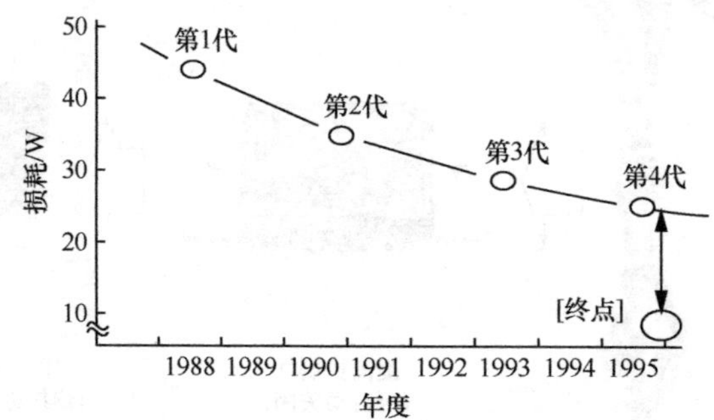

图 10.5.8　IH 电磁炉用 Si IGBT 的低损耗化（1200W、25kHz 高频逆变器）

表 10.5.1 为图 10.5.4b 所示电路的 PFC 部位中，Si MOSFET 与 SiC MOSFET 工作性能的对比试验。开通电阻常温下为 Si 的 1/10，高温下为其 1/20，导通损耗大幅减少，总损耗降至其 1/3，得到了开创性的低损耗性能。

表 10.5.1　对于 IH 烹饪加热器的变频器（2840W）中 Si MOSFET 和 SiC MOSFET 的比较

		Si MOSFET	SiC MOSFET
开通电阻 V_{gs}：15V（Si），20V（SiC） I_d：10A	常温	80mΩ	8mΩ
	150℃	220mΩ	10mΩ
开关速度 V_{ds}：150V V_{gs}：0V⇔15V	开通	50ns	30ns
	关断	50ns	20ns
总损耗		53W	18W
开通损耗		11W	8W
关断损耗		31W	8W
导通损耗		11W	2W

图 10.5.9 展示了 IH 用功率半导体的变迁。从初期的晶闸管到双极型晶体管，再到 IGBT 的 8 年一周期的革新，可控性提高使得逆变器电路精简化、驱动电路飞跃式精简化，为设备的普及扩大使用做出重大贡献。IGBT 问世 8 年后，1995 年逐渐推出新型创新器件，之后又经过 15 年，SiC 的实际应用备受关注，迫切期待着加快其实用化进展。

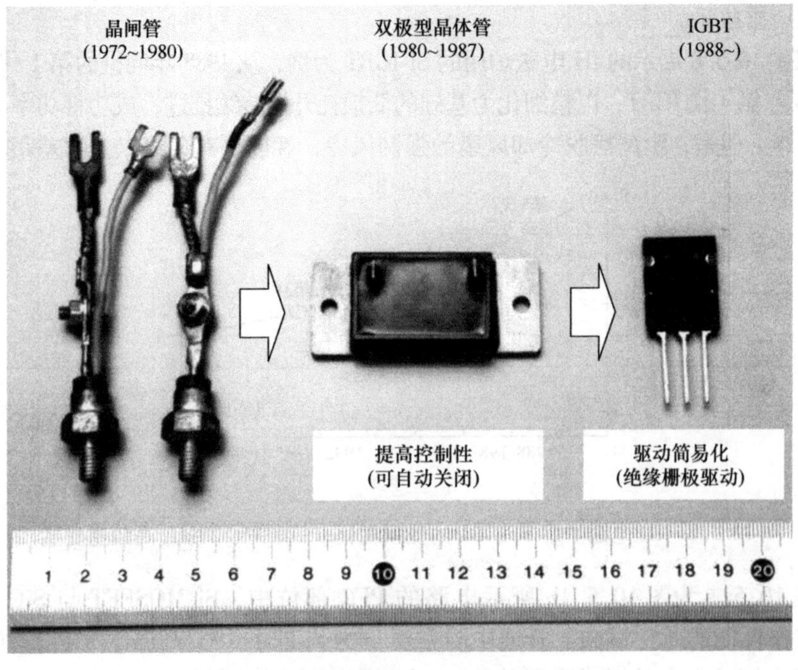

图 10.5.9　IH 电热炉用功率半导体的变迁

2011～2020 年的 10 年间，空调、冰箱、电热炉等家庭电器的国际供应数量达到 18 亿 5000 万台，其中搭载逆变器的就有 2 亿 9000 万台，灯泡数量有 150 亿个，其中使用整流器的就有约 50 亿个。按这 10 年间的产品全部投放至市场算，其节能效果就有 5320 亿 kWh，CO_2 减排量达 18000 万 t。在易冷却及易安装的 SiC 功率半导体的作用下，如果全部实现逆变器化，能够节电 14000 亿 kWh，减排 5 亿 t CO_2。

要想用 SiC 器件替代家用功率半导体，除了使用效果的创新性，还必须跨越总成本这一障碍，只要站稳组件及器件这两大阵地，着眼于未来就一定能达成目标。

参 考 文 献

1） 大森英樹，藤田篤志：パワーエレクトロニクス学会誌 35，53（2009）.

2） M. Kitabatake, S. Kazama, C. Kudou, M. Imai, A. Fujita, S. Sumiyoshi, and H. Omori, *International Power Electronics Conference* （*IPEC*）*-Sapporo 2010* （Sapporo, 2010）.

3） 大森英樹，斉藤亮治，平地克也：電気学会産業応用部門大会，シンポジウム（2010）S12-1.

10.6 电力

10.6.1 功率半导体器件的电力系统适用实例及 SiC 适用效果

具有代表性的功率半导体器件适用于电力系统的适用实例如图 10.6.1 所示。HVDC（High Voltage DC Connection，高压直流输电）及 BTB（Back to Back，背靠背）是以提高电力输送能力及系统稳定为目的，连接电压及电流相位不一致的系统的装置，串联到电力系统。FC（Frequency Conversion，变频器）是连接像日本关东地区的 50Hz 系统与关西地区的 60Hz 系统一样频率不同的系统的装置（日本关东和关西电机因为美制和欧制不同而频率不同），同样串联到电力系统。静止无功补偿装置（Static Var Compensator，SVC）是通过控制无功功率来稳定系统的装置。有源滤波器可以检测出系统中的高频电流，注入与之相位相反的高频电流与系统的高频电流相抵。静止无功补偿装置与有源滤波器并联于电力系统中。此外，还有可变速控制的抽水发电机及飞轮的循环换流器等用以调整系统频率。

这些设备都需要耐高压、大容量且低损耗的功率半导体器件，通常使用 Si 的 GTO（Gate Turn-Off thyristor，门极关断晶闸管）及 GCT（Gate Commutated Turn-off thyristor，门极换流晶闸管）、IGBT 及 IEGT（Injection Enhanced Gate

适用实例		HVDC, BTB, FC	SVC	有源滤波器
设置目的		提高输电能力 使系统稳定 转换频率	使系统稳定	抑制谐波
主电路		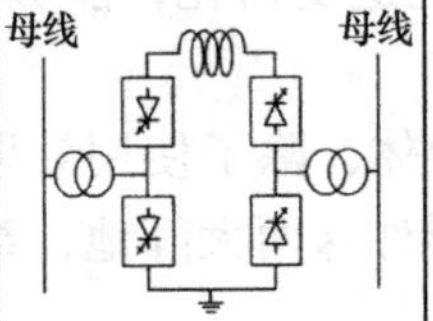 母线 母线	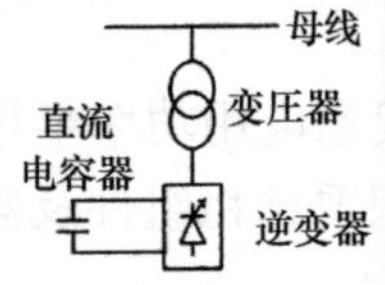 母线 变压器 直流电容器 逆变器	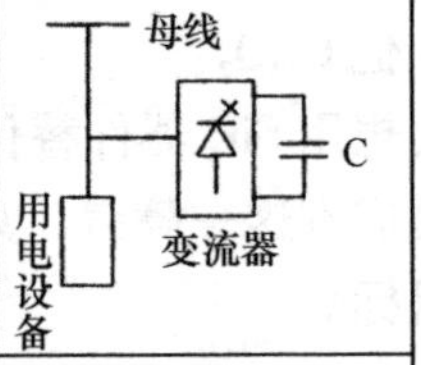 母线 C 用电设备 变流器
适用场所		非同期连接 异频连接	电源线	用户端电力系统
SiC适用效果	损耗	约0.26	约0.3	约0.2
	体积	约0.16	约0.2	—

图 10.6.1 具有代表性的功率半导体器件适用于电力系统的适用实例与适用效果

Transistor，注入增强门极晶体管）等，但达到Si的物理性质上限后器件性能难以得到大幅提升。SiC的物理性质上限远超Si，是完美适用于半导体器件的材料[1]，第8章中提到的使用SiC可以实现各种功率半导体性能的大幅提升。通过应用SiC功率半导体器件，能够实现如图10.6.1所示的适用设备大幅的损耗降低以及体积减小，将对节能、节约资源做出重大贡献[2]。

10.6.2 智能电网

各国都计划利用太阳能及风能等可再生能源发电，大量导入分布式发电，以期抑制 CO_2 气体排放，日本也在政府主导下，计划于2030年引入5300万kW的太阳能发电。太阳能及风能是变动较大的不稳定能源，如果大量导入这些能源生产的不稳定电力，发电量多时，会产生流向上级系统的逆流，也会发生电压及频率的增大。而发电量较少时，电压及频率降低，因此，系统稳定性遭到破坏，增加了大规模停电的风险。

因此，世界各国都在运用IT技术及电力电子技术，掌握消费者的电力使用情况，控制各种电源的发电量及各消费场景机器的接收电量，维持接收平衡，实现输电系统及配电系统的稳定高效运用，推动智能电网建设。

图10.6.2展示了智能电网的概念图。配电系统连接到太阳能发电、风能发电等各种分布式发电。不光要连接家庭、办公楼、工厂等各种消费场景，还要连接这些消费场景的太阳能发电及电动汽车（PEV、EV等）。为寻求配电系统的稳定，在连接大型蓄电池的同时，也要将电动汽车的电池作为稳定

电池使用。通过 BTB 将配电系统间连接，实现适当的相互电力变通，并实现系统稳定。

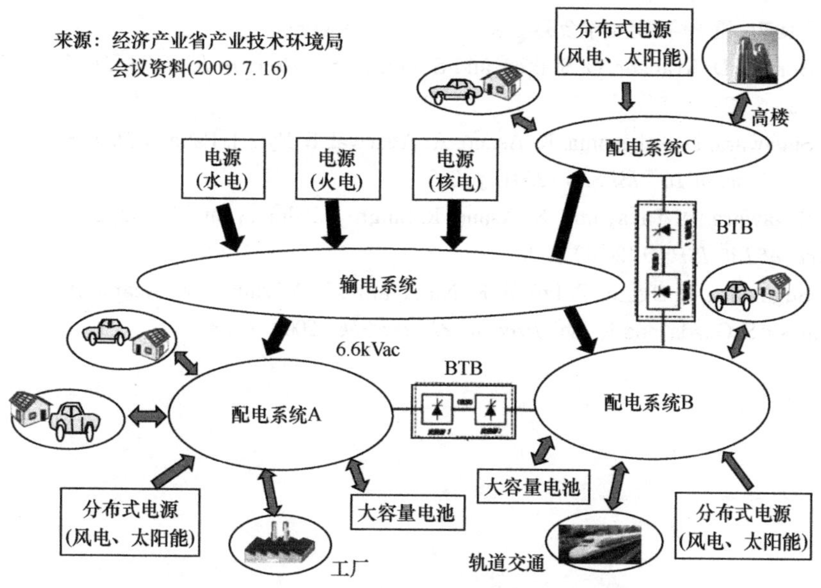

图 10. 6. 2 智能电网的概念图

各种分布式发电及消费者所在地的机器、大型蓄电池等连接到配电系统时，需要系统连接用的逆变器。图 10. 6. 2 中的 BTB 也如上文所述，由逆变器构成。这些系统连接用的逆变器由 SiC 半导体器件替代 Si 半导体器件构成，可以实现大幅的高效、小型、轻量、高速化，将带来多样的、巨大的乘数效应。家庭及建筑物等消费场景的 100V、200V、400V 的配电系统中，大多使用在 9. 5. 2 节中介绍的太阳能电池连接用 SiC 三相逆变器[3]等 SiC MOSFET 构成的连接用逆变器。6. 6kV 的配电系统使用的双极型 SiC 器件（SiC IGBT、SiCGT 等）在高温运作条件下能实现远超 SiC FET 的低损耗。这种情况下，使用超高耐压 SiC 器件构成连接用高耐压逆变器，能够直连配电系统[4]，并实现无变压器化，进一步推动大幅的高效、小型、轻量化进程。例如，使用器件耐压为 13kV 左右的 SiCGT[4]进行 3 级构成，能够组成直连配电系统的高耐压逆变器。目前最高耐压为 20kV 级的 SiC 器件[5]如果能提高到耐压 25kV 左右，2 级构成也能组成高耐压的连接用逆变器，进一步实现小型轻量化。这些连接用的逆变器充分利用 9. 5. 3 节中介绍的 SiC 的高耐热性，形成高过载逆变器[6]，用以应对电力系统中难以避免的雷击事故及接地故障时，也能实现大幅的小型轻量化。

参 考 文 献

1） 菅原良孝：電気学会誌 118，282（1998）.
2） 菅原良孝：電子情報通信学会論文誌 J81-C-Ⅱ，8（1998）.
3） B. Burger, D. Kranzer, O. Stalter, and S. Lehrmann, *Proc. of ICSCRM 2007* (2009) p. 1231.
4） Y. Sugawara, D. Takayama, K. Asano, A. Agarwal, S. Ryu, J. Palmour, and S. Ogata, *Proc. of 16th ISPSDs* (2004) p. 365.
5） Y. Sugawara, D. Takayama, K. Asano, R. Singh, J. Palmour, and T. Hayashi, *Proc. of 13th ISPSD* (2001) p. 27.
6） Y. Sugawara, S. Ogata, T. Izumi, K. Nakayama, Y. Miyanagi, K. Asano, A. Tanaka, S. Okada, and R. Ishi, *Proc. of 21th ISPSDs* (2009) p. 331.